ポストリチウムに向けた

革新的二次電池の材料開発

監修　境 哲男

NTS

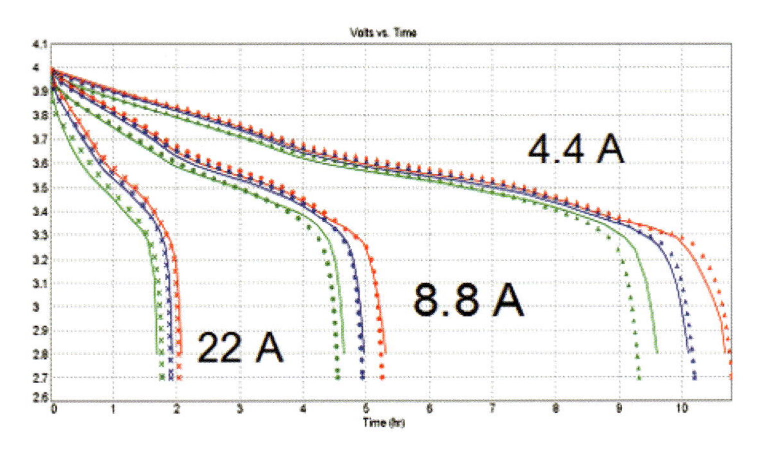

0℃（緑線），15℃（青線），30℃（赤線），実線：シミュレーション結果，点線：実測値

図 2　Distributed モデルによる 48 Ah セルの放電解析の実測値との比較（p.48）

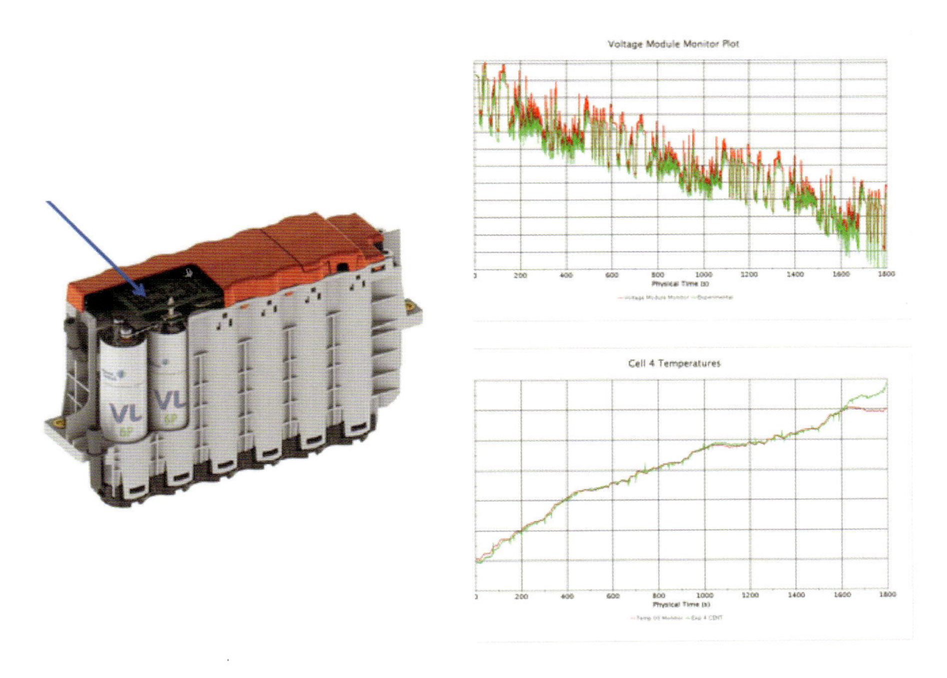

図 11　US06 走行モードにおける単セルの電圧（上図）と頂端部温度（下図）のシミュレーション結果と実験値との比較（p.56）

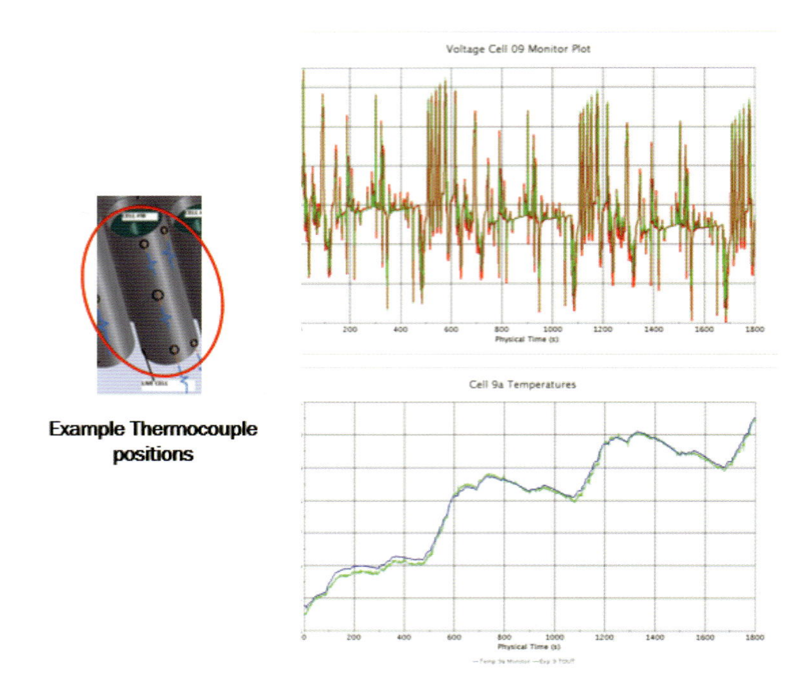

図 12　US06 走行モードにおける電池モジュール内 VL6P セルの電圧（上図）と頂端部温度（下図）のシミュレーション結果と実験値との比較（p.56）

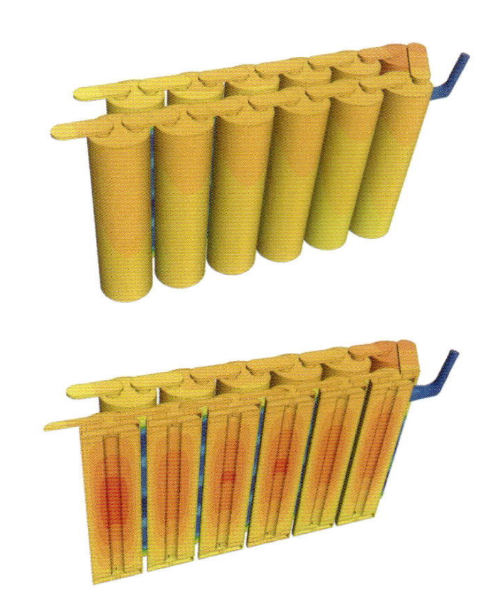

図 13　US06 走行パターンにおける 30 分経過時の液体冷却モジュールの温度分布（p.57）

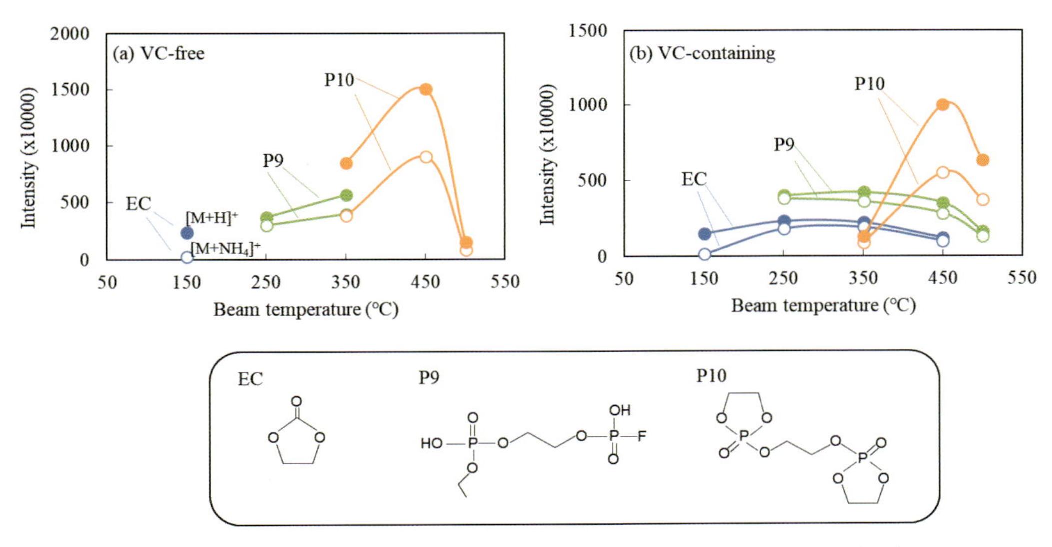

(Reproduced and modified from Ref. 17 with permission from the author)

図6　違うイオンビーム温度で得られた graphite 負極表面の DART-MS スペクトルのまとめ（p.80）

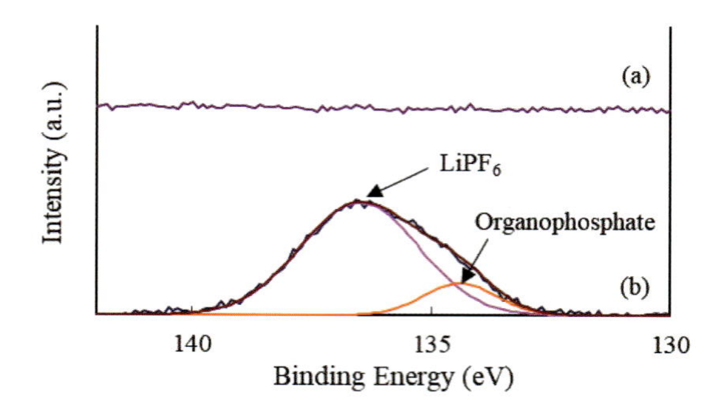

(Reproduced and modified from Ref. 17 with permission from the author)

図7　(a) as-prepared graphite 負極と(b)サイクル試験した graphite 負極（VC-containing）の $P2p_{3/2}$ の XPS スペクトル（p.80）

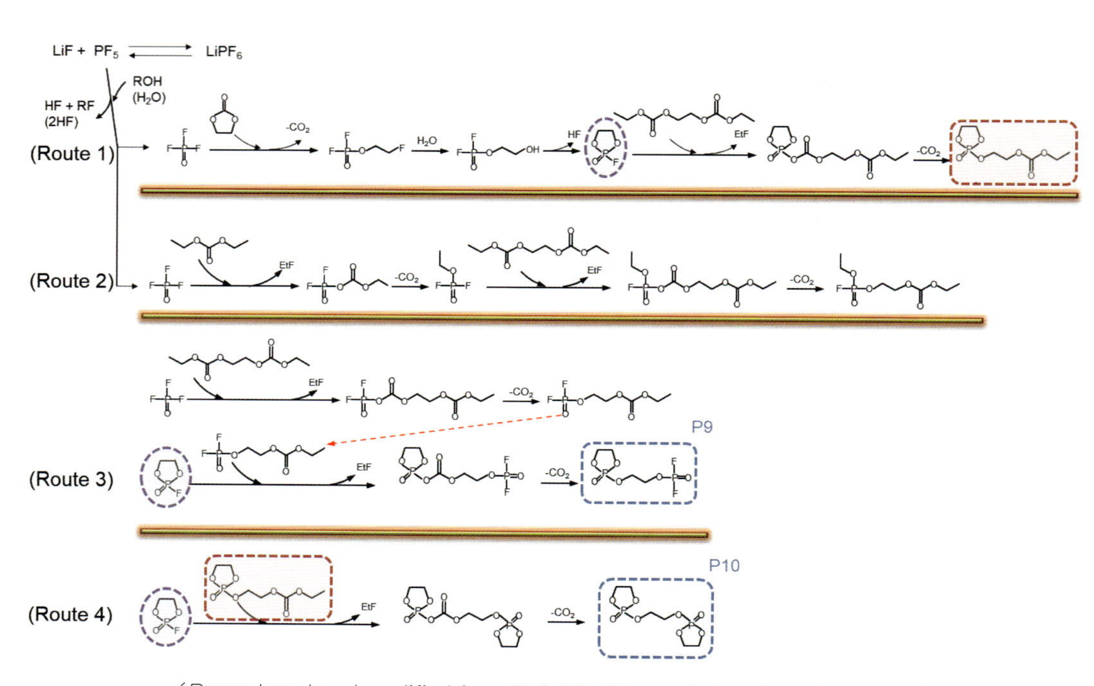

(Reproduced and modified from Ref. 17 with permission from the author)

図8　推定されたリン酸エステル系生成物 P9 と P10 の形成反応機構（p.81）

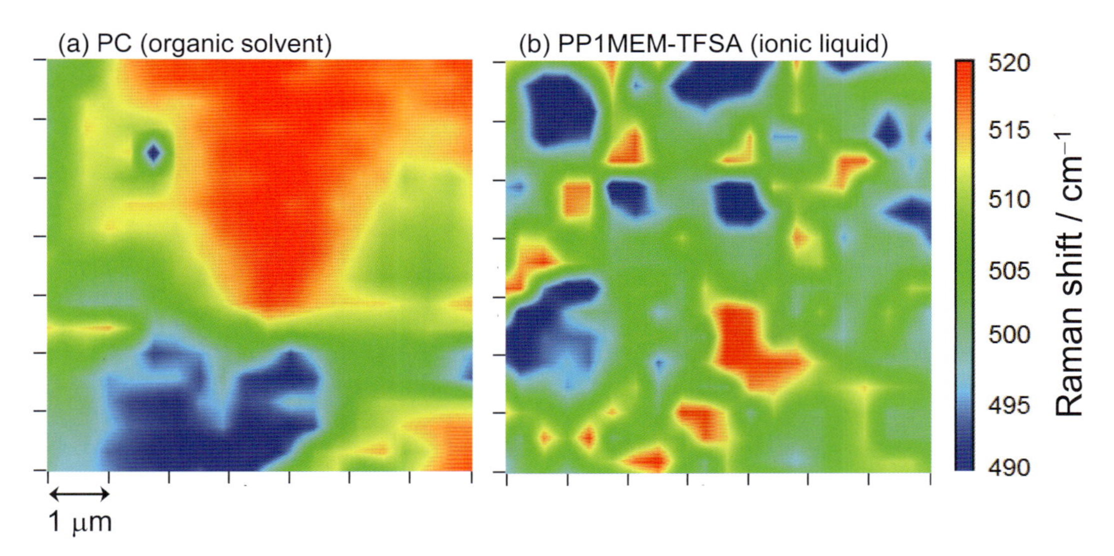

(Reprinted with permission from *J. Phys. Chem. C* 2015, *119*, 2975. Copyright 2015, American Chemical Society)

図 5　(a) PC 系有機電解液および(b) PP1MEM 系イオン液体電解液中において充放電させた後の Si 単独電極表面のラマンイメージ（p.137）

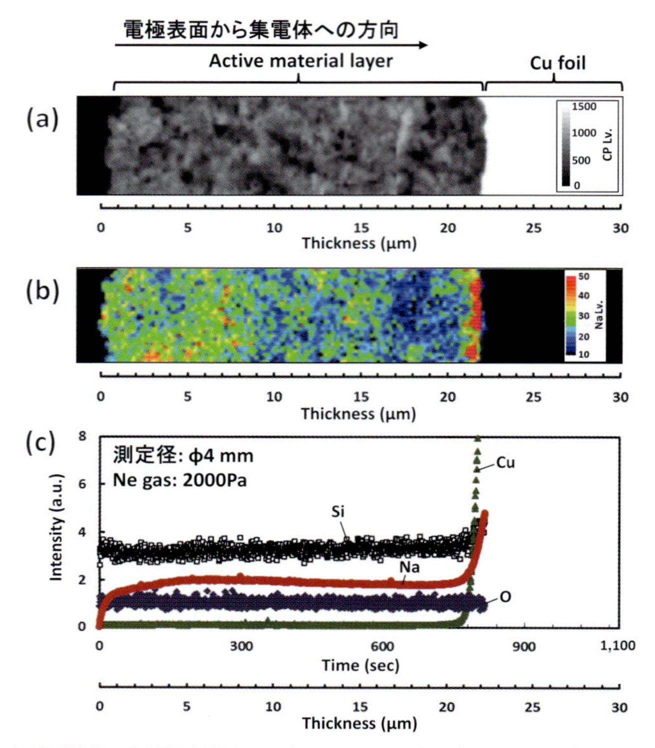

(a) BSE 像　(b) FE-EPMA による Na マッピング　(c) GDS 分析結果

図７　ケイ酸系バインダをコートした Si 負極の断面の観察（p.150）

監修者・執筆者一覧

【監修者】

境　　哲男	国立研究開発法人産業技術総合研究所関西センター　上席イノベーションコーディネータ／山形大学有機材料システム研究推進本部　特任教授

【執筆者】(執筆順)

境　　哲男	国立研究開発法人産業技術総合研究所関西センター　上席イノベーションコーディネータ／山形大学有機材料システム研究推進本部　特任教授
木村建次郎	神戸大学大学院理学研究科　准教授
鈴木　章吾	神戸大学大学院理学研究科
松田　聖樹	神戸大学大学院理学研究科
美馬　勇輝	株式会社 Integral Geometry Science　上級基礎科学研究員
木村　憲明	株式会社 Integral Geometry Science　代表取締役社長
荒井　　創	東京工業大学物質理工学院　教授
松林　伸幸	大阪大学大学院基礎工学研究科　教授
佐伯　卓哉	シーメンス PLM ソフトウェア・コンピューテイショナル・ダイナミックス株式会社 Simcenter Customer Support　Application Engineer
幸　　琢寛	技術研究組合リチウムイオン電池材料評価研究センター（LIBTEC）第 2 研究部/第 3 研究部　主幹研究員
劉　　奕宏	国立台南大学環境生態学部　准教授
本間　　剛	長岡技術科学大学大学院工学研究科　准教授
小松　高行	長岡技術科学大学名誉教授
金澤　昭彦	東京都市大学工学部　教授
八尾　　勝	国立研究開発法人産業技術総合研究所エネルギー・環境領域電池技術研究部門　主任研究員
市川　貴之	広島大学大学院工学研究科　教授
松本　健俊	大阪大学産業科学研究所第 2 研究部門（材料・ビーム科学系）半導体材料・プロセス研究分野小林研究室　准教授
道見　康弘	鳥取大学大学院工学研究科　助教
薄井　洋行	鳥取大学大学院工学研究科　准教授
坂口　裕樹	鳥取大学大学院工学研究科　教授
向井　孝志	ATTACCATO 合同会社　代表
山下　直人	ATTACCATO 合同会社
池内　勇太	ATTACCATO 合同会社
坂本　太地	ATTACCATO 合同会社　副代
冨安　　博	株式会社クオルテック研究開発部　顧問
朴　　潤烈	株式会社クオルテック　顧問
新子比呂志	株式会社クオルテック研究開発部　部長

窪田　啓吾	国立研究開発法人産業技術総合研究所産総研・京大オープンイノベーションラボラトリ　主任研究員
松見　紀佳	北陸先端科学技術大学院大学先端科学技術研究科物質化学領域　教授
井手　仁彦	三井金属鉱業株式会社機能材料研究所電池材料プロジェクトチーム　グループリーダー
印田　靖	株式会社オハラ特殊品事業部 LB-BU LB 課　LB 課長補佐
吉尾　正史	国立研究開発法人物質・材料研究機構機能性材料研究拠点　主幹研究員／北海道大学大学院総合化学院機能物質化学講座　客員教授
折笠　有基	立命館大学生命科学部　准教授
櫻井　庸司	豊橋技術科学大学大学院工学研究科　教授
東城　友都	豊橋技術科学大学大学院工学研究科　助教
稲田　亮史	豊橋技術科学大学大学院工学研究科　准教授
津田　哲哉	大阪大学大学院工学研究科　准教授
陳　致堯	大阪大学大学院工学研究科　特任研究員
桑畑　進	大阪大学大学院工学研究科　教授／国立研究開発法人産業技術総合研究所関西センター　クロスアポイントメント・フェロー
森　良平	冨士色素株式会社　代表取締役社長
紺野　昭生	CONNEXX SYSTEMS 株式会社研究開発本部　エンジニア
中原　康雄	CONNEXX SYSTEMS 株式会社研究開発本部　マネージャー
的場　智彦	CONNEXX SYSTEMS 株式会社研究開発本部　エンジニア
可知　直芳	CONNEXX SYSTEMS 株式会社研究開発本部　開発企画室長
塚本　壽	CONNEXX SYSTEMS 株式会社　代表取締役
宮崎　晃平	京都大学大学院工学研究科　助教
宮原　雄人	京都大学大学院工学研究科　助教
福塚　友和	京都大学大学院工学研究科　准教授
安部　武志	京都大学大学院工学研究科　教授
野村　晃敬	国立研究開発法人物質・材料研究機構エネルギー・環境材料研究拠点二次電池材料グループ　研究員
久保　佳実	国立研究開発法人物質・材料研究機構ナノ材料科学環境拠点リチウム空気電池特別推進チーム　チームリーダー/特命研究員
石原　達己	九州大学工学研究院応用化学部門　教授
森下　正典	山形大学有機材料システム研究推進本部　産学連携准教授
海野　裕人	新日鉄住金マテリアルズ株式会社技術総括部事業開発グループ　マネジャー
魚崎　浩平	国立研究開発法人物質・材料研究機構　フェロー/理事長特別参与/エネルギー環境材料研究拠点　拠点長/ナノ材料科学環境拠点　拠点長/国際ナノアーキテクトニクス拠点　主任研究者 北海道大学名誉教授／北海道大学大学院総合化学院　客員教授
片山　慎也	国立研究開発法人科学技術振興機構環境エネルギー研究開発推進部 技術参事
荻原　秀樹	BMW GROUP
Georg Steinhoff	BMW GROUP
Peter Lamp	BMW GROUP

目　次

第４節　電池反応シミュレーションソフトを用いての解析技術

（佐伯　卓哉）

第５節　電池劣化シミュレーション分析技術

（幸　琢寛）

第６節　LC-MS 及び DART-MS を用いた電解液及び極表面の組成分析

（劉　奕宏）

第２章　正極材料の開発

第１節　ガラス結晶化法による鉄リン酸塩系二次電池正極材料の開発

（本間　剛，小松　高行）

第３節　シリコン系負極の開発とイオン液体の適用

（道見　康弘，薄井　洋行，坂口　裕樹）

第４節　シリコン負極用無機系バインダの開発

（向井　孝志，山下　直人，池内　勇太，坂本　太地）

第４章　新規電解液の開発

第１節　電位窓が3Vを超える水系電解液の開発と水系キャパシタの新展開

（冨安　博，朴　潤烈，新子　比呂志）

第２節　高温作動Li（Na）イオン二次電池に向けた溶融塩電解液の開発

（窪田　啓吾）

第３節　異常に高いリチウムイオン輸率を示す イオン液体/ホウ素二成分系電解質　（松見　紀佳）

第５章　固体電解質および固体電池の開発

第１節　アルジロダイト型硫化物固体電解質の開発　（井手　仁彦）

第２節　酸化物系固体電解質「LICGC」の開発　（印田　靖）

第３節　高速イオン伝導体の開発　（吉尾　正史）

第６章　革新的二次電池の開発

第７章　国内と欧州の開発動向

第１節　車載用次世代型二次電池開発戦略と今後の展望

（魚崎　浩平，片山　慎也）

第２節　BMWの電動化に向けた取り組みと求められる電池性能

（荻原　秀樹，Georg Steinhoff，Peter Lamp）

序論

自動車電動化に向けての最新動向と課題，次世代電池に対する期待

国立研究開発法人産業技術総合研究所／山形大学　境　哲男

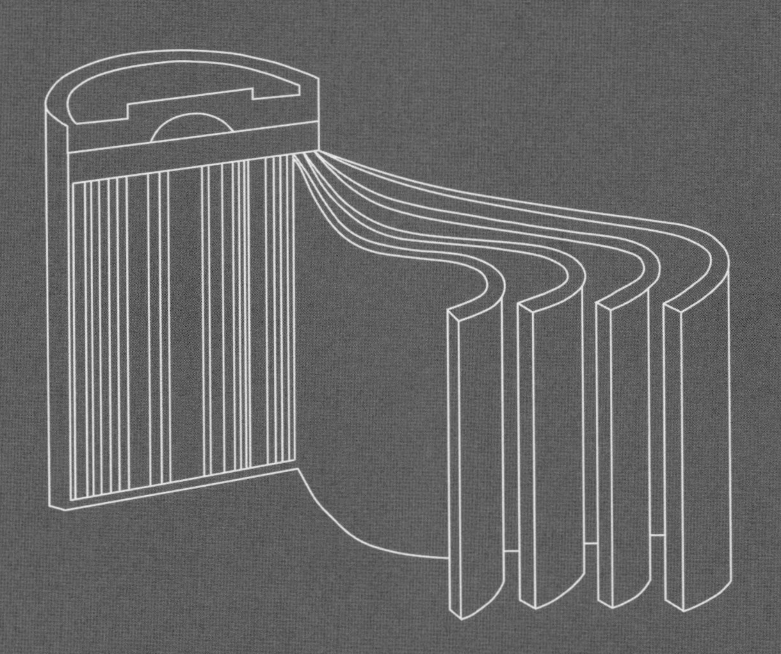

1. はじめに

2017年には，電気自動車（EV）の世界的な普及に向けて大きな流れができた。発端は，独フォルクスワーゲン（VW）によるディーゼル車排ガスの不正問題で，欧州の厳しい環境規制に対応するためには，EVシフトをせざるを得なくなった。

中国は自動車の最大市場であるが，新エネルギー車（NEV）規制により，2019年から製造販売台数の10%を，2020年には12%をEVやプラグインハイブリッド（PHV），燃料電池車（FCV）などの新エネ車にすることを，自動車製造販売メーカーに義務づけた。2016年での新エネ車は50万台で，そのうち乗用車は33万台。2020年までに500万台，2025年には700万台まで普及させる計画となっている。

米国カリフォルニア州では，ゼロエミッション・ビークル（ZEV）規制において，2018年からハイブリッド車（HV）が除外されることになり，日本メーカーもEVやPHV，FCVにシフトせざるを得なくなった。

世界においては，太陽電池や風力発電などの再生可能エネルギーによる発電コストが急激に低下して，最近では石炭火力発電コストの半分以下になった。そのため，2016年には世界の発電量シェアの20%を占めるようになり，2040年には40%に達すると予想されている。このようにクリーンな再生可能エネルギーで発電して，EVなどで利用することで，地球温暖化対策の国際的な枠組み「パリ協定」を強化するという各国の政策もあり，「火力発電で得た電気でEVを充電しても二酸化炭素の低減にはならない」という，これまでの自動車メーカーの主張は根拠をなくしつつある。負荷変動の大きな再生可能エネルギーの利用では，巨大な電力ネットワークで平準化するか，大型蓄電池で貯蔵するか，または送電網のない辺境地では水素に変換して消費地に輸送するなどの対策が必要となる。

2. 自動車メーカー各社の対応状況

2.1 トヨタグループ

トヨタは年間1兆円の研究開発費をつぎ込み，ハイブリッド車（HV），プラグインハイブリッド車（PHV），燃料電池車（FCV）で開発商品化を進めている。国内生産（318万台）の約半分がHVとなっており，世界でのHV累積販売数は，2016年で1,100万台を達成，PHVの販売累計は7.5万台（2016年末）に達した。欧州ではVWの排ガス不正以来，HVの販売台数が41%伸び，2016年には29.5万台を販売している。今年（2017年）は44%以上増加する見込みで，2020年にはHVの比率を50%まで高める予定である。

トヨタの世界販売は約1,000万台であるが，2030年の駆動別の販売推計では，PHVとHVで40%，EVとFCVで15%，エンジン車で45%となっている。HV用ニッケル水素電池などは，80%出資する「プライムアースEVエナジー」で生産し，PHV用電池はパナソニックより供給され，FCV用燃料電池や高圧水素タンクは社内で生産している。

EV開発では「脱・自前主義」を鮮明にしている。2017年9月，トヨタはマツダ，デンソーと

EV の基幹技術（車体，モーター，バッテリー制御など）を共同開発する新会社「EV シー・エー・スピリット」を設立し，軽自動車からトラックまで幅広い車種で効率的に EV 開発をできる体制を構築した。出資比率はトヨタ 90%，デンソー5%，マツダ 5%となり，ダイハツ工業，スズキ，SUBARU（スバル），日野自動車（バス，トラック）なども参加予定である。EV 用電池では，熱の制御が重要なので，エアコン開発で実績のあるデンソーが参加している。また，EV は年間 5〜10 万台の少量モデルで利益を出す必要があるので，効率的な開発手法が強みのマツダが参加している。参加企業は，2021 年に EV の発売を予定している。

中国では，第一汽車集団及び広州汽車集団が開発した EV を，現地合弁会社で生産して 2019 年にも販売予定である。

インドでは，スズキが 2020 年頃に生産する予定の EV を調達して販売予定である。スズキは，国内では小型 HV（東芝製電池使用）を販売している。インド市場（2016 年 366 万台）では 38%のシェアをもっているが，今後は小型 HV を投入予定である。このため，東芝，デンソーと共同で，200 億円を投じて 2020 年にも電池工場を稼動させる予定としているがインド政府が物品サービス税を小型 HV で 28%とする一方で，EV では 12%と低くしたことから，HV だけでなく，EV も視野に入れる計画である。

既存車は平均 13 年使うが，電池の経年劣化が大きい現状の EV では，中古市場が暴落するリスクがある。トヨタは，2020 年代には，現状の 2 倍以上の容量で，充電時間も大幅に短縮できる独自開発の固体電池を商品化することを発表した。

トヨタの燃料電池車（FCV）「ミライ」（航続距離 650 km）の販売台数は，2014 年から昨年末までで 1,370 台（ホンダは 460 台）で，政府目標 2020 年 4 万台の達成は難しい状況である。価格が 720 万円（国の補助 270 万円）と高価であることや，水素ステーションの設置費用が 4 億円にも上り，まだ 90ヵ所しかないのが理由である。ちなみに，国内ガソリンスタンドは，20 年で半分の 3 万ヵ所に減少し，EV 充電スタンドは，2.9 万基（急速充電スタンドは 7 千基）に上る。今後，規制緩和により水素ステーションの設置費用を 1 億円以下にして，設置箇所を飛躍的に増やすことが必要である。2017 年 10 月に開催された東京モーターショーには，航続距離を 1.5 倍の 1,000 km にした FCV コンセプト車を発表した。また，2018 年販売予定の FCV バス「SORA（ソラ）」を出展し，2020 年の東京オリンピック開催に合わせて 100 台導入する予定である。バスやトラックなどの産業用で普及を図り，風力や太陽光発電などの余剰電力を水素として蓄え，利用するニーズを待つ長期戦の構えとなっている。

2.2 日産グループ

2017 年 10 月に，全面改装した新型 EV「リーフ」の販売を開始した。40 kWh 電池を搭載して 400 km 走行を可能とし，価格は 315 万円（国の補助金 40 万円）からとなっている。10 日間で 4 千台を受注し，年間 10 万台が販売目標である。2010 年 12 月から発売した現行リーフは，2016 年末，国内外の累計で 25 万台を販売，EV 販売はルノー，三菱自動車を合わせても 42 万台にとどまり，目標の 150 万台には届かない。2022 年のグループでの電動車比率目標は 30%としている。

2016 年 11 月から発電専用の 1.2 L ガソリンエンジンと電池，リーフと同じモーター（出力

70 kW）を搭載して，発電しながらモーター駆動で走る「NOTE　e-Power」を発売した。燃費は，37.2 km/L とトヨタ「アクア」と同程度であり，発電しながら走るので大型電池を必要としない。電池は円筒型電池を使用しており，2017 年上半期での国内販売は 84,211 台で，国内で No.1 になった。

日産は 2017 年 8 月に，リーフ用電池を製造販売している「オートモーティブエナジーサプライ（AESC）」の株式の 51％を中国の投資ファンド（GSR キャピタル）に売却すると発表した（推定売却額は 1,100 億円）。米英の生産設備，神奈川県にある開発・生産設備も譲渡する予定で，電極を生産する NEC の子会社，NEC エナジーデバイスも売却予定である。EV 用電池では，巨額の投資競争となっており，電池を内製すると投資負担が大きいため，外部調達した方がコスト削減につながるとの考えである。次期リーフから，LG 化学製が採用される見通しとされている。

2018 年には，中国でリーフの半額（150 万円）の小型 EV を販売予定であり，車台（プラットフォーム）を，仏ルノー，三菱自動車と共通化して，かつ現地メーカー（東風汽車集団傘下）に委託して生産することで低コスト化する。

三菱自動車では，2009 年に小型 EV「アイ・ミーブ」を販売し，電池や制御システムの技術を蓄積している。また，スポーツ用多目的車（SUV）「アウトランダーPHEV」（EV 走行 60 km）を累計 10 万台販売（2016 年末）しており，2019 年には，軽自動車ベースの EV を日産と共同開発して販売する予定である。2020 年には，小型 SUV をベースにした EV を日米欧で販売を予定し，3 社連合が 2022 年まで販売する EV12 車種のうちの 2 車種を担当している。

小型 EV「アイ・ミーブ」に電池を供給する東芝では，負極の材料にチタンとニオブを使って体積あたりの容量を 2 倍に高めるとともに，6 分間の充電で 90％まで充電でき，－10℃での急速充電も可能な新型電池を発表した。「アウトランダーPHEV」に電池を供給する「リチウムエナジージャパン」では，GS ユアサが開発した，現行電池に比べて 2 倍走行できる新型電池の量産を，2020 年より開始すると発表している。

2.3　ホンダ

世界での生産実績は 506 万台であり，これまで HV と PHV，FCV を中心に電動車を開発している。HV 及び PHV 用電池は，GS ユアサとの合弁会社「ブルーエナジー」や「パナソニック」から調達されている。2017 年 9 月，フランクフルトモーターショーで発表された EV「アーバン EV コンセプト」は量産型 EV のモデルで，パナソニックの電池が使われる予定である。2030 年までに世界販売の 3 分の 2 を電動車にする予定で，その 15％を FCV と EV にする方針である。2018 年に中国で合弁会社 2 社のブランドで現地専用 EV を発売予定，また，2019 年に欧州で EV を発売予定である。2022 年をめどに，EV の 80％充電時間を現行の 30 分から 15 分に短縮する予定で，急速充電器の最高出力は 150 kW から 350 kW に引き上げる計画であるが，大容量電池を共同開発するパートナーは検討中である。

世界的な電動化シフトに対応するため，国内の狭山工場を閉鎖して，生産能力を 20％削減し余剰をなくすとともに，寄居工場に集約することで，電動化などに対応した効率的な生産体制を追求して，グローバル展開のマザー工場とする方針である。電動車用モーターは，日立オートモティブシステムと連携して，2019年から生産を開始する。

2016年には，日米でFCV「クラリティフューエルセル」を発売して，460台を販売した。2018年には，独自技術でコンプレッサーを使わずに70 MPa（約700気圧）の水素を3分で充填できる新型水素ステーションを設置して，2020年までに100ヵ所に整備する予定である。設置コストは5千万円程度で，一般的な水素ステーションより安価となる。2020年には米GM社と合弁会社を設立して，米国で燃料電池システムの生産を開始して，両社のFCVに搭載する計画となっている。

2.4 米国テスラ

モデルSの販売台数は，2016年で7.6万台である。パナソニック製のパソコン用円筒型電池を6千本以上積層した90 kWhの電池パックを搭載すると，500 kmの走行距離を確保できる。水冷方式で，電池を最適温度に維持できるため，ノルウェーなどの寒冷地でも普及が進んでいる。小型車のモデル3の受注は50万台であるが，8月，9月の生産目標は1,500台に対して，260台しか生産できていない。電池セル生産は順調であるが，セルのパッケージ化の自動化が進まず，立ち上げが遅れている。

中国上海市ではEVの巨大工場の建設を計画している。スウェーデンでは，電池会社「Northvolt」が設立され，6年間で40億ユーロ（約5,000億円）を投資し，2018年に着工して，2023年には32 GWhの電池を生産する計画であり，この電池はEV用及び自然再生エネルギーの電力貯蔵用にも使われる予定である。環境に配慮した電池工場にしたいとの意向がある。

2.5 米国GM

2010年にPHVのシボレー「VOLT」を発売し，累計11万台販売した。電池はLG化学より供給された。2016年にはEVのシボレー「BOLT」を発売し，これを土台として，2023年までにEV，PHVで20車種を発売する予定である。航続距離の長い商用車や救急車などでは，FCVを開発する。

2.6 スウェーデン　ボルボ・カー

2019年以降に販売する全車種を電動車にすることを発表した。PHVの「ポールスター」を販売開始し，EV走行は150 kmである。EV開発のため，中国の吉利集団と合弁で，「GVオートモービル・テクノロジー」を設立し，2019年には高級EVを中国で生産して販売を予定しており，2012年までに5車種のEVを投入する計画である。

2.7 ドイツメーカー

フォルクスワーゲンは，2025年までに50車種のEVを開発，世界販売の25%の300万台のEVを販売予定である。2017年にはeゴルフ（走行距離300 km）の販売を開始しており，2022年までに340億ユーロ（4.5兆円）を，電動化を中心とした次世代技術に投資する計画であり，2025年までに500億ユーロの電池を調達予定としている。ドイツ北部の工場を電動車専用工場に刷新して，EV 専用プラットフォームを使って EV を量産する欧州拠点にする計画である。

BMW は，2013 年に小型 EV「i3」(走行距離 130〜160 km）を商品化し，累計 2.4 万台販売した。サムスン SID 製電池を採用しており，2025 年までに EV12 車種を販売する予定。

ダイムラーは，2022 年までに EV10 車種を開発する予定であり，小型車「EQA」，中型車「EQC」を投入予定である。

2.8 中国メーカー

2016 年における中国での EV 販売は 32 万 8 千台であり，そのうちの 30％を BYD が占める。ガソリン車のナンバープレートの発給は抽選で，当選確率は 1％以下であるため，EV や PHV などの新エネ車を選択せざるを得ない状況となっている。また，新エネ車を販売すると乗用車で最大 100 万円の補助金がメーカーに支給されるが，不正受給が横行したため，審査が厳格化され，また，補助金が 2016 年度比で 4 割近く減額された。このため補助金に大きく依存した企業では，減益になると予想される。今後は補助金政策ではなく，新エネ車の導入目標達成に向けて，日米欧大手自動車メーカーとの合弁企業において，EV の生産量が急増するものと予想される。

2.9 EV バス・トラックの開発状況

EV バス・トラックの導入は中国が牽引しており，2016 年には 14 万台になるが，2035 年には世界で 57 万台に拡大すると予想されている。中国 BYD 社は，ロンドンやロサンゼルス，シドニーなど世界 50ヵ国で約 3 万台を販売しているが，日本では 2015 年に京都に 5 台を納入，2017 年，那覇市で EV バス 10 台を納入予定としている。価格は約 6,500 万円で，走行距離は 250 km である。2018 年には電動フォークリフトなどと合わせて 100 台以上の販売をめざす。また，米カリフォルニア州の EV バス・トラック工場を拡大して，10 倍以上の 1,500 台を生産すると発表している。EV バスは大学や自治体を中心に 600 台，EV トラックは 140 台の受注がある。

国内では，改造車メーカーが EV バスを作ることが多く，2016 年の販売台数は 1,300 台（HV を含む）で中国の 1％にすぎない。三菱ふそうは，小型電動トラック「e キャンター」の量産を 2017 年秋から開始し，日米欧で 150 台を提供する予定である。1 回の充電で 100 km の走行が可能で，走行コストは 40％低減できる。国内では 50 台を生産し，セブン-イレブン・ジャパンには 25 台を，宅配大手のヤマト運輸（車両 5 万台を運行）には 25 台を納入する予定である。親会社のダイムラーは，急速充電技術を開発したイスラエルのベンチャーを買収して，2021 年以降，充電時間を 1 時間半から 5 分に短縮できる EV を発売する予定である。いすゞ自動車は，2018 年に「エルフ」をベースにした小型電気トラックの販売を予定し，航続距離は 100 km で，ゴミ収集や店舗間輸送に利用される。

ドイツポストは，米フォードモーターの車台を使って中型 EV トラックを，2018 年までに 2,500 台を生産する予定としている。

3. 電池生産量の増大と今後の課題

2017 年の電池生産量は，携帯用途で 50 GWh（1 兆円），車載用途で 50 GWh（1 兆円）と見込まれる。最近の自動車メーカー各社の 2030 年での EV 販売計画を積算すると，現状の 20 倍以上になり，電池や材料生産から現実的な数字ではない。英 HIS マークイットのデータによると，2025 年での自動車の種類別世界販売（約 1 億 1 千万台）見込みとしては，ガソリン・ディーゼル車で 67%，HV で 24%（約 2,600 万台），PHV で 5%（約 600 万台），EV で 3.5%（約 400 万台）とされる。これに必要な電池を見積もると，HV で約 26 GWh，PHV で約 90 GWh，EV で約 200 GWh となり，合計すると現在の 6 倍である 300 GWh 以上の電池が必要とされ，6 兆円の電池市場になると期待される。

ただ，EV の本格的な普及に向けて以下のような課題がある。

① EV 導入は各国政府の規制や補助金政策に大きく依存し，かつ，充電インフラの整備や電力供給能力，電池や材料の供給能力などの制約もあり，長期的には不透明な点が多い。

② EV は電池コストが高いため，自動車メーカーが利益を上げることは容易でないが，一方，長期的に電池を引き取る保証をしないと，材料メーカーや電池メーカーが単独で巨大投資をして，増産体制を確立することは難しい。

③現行の電池で大量製造することは可能であるが，電池劣化により中古車市場での価値は大幅に下落する可能性が高いため，電池再利用のための劣化診断や，電池長寿命化のための新型電池開発が不可欠となる。

④現在，EV の走行距離の増大は，搭載電池の大型化で対応しているが，電池コストの増大や車両重量の増大，安全上のリスク増大などの課題があり，超急速充電を可能にして電池を小型化する開発，飛躍的な高エネルギー密度電池の開発，安全性に優れる固体電池の開発などが期待される。

⑤ EV 用電池の量産により，この数年でリチウムやコバルトなどの資源コストが数倍に上がっており，早急に希少資源を使わない次世代電池の開発が必要とされる。また，電力供給で，負荷変動の大きな再生可能エネルギーの導入量が大きくなると，負荷平準化のためには，安価で大容量の電力貯蔵システムが必要となり，エネルギー密度よりもより低コストで，資源的な制約が少ない次世代電池の開発が求められる。

4. 今後の展望

自動車メーカーは，2040 年ごろまでに電動化率を 100%にする計画であるが，これまで通り HV や PHV を重視し，大型電池を使う EV では利益が出にくいので，グループでプラットフォームや部品を共通化してコスト低減し，また，電池搭載量を減らして超急速充電することで走行距離を確保する方向である。長期的には，自動車に化石燃料を使わない政策があり，遠隔地の再生可能エネルギーで製造された水素を輸送して，ガソリンエンジンではなく，水素燃料電池を搭載した HV や PHV が主流になると予想される。

欧州連合（EU）の欧州委員会は，EV 用電池の欧州企業による大規模生産に向けたロードマップを 2018 年 2 月に策定予定である。欧州企業の知見を結集する「電池版エアバス」をめざす。自動車大手や素材メーカーなどを 40 社（ダイムラーやルノー，シーメンス，BASF など）が出席した「電池サミット」を開催している。

EV 用電池を標準化して一部のメガサプライヤーから調達する考えもあるが，自動車メーカーの生き残り競争のためには，電池の高容量化と長寿命化，急速充電特性の改善で他メーカーとの差別化を図ることが不可欠となる。電動車の心臓部である電池の開発競争は，各国の自動車産業の盛衰を賭けて，日米欧，中国，韓国で激化するものと予想される。今後，次世代型電池の開発と実用化に大きな期待が寄せられている。

第１章

解析／性能診断技術

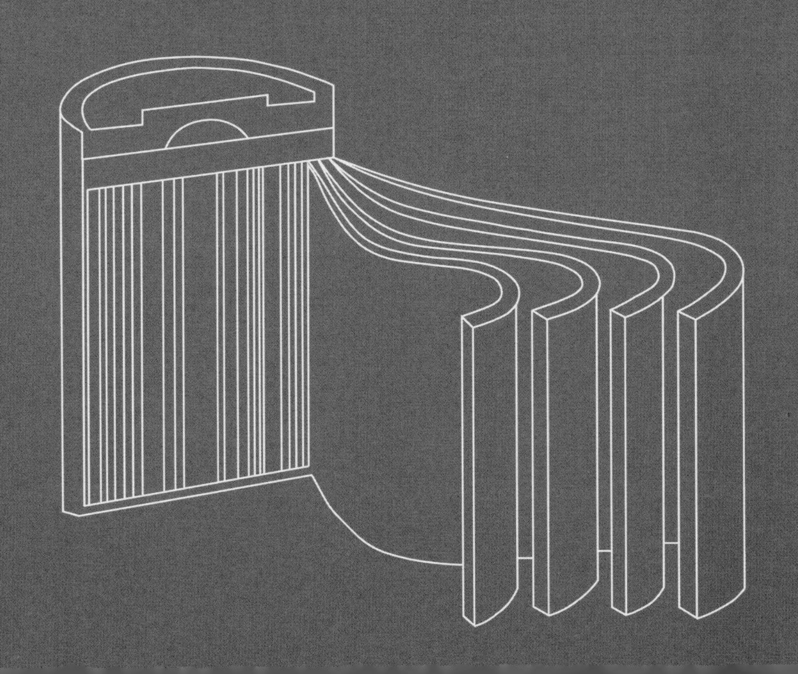

第1節 高分解能電流経路映像化システムの開発
―磁場計測に基づく蓄電池内電流の非破壊可視化のための基礎理論―

神戸大学 木村 建次郎 神戸大学 鈴木 章吾
神戸大学 松田 聖樹
株式会社 Integral Geometry Science 美馬 勇輝 株式会社 Integral Geometry Science 木村 憲明

1. はじめに

本稿では，リチウムイオン蓄電池の高度な品質管理，故障解析を目的として，我々がこれまで開発を進めてきた非破壊電流経路可視化システム[1)-5)]（**図1**）の核の一つである，画像再構成理論[2)6)7)12)]の基礎と計算モデルに基づいた再構成事例，実際の不良蓄電池への適用結果[8)9)]を紹介する。

2. 背 景

本計測技術は，蓄電池の充放電時に蓄電池内に流れる電流が発する磁場を蓄電池外部において，その空間分布を計測し（**図2**），その計測結果を基に，蓄電池内に流れる電流分布を理論的に決定し，蓄電池内部の異常箇所を特定するものである。

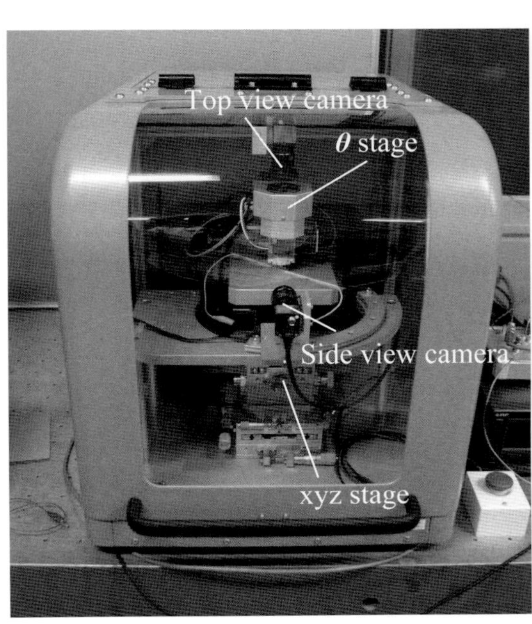

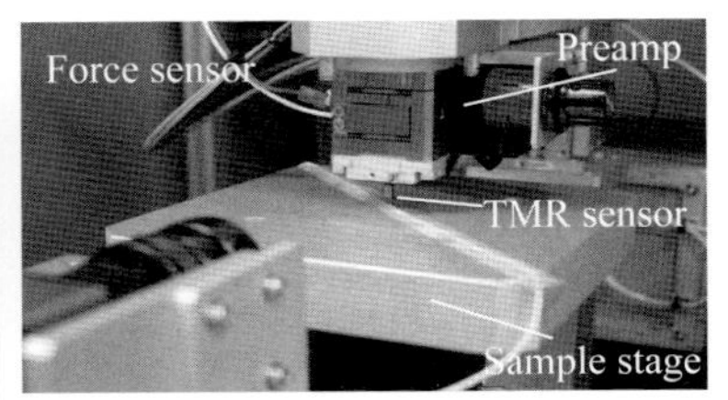

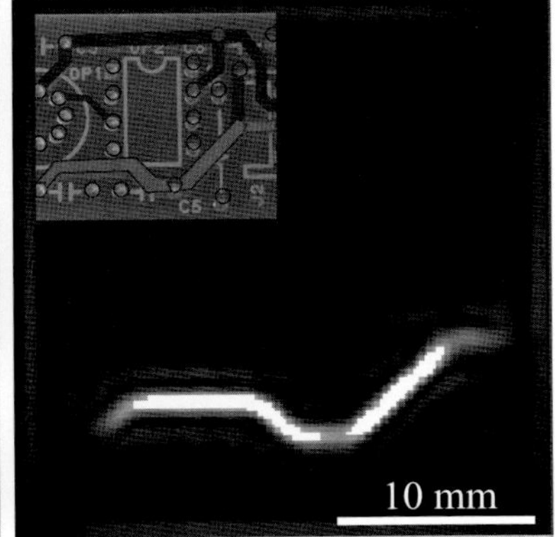

図1 電流経路映像化システム FOCUS（Integral Geometry Science 社製）[1)14)]

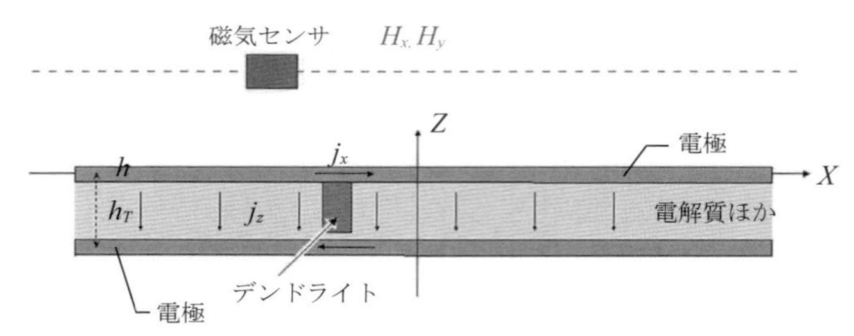

図 2　蓄電池周辺の磁場計測の模式図

2.1　磁気センサの著しい発展について

この技術の開発の背景には，近年著しい磁気センサの発展がある。2007 年にノーベル物理学賞となった巨大磁気抵抗効果の発見[10] を契機に，室温で動作する超高感度磁気センサの開発と実用化が急速に進み[11]，これまで極低温に冷却することが必須であった超伝導量子干渉素子（SQUID）を用いなければ検出不可能であった，ピコテスラスケール，フェムトテスラスケールの磁場検出が室温で可能となった。

2.2　画像再構成理論

この超高感度磁気センサの発展と急速な普及に伴い，計測によって得られる“物体から発せられる微弱な磁場”と，計測対象となる未知の“物体内部の磁気発生源”を結び付ける理論の重要性が大きく高まった。計測によって得られる磁場から，磁気発生源を決定する問題は，これまでも産業上，重要な逆問題として取り扱われてきたが，一意性の問題や，計算時間の問題から，実用化が容易でなかった。そこで，我々は，磁場の逆問題の解析的な解を用いた，自由空間での磁気イメージングの高分解能化に関する方法[1][12] や，電流密度分布を決定することができる蓄電池の問題に注目し，画像再構成理論[6] の開発と，それに基づいた計測システムの開発[1]，実用化（図 1）を進めてきた[13][14]。本稿では，蓄電池外部で計測した磁場から蓄電池内部の電流密度分布を決定する理論[6] について，実際の適用事例とともに，その詳細について述べる。

3.　蓄電池外部の磁場の空間分布の計測結果から蓄電池内電流の空間分布を決定する理論

1 層のリチウムイオン電池のセルを対象とする。多層の場合は，深さ方向に重みをつけて合成された結果が導かれるが，本稿では単層に話題を絞って解説する（図 2）。座標系は導体表面に

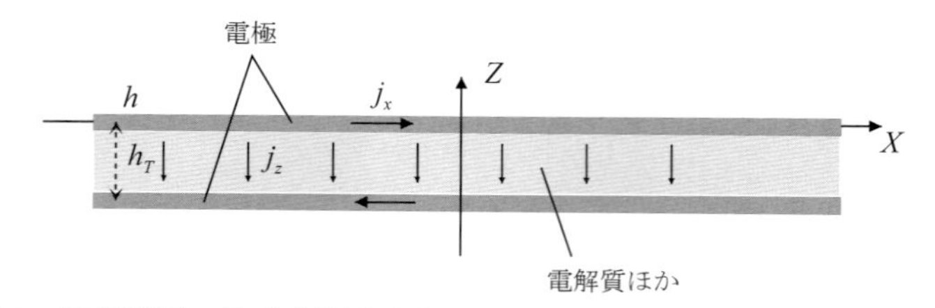

図 3　磁場計測に基づく蓄電池内電流分布の再構成理論における座標系

沿って x 軸，y 軸，法線方向を z 軸とする（**図３**）。以下のような変数を定義する。

σ_0　　：導体電極の導電率（一定）

$\sigma(x, y)$：電解質の２次元導電率分布

$\varphi(x, y)$：導体表面の２次元電位分布

定常状態のマクスウェルの方程式から，

$$\nabla \times \mathbf{E} = -\partial_t \mathbf{B} = 0$$

$$\nabla \times \mathbf{H} = \mathbf{j} + \partial_t \mathbf{D} = \mathbf{j} \tag{1}$$

第１の式から $\mathbf{E}$ にはポテンシャルが存在する。

$$\mathbf{E} = -\nabla \varphi \tag{2}$$

電流は導体電極上で次のように書ける。

$$\mathbf{j} = \sigma_0 \mathbf{E} = -\sigma_0 \nabla \varphi(x, y) \tag{3}$$

マクスウェルの方程式の２番目の式から，

$$\begin{aligned}\nabla \times \nabla \times \mathbf{H} &= \nabla(\nabla \cdot \mathbf{H}) - \Delta \mathbf{H} \\ &= -\Delta \mathbf{H} \\ &= \nabla \times \mathbf{j} \\ &= \nabla \times (\sigma \mathbf{E})\end{aligned} \tag{4}$$

これを導体表面へ適用すると，

$$\Delta H_z = \nabla \times (\sigma_0 \nabla \varphi) = 0 \tag{5}$$

このように導体電極を流れる電流は H_z を生成しない。すると H_z はどこから生成されるかということになる。電解質の内部で電流が z 軸方向へ流れていると仮定すると，ここでも H_z は生成されないことになる。プリント基板のビアホールの場合と異なり，電池の電極には穴などの導電率異常個所がないのでこのようになる。導体電極の厚さを h とするとき，導体基板上での電流の連続の式は次のようになる。

$$(\partial_x j_x + \partial_y j_y) h + j_z = 0 \tag{6}$$

電解質の２次元導電率分布を用いて上式を書き換えると，次のようになる。

$$-h\partial_x(\sigma_0 \nabla_x \varphi) - h\partial_y(\sigma_0 \nabla_y \varphi) + h_T{}^{-1} \sigma(x, y) \varphi = 0 \tag{7}$$

基板の導電率が一定であるとしてこの式を書き換えると次のようになる。

$$(\partial_x{}^2 + \partial_y{}^2) \varphi = \frac{1}{h h_T \sigma_0} \sigma(x, y) \varphi \tag{8}$$

３次元空間では電流は次のように表される。

$$\mathbf{j} = \{-\sigma_0 \nabla_x \varphi(x, y),\ -\sigma_0 \nabla_y \varphi(x, y),\ -h_T{}^{-1} \sigma(x, y) \varphi(x, y)\} h \delta(z - z_0) \tag{9}$$

ここで z_0 は導体基板の中心の z 座標である。磁場の式との関係は次のようになる。

$$\begin{aligned}\Delta \mathbf{H} &= -\nabla \times \mathbf{j} \\ &= -\nabla \times \{-\sigma_0 \nabla_x \varphi(x, y),\ -\sigma_0 \nabla_y \varphi(x, y),\ -h_T{}^{-1} \sigma(x, y) \varphi(x, y)\} h \delta(z - z_0) \\ &= \begin{bmatrix} \mathbf{e}_1 & \mathbf{e}_2 & \mathbf{e}_3 \\ \partial_x & \partial_y & \partial_z \\ \sigma_0 h \nabla_x \varphi(x, y) \delta(z - z_0) & \sigma_0 h \nabla_y \varphi(x, y) \delta(z - z_0) & h_T{}^{-1} h \sigma(x, y) \varphi(x, y) \delta(z - z_0) \end{bmatrix}\end{aligned}$$

$$
= \begin{bmatrix} \partial_y\{h_T{}^{-1}h\sigma(x,y)\varphi(x,y)\delta(z-z_0)\} - \partial_z\{\sigma_0 h\nabla_y\varphi(x,y)\delta(z-z_0)\} \\ -\partial_x\{h_T{}^{-1}h\sigma(x,y)\varphi(x,y)\delta(z-z_0)\} + \partial_z\{\sigma_0 h\nabla_x\varphi(x,y)\delta(z-z_0)\} \\ \partial_x\{\sigma_0 h\nabla_y\varphi(x,y)\delta(z-z_0)\} - \partial_y\{\sigma_0 h\nabla_x\varphi(x,y)\delta(z-z_0)\} \end{bmatrix} \tag{10}
$$

この式で z 成分は０となるが，その他は０とはならない。x，y 成分に関して考察する。このとき次の連立方程式が考えられる。

$$
\begin{aligned}
&\Delta H_x = h_T{}^{-1}h\partial_y\{\sigma(x,y)\varphi(x,y)\}\delta(z-z_0) - \sigma_0 h\{\partial_y\varphi(x,y)\}\delta'(z-z_0) \\
&\Delta H_y = -h_T{}^{-1}h\partial_x\{\sigma(x,y)\varphi(x,y)\}\delta(z-z_0) + \sigma_0 h\{\partial_x\varphi(x,y)\}\delta'(z-z_0) \\
&\partial_x{}^2\varphi + \partial_y{}^2\varphi = (\sigma_0 h h_T)^{-1}\sigma(x,y)\varphi(x,y)
\end{aligned} \tag{11}
$$

３番目の式から $\sigma(x,y)\varphi(x,y)$ を１，２番目の式の右辺第一項へ代入する。

$$
\begin{aligned}
&\Delta H_x = h^2\sigma_0\partial_y\{\partial_x{}^2\varphi + \partial_y{}^2\varphi\}\delta(z-z_0) - \sigma_0 h\{\partial_y\varphi(x,y)\}\delta'(z-z_0) \\
&\Delta H_y = -h^2\sigma_0\partial_x\{\partial_x{}^2\varphi + \partial_y{}^2\varphi\}\delta(z-z_0) + \sigma_0 h\{\partial_x\varphi(x,y)\}\delta'(z-z_0)
\end{aligned} \tag{12}
$$

次式のような記号を導入し，

$$
\begin{aligned}
&\tilde{\varphi}(k_x,k_y) = \int_{-\infty}^{\infty}\int_{-\infty}^{\infty} e^{-ik_x x - ik_y y}\varphi(x,y)\,dxdy \\
&Q_x(k_x,k_y,z) = \int_{-\infty}^{\infty}\int_{-\infty}^{\infty} e^{-ik_x x - ik_y y}H_x(x,y,z)\,dxdy \\
&Q_y(k_x,k_y,z) = \int_{-\infty}^{\infty}\int_{-\infty}^{\infty} e^{-ik_x x - ik_y y}H_y(x,y,z)\,dxdy
\end{aligned} \tag{13}
$$

上式をｘ，ｙについてフーリエ変換すると次のようになる。

$$
\begin{aligned}
&\frac{d^2}{dz^2}Q_x - (k_x{}^2 + k_y{}^2)Q_x = -h^2\sigma_0(ik_y)(k_x{}^2 + k_y{}^2)\tilde{\varphi}\delta(z-z_0) - \sigma_0 h(ik_y)\tilde{\varphi}\delta'(z-z_0) \\
&\frac{d^2}{dz^2}Q_y - (k_x{}^2 + k_y{}^2)Q_y = h^2\sigma_0(ik_x)(k_x{}^2 + k_y{}^2)\tilde{\varphi}\delta(z-z_0) + \sigma_0 h(ik_x)\tilde{\varphi}\delta'(z-z_0)
\end{aligned} \tag{14}
$$

ここで次のようなグリーン関数 $G_0(z,z_0,k)$ を導入する。

$$
\begin{aligned}
&G_0(z,z_0,k) = \frac{1}{2k}e^{-k|z-z_0|} \\
&k = \sqrt{k_x{}^2 + k_y{}^2} \\
&\frac{\partial^2}{\partial z^2}G_0(z,z_0,k) - k^2 G_0(z,z_0,k) = \delta(z-z_0)
\end{aligned} \tag{15}
$$

上の方程式の特別解は次のようになる。

$$
\begin{aligned}
&Q_x(k_x,k_y,z) = \left\{-h^2\sigma_0(ik_yk^2)G_0(z,z_0,k) - \sigma_0 h(ik_y)\frac{d}{dz}G_0(z,z_0,k)\right\}\tilde{\varphi}(k_x,k_y) \\
&Q_y(k_x,k_y,z) = \left\{h^2\sigma_0(ik_xk^2)G_0(z,z_0,k) + \sigma_0 h(ik_x)\frac{d}{dz}G_0(z,z_0,k)\right\}\tilde{\varphi}(k_x,k_y)
\end{aligned} \tag{16}
$$

上の式で $z > z_0$ とする。そのために次の式を用いる。

$$
\lim_{z \to z_0 + 0} G_0(z,z_0,k) = \frac{1}{2k}
$$

$$\lim_{z \to z_0+0} \frac{d}{dz} G_0(z, z_0, k) = -\frac{1}{2} \tag{17}$$

上の式は次のようになる。

$$Q_x(k_x, k_y, z_0) = \frac{1}{2}\left\{-h^2\sigma_0(ik_y k) + \sigma_0 h(ik_y)\right\}\tilde{\varphi}(k_x, k_y)$$
$$Q_y(k_x, k_y, z_0) = \frac{1}{2}\left\{h^2\sigma_0(ik_x k) - \sigma_0 h(ik_x)\right\}\tilde{\varphi}(k_x, k_y) \tag{18}$$

この式から次式が導ける。

$$ik_y Q_x(k_x, k_y, z_0) - ik_x Q_y(k_x, k_y, z_0) = \frac{1}{2} hk^2\sigma_0(hk-1)\tilde{\varphi}(k_x, k_y) \tag{19}$$

電位分布のフーリエ変換像は次のようになる。

$$\tilde{\varphi}(k_x, k_y) = \frac{2\{ik_y Q_x(k_x, k_y, z_0) - ik_x Q_y(k_x, k_y, z_0)\}}{hk^2\sigma_0(hk-1)} \tag{20}$$

フーリエ逆変換して$\varphi(x, y)$を求めると，電池内部の導電率分布$\sigma(x, y)$が次のように求まる。

$$\sigma(x, y) = hh_T\sigma_0 \frac{(\partial_x{}^2 + \partial_y{}^2)\varphi}{\varphi} \tag{21}$$

4. コンピュータによる数値的―導電率再構成

磁気センサで計測した面のz座標(電池の基板位置を$z=0$と仮定)の値によりスペクトラム空間で高周波が減衰することや厳密な意味では静的な成分は計測できないことなど，これらのことはコンピュータによる数値的方法では容易に実行可能となる。任意の導電率分布を与えて，基板上のポテンシャルを計算し，ある座標(x, y, z)での磁場を計算して，再構成用のデータを作ることは有限要素法などが必要となりかなり面倒であるので，点状短絡による磁場の解析解を用いて再構成を行った結果について説明する。

蓄電池内の座標(x_s, y_s)に点状短絡を持つ場合，計測点(x, y, z)における磁場は以下の式で表される。

$$H_x = \frac{h\sigma_s\varphi_s}{4\pi h_T}\frac{-(y-y_s)}{\{(x-x_s)^2+(y-y_s)^2+(z-z_0)^2\}^{3/2}} + \frac{\sigma_s\varphi_s}{4\pi h_T}\frac{(y-y_s)}{(x-x_s)^2+(y-y_s)^2}\left\{\frac{-(z-z_0)}{\sqrt{(x-x_s)^2+(y-y_s)^2+(z-z_0)^2}}+1\right\}$$
$$H_y = \frac{h\sigma_s\varphi_s}{4\pi h_T}\frac{(x-x_s)}{\{(x-x_s)^2+(y-y_s)^2+(z-z_0)^2\}^{3/2}} + \frac{\sigma_s\varphi_s}{4\pi h_T}\frac{(x-x_s)}{(x-x_s)^2+(y-y_s)^2}\left\{\frac{(z-z_0)}{\sqrt{(x-x_s)^2+(y-y_s)^2+(z-z_0)^2}}-1\right\} \tag{22}$$

ただし，σ_sは短絡部導電率，φ_sは短絡部における電位，hは電極の厚さ，h_Tは電解質の厚さである。これをフーリエ変換する。

$$Q_x(k_x, k_y, z) = \int_{-\infty}^{\infty}\int_{-\infty}^{\infty} e^{-ik_xx-ik_yy} H_x(x, y, z)\,dxdy$$
$$Q_y(k_x, k_y, z) = \int_{-\infty}^{\infty}\int_{-\infty}^{\infty} e^{-ik_xx-ik_yy} H_y(x, y, z)\,dxdy \tag{23}$$

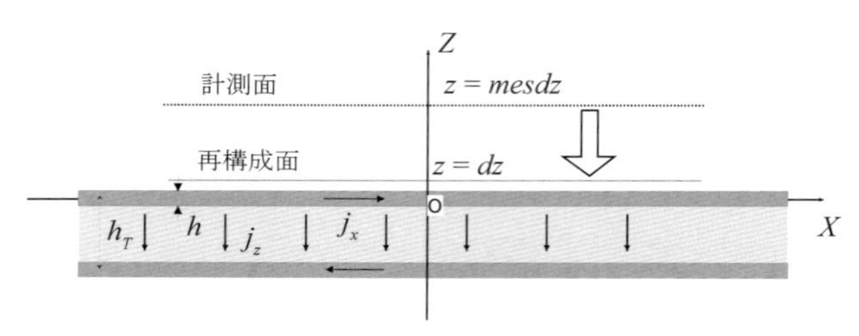

図４　磁場計測面と再構成面との位置関係

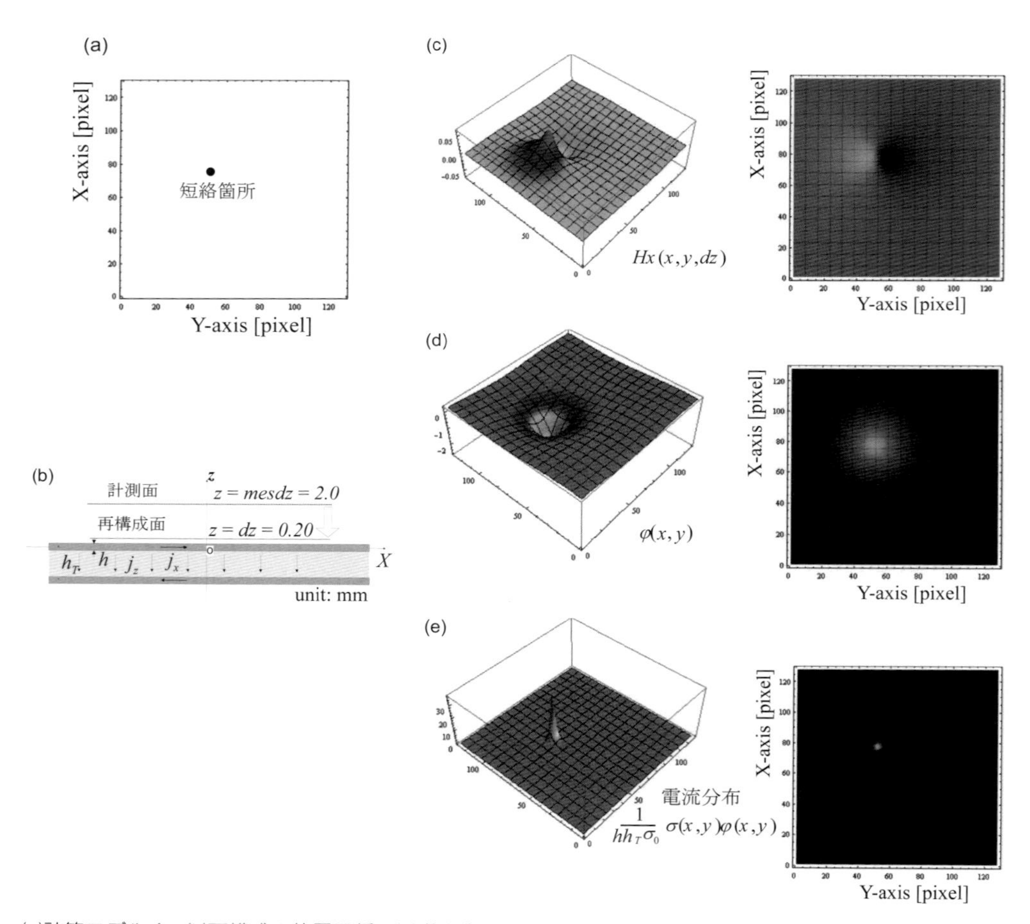

(a)計算モデル１，(b)再構成の位置関係，(c)磁場分布，(d)再構成される電位分布，(e)再構成される電流分布
計算条件は以下のとおりである。基板の大きさ 100 mm×100 mm（画像画素数 128 piexl×128 piexl），電極厚さ h=1.0 mm，測定した z 座標 $mesdz$=2.0 mm，再構成した座標 dz=0.2 mm，短絡箇所（x_s，y_s）＝（60 mm，40 mm）

図５　短絡部を１点有する蓄電池の計算モデルを基に，磁場から蓄電池内電流を再構成した結果

結果は次のようになる。

$$Q_x(k_x, k_y, z) = \frac{h\sigma_s\varphi_s}{2h_T}\frac{ik_y}{k}e^{-ik_xx_s-ik_yy_s}e^{-k(z-z_0)} + \frac{\sigma_s\varphi_s}{2h_T}\frac{ik_y}{k^3}e^{-ik_xx_s-ik_yy_s}\frac{d}{dz}e^{-k(z-z_0)}$$

$$Q_y(k_x, k_y, z) = -\frac{h\sigma_s\varphi_s}{2h_T}\frac{ik_x}{k}e^{-ik_xx_s-ik_yy_s}e^{-k(z-z_0)} - \frac{\sigma_s\varphi_s}{2h_T}\frac{ik_x}{k^3}e^{-ik_xx_s-ik_yy_s}\frac{d}{dz}e^{-k(z-z_0)} \tag{24}$$

図 4 のように $z = mesdz$ で計測し，$z = dz$ へ再構成することにする。

再構成に必要となるパラメータは，再構成の基本式(21)に示されるように，電極厚さ h，電解質厚さ：h_T，導体の導電率 σ_0 である。本稿では，点状短絡から解析的に導かれた磁場（式(22)）の数値計算結果（模擬計測データとして活用）から蓄電池内電流を再構成した結果を示すが，その磁場の導出過程においては点状短絡部の電位 φ_s，点状短絡部の導電率 σ_s を使用する。測定位置の z 座標により高周波が減衰する効果や DC 成分が測定できないことを反映した窓関数を厳密解 Q_x，Q_y に乗ずる。

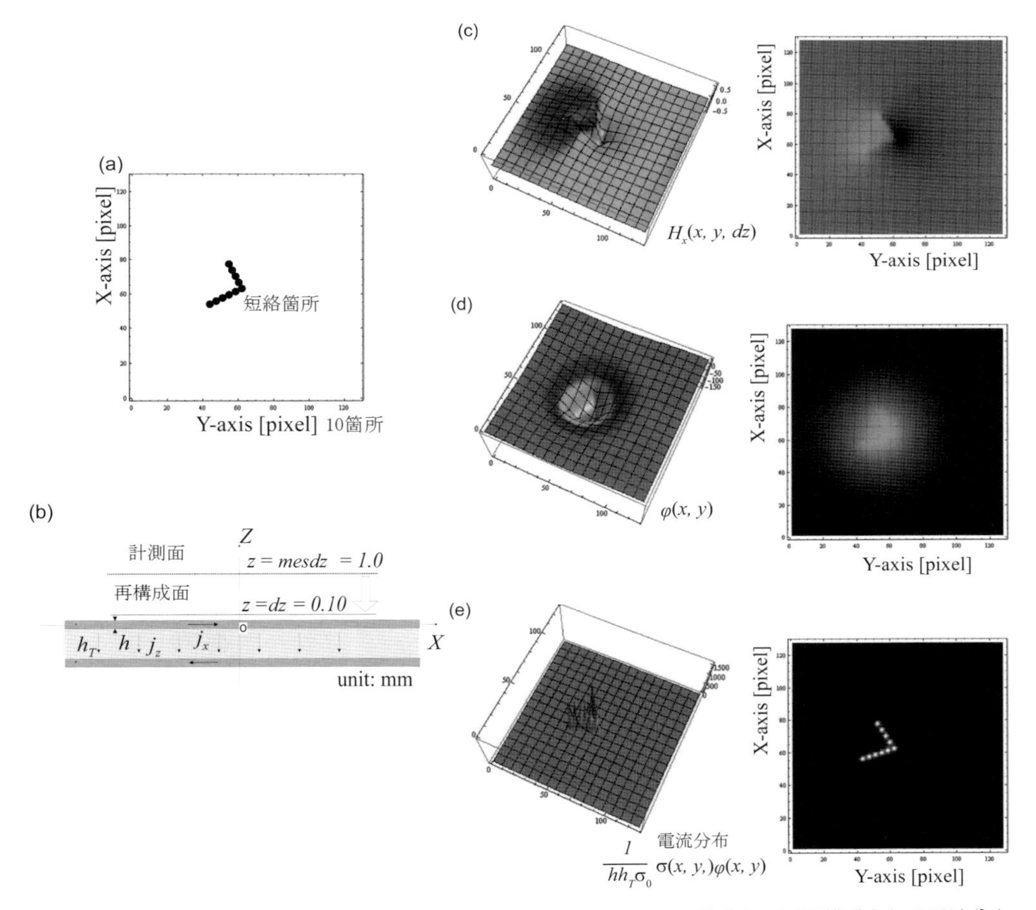

(a)計算モデル 2，(b)再構成の位置関係，(c)磁場分布，(d)再構成される電位分布，(e)再構成される電流分布
計算条件は以下のとおりである。基板の大きさ 100 mm×100 mm，電極厚さ h=0.1 mm，測定した z 座標 $mesdz$=1.0 mm，再構成した座標 dz=0.1 mm

図 6　短絡部を多数有する蓄電池の計算モデルを基に，磁場から蓄電池内電流を再構成した結果

$$wndf(kx,ky)=(kx^2+ky^2)^{0.1}e^{-mesdz\sqrt{kx^2+ky^2}} \quad (25)$$

以下では，点状短絡を有する２つの蓄電池の計算モデルにおいて，本稿で示す，磁場から蓄電池内電流を再構成した結果を紹介する。蓄電池の計算モデル１（**図５**）では，蓄電池内に１点の短絡部，計算モデル２（**図６**）では蓄電池内に複数の短絡部を有している。これらの再構成において，その過程で得られる電位部分布とともに，蓄電池内の導電率が明瞭に画像再構成されていることがわかる（図５，６）。

さらに，実際の蓄電池において，磁場の計測結果を基に，蓄電池内電流を再構成した結果を**図７**に示す[8]。

負極活物質 Graphite：CB（カーボンブラック）：PVDF（ポリフッ化ビニリデン）＝85：15：3，正極活物質 $LiCoO_2$（コバルト酸リチウム）：CB（カーボンブラック）：PVDF（ポリフッ化ビニリデン）＝87.2：10：2.8，電極サイズ 50 mm×50 mm 容量 40 mAh のラミネート型の単層リチウムイオン電池を試作し，充電後，計測を実施した[8]。漏洩電流は，100 μA 程度であった。出力電圧 3.6 V の本蓄電池に，電流電圧源にて 3.6 V の直流電圧に 100 mA_{pp} の交流電流を重畳して加え，蓄電池外部に漏洩する磁場の空間分布を，室温にてピコテスラスケール（典型値 2 pT/$\sqrt{Hz}$ at 100 Hz）の検出感度を持つ超高感度磁気センサを用いて計測した。図７(a)に計測および“画像再構成の位置関係”の概要，図７(b)に本研究で試作したリチウムイオン電池の外観写真を示す。図７(c)に得られた，磁場ベクトル **H** の x 成分 H_x の空間分布，図７(d)に磁場ベクトル **H** の y 成分 H_y の空間分布を示す。本稿で示した画像再構成理論を用いて図７(c)，図７(d)の２つの再構成 H_x 画像，再構成 H_y 画像から正極から負極に流れる電流密度分布を，計算した結果を図７(e)に示す。画像左下に輝点が可視化されており，本蓄電池の自己放電箇所であることがわかる。

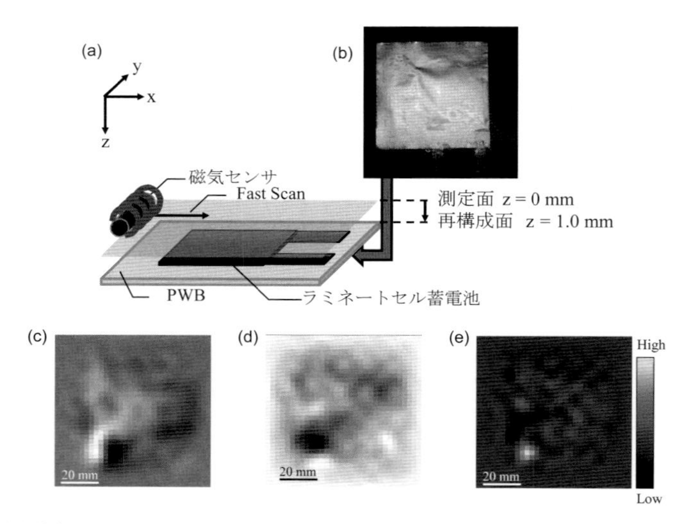

(a)測定の概要，(b)測定に用いた試作ラミネート型リチウムイオン蓄電池の外観写真，(c)蓄電池内の再構成-磁場分布画像（Hx 分布画像），(d)蓄電池内の再構成-磁場分布画像（Hy 分布画像），(e)再構成-2次元電流密度分布画像

図７　実際の不良蓄電池の短絡部を非破壊映像化した結果

5. 結　論

本稿では，蓄電池の故障解析，品質管理に向けた，磁場計測に基づく非破壊電流密度分布可視化のための画像再構成理論の詳細について紹介し，さらに点状短絡を有する蓄電池に関して，蓄電池周辺の磁場の空間分布と，再構成された蓄電池内の電流密度分布の関連性について示した。本論文の技術を用いることで，蓄電池内の発電状況の精密な把握，性能劣化に係る電気的要因を，蓄電池を解体することなく検査することができ，今後の高エネルギー密度化が進むリチウムイオン蓄電池の運用において，故障解析技術，安全管理技術として普及すると考えられる。今後，本技術の発展としては，良否判別の精密判定に資する磁気センサの高感度化に加え，多層蓄電池内における３次元電流密度分布の導出を可能とする画像再構成理論[15]の実用化が期待される。

文　献

1) K. Kimura, Y. Mima and N. Kimura: *Journal of the institute of electrical engineers of japan.*, **135** (7), 4 (2015).
2) Y. Mima, N. Oyabu, T. Inao, N. Kimura and K. Kimura: *IEEE CPMT Symposium Japan*, 257 (2013).
3) 美馬勇輝，木村憲明，木村建次郎：ケミカルエンジニヤリング，**60** (10)，7 (2015).
4) 鈴木章吾，稲垣明里，美馬勇輝，木村憲明，木村建次郎：第 26 回マイクロエレクトロニクスシンポジウム，**26**，4 (2016).
5) 美馬勇輝，大藪範昭，稲男健，木村憲明，木村建次郎：第 27 回最先端実装技術・パッケージング展アカデミックプラザ，**AP-34**，(2013).
6) K. Kimura, Y. Mima and N. Kimura: *Subsurface Imaging Science & Technology*, **1** (1), 1 (2017).
7) 木村建次郎，稲垣明里，鈴木章吾，松田聖樹，美馬勇輝，木村憲明：第 30 回最先端実装技術・パッケージング展，6 (2016).
8) 木村建次郎，松田聖樹，鈴木章吾，美馬勇輝，木村憲明：第 58 回電池討論会，(2017) (accpted).
9) 美馬勇輝，野本和誠，木村憲明，木村建次郎：第 56 回電池討論会，3E25 (2015).
10) P. A. Grünberg: *FROM SPINWAVES TO GIANT MAGNETORESISTANCE* (*GMR*) *AND BEYOND*, pp. 92-108, Nobel Lecture (2017).
11) T. Miyazaki, T. Yaoi and S. Ishio: *Journal of Magnetism and Magnetic Materials*, **98**, 3 (1991).
12) K. Kimura, Y. Mima, N. Oyabu, T. Inao and N. Kimura: *Journal of the japanese society for non-destructive inspection*, **62** (10), 2 (2013).
13) 木村建次郎：A-STEP 成果集，p. 57 (2014).
14) Integral Geometry Science homepage: Nondestructive imaging apparatus of electric current -Focus 001-, http://ig-instrum.co.jp/en/product01.html (2017/10/30).
15) 木村建次郎，松田聖樹，鈴木章吾，稲垣明里，美馬勇輝，木村憲明：第 57 回電池討論会，p. 187 (2016).

第2節　電池内部での電極挙動その場観察手法の開発と成果

東京工業大学　**荒井　創**

1. はじめに

電池は基本的に密閉環境下で作動する。これは，酸素による酸化や水による加水分解といった大気との反応による電極材料や電解質材料の劣化や，電解液の揮発・変質を避けるためである。この密閉性のために，電池内部挙動の直接観察は困難である。特にニッケル水素電池，リチウムイオン電池（LIB）といった蓄電池は，放電末状態にある電極系を大気中で構築し，密閉してから化成により充電状態にして作用させる。このことから，大気開放がないことを前提として成立しており，作動中の状態観察は極めて難しい。200 年にもなる長い電池研究・開発の歴史の大半において，作動中の電池内部状態を調べる手法は，電位−電流−時間の関係を探る電気化学的な手法に限られてきた。逆にこの事情が，サイクリックボルタンメトリー，電位・電流ステップ法，電気化学インピーダンス法といった，優れた診断方法を産む土台になってきた。しかし多くの場合，電気化学レスポンスを物理現象と結びつけることは容易ではない。電池内の物理・化学的な現象を見るためには，解体（ex situ）解析は有用であるが，それも外界との反応に留意した大気非暴露の測定がなされるようになったのは，ここ 30 年程度のことである。このように電池内挙動はブラックボックスであることが，電池作動の正しい理解に基づく改良を阻んできた。

図 1 には，電池内現象を空間軸と時間軸で整理したものを記した。変化する現象を一つの状態像として捉えるには，情報取得を現象変化に比べて十分短い時間で完了する必要がある。例えば 1 h 率（1 C）の充放電において，5%ごとの平均情報（現状の電池反応理解においては十分な精度）を取得しようとすれば，3 min 以内に情報をとる必要がある。これが必要な時間分解能である。また小さな領域に焦点を絞ろうとすれば，カメラの撮影と同じく，光量が不足するため，短時間測定が困難になる。光が不十分であれば，ブレて不鮮明な情報しか得られない。すなわち，空間分解能と時間分解能の両方を追求することは困難であることが，電池内現象解明の難しさにつながっている。

密閉された電池内部の状況をそのままに外部から捕捉するには，投げ縄（プローブ）が必要である。放射光・中性子・核磁気共鳴（NMR）を始めとする透過力を有するプローブが 1990 年頃から徐々に利用されるようになり，最初は解体解析の手段であったものが，プローブの高出力化と，アルミラミネートセルの活用に代表される電池のモデル化が進んだ近年に至って，電極挙動のその場観察が幅広く行われるようになってきた。その場観察には，電池作動中の必要なポイント（充放電状態）で電池を電流の流れない（OCV もしくは定電位の）状態にした上で，状態観察を行うことで時間分解能の拘束から逃れる in situ 解析に加え，電流を流して反応が進行す

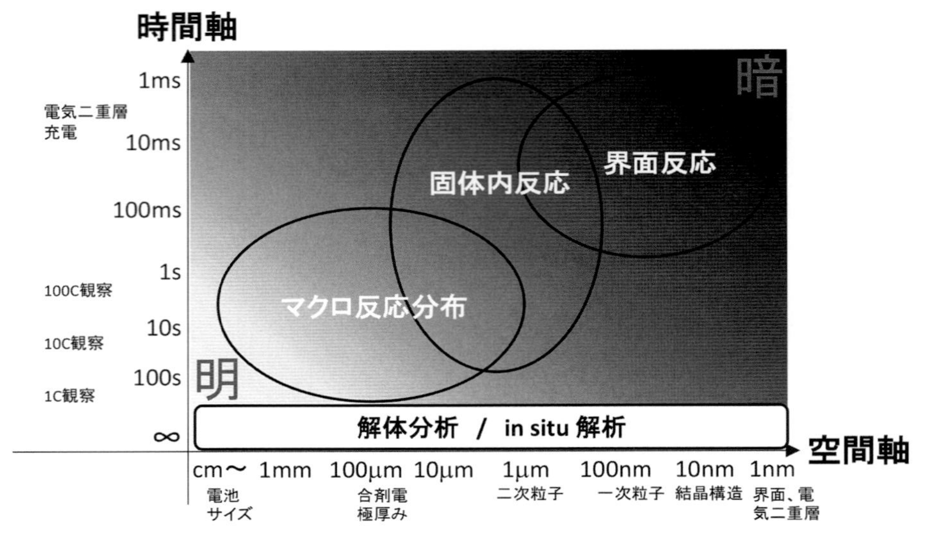

図１　電池内現象の空間軸と時間軸

表１　各種測定手法の時間分解能と特徴

測定手法	時間分解能オーダー	5％平均情報取得が可能なレート	特徴
電気化学	数 ms	100 C（～30 s 充電／放電）	物理・化学現象との関連づけが困難
放射光	数 s	10 C（～6 min 充電／放電）	回折・吸収などが利用可能
中性子	数 min	1.0 C（～1 h 充電／放電）	複数成分同時解析可能，透過能大
NMR	10 min	0.3 C（～3 h 充電／放電）	電子・局所構造に鋭敏

る様子をそのまま観察する operando（リアルタイム）解析がある。in situ 解析の中では，電極と電解質の界面現象の観察が，ex situ では困難な電池内の現象解明に寄与する技術領域になる。また operando 解析は，高速の電極相転移遷移を始めとする非平衡現象の観察において強みを発揮する。**表１**に主な測定手法の時間分解能の目安を示した。時間分解能は，プローブが電池外装をどの程度透過するかも大きく影響し，放射光・NMR では主にラミネートタイプの電池が対象であり，円筒型セルの解析には中性子が用いられる。

本稿では，従来の解体解析では分からなかった電池内部の現象を，バルク遷移挙動，電極内反応分布，及び界面挙動に分類して，その場観察手法の開発と成果を，革新型蓄電池先端科学基礎研究事業（RISING，2009～2015 年度）の事例を中心として紹介する。この事業は，国立研究開発法人新エネルギー・産業技術総合開発機構（NEDO）のプロジェクトであり，電池のその場観察を活かしたブラックボックスの解明により革新電池の構築を進めることを標榜し，蓄電池専用の放射光ビームライン（Spring-8 BL28XU）[1] 及び中性子ビームライン（J-PARC MLF SPICA）[2] を世界で初めて構築し，蓄電池のその場観察の領域を大きく拡大した。本稿ではリチウムイオン電池（LIB）に加えて，革新電池系への適用事例も紹介する。

2. バルク遷移挙動の観察

バルク遷移挙動の観察は，ラボのエックス線回折（XRD）による電極材料の構造解析が端緒であろう[3]。解体解析では，充放電中の複雑な構造変化と電位変化の関連を事細かに観察することに限界があり，同一試料による比較的低レートでの operando XRD によるメリットは大きい。また放射光の利用が広まるにつれて，エックス線吸収分光（XAS）の活用も広まり[4]，電子構造及び中心金属周りの局所構造解析に威力を発揮している。ここでは，解体法では解析困難な事例として，電池内複数成分の同時解析事例と，1 C を超えるレートに相当する高速挙動解析事例を紹介する。

2.1 電池内複数成分の同時解析

中性子は高い透過能を有するため，小型円筒型セル程度であれば，回折法で内部構成材料の結晶構造解析が可能である（当然，セル外装などの回折線も重畳する）。一方，時間分解能はエックス線に比べて低く，1 C 程度の operando 解析が可能になってきたのは，高強度のビームが利用できるようになった概ね 2010 年以降のことである。正負極の同時解析は，実電池のハイレート挙動や劣化挙動に大きな威力を発揮している。

RISING で開発された SPICA では，18650 型 LIB を用いた 2 C までの高速挙動観察が実施された[5]。充電時と放電時の変化は，層状正極では対称的であったが，黒鉛負極ではステージ構造変化に非対称性が見られ，特にハイレートで顕著であった。対向している正負極で異なる挙動を示したことから，黒鉛極の非対称挙動は電極厚み方向での変化を反映していると推察される。またサイクル経過により，正負極の利用領域がシフトすることも示された。劣化セルにおいては，皮膜生成が原因と推察される利用可能リチウム量の低下が，セルの容量低下を引き起こしていることが示されており[6]，同様の結果は，他研究機関の in situ 中性子回折による正負極同時解析からも示唆されている[7]。またリチウムの中性子吸収能が高いことを利用した中性子ラジオグラフィーでは，急速充電による黒鉛負極上への金属リチウム観察事例がある[8]。

NMR も，中性子と並んで複数成分の解析に用いられる。特に ^{7}Li 核は NMR 活性で感度が高く，正極・負極・電解液中のリチウムを化学シフトで分離しながら同時観察できるため，LIB 解析への適用が進んでいる。高磁場 NMR の登場で，これも従来困難であった operando 測定が可能になってきている。回折法による平均構造変化とは異なる，NMR を用いたリチウム局所構造の観点から見た電極の相転移挙動の報告は興味深く，$LiCoO_2$ 極ではフル放電でも完全にリチウムが戻らないこと[9] や，$LiNi_{0.5}Mn_{1.5}O_4$ ではフル充電でも完全にリチウムが除去されないこと[10] が示唆されている。また金属リチウムのデンドライトは，平板のリチウム箔と異なる化学シフトを示すことから，デンドライトの非解体解析手法としての価値も高い[11]。

2.2 高速挙動解析

前項の黒鉛負極の解析例にもあったように，二相共存反応系における相転移は非平衡挙動を示すことが多く，緩和によって失われる動的な情報を正しく理解するためには，高速挙動を捉える

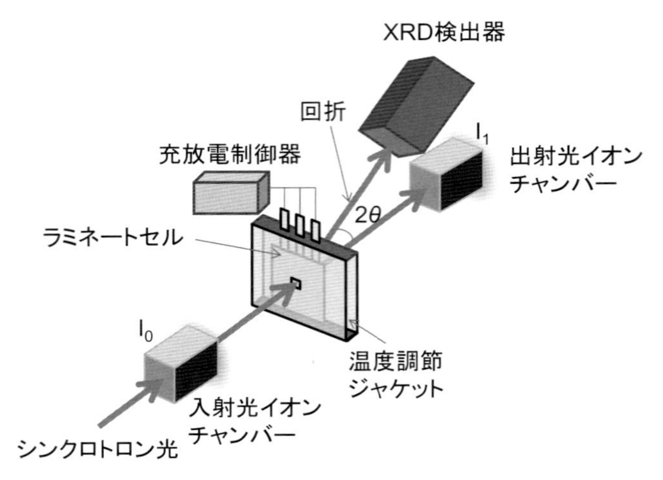

図 2　温度調節機能を備えたセルと測定系

operando 解析が欠かせず，特に放射光 XRD 及び XAS の利用価値が高い。RISING では，**図 2** のような温度調節機能を備えたセルを用いて，速度論的な考察を可能とする実験を行った。

$LiFePO_4$ 系は，L_xFePO_4（$x \approx 1$，以降 LFP）と L_xFePO_4（$x \approx 0$，以降 FP）の二相共存系であり，大きな格子体積変化を伴うにも関わらず高レート特性を示すため，その相転移挙動は電気化学手法[12]や解体解析[13]により幅広く検討されている。RISING では放射光 XRD・XAS の高い時間分解能を生かして，10 C を超えるハイレート挙動を観察することにより，解体解析では得られない非平衡遷移状態の解析に成功している。

満充電状態と満放電状態の間を一気に変化させる電位ステップ法を用いると，Kolmogorov–Johnson–Mehl–Avrami（KJMA）解析によって，相転移の律速段階を推察することができるが，これを XRD プロファイルを用いて行ったところ，電気化学的な測定データとの対応がとれ，相境界面が移動する際の化学結合の再構築が律速であることがわかった[14]。ただし充電時挙動と放電時挙動に食い違いがあり，単純な二相共存系でない可能性があることも示唆された。さらに XRD ピークの詳細を追跡することにより，LFP と FP の間で連続的なピークシフトがあることがわかり，これらの非平衡状態でのみ存在する中間状態が，格子体積変化を緩和して，高速反応を可能にしていることが判明した[15]。一方，10 C 程度のハイレートになると，L_xFePO_4（$x \approx 3/4$，以降 LxFP）に，回折値のシフトしない独立したピークが観察された[16]。また LxFP は低温では長時間安定であり，−5℃の詳細 XRD 測定により，LxFP が LFP，FP と同構造を有することもわかった[17]。さらなる速度論的な考察により，LFP と FP の相転移は，不均化しやすい LxFP を経由して進み，LFP と LxFP の相転移が，LxFP と FP の相転移に比べて遅いことが，充電時と放電時の電位差や XRD 挙動の違いを生じるものと結論づけた（**図 3**）[17]。LxFP の存在を含めた相転移の理論化が進むことにより，高速電極の設計が進むことが期待される。

また高電位正極として知られる $LiNi_{0.5}Mn_{1.5}O_4$ 系は，ニッケル 2 価の $Li_{1.0}Ni_{0.5}Mn_{1.5}O_4$（以下 Li1）と，ニッケル 3 価の $Li_{0.5}Ni_{0.5}Mn_{1.5}O_4$（以下 Li0.5）との二相共存，さらに Li0.5 と $Li_{0.0}Ni_{0.5}Mn_{1.5}O_4$（以下 Li0）との二相共存という，二つの段階を経て相転移する。この際に，Li1 と Li0.5 との相

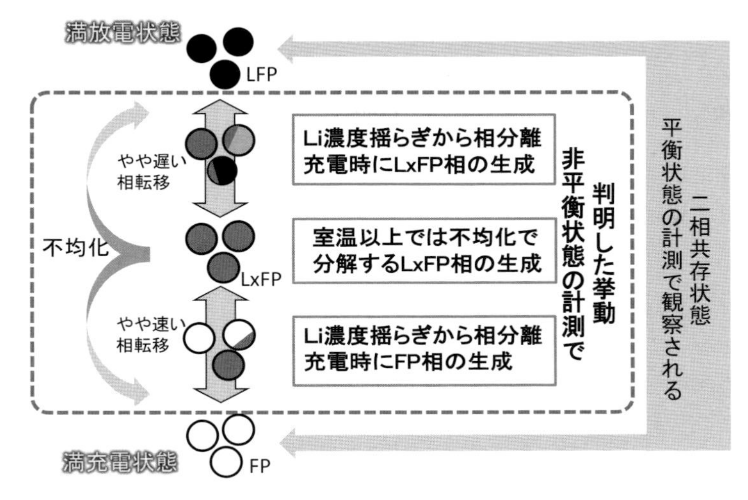

図３　$LiFePO_4$ 系における相転移模式図

転移が，Li0.5 と Li0 との相転移に比べて速いため，充放電で非対称的な挙動を示すことが，高速 XAS 測定により示された[18]。0℃以下で充放電すると，この非対称性はさらに高まり，電池の温度履歴が電極状態を大きく左右するまでに至る[19]。相転移の活性化エネルギーを求めると，Li1 と Li0.5 との相転移は LFP 並みになるが，Li0.5 と Li0 との相転移はその２倍程度と，かなり遅い過程になることが判明した[20]。また $LiFePO_4$ 系と同様，$LiNi_{0.5}Mn_{1.5}O_4$ 系でも，安定相の間にある準安定状態を捉えることができた[21]。電子状態を捉える XAS ではニッケルの価数に応じた離散的な相転移挙動であるが，構造を捉える XRD では連続的な変化を示すことは興味深い。さらに $LiNi_{0.5}Mn_{1.5}O_4$ 系は $LiFePO_4$ 系と異なり，ミクロ粒子でも高速挙動を示すことから（これは拡散経路が３次元であることが効いているのであろう），緩和挙動が遅いと推察し，充放電途中にある試料を凍結して透過型電子顕微鏡で解体解析したところ，一次粒子中に相境界を認めることができた[21]。電気化学的にリチウムを脱離して得た試料における相境界の確認は初めてのことである。$LiNi_{0.5}Mn_{1.5}O_4$ 系でも $LiFePO_4$ 系と同様，類似した二つの相転移の間に大きな速度差（活性化障壁の違い）がある理由はまだ不明であり，高速電極系の設計に向けて今後の解明が待たれる。

高速挙動解析の革新電池系への応用は現在進行中であるが，亜鉛空気電池関連で二例紹介する。一つはエックス線蛍光法（XRF）を用いて，電極近傍数 mm 程度の領域にある亜鉛種を数 s でイメージングすることにより，亜鉛の析出溶解挙動を調べた事例である[22]。解析により，亜鉛種は充電時にデンドライト状に成長するが，放電時にはすぐに酸化亜鉛にならず，長時間イオン種として電解液中に溶存状態（過飽和状態）で存在し，この酸化亜鉛種の過飽和挙動が，亜鉛極の形状変化に繋がる可能性が示唆された。この観察結果を踏まえて，亜鉛の過飽和挙動を抑制することによる亜鉛極の長寿命化技術の創出が進められている。また本手法は電解液中のイオンの動きを operando イメージングで捉えた事例としても興味深い。

もう一つは，高さ方向に nm オーダーの分解能を有する共焦点微分干渉光学顕微鏡を用いて，亜鉛の析出溶解挙動を観察した事例である[23]。数 s で一枚の画像が得られ，数 C 程度の充放電挙動に対応したビデオ撮影が可能である。平坦な金電極を用いて亜鉛析出を観察すると，UPD と呼ばれる表面での析出がまず起こり，続いてアイランド状の粒子が現れ，最終的に六角柱状の結晶が現れることが明らかになった。析出電位や添加剤の効果を合わせて観察することにより，亜鉛極挙動の原子レベルでの理解，さらには特性向上方法に関する指針が得られると期待される。

他のバルクその場解析としては，イオン液体を利用した in situ での透過型電子顕微鏡観察[24]や走査型電子顕微鏡観察[25]なども開発されており，紙幅の都合上，詳細は割愛するが，nm～μm オーダーにおける電池現象解明に貢献している。

3. 電極内反応分布の観察

前章のバルク解析では，対象物がプローブの範囲内において均一な状態で存在することを前提とした解析事例を示した。反応分布が起こりにくい条件，すなわち電極を薄くする，電解液を多量に入れるなどの実験セットアップの工夫で，遷移状態を均一なバルクとして捉えたことになる（多数粒子の反応がほぼ同時に進行していることは，例えば文献 17）においては XRD ピークプロファイル解析から示されている）。

実用 LIB では，エネルギー密度を稼ぐ観点から，100 μm 程度の厚塗り電極が用いられるため，とりわけ電極厚み方向の反応分布が問題となる。多孔質に作られた合剤電極では，主に導電剤による集電体からの電子伝導パスと，主に多孔内に含まれる電解液による沖合電解液からのイオン伝導パスが複雑に絡み合っており，条件によって反応律速の支配因子が異なる[26]。このような電極内反応分布も緩和によって消えるために，operando で捉えることの必要な現象であるが，プローブをフォーカスして位置分解能を高めた上で，十分な時間分解能を達成することは容易ではない。XRD においては，スキャンにより回折プロファイル（回折ピーク情報）を得る必要があり，焦点のズレも懸念される。そこで放射光を用いた，エネルギー分散型 XRD の適用が提案された[27]。入射光として白色光を用い，検出器でエネルギーを絞って回折を測定することにより，短時間で XRD プロファイルの測定を行うことが可能となった。ただしこの方法では検出器の特性でシャープな回折ピークが得られず，LIB 電極材料のような格子変化の小さい活物質の状態測定には適していない。

そこで RISING では，単色光のエネルギーを入射光側のモノクロメータで連続的に変えて分光的に XRD を測定する手法を採用した[28]。これは同一ビームラインで XRD と XAS を測定できるように設計された BL28XU の特徴を活かしたものであり，入射光と回折線の交わるひし形状の焦点は波長を変えてもほとんど動かず，また 20～30 μm 程度の電極深さ方向の分解能を実現することが可能であった（現在では，ビーム入射光・スリット・検出器の工夫により位置分解能は 10 μm 程度に向上している）。それでもスリットによる集光と，オペランドが有効となる短い測定時間（1 C として数 min）の範囲内で，十分な精度で回折面間隔 d を得るためには，測定を一つの回折のみに集中する必要があった。LIB で広く用いられている $LiNi_{1/3}Co_{1/3}Mn_{1/3}O_2$（NCM）電極を用いた事例では[28]，充放電深度と d 値がリニアーな関係で得られ，セル外装のアルミニウムなどと重畳しない NCM（113）面を用い，この回折が適切に得られるようにエックス線の角

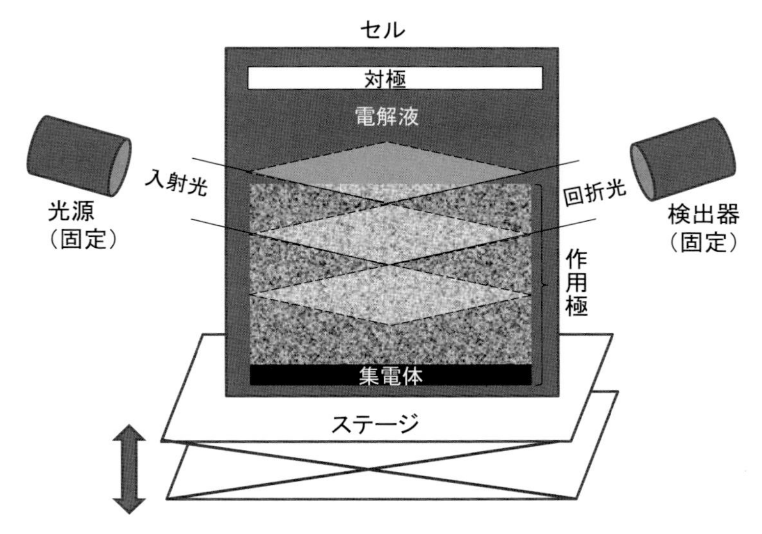

図４　ステージ操作による作用極焦点位置の調整

度とエネルギー領域を設定し，ステージ操作によって作用極位置の焦点位置を変えて，電極内深さ方向に３点の測定を行った（**図４**）。３点のデータ取得にかかる時間は２min で，NCM 電極の局所的な充放電深度を％オーダーの精度で決定することができた。

この手法を用いて，放電時の LIB 電極の反応分布を解析すると，エネルギー密度を高めるために高密度充填にした場合，集電体付近での反応が極めて遅くなり，体積あたりの放電容量が却って減少する原因となることが明らかになった[29]。すなわち，合剤電極中で電子伝導に比べてイオン伝導が遅く，電解液側でのみリチウム挿入が進行して，電極電位が下がって放電終止を迎えることが理解された。また電解液濃度を１M から２M にすると，イオン伝導度は高い粘性のために下がるが，放電容量は増加した。この理由を調べたところ，反応分布観察により，集電体側での反応の遅れを高いイオン濃度でカバーできるためであることが示された[29]。さらに，NCM 電極において連続充放電を行った際に，放電時に容量が減少する（前の充電容量を下回る）が，充電時では容量が減少しない（前の放電容量分は充電できる）現象が見られたが，これは電位プロファイルの関係で，放電時は反応分布が発生しやすく，充電時は発生しにくいことが影響している[30]。すなわち，所望とする電極特性には，電極材料の電位プロファイルのチューニングも重要である。このように，合剤電極並びにセルの構築において，本解析は重要な設計指針を提供する優れた手法である。革新電池への応用では，RISING において亜鉛極のシェイプチェンジを XRD マッピングで調べており，シェイプチェンジの原因が溶解種の反応関与によることが示唆されている[31]。

XRD 以外にも，様々な反応分布解析が提案されており，XAS では電極の電解液側端部から始まる反応の進行を解析した事例がある[32]。位置分解ラマンでは，in situ で正極粒子の不均一性[33]や電解液反応分布を示した事例[34]がある。また反応分布の顕著な電極として知られる黒鉛電極については，光学顕微鏡による分布観察[35]や，中性子ラジオグラフィー[36]による解析事例がある。中性子回折では，電極内反応分布を見るほどの空間分解能は難しいが，正負極が同時に見える利点を利用して，角形ラミネートセル全体の反応分布を見た事例が報告されている[37]。ここでは，セルをcmオーダーで分割して，各場所のoperando測定を行ったところ，新品電池では全体が均一に作動したのに対して，サイクル劣化後にはセルの端部で正負極ともに顕著な劣化（容量低下）が起こることが示された。このようなcmスケールでの反応分布解析は，今後セルが大型化するにつれて，いっそう重要になると予想される。

4. 界面挙動の観察

界面挙動観察の多くは，振動分光や光電子分光，NMRといった手法によるex situ解析であり，皮膜成分の解析やその効果の解明が図られている。一方，非解体解析事例は少なく，電解質（液）接触中のin situ測定事例が見られるに留まっている。これは，観察領域がnmオーダーと狭く，解析に十分なシグナルを得ることが難しいことが影響している。多結晶粉末を対象とすると，バルクからの情報が圧倒的に多くて界面情報のみを抽出することが困難であるため，多くの場合，パルスレーザー法などにより得られる薄膜が，モデル界面として用いられる。**図5**に示すように，薄膜表面を狙った低角度のビーム入射により，バルク情報を排した界面情報を選択的に得ることが可能となる。配向性のある基板を用いると，得られる薄膜も特定の配向性を持つことが多く，結晶面による界面挙動の違いを理解するのに有用である。

$LiMn_2O_4$電極の最表面構造を，表面XRDによって解析した事例では，電解液浸漬時に表面にできる皮膜及び再構築される電極最表面構造が，面配向によって異なることが示され，これがサイクル時のマンガン溶出や繰り返し特性に影響することが示されている[38]。また同じエックス線の散乱を用いる反射率測定では，$LiCoO_2$電極を用いて，面配向によるイオン脱挿入挙動の違いや，表面粗さの違い[39]，さらに被覆効果[40]が議論されている。

XASを活用した事例では，$LiCoO_2$電極最表面のコバルトが電解液浸漬で還元され[41]，また局所構造が乱れて[42]，最表面での可逆性が失われていることが示されている。また電極を酸化物で被覆する[43]，あるいは電解液に反応性添加剤を加えると[44]，最表面の活性喪失が低減されることを踏まえ，最表面と電解質の間に絶縁層を形成することが，電子の移動を抑制し，電池長寿命化に資するというメカニズムが明らかになった。一方で$LiFePO_4$[45]や$LiNi_{0.5}Mn_{1.5}O_4$[46]では，顕著な遷移金属の価数変化は見られなかった。前者では最表面にあるリン酸基が，また後者では高電

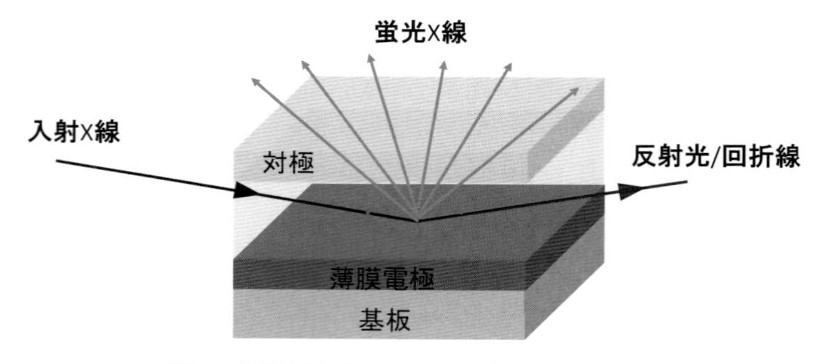

図5　薄膜電極を用いた界面挙動計測模式図

位のために生成する有機物の存在が，安定化に寄与するものと推察される。燃料電池分野では，白金を始めとする貴金属触媒の表面構造変化に関するXAS解析が多数なされており，今後は空気電池系触媒への展開も期待される。

界面その場観察の大半は，遷移元素を含む電極の最表面観察であるが，電解質（液）側の情報を見る手法として，中性子反射率があげられる。中性子は軽元素，とりわけリチウムを鋭敏に検出できることを利用して，電極バルクから表面層を経て電解液バルクに至る散乱長密度プロファイルの電位変化が，$LiFePO_4$ 電極[47]や $LiCoO_2$ 電極[48]において得られている。Ex–situ観察による表面被膜組成との関連づけを示した報告もある[49]。

5. おわりに

以上，解体解析では得ることの難しい電池内現象について，その場観察を用いて解析を試みた事例を紹介した。時事刻々と変化する電極/電解質，電池/電極内におけるマクロな不均一性，界面現象のいずれをとっても，従来の解析では予想されなかった様々な現象が明らかになってきており，進化型のLIBや，LIBを超える特性を目指した革新電池系の研究開発が活発化する中で，これらのその場観察手法の適用はますます広がると思われる。一方，現象を理解しても，そこから新原理や新コンセプトが産み出された事例はまだ数少ない。これは電気化学解析に関しても同様であり，材料・構成・スケール・電気化学信号といった可変パラメーターがあまりにも多様なため，得られた情報の統御と活用が不十分なためと考えられる。解析結果を十分に活かして，電池の研究開発を加速させるためには，原理を見抜く洞察力を高めるとともに，ビッグデータ解析のようなデータの集積処理も必要となろう。電池は知恵・経験によって進化してきた部分が大きいが，今後は解析結果を体系化して産み出されたコンセプトをベースに技術を発展させ，より優れたエネルギーデバイスの創出によって社会に貢献することが期待される。

文　献

1）H. Tanida, K. Fukuda, H. Murayama, Y. Orikasa, H. Arai, Y. Uchimoto, E. Matsubara, T. Ohta and Z. Ogumi et al.: *J. Synch. Rad.*, **21**（2014）.
2）M. Yonemura, K. Mori, T. Kamiyama, T. Fukunaga, S. Torii, M. Nagao, Y. Ishikawa, Y. Onodera, D. S. Adipranoto, H. Arai, Y. Uchimoto and Z. Ogumi: *J. Phys. Conf. Ser.*, **502**, 012053（2014）.
3）W. Li, J. N. Reimers and J. R. Dahn: *Solid State Ionics*, **67**, 123（1993）.
4）M. Giorgetti, S. Passerini, W. H. Smyrl, S. Mukerjee, X. Q. Yang and J. McBreen: *J. Electrochem. Soc.*, **146**, 2387（1999）.
5）S. Taminato, M. Yonemura, S. Shiotani, T. Kamiyama, S. Torii, M. Nagao, Y. Ishikawa, K. Mori, T. Fukunaga, Y. Onodera, T. Naka, M. Morishima, Y. Ukyo, D. S. Adipranoto, H. Arai, Y. Uchimoto, Z. Ogumi, K. Suzuki, M. Hirayama and R. Kanno: *Scientific Reports*, **6**, 28843（2016）.
6）S. Shiotani, T. Naka, M. Morishima, M. Yonemura, T. Kamiyama, Y. Ishikawa, Y. Ukyo, Y. Uchimoto and Z. Ogumi, *J. Power Sources*, **325**, 404（2016）.
7）O. Dolotko, A. Senyshyn, M. J. Mühlbauer, K. Nikolowski, F. Scheiba and H. Ehrenberg: *J. Electrochem. Soc.*, **159**, A2082（2012）.
8）A. Same, V. Battaglia, H.–Y. Tang and J. W. Park: *J. Appl. Electrochem.*, **42**, 1（2012）.
9）K. Shimoda, M. Murakami, D. Takamatsu, H. Arai, Y. Uchimoto and Z. Ogumi: *Elactrochimica*

Acta, **108**, 343（2013）.
10）K. Shimoda, M. Murakami, H. Komatsu, H. Arai, Y. Uchimoto and Z. Ogumi: *J. Phys. Chem. C*, **119**, 13472（2015）.
11）N. M. Trease, L. Zhou, H. J. Chang, B. Y. Zhu, C. P. Grey: *Solid State Nucl. Mag. Res.*, **42**, 62（2012）.
12）J. L. Allen, T. R. Jow and J. Wolfenstine: *Chem. Mater.*, **19**, 2108（2007）.
13）C. Delmas, M. Maccario, L. Croguennec, F. Le Cras and F. Weill: *Nat. Mater.*, **7**. 665（2008）.
14）Y. Orikasa, T. Maeda, Y. Koyama, T. Minato, H. Murayama, K. Fukuda, H. Tanida, H. Arai, E. Matsubara, Y. Uchimoto and Z. Ogumi: *J. Electrochem. Soc.* **160**, A3061（2013）.
15）Y. Orikasa, T. Maeda, Y. Koyama, H. Murayama, K. Fukuda, H. Tanida, H. Arai, E. Matsubara, Y. Uchimoto and Z. Ogumi: *Chem. Mater*, **25**, 1032（2013）.
16）Y. Orikasa, T. Maeda, Y. Koyama, H. Murayama, K. Fukuda, H. Tanida, H. Arai, E. Matsubara, Y. Uchimoto and Z. Ogumi: *J. Amer. Chem. Soc.*, **135**, 5497（2013）.
17）Y. Koyama, T. Uyama, Y. Orikasa, T. Naka, H. Komatsu, K. Shimoda, H. Murayama, K. Fukuda, H. Arai, E. Matsubara, Y. Uchimoto and Z. Ogumi: *Chem. Mater*, **29**, 2855（2017）.
18）H. Arai, K. Sato, Y. Orikasa, H. Murayama, I. Takahashi, Y. Koyama, Y. Uchimoto and Z. Ogumi: *J. Mater. Chem. A*, **1**, 10442（2013）.
19）I. Takahashi, H. Murayama, K. Sato, T. Naka, K. Kitada, K. Fukuda, Y. Koyama, H. Arai, E. Matsubara, Y. Uchimoto and Z. Ogumi: *J. Mater. Chem. A*, **2**, 15414（2014）.
20）I. Takahashi, H. Arai, H. Murayama, K. Sato, H. Komatsu, H. Tanida, Y. Koyama, Y. Uchimoto and Z. Ogumi: *Phys. Chem. Chem. Phys.*, **18**, 1897（2016）.
21）Komatsu, H. Arai, Y. Koyama, K. Sato, T. Kato, R. Yoshida, H. Murayama, I. Takahashi, Y. Orikasa, K. Fukuda, T. Hirayama, Y. Ikuhara, Y. Ukyo, Y. Uchimoto and Z. Ogumi: *Adv. Energy Mater.*, **5**, 1500638（2015）.
22）A. Nakata, K. Fukuda, H. Murayama, H. Tanida, T. Yamane, H. Arai, Y. Uchimoto, K. Sakurai and Z. Ogumi: *Electrochemistry*, **83**, 849（2015）.
23）M. Azhagurajan, A. Nakata, H. Arai, Z. Ogumi, T. Kajita, T. Ito and K. Itaya, *J. Electrochem. Soc.* **164**, A2407（2017）.
24）M. T. McDowell, S. W. Lee, J. T. Harris, B. A. Korgel, C. Wang, W. D. Nix and Y. Cui: *Nano Lett.*, **13**, 758（2013）.
25）D. J. Miller, C. Proff, J. G. Wen, D. P. Abraham and J. Bareno: *Adv. Energy Mater.*, **3**, 1098（2013）.
26）C. Fongy, A. C. Gaillot, S. Jouannneau, D. Guyomard and B. Lestriez: *J. Electrochem. Soc.* **157**, A885（2010）.
27）E. S. Takeuchi, A. C. Marschilok, K. J. Takeuchi, A. Ignatov, Z. Zhong and M. Croft: *Energy Environ. Sci.*, **6**, 1465（2013）.
28）H. Murayama, K. Kitada, K. Fukuda, A. Mitsui, K. Ohara, H. Arai, Y. Uchimoto, Z. Ogumi and E. Matsubara: *J. Phys. Chem. C*, **118**, 20750（2014）.
29）K. Kitada, H. Murayama, K. Fukuda, H. Arai, Y. Uchimoto, Z. Ogumi and E. Matsubara: *J. Power Sources*, **301**, 11（2016）.
30）K. Kitada, H. Murayama, K. Fukuda, H. Arai, Y. Uchimoto and Z. Ogumi: *J. Phys. Chem. C*, **121**, 6018（2017）.
31）A. Nakata, T. Kakeya, M. Ono, H. Arai, T. Kawaguchi, K. Fukuda, Y. Uchimoto and Z. Ogumi: *Proceedings of the 56th Battery Symposium in Japan*, 1G15（2015）.
32）T. Nakamura, T. Watanabe, K. Amezawa, H. Tanida, K. Ohara, Y. Uchimoto and Z. Ogumi: *Solid State Ionics*, **262**, 66（2014）.
33）T. Nishi, H. Nakai and A. Kita: *J. Electrochem. Soc.*, 160, A1785（2013）.
34）T. Yamanaka, H. Nakagawa, S. Tsubouchi, Y. Domi, T. Doi, T. Abe and Z. Ogumi: *ChemSusChem*, **5**, 855（2017）.
35）P. Maire, A. Evans, H. Kaiser, W. Scheifele and P. Novák: *J. Electrochem. Soc.*, **155**, A862（2007）.
36）J. P. Owejan, J. J. Gagliardo, S. J. Harris, H. Wang, D. S. Hussey and D. L. Jacobson: *Electrochim. Acta*, **66**, 94（2012）.
37）L. Cai, K. An, Z. Feng, C. Liang and S. J. Harris: *J. Power Sources*, **236**, 163（2013）.
38）M. Hirayama, H. Ido, K. Kim, W. Cho, K. Tamura, J. Mizuki and R. Kanno: *J. Amer. Chem. Soc.*, **132**, 15268（2010）.
39）M. Hirayama, N. Sonoyama, T. Abe, M. Minoura, M. Ito, D. Mori, A. Yamada, R. Kanno, T. Terashima, M. Takano, K. Tamura and J. Mizuki: *J. Power Sources*, **168**, 493（2007）.
40）S. Taminato, M. Hirayama, K. Suzuki, K. Tamura, T. Minato, H. Arai, Y. Uchimoto, Z. Ogumi and R. Kanno: *J. Power Sources*, **307**, 599（2016）.
41）D. Takamatsu, Y. Koyama, Y. Orikasa, S. Mori, T. Nakatsutsumi, T. Hirano, H. Tanida, H. Arai, Y. Uchimoto and Z. Ogumi: *Angew. Chem. Int. Ed.*, **51**, 11597（2012）.
42）D. Takamatsu, T. Nakatsutsumi, S. Mori, Y. Orikasa, M. Mogi, H. Yamashige, K. Sato, T. Fujimoto, Y. Takanashi, H. Murayama, M. Oishi, H. Tanida, T. Uruga, H. Arai, Y. Uchimoto and Z.

Ogumi: *J. Phys. Chem. Lett.,* **2**, 2511 (2011).
43) D. Takamatsu, S. Mori, Y. Orikasa, T. Nakatsutsumi, Y. Koyama, H. Tanida, H. Arai, Y. Uchimoto and Z. Ogumi, *J. Electrochem. Soc.* **160**, A3054 (2013).
44) D. Takamatsu, Y. Orikasa, S. Mori, T. Nakatsutsumi, K. Yamamoto, Y. Koyama, T. Minato, T. Hirano, H. Tanida, H. Arai, Y. Uchimoto and Z. Ogumi: *J. Phys. Chem. C,* **119**, 9791 (2015).
45) K. Yamamoto, T. Minato, S. Mori, D. Takamatsu, Y. Orikasa, H. Tanida, K. Nakanishi, H. Murayama, T. Masese, T. Mori, H. Arai, Y. Koyama, Z. Ogumi and Y. Uchimoto: *J. Phys. Chem. C,* **118**, 9538 (2014).
46) H. Kawaura, D. Takamatsu, S. Mori, Y. Orikasa, H. Sugaya, H. Murayama, K. Nakanishi, H. Tanida, Y. Koyama, H. Arai, Y. Uchimoto and Z. Ogumi: *J. Power Sources,* **245**, 816 (2014).
47) M. Hirayama, M. Yonemura, K. Suzuki, N. Torikai, H. Smith, E. Watkinsand, J. Majewski and R. Kanno: *Electrochemistry,* **78**, 413 (2010).
48) T. Minato, H. Kawaura, M. Hirayama, S. Taminato, K. Suzuki, N. L. Yamada, H. Sugaya, K. Yamamoto, K. Nakanishi, Y. Orikasa, H. Tanida, R. Kanno, H. Arai, Y. Uchimoto and Z. Ogumi: *J. Phys. Chem. C,* **120**, 20088 (2016).
49) J. E. Owejan, J. P. Owejan, S. C. DeCaluwe and J. A. Dura: *Chem. Mater.,* **24**, 2133 (2012).

第3節　MDシミュレーションと空間分割表式による電気伝導度の全原子解析

大阪大学　松林　伸幸

1. はじめに

現在，ポストリチウムイオン電池の開発のために，新規電解液の探索が精力的に行われている。濃厚イオン系が主たる探索対象となっており，そのような系の輸送特性の分子論的記述は，基礎・応用の両面から，ますます重要な課題となりつつある。従来，中高濃度条件でのイオン挙動の理解には，dimer, trimer…の生成定数や輸送係数をパラメータとする手法が用いられてきた[1]。無限希釈条件からの摂動展開と見なすことができる。これに対して，近年の分子動力学（molecular dynamics；MD）シミュレーションの発達により[2]，中高濃度条件の塩溶液を「あるがまま」に取り扱うことが可能になっている。本稿では，濃厚イオン系の電気伝導度を対象とし，MDシミュレーションと統計力学理論の融合による解析について述べる。

MDシミュレーションは，ランダムな分子集合系を扱う計算科学手法である。各原子間の相互作用ポテンシャルに基づいてNewtonの運動方程式を数値的に解き，イオンなどの運動を継時的に解析することが可能である。すなわち，イオン系の輸送特性を全原子レベルで調べることができる。ただし，MDで得られる情報は個々のイオンや溶媒分子の軌跡であり，この個別情報を集約して電気伝導度のような観測量に結びつけるには統計力学表式が必要となる。そこで，時々刻々に瞬間的な系の電流値を記録し，異なる時間での瞬間的電流値の相関によって電気伝導度が決定されることが，統計力学の分野で古くから知られている。この相関は時間相関関数と呼ばれ，さまざまな時間における値の積分によって輸送係数が決定される（Green-Kubo式）[3]。MDによる電気伝導度の算出とは，現実系に対応する原子間相互作用ポテンシャルからGreen-Kubo式を計算することであり，計算機能力の増大によって，近年，イオン液体を含む濃厚イオン系での取扱いが可能になってきた。

Ostwaldの希釈律に見るように，イオン対生成定数のような平衡定数を用いて非希薄イオン系の電気伝導度を記述することが物理化学分野での常道であった。イオン対はイオンの近接によって定義されるため，直感にアピールする空間的な描像に基づく議論が展開されてきた。しかし，熱力学量である平衡定数を用いた記述では，本来は生成・消滅を繰り返すイオン対の寿命の概念（時間的描像）は入らない。対して，統計力学分野で定式化されたGreen-Kubo式は厳密論である。どのようなイオン濃度でも成り立つものであり教科書的知識といってよいが，すべての議論が時間軸に沿ってなされるためにイオン会合の概念（空間的描像）は入っていない。Green-Kubo式は，数十年前に確立された統計力学の標準的知識であり，Ostwaldの希釈律は100年以上前に確立された物理化学の基本的知識であるにも関わらず，これら2つの間にはギャップがある。濃厚イオン系の厳密かつ直感的な理解のためには，そのギャップを埋める必要がある。

本稿では，イオンの空間分布に関わる情報を Green–Kubo 式に組み込む空間分割表式について述べる[4)5)]。イオン対形成とはイオンの空間分布の特徴的一断面を切り取ったものであり，空間分割表式は平衡定数に基づく従来表式の厳密拡張となっている。この表式の確立によって，Green–Kubo 式の厳密一般論に依拠しつつも，イオン対のような直感にアピールする概念を取り込むことで時間的描像と空間的描像を統合した輸送係数の解析が可能になった。次項で概念構成について記した後，NaCl 系およびイオン液体系に対する適用事例を紹介する。

2. 電気伝導度の空間分割

まず，電気伝導度に関する一般厳密論である Green–Kubo 式について述べる。以下では，個々のイオン粒子を i や j など小文字で示し，イオン種（Na^+ や Cl^- など）を I など大文字で表示するものとする。時刻 t における i 番目のイオン粒子の速度を $\mathbf{v}_i(t)$ としその電荷を q_i とすると，t における瞬間的な電流 $\mathbf{J}(t)$ は，

$$\mathbf{J}(t) = \sum_i q_i \mathbf{v}_i(t) \tag{1}$$

と書くことができる。ここで，和は系内のすべてのイオン粒子についてとるものとする。すると，系の電気伝導度 σ は，

$$\sigma = \frac{1}{3k_B TV}\int_0^\infty dt \langle \mathbf{J}(t)\cdot\mathbf{J}(0)\rangle \tag{2}$$

で与えられる[3)]。k_B はボルツマン定数，T は（絶対）温度，V は系の体積であり，被積分関数である

$$<\mathbf{J}(t)\cdot\mathbf{J}(0)> \tag{3}$$

は時間相関関数と呼ばれる。時刻 0 における系（イオンおよび溶媒）の様々な配置に対して $\mathbf{J}(0)$ が式(1)によって計算され，各配置が時間発展することで時刻 t における電流 $\mathbf{J}(t)$ が得られる。式(3)における＜...＞は，時刻 0 における系の配置の上での統計平均であり，時刻 t および 0 における電流の内積を統計処理することで，MD シミュレーションなどにより算出可能である。式(2)では，系が等方的であることを仮定しているが，固体などの非等方的な系でも，$\mathbf{J}$ の成分ごとに時間相関関数を定義することでテンソル量として伝導度を同様に書き下すことができる。式(2)が電気伝導度の Green–Kubo 式であり，時刻 t の上での積分によって輸送係数が与えられる[6)7)]。時間相関関数 $<\mathbf{J}(t)\cdot\mathbf{J}(0)>$ は，異なる時刻における瞬間的なイオンの流れの相関を表すものである。十分に時間が経つ（t が大きくなる）とイオン運動の相関が無くなるため，$<\mathbf{J}(t)\cdot\mathbf{J}(0)>$ は 0 に減衰する。イオンの運動に対する抵抗が小さいとき，時間相関関数の減衰が遅くなり，その結果，式(2)の時間積分に寄与する時間領域が増大するため，伝導度 σ は大きくなる。

式(2)には 2 つの $\mathbf{J}$ が出てくるが，それらの由来は異なる。Green–Kubo 式の導出によると，片

方の$\mathbf{J}$は系内のイオンと外部からの静電場のカップリングによるものであり，式(1)のように必ず系内のイオンすべての和でなくてはならない。これに対しても，もう片方の$\mathbf{J}$は各イオンの移動度の和に対応しており，イオン種ごとの寄与に分割することができる。そこで，I番目のイオン種の電気伝導度への寄与をσ_Iとすると，

$$\sigma_I = \frac{\rho_I}{3k_BT}\int_0^{\infty} dt \langle \mathbf{j}_I(t)\cdot\mathbf{J}(0)\rangle \tag{4}$$

$$\sigma = \sum_I \sigma_I \tag{5}$$

が成り立つ。ここで，ρ_IはI番目のイオン種の（数）密度であり，$\mathbf{j}_I(t)$はI番目の種である１つのイオン粒子からの電流として，

$$\mathbf{j}_I(t) = q_I\mathbf{v}_i(t) \tag{6}$$

で定義される。イオン粒子を指し示すiは，I番目の種でさえあればどれでもよい。式(4)で時間相関関数$<\mathbf{j}_I(t)\cdot\mathbf{J}(0)>$を計算する際に統計平均が取られるために，同じイオン種であればどの粒子を取っても$<\mathbf{j}_I(t)\cdot\mathbf{J}(0)>$の値は同じになる。そして，式(5)によって，$I$番目のイオン種の輸率は，

$$\frac{\sigma_I}{\sigma} = \frac{\sigma_I}{\sum_I \sigma_I} \tag{7}$$

で与えられる。

式(2)や(4)に示す通り，電気伝導度は時間相関関数によって決定される。つまり，イオンのダイナミクスという時間的な描像に基づいて定式化されている。これに対して，イオン対のような概念は，イオンの近接という空間的描像に基づいて導入される。本稿では時間的描像と空間的描像の統合について述べるが，その前に，２つのイオンの相互配置の記述に有用な動径分布関数を導入する。i番目のイオンの位置を$\mathbf{r}_i$，l番目のイオンの位置を$\mathbf{r}_l$と書くと，I番目のイオン種とL番目のイオン種との間の動径分布関数$g_{IL}(r)$は，ρ_Iとρ_Lを，それぞれ，I番目とL番目のイオン種の（数）密度として，

$$g_{IL}(r) = \frac{1}{\rho_I\rho_L V}\left\langle \sum_{i\in I,\, l\in L,\, i\neq l} \delta(\mathbf{r}-(\mathbf{r}_i-\mathbf{r}_l))\right\rangle \tag{8}$$

で導入される。$\mathbf{r}$は$\mathbf{r}_i$と$\mathbf{r}_l$を結ぶベクトルであるが，系の等方性により，$g_{IL}(r)$は動径距離$r=|\mathbf{r}|$のみの関数である。また，動径分布関数は時間に依存しない量であり，式(8)での$\mathbf{r}_i$と$\mathbf{r}_l$は同時刻であればどの時間で取っても良い。液体系では，rが大きくなると$g_{IL}(r)$は１に近づき，$g_{IL}(r)$が１より大きいrがイオン種Iとイオン種Lの対が存在しやすい距離となる。$g_{IL}(r)$の実例はNaCl水溶液系とイオン液体系について次節で示すが，$g_{IL}(r)$の第１極小値にあたる距離をλとしてI–Lのイオン対生成定数K_{IL}を

$$K_{IL} = \int_{|\mathbf{r}|<\lambda} d\mathbf{r} g_{IL}(r) \tag{9}$$

で定義することができる。

さらに，式(3)の時間相関関数に式(1)を代入すると，

$$<\mathbf{v}_i(t) \cdot \mathbf{v}_l(0)> \tag{10}$$

の形の表式が出てくる。これは速度相関関数と呼ばれ，特に $i=l$ とし N_I を I 番目のイオン種の全粒子数として，

$$D_I^{(1)} = \frac{1}{3N_I} \int_0^\infty dt \left\langle \sum_{i \in I} \mathbf{v}_i(t) \cdot \mathbf{v}_i(0) \right\rangle \tag{11}$$

と書くと，左辺はイオン種 I の（自己）拡散係数となる。拡散係数は，1 つのイオンのダイナミクスを特徴付ける量である。そこで，式(11)を参照し，2 つのイオンの相関運動を拡散係数に相当する量で記述するために，

$$D_{IL}^{(2)}(r) = \frac{1}{3} \int_0^\infty dt \frac{\left\langle \sum_{i \in I, l \in L, i \neq l} \mathbf{v}_i(t) \cdot \mathbf{v}_l(0) \delta(\mathbf{r} - (\mathbf{r}_i(0) - \mathbf{r}_l(0))) \right\rangle}{\left\langle \sum_{i \in I, l \in L, i \neq l} \delta(\mathbf{r} - (\mathbf{r}_i(0) - \mathbf{r}_l(0))) \right\rangle} \tag{12}$$

によって $D_{IL}^{(2)}(r)$ を定義する。式(12)の被積分関数は，時刻 0 で r の距離だけ離れているという条件付きでの 2 つのイオンの速度相関を表し，時間積分を行った $D_{IL}^{(2)}(r)$ は，1 つのイオンの拡散係数である $D_I^{(1)}$ と次元が一致する。$D_{IL}^{(2)}(r)$ は，時刻 0 での 2 つのイオン間の距離 r の関数であり，2 つのイオンが同方向に動く傾向があるときに式(12)の被積分関数が正となるため $D_{IL}^{(2)}(r)$ も正，対して，2 つのイオンが逆方向に動く傾向のとき $D_{IL}^{(2)}(r)$ は負となる。（1 つの）イオンの拡散係数 $D_I^{(1)}$ は必ず正であるが，$D_{IL}^{(2)}(r)$ は 2 つのイオンの種類と初期時刻における配置に依存して符号を含め値が変わる。

式(8)，(11)，および，(12)によって，I 番目のイオン種の電気伝導度への寄与 σ_I の表式を式(4)から，

$$\sigma_I = \frac{q_I^2 \rho_I}{k_B T} D_I^{(1)} + \sum_L \frac{q_I q_L \rho_I}{k_B T} \int d\mathbf{r} \rho_L g_{IL}(r) D_{IL}^{(2)}(r) \tag{13}$$

へと変形することができる[4)5)]。式(4)での時間積分は式(11)および(12)に吸収され，式(13)は空間積分のみで書かれている。式(13)は，イオンのあらゆる濃度で成立する厳密式である。その第 1 項は Nernst-Einstein の式であり，イオン濃度が低いとき σ_I は第 1 項のみで決まる。第 2 項はイオンの相関運動の寄与を表し，イオン濃度が高くなると重要な寄与をする可能性がある。様々な距離にある 2 つのイオンの出現頻度が動径分布関数 $g_{IL}(r)$ で表され，各距離での相関運動の寄与が $D_{IL}^{(2)}(r)$ で記述される。式(13)の第 2 項はイオン相関の電気伝導度への寄与を空間分割したものである。

有限濃度におけるσ_Iの最も単純な取扱いでは，イオン種Iの解離度をαとして，

$$\sigma_I = \alpha\sigma_I(\text{full dissociation}) \approx (1-\rho_L K)\frac{q_I^2\rho_I}{k_B T}D_I^s = \frac{q_I^2\rho_I}{k_B T}D_I^s + \frac{q_I q_L \rho_I}{k_B T V}\rho_L K D_I^s \tag{14}$$

と記述する。ここで，σ_I（full dissociation）は完全解離における伝導度であり，D_I^sを解離状態での拡散係数としてNernst-Einsteinの式によって与えられる。また，Lはイオン種Iのカウンターイオンであり（$\rho_L=\rho_I$，$q_L=-q_I$），KがI-Lイオン対の生成定数である。式(14)の最右辺と式(13)を比較すると，式(14)でのイオン対生成定数Kは，式(13)での動径分布関数$g_{IL}(r)$に対応し，2つのイオンの配置の連続変化が取り入れられていることがわかる。また，式(14)では，イオン種Iのカウンターイオンだけが最右辺の第2項に表れているが，式(13)の第2項は，同種イオンも含めすべてのイオン種の上の和になっており，あらゆるイオン種の対の寄与が考慮されている。さらに，厳密式である式(12)の$D_I^{(1)}$や$D_{IL}^{(2)}(r)$は，解離状態，2体会合状態，3体会合状態……での値の平均和となる観測可能量であるが，式(14)のD_I^sは，実際には完全解離とならない当該濃度では概念上の量であり，その値の決定には別個のモデル化が必要となる。そして，解離状態と2体会合状態のみが存在し，会合状態の寿命は無限大で，式(13)の空間積分を動径分布関数の第1極小値の距離で打ち切ることができる場合，式(13)は式(14)に帰着する。つまり，式(13)は式(14)の厳密拡張になっており，時間軸上で定式化されたGreen-Kuboの厳密論に対して化学者になじみ深く直感にアピールする距離概念を導入したことになる。

式(13)は全距離上の積分であるが，ここに，

$$\sigma_I(\lambda) = \frac{q_I^2\rho_I}{k_B T}D_I^{(1)} + \sum_L \frac{q_I q_L \rho_I}{k_B T}\int_{|\mathbf{r}|<\lambda} d\mathbf{r}\,\rho_L g_{IL}(r) D_{IL}^{(2)}(r) \tag{15}$$

の形でカットオフを導入することで，イオン相関の寄与の局在度合いを論じることができる。まず，カットオフ距離λが0であれば，イオンの相関運動の寄与は入らず，左辺はNernst-Einstein式に等しい。そして，λが大きくなるにつれて，より遠くにあるイオン相関の寄与が取り入れられる。例えば，λが接触イオン対の距離より大きいときに$\sigma_I(\lambda)$が一定となれば，σ_IはNernst-Einstein項および接触イオン対の寄与だけから決まっていることを意味する。つまり，$\sigma_I(\lambda)$のλ依存性を見ることでイオン相関が電気伝導度におよぼす影響の局在度合いを議論することができる。

3. 水溶液とイオン液体の解析

前項の定式化に基づいて，イオン間相関と伝導度の関係を調べるために，1 m NaCl水溶液と［C_4min］［TFSA］(1-n-butyl-3-methylimidazolium bis(trifluoromethylsulfonyl)amide）イオン液体を解析した。前者では，水をTIP3Pで，イオンをAMBER99でモデル化し，298 K，1 barにてMDシミュレーションを行った。後者ではLudwig力場を用いて303 K，1 barで計算した[4)5)]。

表1に，電気伝導度の各成分を全伝導度の実験値[8)9)]とともに記す。表内のNernst-Einstein

表 1　電気伝導度とイオン種ごとの寄与，および，Nernst–Einstein 項と相関項への分割

伝導度（S/m）		1 *m* NaCl	[C_4mim][TFSA]
Nernst–Einstein 項	カチオン	5.5±0.1	0.46±0.01
	アニオン	7.0±0.1	0.35±0.01
相関項	カチオン–カチオン	0.4±0.2	−0.15±0.01
	カチオン–アニオン	−2.9±0.2	0.15±0.01
	アニオン–アニオン	0.5±0.2	−0.28±0.01
総和		7.6±0.3	0.68±0.03
実験値[8)9)]		8.4	0.46

項は式⒀の第 1 項であり，相関項は式⒀の第 2 項（全距離での積分を行ったもの）である。1 *m* NaCl 水溶液系の伝導度は，［C_4min］［TFSA］イオン液体系よりも 1 桁大きい。相関項は全伝導度を小さくする方向に働き，NaCl 系では Nernst–Einstein 項を 40％減らし，イオン液体系では 20％減らす。カチオンの輸率は，NaCl 系で 0.39（実験値は 0.37），イオン液体系で 0.68 と算出される。ただし，イオンごとの伝導度や輪率は，何を停まっていると見なすかという参照フレームの選択に依存する量である（イオン種ごとの寄与の和を取った全伝導度は参照フレームの取り方に依存しない）[6)10)11)]。MD は全系の重心を固定して行っており，表 1 のイオン伝導度は，系の重心を停めた場合の値である。

次に，イオンの空間配置を見るために，**図 1**(a)および**図 2**(a)に動径分布関数を示す。図 1(a)にあるように，Na^+–Cl^-対は強い第 1 ピークを持ち，第 1 配位圏の半径は 3.8Å である。同種イオンについても動径分布関数に第 1 ピークはあるものの，その強度は Na^+–Cl^-対の場合に比べてはるかに弱い。明白な第 2 ピークを持つのは Na^+–Cl^-だけであり，イオン間相関は数Åで減衰する。図 2(a)に示すイオン液体の場合は，すべてのイオン種の対について第 1 ピーク以遠の nm オーダーまで相関構造が残る。動径分布関数の振幅は，異種イオン間で最も強いものの同種イオン間でも同程度の強さであり，振動の位相が同種イオン間と異種イオン間で逆になっている。これは，イオン液体によく見られる層状構造の表れであり[12)–16)]，1 *m* NaCl系とは異なる特徴である。

図 1(b)および図 2(b)に，それぞれ，NaCl 系およびイオン液体系の $D_I^{(1)}$ と $D_{IL}^{(2)}(r)$ を示す。これらの図によると，NaCl ではすべてのイオン種の対について，イオン液体ではカチオン–アニオンの対について，第 1 配位圏にあるとき $D_{IL}^{(2)}(r)$ は $D_I^{(1)}$ と同程度の大きさであることがわかる。距離 r が大きくなると $D_{IL}^{(2)}(r)$ は減衰し，また，イオン種の対への依存性が弱くなる。NaCl とイオン液体の両方で $D_{IL}^{(2)}(r)$ の減衰距離は nm オーダーであり，イオンそのもののサイズより大きい。流体力学的相互作用を反映しているものと考えられる。図 1(b)の Na^+–Cl^-の場合，動径分布関数の第 1 極小値にあたる距離領域で $D_{IL}^{(2)}(r)$ が小さくなる。そこでは Na^+と Cl^-がともに動くことが無くなることを表している。これに対して，図 2(b)での異種イオンの対の場合，$D_{IL}^{(2)}(r)$ は単調に減衰する。

イオン間相関が電気伝導度に与える影響の距離範囲を調べるために，式⒀の積分表式にカットオフを導入し，カットオフ距離 λ の関数として $\sigma_I(\lambda)$ を式⒂で導入した。図 1(c)と図 2(c)のそれ

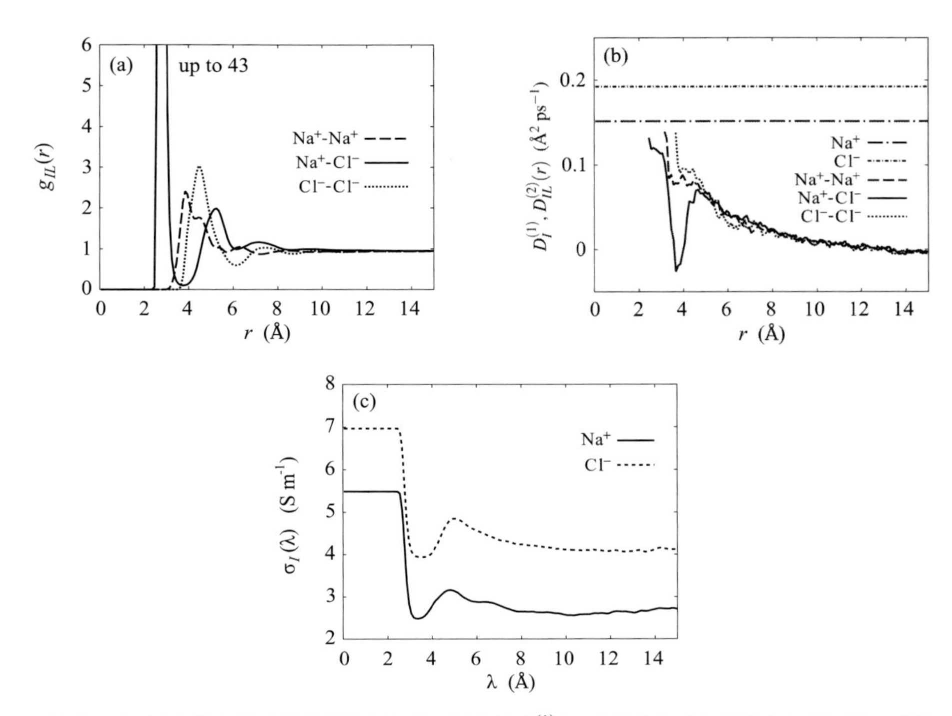

rは２つのイオン粒子間の動径距離であり，(b)では$D_I^{(1)}$をrに依存しない定数として示す。式⑿の定義に見るように，$D_{IL}^{(2)}(r)$は$g_{IL}(r)=0$となる距離rでは定義できず，$g_{IL}(r)<0.01$の短距離領域では統計が悪いために図に記していない。λは式⒂のカットオフ距離であり，(b)では記していない短距離領域の$D_{IL}^{(2)}(r)$も含めた値になっている。

図１　1 m NaCl 水溶液における(a)動径分布関数，(b) $D_I^{(1)}$ と $D_{IL}^{(2)}(r)$，および，(c)$\sigma_I(\lambda)$

ぞれに，NaCl 系とイオン液体系の$\sigma_I(\lambda)$を示す。図１(c)では，λの増加に伴い，$\sigma_I(\lambda)$はNa^+–Cl^-の動径分布関数の第１配位圏内で急峻に減少する。これは，Na^+–Cl^-イオン対の生成による伝導度低下に対応する。その後，約 8 Å以遠では一定値をとる。図１(b)によると，Na^+–Cl^-の第１配位圏外の距離で$D_{IL}^{(2)}(r)$はイオンの対の種類によらない。そのため，動径分布関数が対の種類に依存しなくなる約 8 Å以遠の距離では，電気的中性によって$D_{IL}^{(2)}(r)$の長距離成分は打消し合い，$\sigma_I(\lambda)$はほぼ一定となる。1 m NaCl 水溶液での$\sigma_I(\lambda)$の変化は，Na^+–Cl^-の第１配位圏に局限しており，これは古典的なイオン対概念による伝導度の捉え方を支持するものである。

図２(c)に示すイオン液体の$\sigma_I(\lambda)$では nm におよぶ振動挙動が見られる。カチオン–アニオンの第１配位圏内で$\sigma_I(\lambda)$が減少することは NaCl の場合と共通であるが，λを増加させても$\sigma_I(\lambda)$は振動を続ける。NaCl 系とイオン液体系での$\sigma_I(\lambda)$の挙動の相違は，図１(a)と図２(a)に示す動径分布関数に起因する。いずれの系でも$D_{IL}^{(2)}(r)$は数Å以遠でイオンの対の種類によらなくなるが，動径分布関数はイオン液体の場合 nm の範囲で振動し NaCl では第１配位圏から出ると１に収束する。$\sigma_I(\lambda)$の振動と収束は動径分布関数の挙動に対応しており，イオン液体系では異種イオン間の動径分布関数が同種イオンのものより大きい距離範囲で$\sigma_I(\lambda)$が減少し，逆の場合に増加する。$\sigma_I(\lambda)$の極値に対応する距離は，同種イオンと異種イオンの動径分布関数が交わる点に対応している。

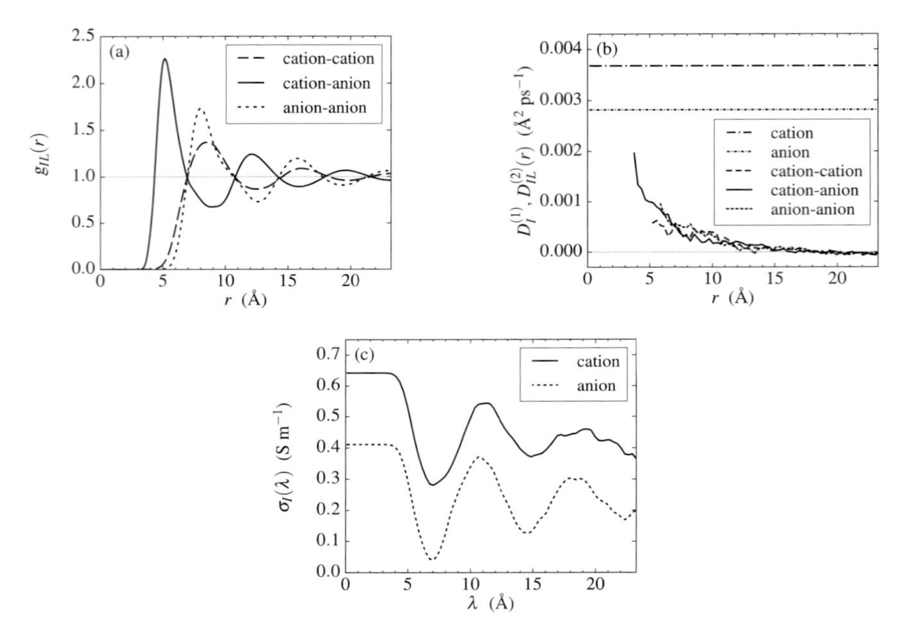

r は 2 つのイオン粒子の重心間距離であり，(b)では $D_I^{(1)}$ を r に依存しない定数として示す。式(12)の定義に見るように，$D_{IL}^{(2)}(r)$ は $g_{IL}(r)=0$ となる距離 r では定義できず，$g_{IL}(r)<0.1$ の短距離領域では統計が悪いために図に記していない。λ は式(15)のカットオフ距離であり，(b)では記していない短距離領域の $D_{IL}^{(2)}(r)$ も含めた値になっている。

図 2　[C_4min][TFSA]（1-*n*-butyl-3-methylimidazolium bis（trifluoromethylsulfonyl）amide）イオン液体における(a)動径分布関数，(b) $D_I^{(1)}$ と $D_{IL}^{(2)}(r)$，および，(c)$\sigma_I(\lambda)$

4. おわりに

本研究で行った定式化の目的は，時間相関関数によって表現される電気伝導度の解析に，直感にアピールするイオン対のような空間的描像を取り入れることである。電気伝導度の Green-Kubo 式は，瞬間的な電流の時間相関関数を全時間積分して得られる厳密式であるが，そこにイオン会合の概念（空間的描像）は入っていない。逆に，Ostwald の希釈律では，イオン対形成の効果は平衡定数で表されるが，本来は生成・消滅を繰り返すイオン対の寿命の概念（時間的描像）は入っていない。本研究では，Green-Kubo 式に備わった時間的描像とイオン対概念に織り込まれた空間的描像を統合した新規な電気伝導度の解析法を構築した。そして，イオン相関項の局在度合いを解析することで，NaCl 水溶液系および［C_4min］[TFSA］イオン液体系の際立った相違点を見た。空間分割の考え方は，電気伝導度に留まらず，熱力学量や粘性係数，熱伝導度についても同様に適用できる[17)-20)]。空間分割表式によって，マクロ量に対する厳密かつ系統的なミクロ解析が進展するものと期待される。

文　献

1) J. Barthel, H. Krienke, and W. Kunz: Physical Chemistry of Electrolyte Solutions: Modern Aspects, *Topics in Physical Chemistry Series*, Dietrich Steinkopff (1998).
2) D. Frenkel and B. Smit: Understanding Molecular Simulation: From Algorithms to Applications. Academic Press, London (1996).
3) J. P. Hansen and I. R. McDonald: Theory of Simple Liquids, 3rd ed., Academic Press (2006).
4) K.-M. Tu, R. Ishizuka, and N. Matubayasi: *J. Chem. Phys.*, **141**, 044126 (2014).
5) K.-M. Tu, R. Ishizuka, and N. Matubayasi: *J. Chem. Phys.*, **141**, 244507 (2014).
6) H. G. Hertz: *Ber. Bunsen. Ges. Phys. Chem.*, **81**, 656 (1977).
7) S. Chowdhuri and A. Chandra: *J. Chem. Phys.*, **115**, 3732 (2001).
8) H. Tokuda, S. Tsuzuki, M. A. B. H. Susan, K. Hayamizu, and M. Watanabe: *J. Phys. Chem. B*, **110**, 19593 (2006).
9) R. B. McCleskey: *J. Chem. Eng. Data*, **56**, 317 (2011).
10) C. Sinistri, *J. Phys. Chem.*, **66**, 1600 (1962).
11) K. R. Harris: *J. Phys. Chem. B*, **114**, 9572 (2010).
12) T. I. Morrow and E. J. Maginn: *J. Phys. Chem. B*, **106**, 12807 (2002).
13) J. N. A. Canongia Lopes and A. A. H. Pádua: *J. Phys. Chem. B*, **110**, 3330 (2006).
14) W. Zhao, H. Eslami, L. C. Welchy, and F. Müller-Plathe: *Z. Phys. Chem.*, **221**, 1647 (2008).
15) Y. Umebayashi, H. Hamano, S. Seki, B. Minofar, K. Fujii, K. Hayamizu, S. Tsuzuki, Y. Kameda, S. Kohara and M. Watanabe: *J. Phys. Chem. B*, **115**, 12179 (2011).
16) D. Roy and M. Maroncelli: *J. Phys. Chem. B*, **116**, 5951 (2012).
17) N. Matubayasi, L. H. Reed and R. M. Levy: *J. Phys. Chem.*, **98**, 10640 (1994).
18) N. Matubayasi and R. M. Levy: *J. Phys. Chem.*, **100**, 2681 (1996).
19) N. Matubayasi, E. Gallicchio and R. M. Levy: *J. Chem. Phys.*, **109**, 4864 (1998).
20) G. Mogami, M. Suzuki and N. Matubayasi: *J. Phys. Chem. B*, **120**, 1813 (2016).

第4節　電池反応シミュレーションソフトを用いての解析技術

シーメンスPLMソフトウェア・コンピューテイショナル・ダイナミックス株式会社　佐伯　卓哉

1. はじめに

シミュレーションソフトを用いてリチウムイオン電池の電気化学特性を解析により評価し，設計・開発に取り入れる動きが近年活発である。その用途は充放電特性の予測だけにとどまらず，モジュール・パックレベルの発熱量分布予測・熱管理，安全性(熱暴走，Li 金属析出)解析，寿命予測(劣化)解析など，多岐に渡っている。

本稿では，多孔性電極理論に基づく電池反応シミュレーションソフトを用いる解析技術について説明する。

2. 多孔性電極理論

多孔性電極モデルとは，カリフォルニア大学バークレー校の Newman らにより提唱された数値解析モデルであり，多孔性電極内の固相，液相内の Li の質量・電荷の輸送方程式，電極での電気化学反応式を解き，電流・電位・Li 濃度分布の解析を行うモデル(DualFoil モデル)である[1]。

当社が提供する電池反応シミュレーションソフト，Battery Design Studio™ ソフトウェアには，DualFoil モデルの機能の一部を拡張した Distibuted モデルが導入されている（**図1**）。以下，このモデルについて簡単に説明する。

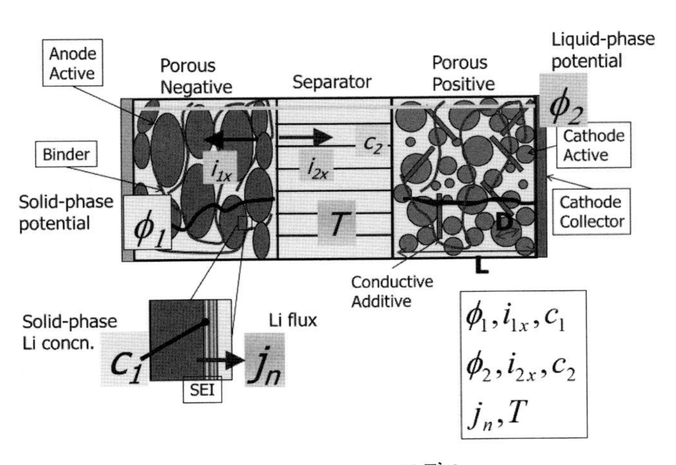

図1　Distributed モデル

濃厚溶液理論[2]では，電気化学ポテンシャルの勾配が物質輸送の駆動力となる。

$$c_i \nabla \mu_i = \sum_{j \neq i} K_{ij}(\mathbf{v}_j - \mathbf{v}_i) \tag{1}$$

ここで，μ_i は化学種 i に対する電気化学ポテンシャル，K_{ij} は i と j の相互作用を考慮した摩擦係数である。v_i は化学種 i の速度を表す。

多孔性電極内の電解質のカチオンとアニオンのモル流束 N_+，N_- は以下の式で表される。

$$\boldsymbol{N}_+ = -\nu_+ D \nabla c + \frac{\mathbf{i} t_+{}^0}{z_+ F},\quad \boldsymbol{N}_- = -\nu_- D \nabla c + \frac{\mathbf{i} t_-{}^0}{z_- F} \tag{2}$$

ここで，ν_+，ν_- はそれぞれ電解液中のカチオンおよびアニオンの解離度を表し，c は塩の濃度，D は塩の拡散係数である。z_+ はカチオンの価数，z_- はアニオンの価数を表し，F はファラデー定数，t_+^0，t_-^0 はそれぞれ電解液中のカチオン，アニオンの輸率を表している。

電流密度 $\mathbf{i}_{set}$ は，以下の式で計算される。

$$\mathbf{i}_{set} = \mathbf{i}_1 + \mathbf{i}_2 \tag{3}$$

ここで，i_1 は電極層の固体相中を流れる電流密度であり，i_2 は電解液相での電流密度を表す。正極，負極における集電体においては，電流は固体相中にのみ流れると考えられるため，ここでは $i_2=0$ となる。一方セパレータと電極との界面では，$i_1=0$ となる。

多孔性電極内部の電解質の物質収支は，次式で与えられる。

$$\varepsilon \frac{\partial c}{\partial t} = \nabla \cdot \left(\frac{\varepsilon}{\tau} D_0 \left(1 - \frac{d \ln c_0}{d \ln c} \right) \nabla c \right) - \frac{\mathbf{i}_2 \cdot \nabla t_+{}^0}{z_+ \nu_+ F} + \frac{a j_n (1 - t_+{}^0)}{\nu_+} \tag{4}$$

ε は電極の空隙率，c_0 は電解液溶媒濃度，a は比界面積（m^2/m^3）を表している。t_+^0 は電解液中の Li^+ イオンの輸率である。

j_n は活物質と電解質界面を通る孔壁流束であり，固体と電解液との界面面積で平均化された値である。したがって，右辺第３項は単位体積あたりの反応速度としてみることができる。

τ は電極の屈曲度[3]を表し，これは電極の厚みと電解液相中の Li が電極内の空隙を通って実際に移動した距離との比率である。

一般化された Bruggeman の式により[3]，τ は電極の空隙率 ε から以下の式で計算される。

$$\tau = b_0 \varepsilon^{-b_1} \tag{5}$$

ここで，b_0，b_1 は定数である。

正極，負極における集電体において，境界条件は以下のようになる。ただし，負極集電体の位置を $x=0$，正極集電体の位置を $x=L$ とする。

$$\nabla c|_{x=0,\ L} = 0 \tag{6}$$

電極内の固相中を流れる電流はオームの法則により，以下の式で表される。

$$\mathbf{i}_{set}-\mathbf{i}_2=-\sigma\nabla\Phi_1 \tag{7}$$

ここで，σ は固相の導電率，Φ_1 は固体相の電位である。

多孔性電極内部での電解液相での電流密度 i_2 は以下の式で表される。

$$\mathbf{i_2}=-\kappa\frac{\varepsilon}{\tau}\nabla\Phi_2+\frac{2\kappa\varepsilon RT}{F\tau}\left(1+\frac{\partial\ln f_A}{\partial\ln c}\right)\left(1-t_+{}^0\right)\nabla\ln c \tag{8}$$

ここで，Φ_2 は電解液相の電位であり，κ は電解液のイオン伝導率，R は気体定数，T は温度，f_A は電解液中の塩の活量係数である。また，正極における集電体において，境界条件は以下のようになる。

$$\Phi_2|_{x=L}=0 \tag{9}$$

多孔性電極内部で電気化学反応が起きるので，j_n は次式で表すことができる。

$$Faj_n+i_{Cap}=-\nabla\cdot\mathbf{i_2},\quad i_{Cap}=aC\frac{\partial(\Phi_1-\Phi_2)}{\partial t} \tag{10}$$

C は電気二重層容量であり[4)]，典型的な値としては 10～20 μF/cm^2 の値の範囲をとる。

活物質を真球と仮定し，活物質粒子内部で Li が球状拡散すると仮定した場，Fick の第二法則から拡散方程式は次式で表される。

$$\frac{\partial c_S}{\partial t}=\frac{1}{r^2}\frac{\partial}{\partial r}\left(D_S r^2\frac{\partial c_S}{\partial r}\right) \tag{11}$$

ここで，c_S は活物質中の Li 濃度を表している。活物質が真球の場合，境界条件は以下のようになる。

$$\left.\frac{\partial c_S}{\partial r}\right|_{r=0}=0 \tag{12}$$

また，電解液相−活物質界面を通過する孔壁流束と，活物質表面から内部への Li の拡散速度との関係から，次式が得られる。

$$-FD_S\left.\frac{\partial c_S}{\partial r}\right|_{r=R_S}=f_r j_n \tag{13}$$

ここで，fr は界面ラフネスファクターであり，活物質の比表面積 S_a（m^2/g），密度 ρ（g/m^3），平均粒子半径 Rs から以下の通り計算される。

$$f_r=\frac{S_v}{S_g},\quad S_v=S_a\rho,\quad S_g=\frac{3}{R_S} \tag{14}$$

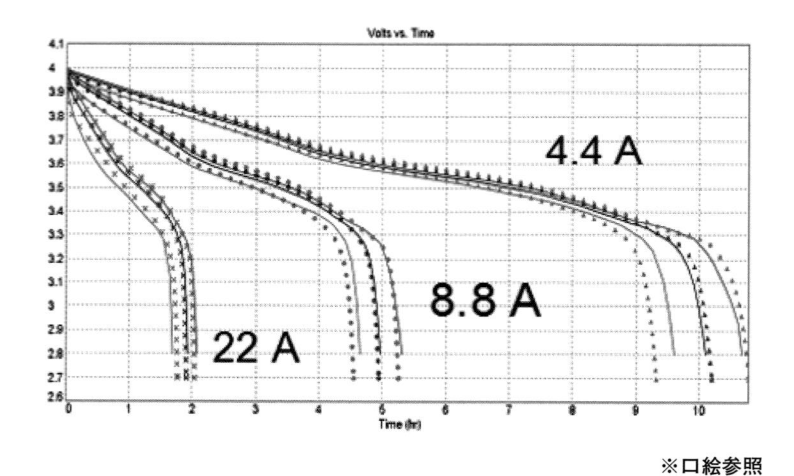

※口絵参照

0℃（緑線），15℃（青線），30℃（赤線），実線：シミュレーション結果，点線：実測値

図 2　Distributed モデルによる 48 Ah セルの放電解析の実測値との比較

多孔性電極での活物質の電荷移動過程は Butler−Volmer 式に従う。つまり，j_n は次式で表される。

$$j_n \cdot F = i_0\left(\frac{c}{c_{l,\ ref}}\right)^a\left(1-\frac{c_S}{c_{S,\ max}}\right)^b\left(\frac{c_S}{c_{S,\ max}}\right)^c\left\{e^{\left(\frac{\alpha_a F\eta}{RT}\right)}-e^{\left(\frac{-\alpha_a F\eta}{RT}\right)}\right\} \tag{15}$$

η は活物質の過電圧を表しており，以下の式で表される。

$$\eta = \Phi_1 - \Phi_2 - U_{eq} - j_n F R_{sei} \tag{16}$$

ここで，R_{sei} は活物質の皮膜抵抗であり，U_{eq} は活物質の平衡電極電位である。

U_{eq} は活物質への Li の挿入量によって変化し，したがって一般に Li 組成の関数として表される。これらの式を解くことで，電池の充放電シミュレーションを行うことができる。

図 2 に，Distributed モデルによる 48 Ah 円筒型セルの 4.4 A，8.8 A，22 A 放電解析の結果[5]を示す。

電池材料には負極に黒鉛，正極には NCA（$LiNi_{0.8}Co_{0.15}Al_{0.05}O_2$）を用いた。緑線は 0℃，青線が 15℃，赤線が 30℃における解析結果である。

全般的に解析結果は実測値とよく一致している。放電終期における解析結果と実測値との誤差は，活物質内部の Li の枯渇に起因するものである。

3. 内部抵抗成分の分離・定式化

多孔性電極モデルでは，セル内部の抵抗成分をその成因となる物理現象によって分離し[6]，電池の充放電シミュレーションを実施した際に，各々の成分の抵抗値に起因する電圧損失の内訳を個別に評価する手法がある。

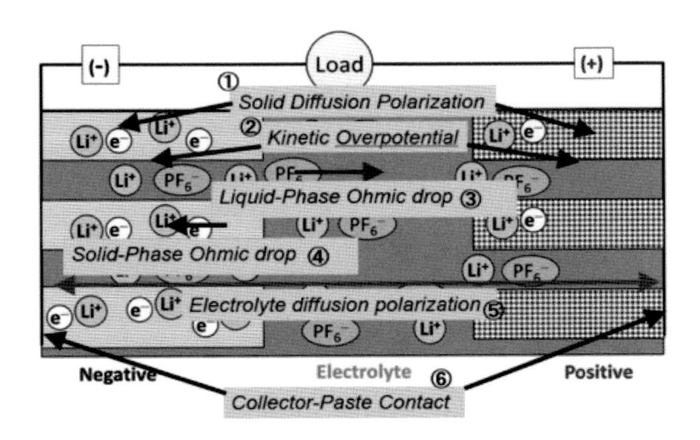

図３　内部抵抗成分の分離

それぞれの抵抗成分について，以下簡単に説明する（**図３**）。正負電極拡散分極(Solid Diffusion Polarization)は，電池反応進行に伴い形成される正負電極内の Li 濃度勾配に起因する。該当抵抗に起因する電圧損失は以下の式で表される。

$$\frac{1}{j_{tot}}\int_0^L aFj_n[U_{eq}(c_{S,\ Surf})-U_{eq}(c_{S,\ avg})]dx,\ \ j_{tot}=\int_0^L aFj_n dx \tag{17}$$

ここで，$c_{S,\ Surf}$ は活物質表面の Li 濃度，$c_{S,\ avg}$ は活物質内部の平均 Li 濃度である。

正負電極活性化過電圧(Kinetic Overpotential)は，正負電極の電荷移動反応に起因する。該当抵抗に起因する電圧損失は，以下の式で表される。

$$\frac{1}{j_{tot}}\int_0^L aFj_n[\Phi_1-\Phi_2-U_{eq}(c_{S,\ Surf})]dx \tag{18}$$

電解液抵抗分極(Liquid-Phase Ohmic Drop)は，電解液の電気抵抗に起因する。該当抵抗に起因する電圧損失は，以下の式で表される。

$$\frac{1}{i_{set,\ x}}\int_0^L \frac{(i_{2x})^2}{\kappa_{eff}}dx,\ \ \kappa_{eff}=\left(\frac{\varepsilon}{\tau}\right)\kappa \tag{19}$$

正負電極抵抗分極(Solid-Phase Ohmic Drop)は，正負電極の電気抵抗に起因する。該当抵抗に起因する電圧損失は，以下の式で表される。

$$\frac{1}{i_{set,\ x}}\int_0^L \frac{(i_{set,\ x}-i_{2x})^2}{\sigma}dx \tag{20}$$

電解液拡散分極(Electrolyte Diffusion Polarization)は，電解液相内 Li 濃度勾配に起因する。該当抵抗に起因する電圧損失は，以下の式で表される。

$$\frac{1}{i_{set,\ x}}\int_0^L \frac{2RT}{cF}\kappa_c \nabla c \cdot i_{2x} dx,\quad \kappa_c = (1-t_+{}^0)\left(1+\frac{\partial \ln f_A}{\partial \ln c}\right) \tag{21}$$

接触抵抗（Collector−Paste Contact）は，正負電極の集電体と活物質との間の接触抵抗に起因する。該当抵抗に起因する電圧損失は，以下の式で表される。

$$i_{set,\ x}\cdot R_{Contact} \tag{22}$$

4. さまざまな電極のモデル化

4.1 相転移を伴う多相活物質電極のモデル化

$LiFePO_4$ や $LiCoO_2$ などのように，活物質によっては Li 組成や温度の変化に依存した相転移が起こり，結晶構造の変化や二相共存状態が起こるため，固相内のリチウム拡散挙動に大きく影響することが知られている。

このような多相活物質材料を扱う場合，相転移を伴う構造変化は，活物質の Li 組成に対する平衡電位曲線変化（$dUeq/dx$）と対応する場合がある。Verbrugge らは，式(23)で定義される Li 組成依存性固相拡散係数は，Potentiostatic Intermittent Titration Technique（PITT）法による Aurbach らのグラファイトの化学拡散係数の実測結果[7]とよく合致していると報告している[8]。

$$\theta = \frac{c_S}{c_T},\quad \frac{\partial \theta}{\partial t} = -\nabla\cdot[D_S \nabla \theta],\quad D_S = D(\theta)\cdot\theta(1-\theta)\frac{F}{RT}\frac{\partial U}{\partial \theta} \tag{23}$$

ここで，c_T は活物質中の最大 Li 濃度である。固相の拡散係数 Ds の数値解を求めることで，このような Li 組成依存性拡散係数の取扱いが可能となる。

4.2 複数塗布層電極・混合電極の設計

● 複数層からなる電極

エネルギー密度向上を目的として，電極を厚膜化する設計方針があるが（**図 4**），この手法の問題点として，高レート放電時に電解液拡散分極により限界電流に達してしまうことで，容量維持率が低下する問題がある[9]。

このような問題を回避する手法として，a）電解液濃度を上げる，b）活物質粒径を小さくする，といった手法の他に，共押出し法などで各々異なる粒子径を持った複数塗膜層を持つ電極を設計することで，電解質の Li 濃度勾配形成を抑制し，電解液拡散分極を小さくする手法が提案されている。

当社が提供する Battery Design Studio ソフトウェアでは，このような複数塗布層電極を模擬した数値解析を行うことが可能である。

各塗布層には，それぞれ異なる構成材料の種類，粒子サイズ，塗布層の厚みを指定することができる。また，単一の塗布層内で複数種類の活物質を追加し，混合電極を模擬した数値解析を行

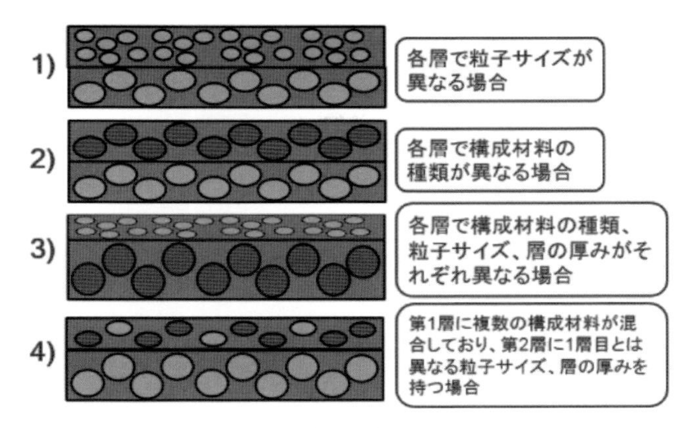

図４　取扱い可能な複数塗膜層から構成される電極

うことも可能である。単一塗布層内に複数活物質をモデリングする際には，式(4)，式(10)において

$$aj_n \rightarrow \sum_{i=1}^{np} a_i j_{n,\ i} \tag{24}$$

と書き直せばよく，追加された活物質に対して，それぞれ個別の固相活物質の拡散係数，固相濃度，Butler−Volmer 式の入力変数，および比界面積を追加する。

それぞれの活物質の相互作用は各々の固相電位，および式(10)を通して表現される。例えば，単一塗布層内の活物質は，休止過程で同一塗布層内の別の活物質に電荷を移動できる。

このような複数塗布層電極・混合電極について国内外でさまざまな研究が行われており，米国オークリッジ国立研究所の Wood らは，粒子径の異なる活物質を配置した二層塗布層電極について，セパレータ側で微細な粒径を持つ活物質を配置した電極が良好な容量維持率を示したと報告している[9]。

5. 電気化学インピーダンス分光法（EIS）

電気化学インピーダンス分光法（EIS）は，電荷移動抵抗，固相拡散係数などの電気化学特性を非破壊で測定する用途で広く使用されている。多孔性電極モデルでモデル化されたセルに対して EIS シミュレーションを実施し，実験値と比較することは，モデルの正確性や追従性の向上を図る上で有用である。

Distributed モデルでモデル化されたセルに対し，周波数を kHz から mHz オーダーで変化させた交流電流を入力値として与え，それぞれの電圧応答からインピーダンスプロファイルを算出することで，実測定と同様に電池の電気化学特性を評価できる。

図５に，1.5 Ah 円筒型リチウムイオン電池の交流インピーダンス測定結果とシミュレーション結果の Nyquist 線図を比較したグラフを示す。電池材料には負極に黒鉛，正極には NCM（$Li(Ni_{1/3}Co_{1/3}Mn_{1/3})O_2$）/LMO（$LiMn_2O_4$）混合電極を用いた。

理想的な EIS シミュレーションの解析では，周波数応答から得られた Nyquist 線図の曲線の

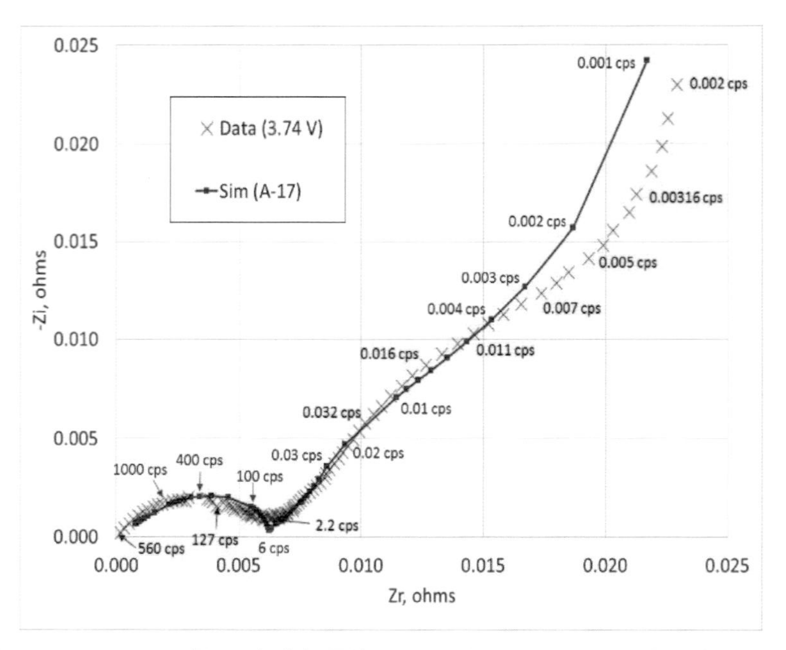

図５　NCM/LMO 正極・黒鉛負極電池の EIS シミュレーションと実験値との比較

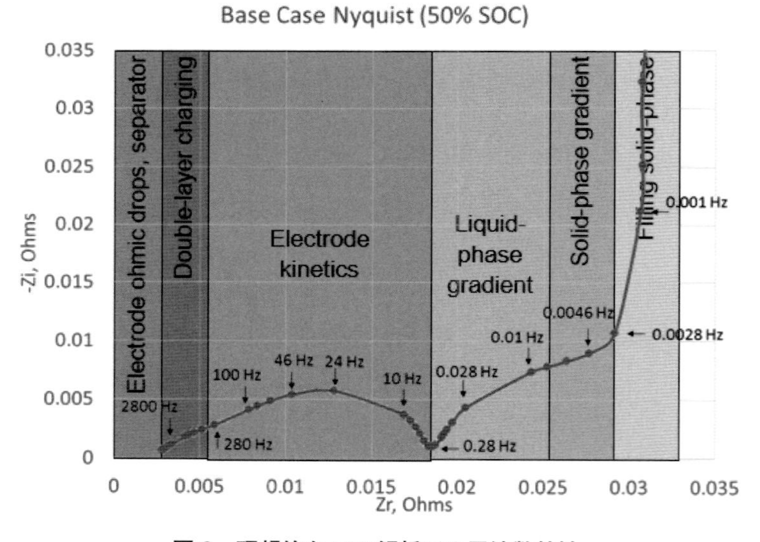

図６　理想的な EIS 解析での周波数特性

形状について，高周波側から低周波側にかけて，**図６**のようにそれぞれの周波数領域に切り分けて考えることができる。

高周波数側では，電池内部の電子伝導に伴う電流の寄与が大きいとされ，多孔性電極モデルでこのような現象を考慮した場合，このような周波数領域では，電気二重層容量に強く依存する。

図７に，Capacitive Current（i_{cap}）の周波数変化を示したグラフを示す。

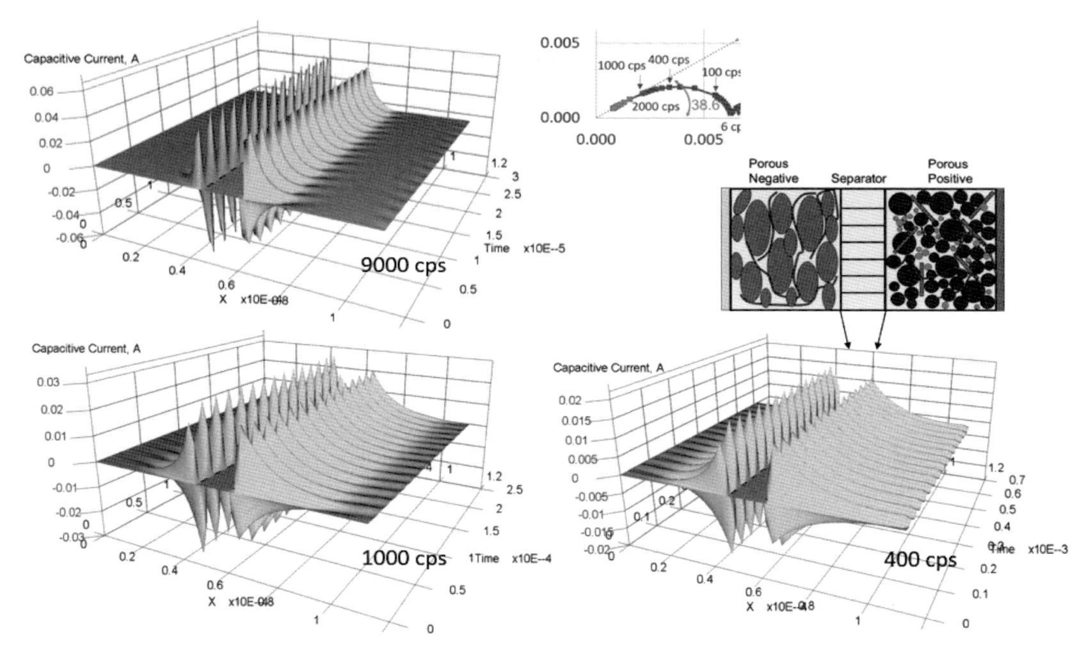

図７　Capacitive Current の周波数変化

ここで，奥行き方向のグラフは経過時間である。グラフから，高周波数（9,000 Hz）から低周波数側へシフトしていくにつれて，i_{cap} の値が大きく減少していることがわかる。

周波数が少し低くなると，Nyquist 線図上で円弧が現れ，その形状は電解液相−活物質界面での電荷移動反応の寄与が大きいとされている。

図８に，電解液相−活物質界面で流れる電流密度の周波数変化を示したグラフを示す。低周波数側に向かうにつれて，電解液相−活物質界面での電流密度の値は増加しており，特に 9,000 Hz から 1,000 Hz にかけてその増加分が顕著であることから，このような周波数領域では，電解液相−活物質界面で流れる電流の寄与分が大きくなると評価できる。

円弧より低周波数側では，Nyquist 線図上で右上に立ち上がるスパイクが観測される。このような領域では Li が活物質表面から活物質内部へ拡散を始めるとされている。

図９に，1 Hz から 0.01 Hz での電解液相内 Li 濃度の周波数変化を示したグラフを示す。このような周波数領域では，周波数の変化に伴い電解液相の Li 濃度のピークがセパレータ側から集電体側へとシフトしていることがわかる。

図１０に，セパレータ近傍に配置された正極 NCM 粒子内部の Li 濃度の周波数変化を示したグラフを示す。

ここで，奥行き方向のグラフは粒子半径方向の座標である（最奥が粒子中心を示す）。1 Hz での粒子表面におけるピークが，低周波数側へのシフトに伴い消失しており，最終的には活物質表面／内部で Li 濃度差がほぼなくなっていることがわかる。

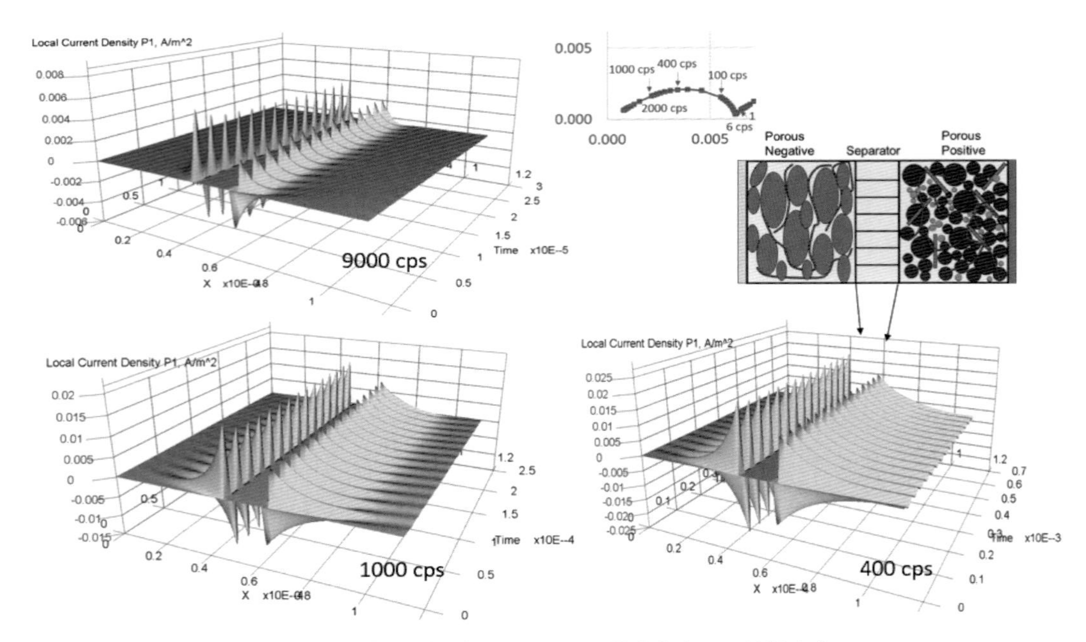

図 8　電解液相−活物質界面で流れる電流密度の周波数変化

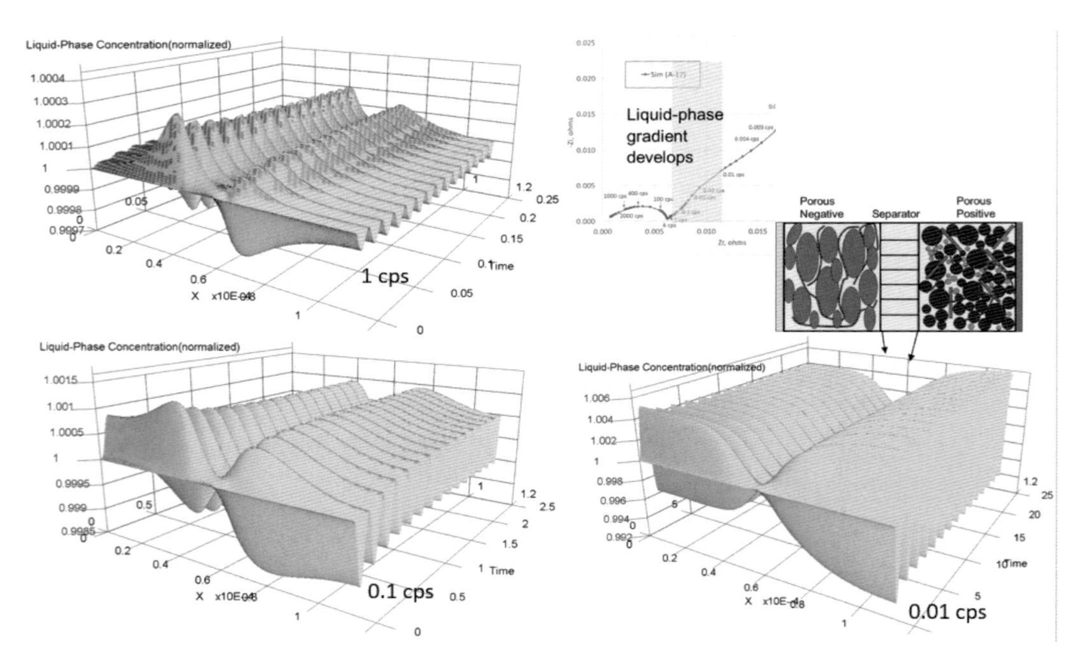

図 9　電解液相の Li 濃度の周波数変化

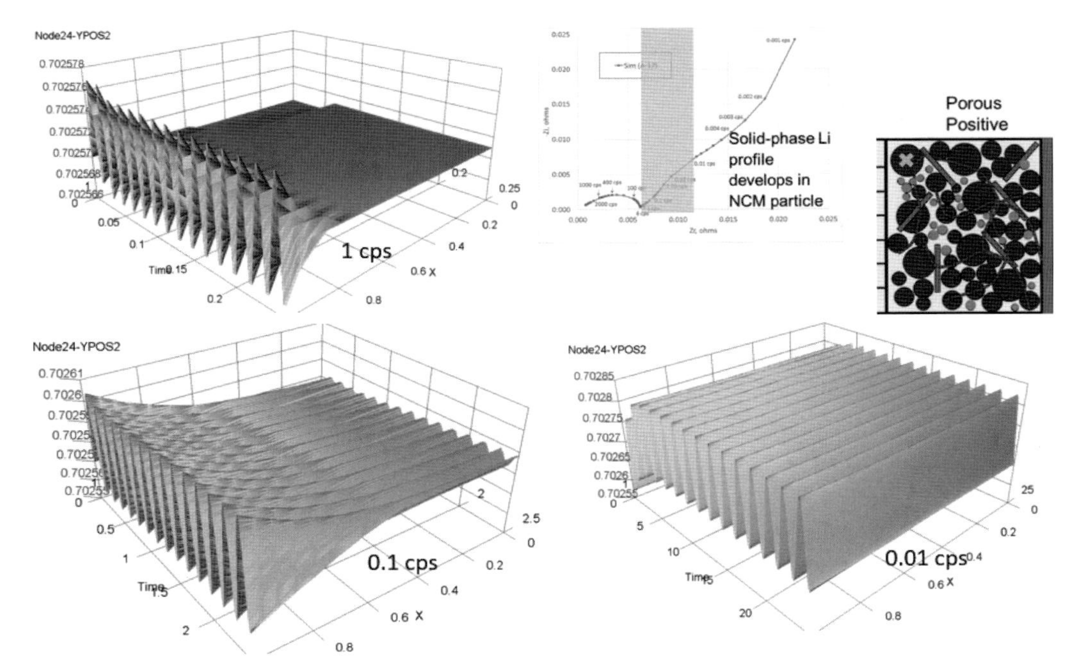

図 10　セパレータ近傍に配置された NCM 粒子内部の Li 濃度の周波数変化

6. パック・モジュール解析

今まで述べてきたセルのモデルは，三次元に拡張したパック・モジュールの熱流体・電気化学連成解析に直接適用可能であり，実際のセルに対して十分に追従性が高いシミュレーションのセル設計モデルから，モジュール・パックレベルでの充放電・温度上昇解析・冷却解析を行うことが可能である。

ここでは，米国エネルギー省再生可能自然エネルギー研究所（NREL）の電気自動車電池向けコンピューター支援エンジニアリング（CAEBAT）プロジェクトでの，当社の解析結果の一部を紹介する[10]。米国ジョンソンコントロールズ社から提供された物性値から，6 Ah 円筒型リチウムイオン電池（VL6P）のモデルを作成し，当社が提供する STAR-CCM+® ソフトウェア Battery Simulation Module で，液体冷却構造を含む三次元モジュールに拡張し，US06 走行モードで想定される充放電サイクル負荷を適用し，電気化学・熱特性を解析した。

図 11 に，US06 走行モードで想定される充放電サイクル負荷適用時のセルの電圧（上図）と温度（下図）のシミュレーション結果と実験値とを比較した図を示す。シミュレーションでの電圧予測結果（緑線）は，実測値（赤線）と比較してよく一致している。同様にセルの頂端部温度についても，シミュレーションでの予測結果（緑線）は，実測値（青線）とよい一致を示している。

図 12 には，US06 走行パターンにおける該当モジュール内指定セルの電圧（上図）と頂端部温度（下図）のシミュレーション結果と実験値を比較したグラフを示す。液体冷却構造を含む複雑な三次元での解析結果についても，シミュレーションでの電圧・温度予測の結果（緑線）は，実測値

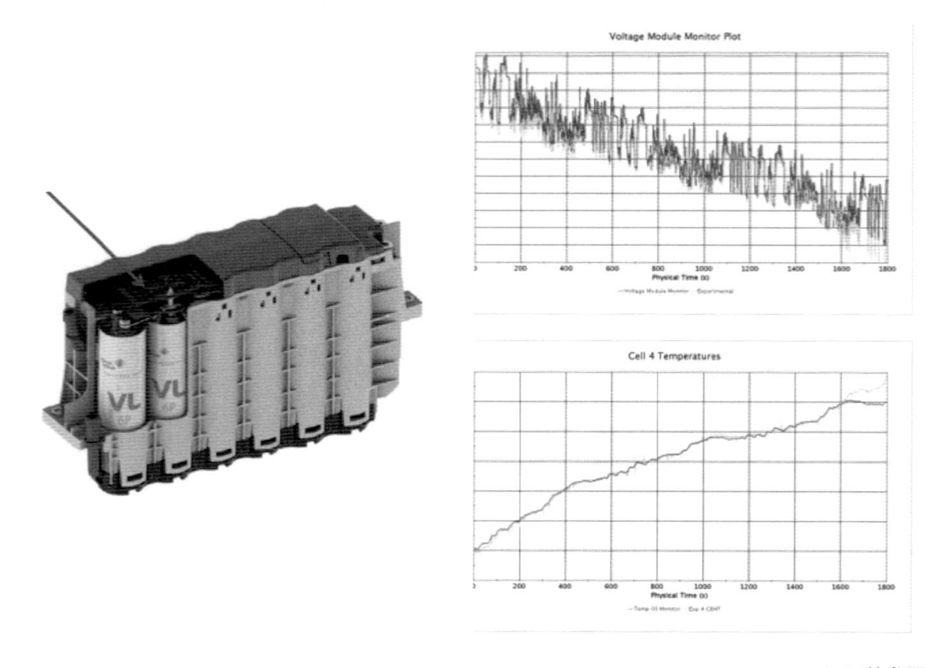

※口絵参照

図 11　US06 走行モードにおける単セルの電圧（上図）と頂端部温度（下図）のシミュレーション結果と実験値との比較

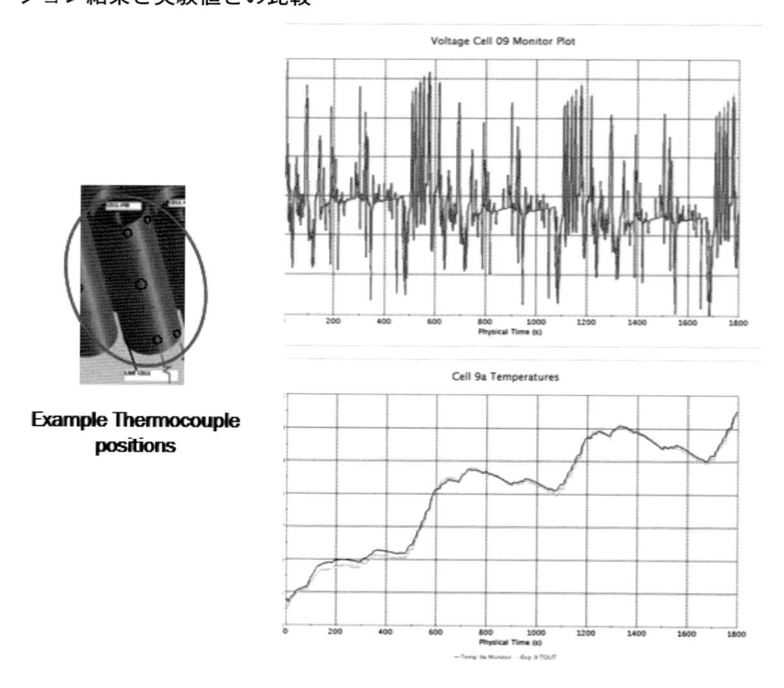

※口絵参照

図 12　US06 走行モードにおける電池モジュール内 VL6P セルの電圧（上図）と頂端部温度（下図）のシミュレーション結果と実験値との比較

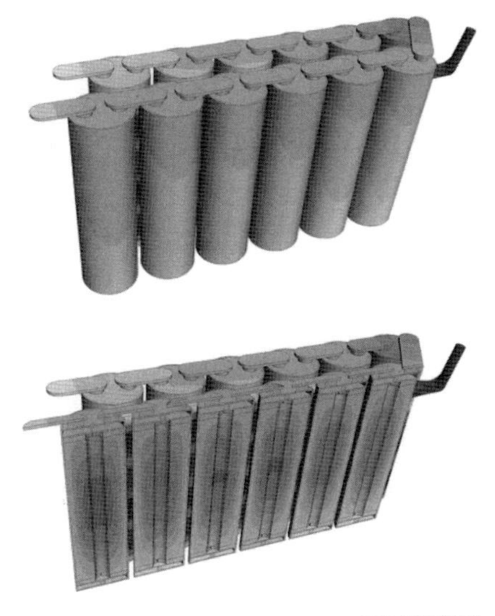

※口絵参照

図 13　US06 走行パターンにおける 30 分経過時の液体冷却モジュールの温度分布

(赤線)と比較して，よく一致している。US06 走行パターンで想定される 30 分経過時の電池モジュールの表面および内部の温度分布については，**図 13** で示す解析結果が得られている。

文　献

1) T. F. Fuller, M. Doyle and J. Newman: *J. Electrochem. Soc.*, **141**, 1, (1994).
2) M. Doyle, T. F. Fuller and J. Newman: *J. Electrochem. Soc.*, **120** (6), 1526 (1993)
3) I. Thorat, et al.: *Journal of Power Sources*, 188, 592–600 (2009).
4) I. J. Ong and J. Newman: *J. Electrochem, Soc.*, 146 (12), 4360–4365.
5) M. J. Isaacson, and R. Spotnitz: *ECS Transactions*, **41** (14) 23–27 (2012).
6) A. Nyman, T. Zavalis, R. Elger, M. Behm and G. Lindbergh: *J. Electrochem, Soc.*, **157**, (11), A1236 (2010).
7) M. D. Levi, D. Aurbach and M. A. Vorotyntsev: *Condensed Matter Physics*, 5, 2 (30), 329, (2002).
8) D. R. Baker and M. W. Verbrugge: *J. Electrochem Soc.*, **159**, 8, A1341 (2012).
9) D. Wood, Z. Du and M Wood: International Battery Seminar and Exhibition (2017).
10) S. Hartridge, G. Damblanc and S. Goodwin: *Dynamics*, **38**, 33, (2015).

第5節　電池劣化シミュレーション分析技術

技術研究組合リチウムイオン電池材料評価研究センター　幸　琢寛

1. はじめに

車載用や大型定置用のリチウムイオン電池（LIB）はその性能・耐久性・安全性向上のためにさらなる改良が求められている。特に，モバイル機器用途では耐用年数が2～5年と比較的短期間であるのに対し，EVや定置用の電源では10年以上の寿命性能が要求される。

その一方で，世界的に激しい開発競争にある中において10年以上の寿命試験を行うことは，限られた製品開発期間内では現実的ではない。また，研究段階では，例えば，各種の機能を装備した透過型電子顕微鏡（TEM/EDX/EELS/SAED），放射光を利用したX線回折法（XRD），X線吸収微細構造解析（XAFS）などの高度解析技術，電気化学インピーダンス分光法（EIS），X線光電子分光法（XPS），核磁気共鳴（NMR），集束イオンビーム加工機付き走査型電子顕微鏡（FIB-SEM），コンピュータ断層撮影（CT）といった多種多様な分析技術を駆使してLIBの劣化現象を解析するが，電池特性の劣化をそのような手法で定量的に説明することは難しい。定量的劣化解析には同一仕様の大量の電池を準備し，劣化させるための時間と装置，それに再現性よく劣化させる技術や危険を伴う電池解体作業のリスクなど，膨大なリソースが必要となるからである。

それに対してコンピュータシミュレーションは試作することなく電池の特性把握が可能であり，次世代蓄電池の開発を見通しよく効率的に行うために必要不可欠な研究手法となっており，近年，電池シミュレーションに関する報告が増加している。その内容は，電流密度や環境温度などの評価条件を変更した場合の充放電曲線の推定，捲回型電池の電極長手方向の反応分布，電流取り出し端子の位置による影響，参照電極の最適化に関する電場シミュレーション，モジュール内での許容バラつきや排熱設計，安全性評価試験のシミュレーションなど多岐にわたる。その中でLIBTECでは電極構造と電池特性の関係に着目し，電極構造の非破壊観察によるイメージング技術と電池の実動作環境下（*Operando*）における各種の測定技術[1]を開発するとともに電池材料開発の効率化や電極・電池構造の設計指針の取得を目標としてNewmanモデル[2]を改良した電池シミュレーション技術の開発を行っている[3][4]。すなわち，電極厚み方向の空隙分布，曲路率の違い，活物質粒子内の反応分布などが充放電曲線とその電圧微分曲線（dV/dQ）に与える影響を解析するためのdV/dQシミュレータと，これをベースにしたサイクル劣化シミュレータの開発，さらに各種の劣化パラメータを反映させた場合のサイクル特性を実際の電池性能と比較するなどの応用についての検討である。本稿ではそれらの内容について説明する。

2. LIB の劣化要因

LIB の劣化要因として，**図 1** に示すようにさまざまな要因が考えられるが，大別すると以下の 4 種類，①有効 Li（サイクルラブル Li）の減少，②反応速度の低下（抵抗増大），③反応系の縮小（導電ネットワークの劣化・断裂），有効活物質（サイクラブル活物質）の減少・失活，④内部短絡，に集約される。

まず，電池作製の初期段階で電池内の水分と PF_6^- が反応して HF が生成し，それが電解液や活物質，集電箔と反応して被膜の生成やガス発生を引き起こす。次に化成処理時や電池使用の初期に還元雰囲気にある負極表面上で溶媒が反応し SEI 被膜が生成して有効 Li が消費され，固定化される。活物質の種類によっては大きな初期不可逆容量を持つものもあり（例えば SiO），その場合は有効 Li が大量に消費される。その後は，充放電を繰り返す中で，活物質粒子の膨張収縮による粒子の割れやバインダ機能の低下，それに伴う導電ネットワークの劣化や新生面での副反応による被膜成長などにより内部抵抗が増加，あるいは反応系が縮小する。また，相転移による歪や構造劣化，正極活物質からの遷移金属の溶出と負極上への再析出なども電池を劣化させる。さらに劣化が進むと，正負極の使用容量領域のバランスが崩れて（以降，容量ズレと表記する）電池容量が低下する。また，高負荷や高温などの過酷条件下では，ガス発生などの副反応が促進され，低温では Li 析出が起こりやすくなる。容量ズレは過充電・過放電を誘発し，内部短絡や安全性へのリスクも増大させる。その他，セパレータの目詰まりや電解液の酸化分解，Li 塩の析出，集電箔からの剥離なども劣化の要因となる。電極構造が不均一または厚過ぎる場合は，低温やハイレート時に反応が不均一となり，これも劣化の要因となる。

また，電池を充放電させず保存しておくだけでも劣化が生じ，SEI 被膜に流れる漏れ電流により保存時間の 1/2 乗に比例して SEI 被膜が成長するという劣化機構（$t^{1/2}$ 則モデル）[5)6)] が有力とされている。電池の劣化については充放電サイクルを繰り返すことによる劣化成分と時間経過に

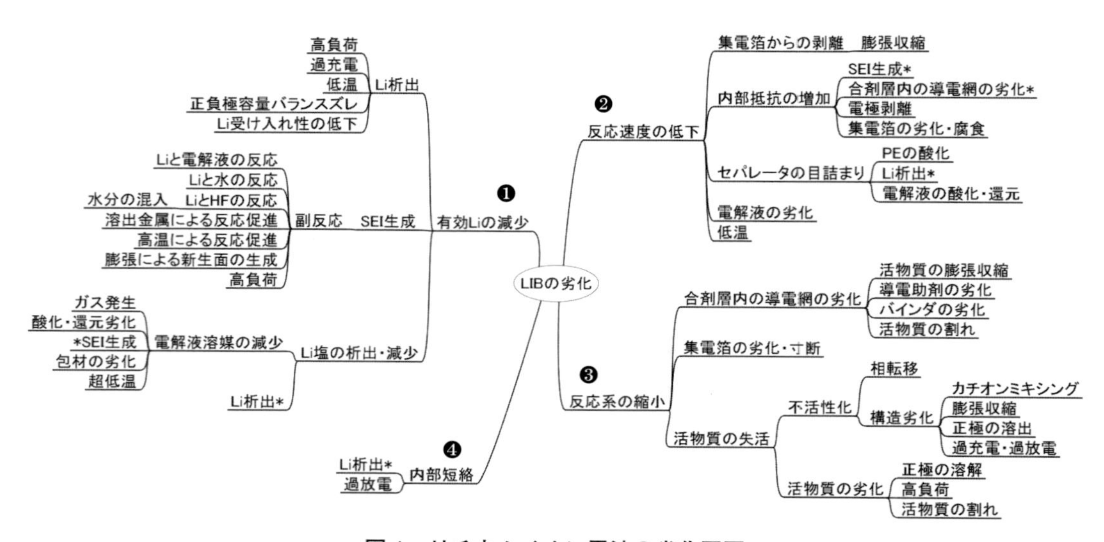

図 1　リチウムイオン電池の劣化要因

よる劣化成分の加成性が報告されている[7)8)]。

このようにLIBのサイクル劣化は多くの要因が複雑に相関しており，サイクル劣化の防止には劣化メカニズムの解明が不可欠である。ここでは，その取り組みの一つとして，後述する充放電シミュレータに各種の劣化パラメータを組み込み，その充放電挙動をシミュレーションすることにより劣化モードを推定した。

3. 電池シミュレーションの概略[9)]

LIBが開発されて間もない1990年代前半に，カリフォルニア大学バークレー校のJ. Newman研究室で電気化学反応とイオンの輸送方程式の理論に基づく多孔性電極を用いた電池のシミュレーションモデルがM. Doyle，T. F. Fullerらによって提案された[2)10)]。その成果は電池シミュレータ（dualfoil5.2.f）としてHPでFortranのソースコード化されて公開・更新されており[11)]，誰でも自由に利用することができる。この電池シミュレーションでは，**図２**に示したように現実には３次元（3D）構造である多孔体電極を曲路率などの導入により１次元（1D）モデルとして理論的に解析し，電池挙動を定性的に再現することが行われる。この取り扱いはNewmanモデル，P2D（pseudo-two-dimensional）モデル，などと呼ばれる。**図３**に示すように曲路率（τ）は，構造体厚み（ℓ：表面から裏面までの最短距離，電極では膜厚に相当）に対する曲路長（L：経路長，構造体内部の空隙を通り表面から裏面に到達する距離）の比（L/ℓ）で定義される。電極やセパレータ内部の空隙構造の複雑さを示すパラメータとして用いられる曲路率は屈曲度やトートシティとも呼ばれ，電解液中のLiイオンがどの程度遠回りするのかの指標となる。曲路率はNewmanモデルにおいて次式のような有効拡散係数（D_{eff}）や有効イオン伝導率（σ_{eff}）を空隙率（ε）のみの関数として表すための一般化Bruggeman型近似[12)]で使用される。

$$D_{\mathrm{eff}}=\varepsilon/\tau\times D_{\mathrm{bulk}}\approx\gamma\varepsilon^{\beta}D_{\mathrm{bulk}}$$ （ε：空隙率，D_{bulk}：バルクの電解液の拡散係数，γ,β：定数）

$$\sigma_{\mathrm{eff}}=\varepsilon/\tau\times\sigma_{\mathrm{bulk}}\approx\gamma\varepsilon^{\beta}\sigma_{\mathrm{bulk}}$$ （ε：空隙率，σ_{bulk}：バルクの電解液のイオン伝導率，γ,β：定数）

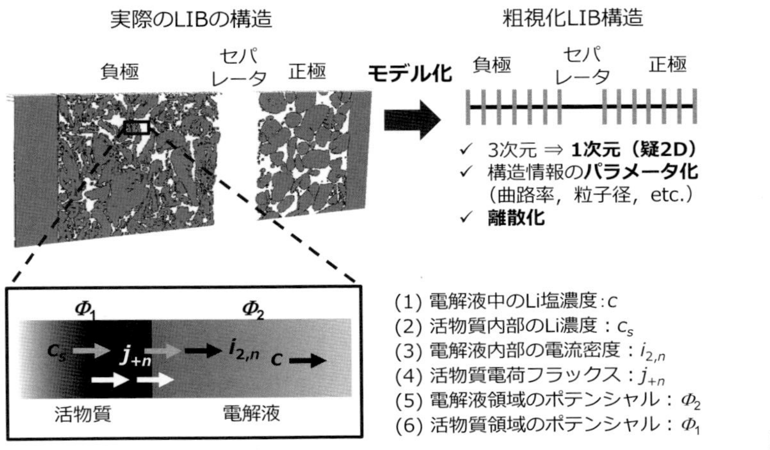

図２　１次元Newmanモデルの概略

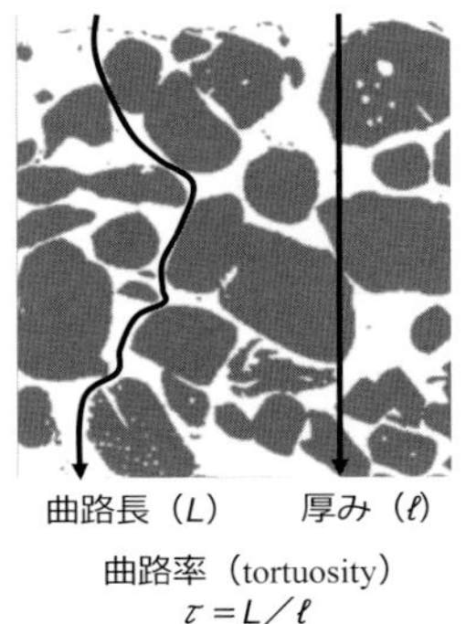

図３　多孔質電極構造と曲路率（tortuosity）

Newmanモデルでは，電解液中のLi塩濃度分布（$c(x,t)$），活物質中のLi濃度分布（$c_s(x,t)$），電解液中の電流密度分布（$i_{2,n}(x,t)$），界面電荷フラックス（j_{+n}），電解液領域の電位分布（$\Phi_2(x,t)$），活物質の電位分布（$\Phi_1(x,t)$ の6つの変数について電解液濃度変化，活物質Li組成変化，液相でのオーム則，固相でのオーム則，Butler–Volmer式，電流収支式の6つの偏微分方程式を定式化し（**図4**），初期条件と境界条件を与えて連立差分方程式として数値計算により解を求める。充放電曲線のみならず固相と液相中のLi濃度分布や電圧・電流分布の計算結果も出力できる。式中の記号はそれぞれ，c（電解液のLi濃度），t（時間），ε（空隙率），D_{eff}（有効拡散係数），t^+（Liイオンの輸率），x（電極厚み方向の座標），c_s（活物質中のLi濃度），D_s（活物質内の拡散係数），r（球状活物質の半径方向の座標），Φ_2（電解液電位），i_2（電解液電流），κ_{eff}（電解液の有効イオン伝導率），f（活量係数），I（全電流），Φ_1（固体相電位），σ_{eff}（固体相の有効電子伝導率），j（界面電荷フラックス），i_o（交換電流密度），α（移動係数），U（OCV），R（気体定数），T（絶対温度），F（ファラデー定数），R_f（SEIなどの膜抵抗），a（単位体積あたりの活物質表面積）を示している。また，拡散係数や伝導率，抵抗などのいくつかの物性にアレニウス型の温度依存性を与えて評価することもできる。

① 物質移動1：電解液濃度変化

$$\varepsilon\frac{\partial c}{\partial t}=\frac{\partial}{\partial x}\left\{D_{\mathrm{eff}}\frac{\partial c}{\partial x}\right\}-\frac{i_{2,x}}{F}\frac{\partial t_0^+}{\partial x}+\left(1-t_0^+\right)\frac{1}{F}\frac{\partial i_{2,x}}{\partial x}$$

② 物質移動2：活物質Li組成変化

$$\frac{\partial c_s}{\partial t}=D_s\left[\frac{\partial^2 c_s}{\partial r^2}+\frac{2}{r}\frac{\partial c_s}{\partial r}\right]$$

③ Ohmの法則1：電解液領域

$$\frac{i_{2,x}}{\kappa_{\mathrm{eff}}}=-\frac{\partial \Phi_2}{\partial x}+\frac{RT}{F}\left(1-t_0^+\right)\left\{\frac{1}{c}+\frac{\partial \ln f}{\partial c}\right\}\frac{\partial c}{\partial x}$$

④ Ohmの法則2：活物質内部

$$\frac{\partial \Phi_1}{\partial x}=-\frac{I-i_{2,x}}{\sigma_{\mathrm{eff}}}$$

⑤ 活物質Li挿入脱離反応
（Butler–Volmer式、過電圧）

$$j_{+n}=\frac{i_0}{F}\left[\exp\left\{\frac{\alpha_a F\eta}{RT}\right\}-\exp\left\{-\frac{\alpha_c F\eta}{RT}\right\}\right]$$

$$\eta=\Phi_1-\Phi_2-U(c_s)-Fj_{+n}R_f$$

⑥ 電解液－活物質界面の電流収支

$$Faj_{+n}=\frac{\partial i_{2,x}}{\partial x}$$

図4　Newmanモデルの基礎方程式

入力パラメータの種類は多岐にわたり，電極やセパレータの膜厚や空隙率，電極組成，反応速度定数，被膜抵抗，活性化エネルギー，各材料の粒径，拡散係数，伝導率，密度，初期濃度，輸率，熱容量，充放電条件，収束条件など数多く，しかも値を実測することが困難なパラメータもある。また，Newmanモデルに対する修正の提案もある[13]。

近年は，コンピュータ性能の向上やソフトウェアの整備も手伝い，1DのNewmanモデルから2Dや3Dモデルへの拡張が盛んに検討されている[14][15]。3D電池シミュレーションでは汎用数値解析ソフトであるMATLAB®やScilab™を用いた例が見られ，また，数値流体力学（CFD）ソフトであるANSYS Fluent®，STAR-CCM+/CD/3D-MSE/BSM®，OpenFOAM®などでは電池専用計算モジュールの整備が進んでいる。汎用有限要素法（FEM）ソフトではFlexPDE™

や，国内では COMSOL Multiphysics® を使用した報告が多い[16)17)]。これらはいずれも，差分法，有限体積法，有限要素法，境界要素法などで離散化し，時間発展で計算することで電池挙動のシミュレーションを行う。他に LIB 専用のシミュレータとして AutoLion1D/ST/3D™ や Battery Design Studio®，MapleSim Battery Library™ などがあり海外での報告例が多い[18)]。これらのシミュレータは単セルの計算だけでなく電池モジュールの設計支援ツールとしても活用できるようである。

このような解析ソフトの利用によりメッシュの生成，離散化スキーム，行列計算などの数値解析の基礎的な部分に立ち入る手間が省け，電池解析に注力することが可能となる。また，充放電のシミュレーションのみならず，熱・応力も連成したマルチフィジックス計算も可能であり，報告事例が増加している。また，μm レベルで電極構造を緻密にモデル化し電極の一部を切り取る形で計算が行われる場合や，逆に複数セルのモジュールや車載用の電池パック全体が計算の対象となることもある。したがって，X 線回折や第一原理計算で得られる結晶格子の充放電変化の計算まで含めると電池の充放電シミュレーションは 10^{-10} m から 10^{0} m のマルチスケールで行われていることになる[17)]。最近では遺伝的アルゴリズムなどの人工知能（AI）を搭載してパラメータを最適化し，高性能な LIB 設計の指針が得られるという報告もある[19)]。

4. dV/dQ 曲線を利用したシミュレーションの準備

4.1 dV/dQ 曲線の利用

電池の非破壊状態における劣化の分析法として充放電曲線の電圧または電位（V）を電気容量（Q）で微分して得られる dV/dQ 曲線の解析や充放電曲線自身のフィッティングを利用した手法が検討されている[20)22)]。充放電曲線を取得しあるいはその微分曲線を解析するのみで診断できるという手軽さから研究開発用途だけでなく評価システムへの実装や中古電池の診断などへの実用化も期待される。

LIBTEC でも dV/dQ の解析を多用している。例えば，LCO 正極や黒鉛負極などでは SOC に応じて相転移が生じ，それが明確な dV/dQ ピークとして検出されるため，あらかじめ用意した単極の dV/dQ でフルセルの dV/dQ 曲線をフィッティングすることによって正負極が分離でき，その状態の推定が可能となる。dV/dQ のピーク幅の変化やシフト量は電極内反応の不均一性に関する情報を含んでおり，それを電極構造の評価手段として利用する解析例については後述する。

以下では Newman モデルを利用した dV/dQ シミュレータへ入力するパラメータの中で，特に実測して取得する方法に工夫を要した OCV および dV/dQ 曲線の精密関数近似式と電極の曲路率について説明する。

4.2 OCV 曲線と dV/dQ 曲線の関数近似[1)4)]

Newman モデルに基づく電池シミュレータでは多岐にわたる多数のパラメータ入力が必要であり，入力値として OCV 曲線も求められ，実測値，理論値のいずれでもよいが基本的には関数式での入力を求めるソフトウェアが多い。差分法を用いる場合は OCV 近似関数式の微分曲線

（導関数）の入力も必要になる。近似関数式は電圧をSOCの関数とした高次多項式で，三角関数，指数・対数関数，特殊関数などの項を組み合わせたものがよく利用される。

LIBTECではOCV曲線を直接に関数化するのではなくdV/dQを関数化することで従来に比べてより精密なOCV曲線をシミュレータの入力値とする検討を行った。この理由としてサイクル劣化シミュレーションではdV/dQの解析が非常に有効に機能し，また，後述のようにdV/dQシミュレータとしての電池シミュレータの活用が可能となることが挙げられる。

試みにNewmanグループのdualfoilコード中[11]にある黒鉛のOCV曲線の近似関数とその導関数をグラフ化したところ，dV/dQの細かなピークを表現できていないことがわかった。LIBTECでも精密に測定したOCVデータに対して関数フィッティングを行ったが，近似式を変換してdV/dQにすると，やはり相転移のピークを正確に表現することが難しかった。そこで，dV/dQ自体をフィッティングすることを行った。そのためにまずOCV曲線とdV/dQ曲線を用意する。第一原理計算を利用した理論OCVを使えば，第一原理電池シミュレータとすることも可能であるが，ここでは1/50Cの低速で実測した充放電曲線をOCV曲線として扱っている。dV/dQを関数フィッティングし，それを積分して得た式をOCV曲線とし電池シミュレータの入力値に用いた。**図５**にLCO正極と黒鉛負極のdV/dQの実測値とこれを関数化したもの，およびその積分式とOCVを示す。(a)(b)に示すLCO正極では，六方晶⇔単斜相の相転移に伴う電圧変動が4.1～4.2 V付近にあるが，これも関数化できている。(c)(d)に示す黒鉛負極でも，LiC_x（x≧18）にあたるStage1′，4，2L，3と呼ばれるステージ構造の変化を示す複雑なdV/dQ曲線を関数化できている。

実験では充電OCV曲線と放電OCV曲線の形状が異なる場合がある。このヒステリシスの原因を単純なオーム損と考え充電と放電の平均値をOCV曲線として扱うこともできるが，固体内の結晶構造の再配列などその電極の履歴によって固体状態が変化するため，それらの相互作用によって充電と放電で僅かにエネルギー差が本質的に生じ得るという見解もある[23]。そこで，実測

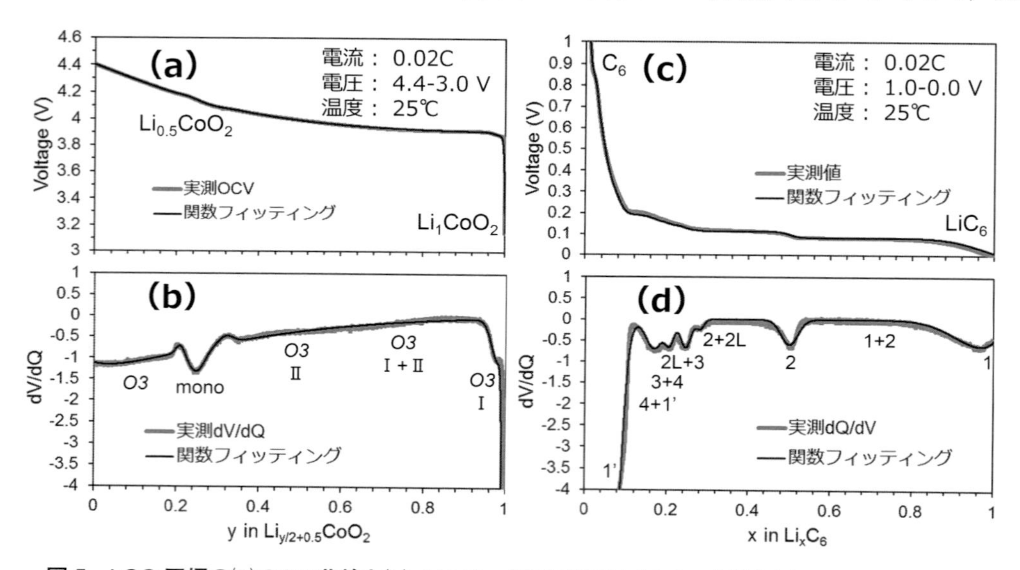

図５　LCO正極の(a) OCV曲線と(b) dV/dQ，黒鉛負極の(c) OCV曲線と(d) dV/dQの関数化

値に近い電池挙動をシミュレーションでできるだけ再現するため，1st 充電，1st 放電，2nd 充電，2nd 放電の 4 つの OCV と dV/dQ の各近似式をサイクル劣化シミュレータの入力値に用いることにした。このようにすることで初回の不可逆容量も再現することが可能となった。

ところで，充放電曲線を関数化することで他にも利点が生じる。例えば，正極では LMO と NCA は市販の LIB でもよく混合して用いられるが，このような混合電極では混合比率によって充放電曲線の形状が変化する。ここで，各活物質の OCV 曲線をデータベース化しておくと任意の混合比率の電極や任意の N/P 比で設計したフルセルの充放電曲線を容易に関数式の計算から求めることができる。関数式を用いずに生データから混合電極の合成充放電曲線を得ることは可能であるが，Excel® などで自動化するにしても手数を要する。なお，負極では SiO と黒鉛の混合電極が実用化されており，この設計への適用も検討中である。

4.3　曲路率パラメータの取得[1)]

電極構造に関するパラメータである（電気化学的）曲路率 τ は，対象セルの EIS 測定で得られた多孔体電極中のイオン抵抗/3(R_{ion}/3)[24)25)] を 3 倍して逆数としたイオン伝導率 σ_{ion} を上記した $\sigma_{eff}=\varepsilon/\tau\times\sigma_{bulk}$ の有効イオン伝導率（σ_{eff}）に代入して求めた。空隙率（∝プレス密度）を変化させた厚膜 LCO 電極を用いて求めた空隙率に対するイオン伝導率，曲路率，曲路長の関係をそれぞれ**図 6** に示す。空隙率 20～42％の範囲においてイオン伝導率はほぼ線形に増加する。曲路率を上記の一般化 Bruggeman 型で近似すると，$\tau=\varepsilon^{(1-\beta)}/\gamma=\varepsilon^{1-1.45}/0.618$ となり，$\sigma_{eff}=0.618\varepsilon^{1.45}\times\sigma_{bulk}$ の関係が得られた。また，曲路長は空隙率 0.3 付近で極小を持つ二次の関係が得られた。極小値の左側領域は曲路率が支配的で，右側領域は膜厚が支配的になるという解析結果を LIBTEC が以前に報告している[26)]。また，セパレータの曲路率は X 線 CT や FIB-SEM により取得した 3D データから画像解析により求めた値を用いることもできるが，電気化学的手法により簡便に取得することができる。

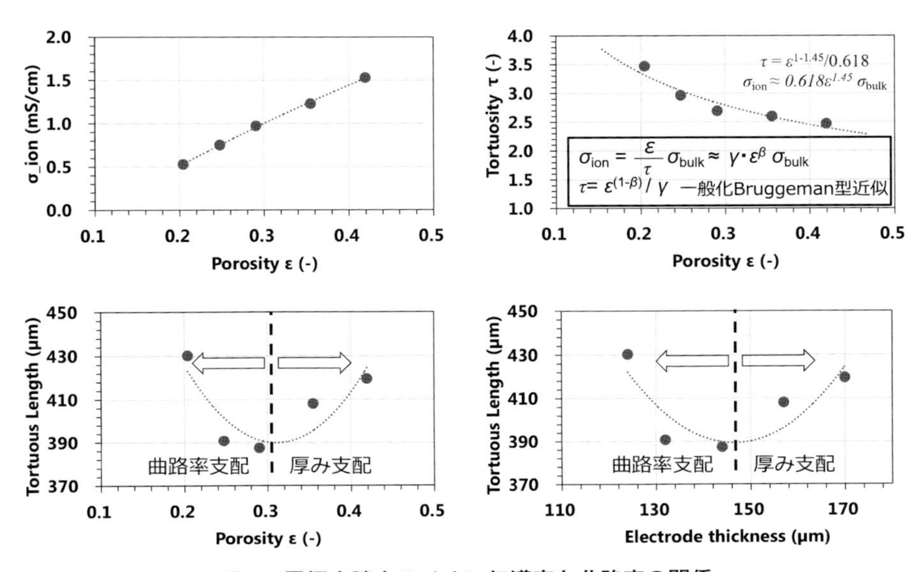

図 6　電極空隙内のイオン伝導率と曲路率の関係

5. サイクル劣化シミュレーション

従来，SEI 成長の $t^{1/2}$ 則モデルとサイクル劣化特性が漸近することを利用した寿命推定の検討が行われてきた[5)6)]。しかし，それ以外の劣化原因に関するモデル化とそれに基づくサイクル劣化シミュレーションの事例は多くない。LIBTEC では，Newman モデルをベースに正極側の劣化，副反応に伴う正極と負極の使用容量領域のズレ（容量ズレ），電極の膨張収縮による導電ネットワークの劣化・断裂，その他，**2.** で述べた各種の劣化要因に加えて，実際に起こる可能性や寄与は低いと思われるものも含め，考え得るほぼすべての劣化パラメータを劣化シミュレーションへ取り込めるように電池シミュレータを改造した[3)4)]。高性能な計算サーバーが必要となる 3D シミュレーションとマルチフィジックス化は実装せず，スタンドアロン型のシミュレータに計算負荷が低い 1D モデル計算を採用したことで，事務用スペックのラップトップ PC 上でも 1,000 サイクルの劣化シミュレーションが数時間で行える。

劣化シミュレーションは以下のスキームで行った。1st 充電→ 1st 放電→ 2nd 充電→ 2nd 放電→ …→ $1{,}000^{th}$ 放電の繰り返しで，各サイクルにおいて直前の充電（放電）での x 値（Li_xC_6）と y 値（Li_yCoO_2）を次の放電（充電）の初期値へ引き継ぐことにより充放電サイクルを模擬した。電極内の反応分布を次の放電（充電）へ引き継ぐことも可能となっている。劣化条件として任意の劣化パラメータをシーケンス設定することが可能で，さらに入力する全パラメータについて半サイクルごとに加減乗除や $t^{1/2}$ 則や Log など任意の関数式で設定したり，場合によっては全く規則性の無い数値を設定することもできる。加えて，一部の重要と思われるパラメータ，例えば，電極の厚み，伝導率，拡散係数については SOC に応じて値を変化させる試みも行っている。

サイクル劣化シミュレーションの一例として LCO/黒鉛系で，活物質容量の低下，容量ズレ，SEI 成長による抵抗増などの劣化を 1,000 サイクルで計算し劣化無しのものと比較したものを**図 7** に示した。劣化無しでは放電曲線と dV/dQ はサイクルさせても完全に重なるため，図中では dV/dQ をオフセットして表示している。負極 SEI を $t^{1/2}$ 則で成長させて抵抗を増加させた場合，オーム損による負極の分極が見られ，dV/dQ シフトの挙動が負極の容量減少の場合とは異なる

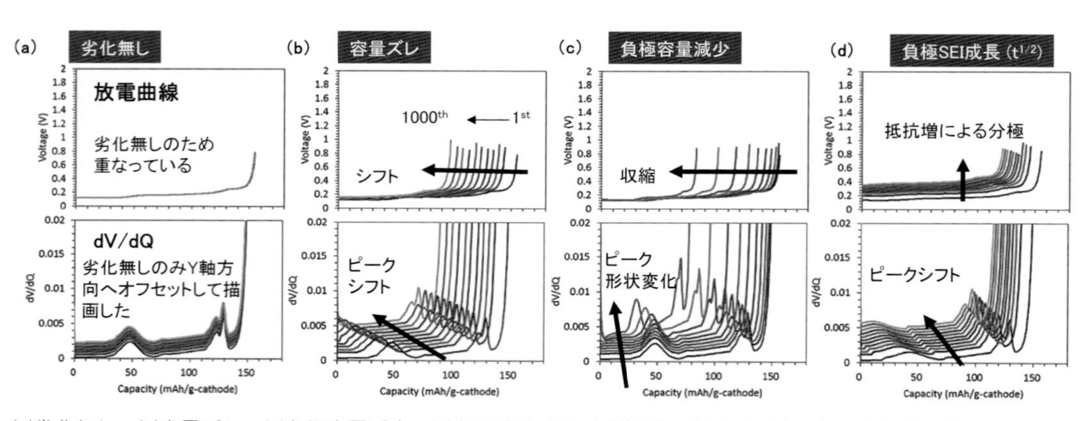

(a)劣化無し，(b)容量ズレ，(c)負極容量減少，(d)負極 SEI 成長（$t^{1/2}$ 則），100 サイクル毎の負極放電曲線（上）と dV/dQ（下）

図 7　LCO/黒鉛系電池の 1,000 サイクル劣化シミュレーション

様子などが観察できる。ここでは単純化のために劣化パラメータを単体で設定しているが，実際の劣化を再現するために同時並行で複数の劣化パラメータを用いる複雑な設定も可能である。

次に，実測された劣化状態と計算結果を比較した。**図８**に LCO/黒鉛系電池（小形単層ラミネートセル，薄膜電極，45℃中 5C 充電/5C 放電）で実測した 100 サイクルごとの放電曲線とその dV/dQ を示す。ここでは LCO の相転移ピークは動かず，黒鉛に起因するピークが劣化に伴いシフトしている。この劣化モードは負極容量ズレのシミュレーション挙動に該当する（図7(b)）。

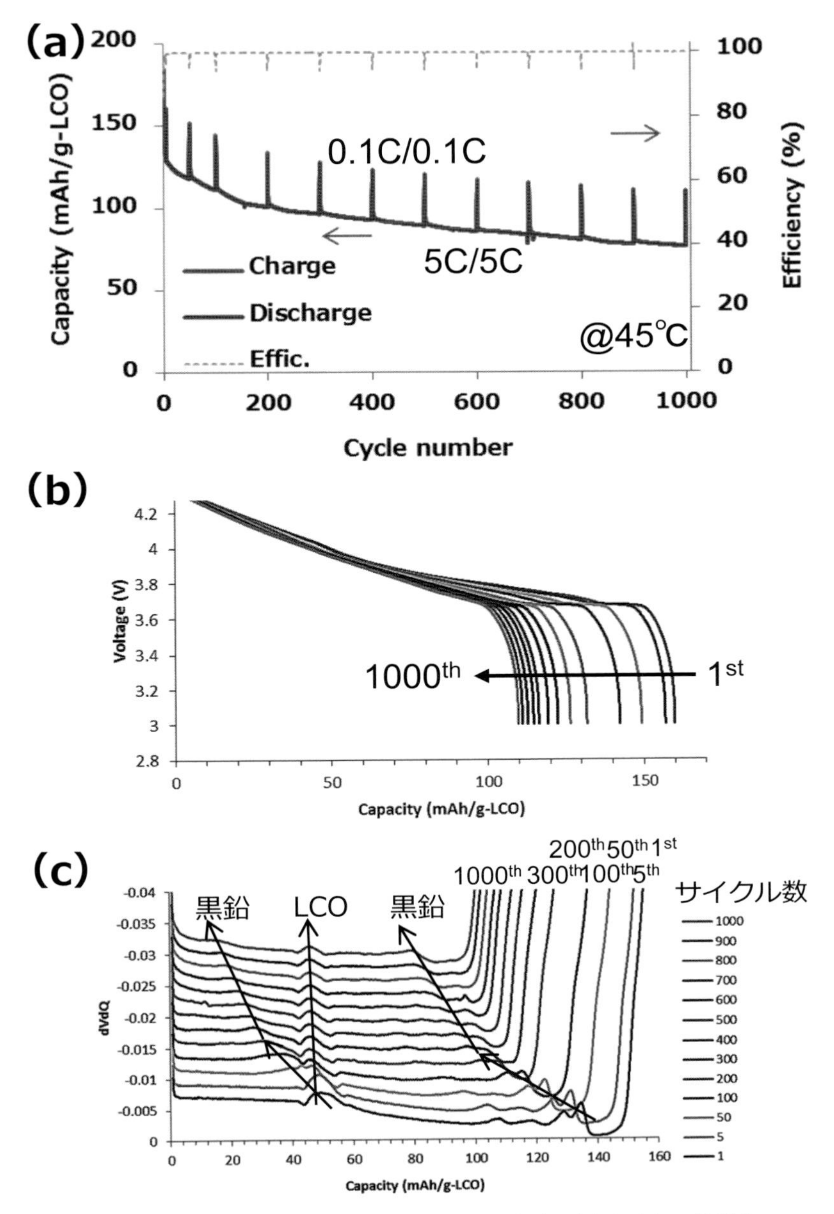

図８　LCO/黒鉛系単層セルのサイクル劣化時の(a)サイクル特性と100 ごとの(b)放電曲線，(c) dV/dQ（実測値）

また，別の設計と充放電条件（1.4 Ah級捲回形ラミネートセル，厚膜電極，45℃中2C充電/2C放電）で制御してサイクル劣化させた電池について250サイクルごとに21℃中0.05Cで放電曲線および放電dV/dQの実測データを取得するとともに（**図9**(a)(b)），同一仕様のセルで60℃中4.35 Vの満充電状態で4週間の保存試験を行った電池について1週間ごとに21℃中0.05Cで容量確認した際の放電曲線および放電dV/dQの実測データを取得した（図9(c)(d)）。次に，このサイクル試験の1,000サイクル後と保存試験4週間後の各劣化状態を再現して劣化モードを調べるために，充放電とdV/dQのシミュレーションを実施した。その結果を，**図10**に示す。

サイクル試験では，劣化後の電池が負極規制の状態になっていることが推定された。dV/dQではLCOの相転移ピークのシフトが明瞭で，しかも黒鉛側の劣化が前述の電池より激しく，シミュレーションから負極容量と正極容量のどちらも減少していると推定された。また，図10(a)中の①と②に示すように，正負極それぞれで利用領域外に可逆容量を持っているが，容量ズレが起こってCutoff電圧範囲から外れるためにフルセルとしての容量が少なくなっていることがわかった。一方の保存試験では，劣化後に正極規制の状態であると推定された。また，正負極ともに容量減少があり，容量ズレもわずかに生じている。図10(c)中の③のように，放電時の負極側に放電容量が残っている。これら①と②，③の容量はそれぞれ，放電または充電状態で電池を分解してハーフセルに組み直し，残存容量を実測することで確認することができる。実際にそのようにしてハーフセルで確認したところ，シミュレーションと実測の誤差は2%程度であった。捲回形セルでは電極内の場所（例えば端子からの距離）によって劣化状態が異なるため，誤差が生じ易い。単層セルやコインセルであれば，より高精度に検証できるものと考えられる。なお，図

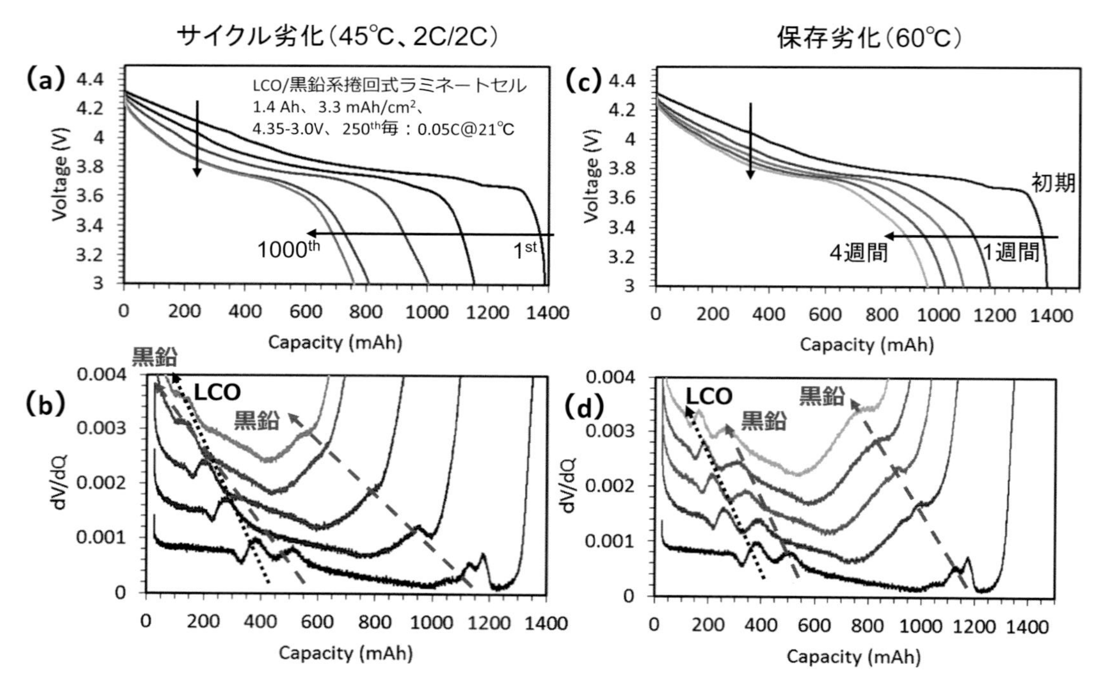

図9　**1.4 Ah級LCO/黒鉛系電池のサイクル劣化時の250サイクルごとの(a)放電曲線と(b) dV/dQ（実測値），および，保存劣化時の1週間毎の(c)放電曲線と(d) dV/dQ（実測値）**

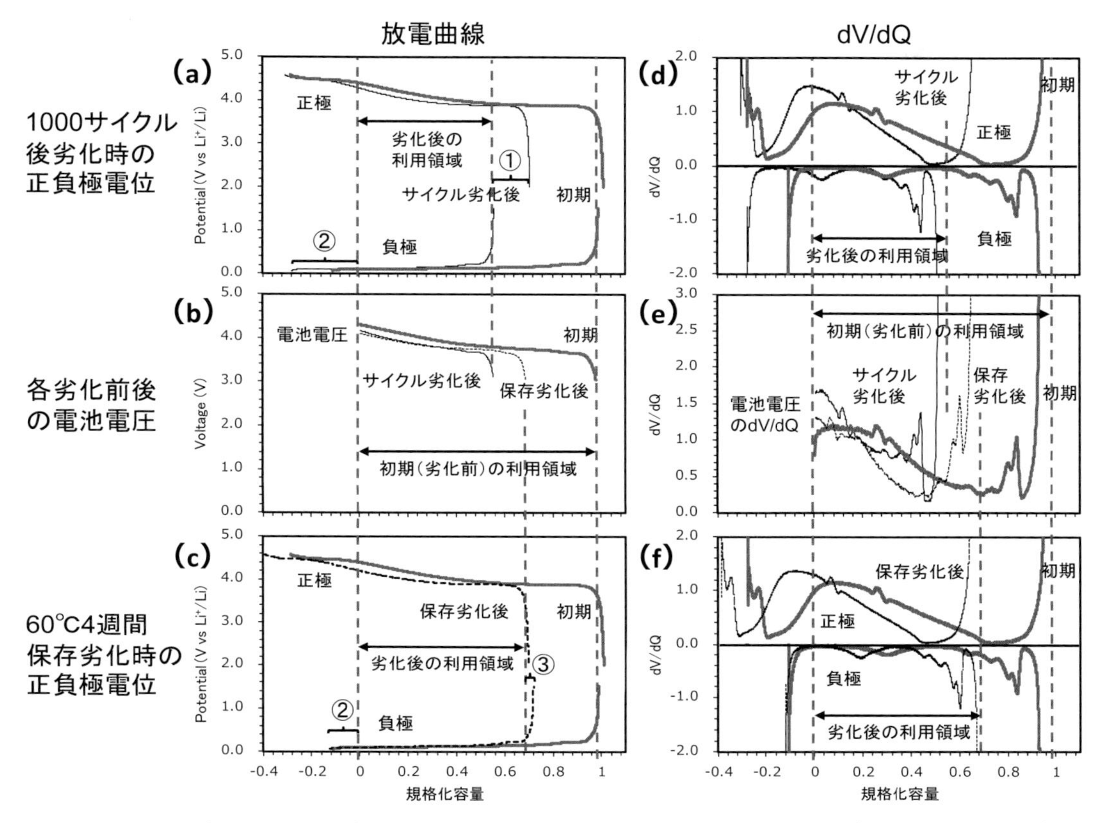

図 10　1.4 Ah 級 LCO/黒鉛系電池のサイクル劣化後と保存劣化後の劣化解析（シミュレーション）

10 の(a)(d)(c)(f)では，利用領域外の正負極電位を表示してあるが，実際には，充放電・dV/dQ シミュレータでは利用領域外のデータは出力されない。ここでは説明のために SOC などを基準にして入力 OCV データを使って外挿して図示した。

このようにシミュレーションでは種々の電池設計パラメータを任意に変更することができるため，電池の劣化原因の推定や電池の試作・評価以前の性能予測が可能であり，その結果として電池設計・開発時間の短縮化が図れることは大きなメリットである。

6. 反応分布のある dV/dQ の解析事例[4)]

Newman モデルに基づく電池シミュレータでは充放電曲線以外にも各種の出力を得ることが可能であり，その一例を**図 11** に示す。各 C レートでの dV/dQ を見ると C レートの増大により図中のピーク 1 が左側へシフトしている。このような状態は**図 12** に示すように実測の dV/dQ でもしばしば観察されるが，シミュレーションであれば電極内の状態を簡便に確認することができる。**図 13** は，図 11 の計算で放電時の電池断面方向から見た活物質内の Li 組成分布の経時変化を示したものである。横軸は電池断面の座標であり，左側から負極，セパレータ，正極が位置する。0.1C では電極厚み方向で反応がほぼ均一に起こっている様子がわかる。1C では負極内で

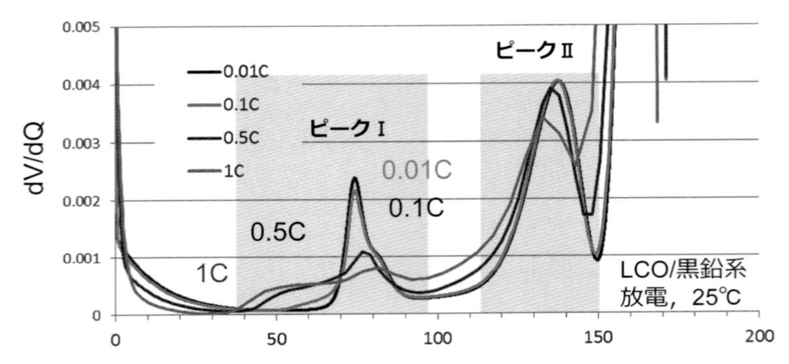

図11　Cレートによる dV/dQ ピークシフトへの影響（シミュレーション）

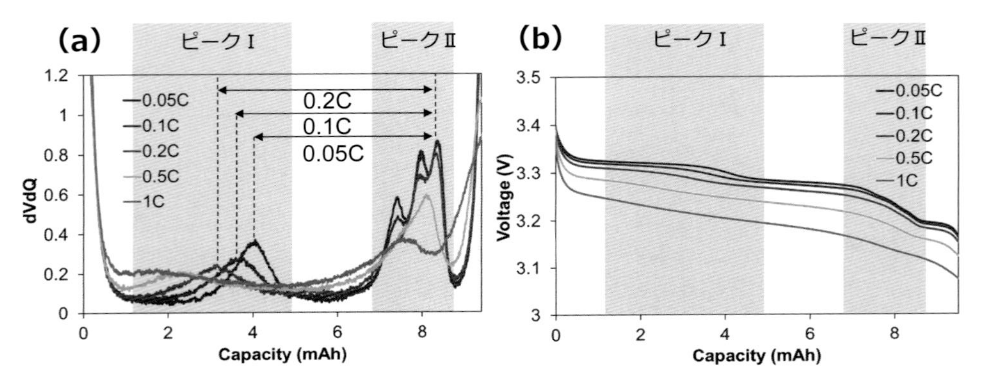

(a) dV/dQ と(b)放電曲線（実測値）※ Li_xC_6 の dV/dQ ピークを明瞭にするため LFP/黒鉛系を用いた。

図12　dV/dQ ピークの C レート依存性

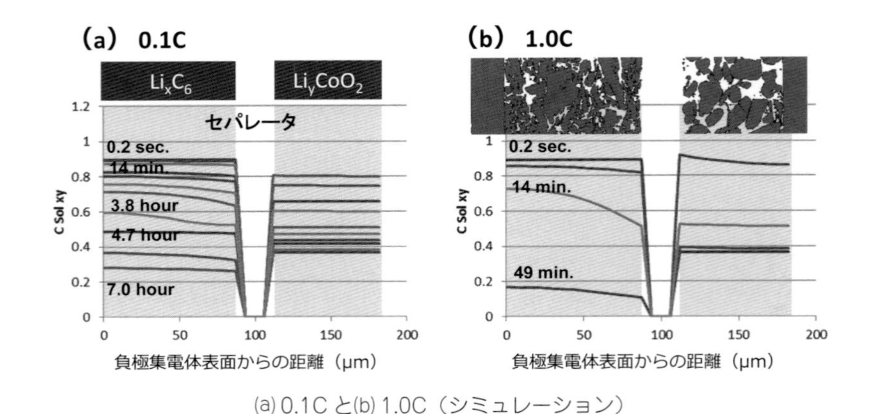

(a) 0.1C と(b) 1.0C（シミュレーション）

図13　正負極活物質中の Li 濃度の C レート依存性

厚み方向に反応の分布が見られ，電極表面付近では負極の平均 SOC よりも反応が速く進むことが dV/dQ ピークの一部左側へのシフトの原因であることがわかる[4)]。このように電池が劣化していなくても C レートの条件によって dV/dQ のピーク位置や形状が変化するメカニズムが理解できる。また，温度や粒子径などのパラメータを変化させた場合でも dV/dQ 形状は変化することがわかっている。このことから，dV/dQ のピーク間距離やフィッティングから電池の状態推定を行う際[27]にはＣレートや温度などの影響を考慮することが必要であることがわかる。また，同じ計算で電極の厚みを 1/3 にした場合は数Ｃレートでも深さ方向での反応は均一であり，薄い電極はハイレートに対応できるということがイメージ化できた。それとは逆に厚膜電極の性能予測などにもシミュレーションの活用が可能である。

ここで例示した以外にも，活物質表面の電流密度や，電解液電位，電解液濃度などの分布を予測することができ（**図 14**），電極・電池の設計や充放電条件を変化させた場合の電池内部の挙動を定性的に理解するのに役立つ。

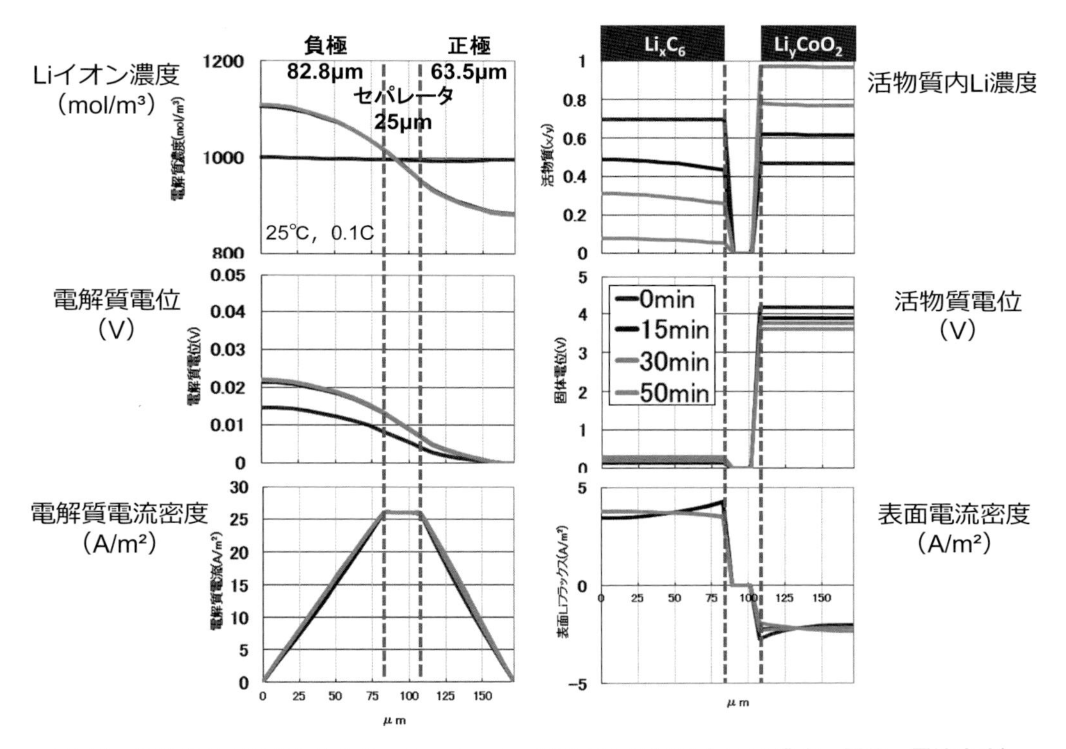

図 14　各種分布の経時変化シミュレーション（活物質と電解液中の Li 濃度，電位，電流密度）

7. おわりに

従来の LIB の劣化解析では，実際に充放電を行ってから電池を分解し，それを電気化学的・分光学的・熱的・機械的などさまざまな分析手法を駆使して多角的に評価・解析することを行ってきた。しかし，近年の電池シミュレーション技術の高度化に伴いシミュレーションによる劣化モードの解析や電池設計分野への応用が広がっている。中でも dV/dQ 曲線を用いた劣化解析・状態診断は簡便かつ強力なツールとして広く使用されるようになってきており，シミュレーションとの相性もよい。また，従来の計算化学の代表的な手法であるシュレディンガー方程式を解く電子状態計算とは異なる人工知能（AI）やマテリアルズ・インフォマティクス（ビッグデータ解析による新材料の探索）の活用も始まっている。今後，シミュレーションと実験の両輪で電池内の電池劣化の理解を深めることによって電池技術が発展し，より高性能な電池の実現につながることが期待される。

謝　辞

本研究は，NEDOプロジェクト「次世代蓄電池評価技術開発」の助成と「先進・革新蓄電池材料評価技術開発」の委託を受けてLIBTECにより実施された。シミュレーション技術の開発については東北大学未来科学技術共同研究センター（NICHe）の宮本明研究室から多大なご協力を賜わった。また，LIBTECの三浦克人博士，坂口眞一郎氏，河南順也氏，山川幸雄氏，各研究員他から多くの支援を受けた。関係各位に深甚な謝意を申し述べる次第である。

文　献

1）幸琢寛，坂口眞一郎，三浦克人，河南順也，松村安行，長井龍，村田利雄，太田璋，吉村秀明，大串巧太郎，畠山望，宮本明：第57回電池討論会要旨集，3C20，216（2016）．
2）M. Doyle, T. F. Fuller and J. Newman: *J. Electrochem. Soc.*, **140**（6），1526（1993）．
3）畠山望，鈴木悦子，大串巧太郎，三浦隆治，鈴木愛，宮本明，幸琢寛，小山章，江田信夫，長井龍，太田璋：第55回電池討論会要旨集，2A03，58（2014）．
4）幸琢寛，長井龍，松村安行，近藤正一，山川幸雄，江田信夫，小山章，田中俊，太田璋，畠山望，鈴木悦子，大串巧太郎，三浦隆治，鈴木悦子，宮本明：第56回電池討論会要旨集，3M06，51（2015）．
5）T. Yoshida, M. Takahashi, S. Morikawa, C. Ihara, H. Katsukawa, T. Shiratsuchi and J. Yamaki: *J. Electrochem. Soc.*, **153**, 576（2006）．
6）E. Peled: *J. Electrochem. Soc.*, **126**, 2047（1979）．
7）紀平康男，竹井勝仁，寺田信之：電力中央研究所報告，Q05021（2006）．
8）阿部誠，西村勝憲，關栄二，春名博史，平沢今吉，伊藤真吾，芦浦正：日立評論，**94**，336（2012）．
9）幸琢寛：リチウムイオン二次電池の長期信頼性と性能の確保　―劣化メカニズム・劣化解析・寿命予測・安全性向上のために―（監修 小山昇），第2章4節，サイエンス&テクノロジー社（2016）．
10）M. Doyle: Design and Simulation of Lithium Rechargeable Batteries, PhD thesis, University of California, Berkeley（1995）．
11）Newman Research Group HP. URL: http://www.cchem.berkeley.edu/jsngrp/
12）D. A. Bruggeman: *Ann. Phys. Lpz.*, **24**, 636（1935）．
13）山木準一：*Electrochemistry*, **78**（12），988（2010）．
14）A.A. Franco: *RSC Adv.*, **3**, 13027（2013）．
15）G. Inoue, T. Matsuoka, Y. Matsukuma and M. Minemoto: PRiME2012 222nd ECS meeting, #803（2012）．
16）高橋洋一，岡田勝吾，坪田隆之，西内万聡，山上達也：第53回電池討論会要旨集，1A22，15（2012）．
17）菊川英樹，古山通久，本蔵耕平：第55回電池討論会要旨集，2A25，77（2014）．
18）T.R. Tanim, C.D. Rahn and C-Y. Wang: *Energy*, **80**, 731（2015）．
19）井上元：第387回電池技術委員会資料（2017）．
20）I. Bloom, A.N. Jansen, D.P. Abraham, J. Knuth, S.A. Jones, V.S. Battaglia and G.L. Henriksen: *J. Power Sources*, **139**, 295（2005）．
21）K. Honkura, K. Takahashi and T. Horiba: *J. Power Sources*, **196**（23），0141（2011）．
22）森田朋和，櫻井宏昭，星野昌幸，本多啓三，高見則雄：第53回電池討論会要旨集，3A17，55（2012）．
23）N. Oyama, S. Yamaguchi and T. Shimomura: *Anal. Chem.*, **83**（22），8429（2011）．
24）N. Ogihara, S. Kawauchi, C. Okuda, Y. Itou, Y. Takeuchi and Y. Ukyo: *J. Electrochem. Soc.*, **159**（7），1034（2012）．
25）M. Itagaki, S. Suzuki, I. Shitanda and K. Watanabe: *Electrochemistry*, **75**（8），649（2007）．
26）澤田大輔，森田好洋，西村大，笹川貴子，尾形大輔，江田信夫：第54回電池討論会要旨集，1B06，pp.73（2013）．
27）H.M. Dahn, A.J. Smith, J.C. Burns, D.A. Stevens and J.R. Dahn: *J. Electrochem. Soc.*, **159**,（9），A1405（2012）．

第6節 LC-MS及びDART-MSを用いた電解液及び極表面の組成分析

国立台南大学 劉 奕宏

1. はじめに

近年，電気自動車（EV），ハイブリッド車（HEV）並びに太陽光発電や風力発電用の定置型電力貯蔵装置（ESS）の急速な発展に伴い，大型リチウムイオン電池の需要が急増，その動きを反映して開発は加速している。しかし，電気自動車を含めたこれらの大型電気装置は，携帯用のものとは異なり，屋外での使用頻度が高いため，リチウムイオン電池は常に厳しい環境に晒されるようになった。例えば，夏場のとき電気自動車を露天の駐車場に置くと，車体温度は70℃まで上昇する恐れがある。こうした状況下では，電池は劣化しやすくなるため，場合によっては熱暴走による電池爆発を招きかねない。それを抑制するために，使用環境に応じて電池の高温特性をさらに向上させる必要があると考えられる。一般にはリチウムイオン電池の構成材料の中で，電解液は唯一の液体であり，イオン液体を用いたものもあるが，有機化合物の溶剤とリチウムイオン塩からなるものが多い。このような電解液は，ほかの固体の電池部材に比べて熱に対する化学的安定性が弱いため，高温下では電池の劣化が進行しやすくなる。さらに有機溶剤は引火点も比較的低いため，温度がある範囲を越えると電池が燃焼して爆発する危険性が高い。もちろん，有機溶媒を代替する難燃性イオン液体や固体電解質の開発はされているが，電池の性能を犠牲にせざるを得ない場合が多いため，有機電解液を中心に電池の高温特性を改善する研究開発は着実に進んでいる。

電池の高温特性を強化するアプローチの一つとして，電解液に微量な添加剤を入れることによって，電池の耐熱性が高められて高温でのサイクル寿命が大幅に延長することが報告された[1]。最もポピュラーな電解液添加剤の一つとして，ビニレンカーボネート（Vinylene carbonate：VC）を利用することで正極[2)-5)]，もしくは負極[6)-12)]の電極自身の耐熱性が向上し，電池の長寿命化に直接寄与したことはいくつかの文献で紹介されている。VCには電気化学的反応性が高いので，特に高温では電池が作動するとVCの重合反応（polymerization）機構により，負極表面にパッシベーション層を形成することになる。この表面保護層のため，高温での負極における電解液のさらなる分解が抑制される[8)9)]。さらに，Ouataniら[13)]の研究報告により，リン酸鉄リチウム（$LiFePO_4$）/黒鉛（graphite）の電池においては，VCの重合反応で形成されたパッシベーション層が負極（graphite）の表面に存在することをXPSの解析で確認できたが，正極（$LiFePO_4$）の表面では観察されなかった。すなわち，このパッシベーション層の形成が電極材料の本質に関係しており，汎用の負極材料のgraphiteには，どのような正極との組み合わせでもVCによる負極表面層の生成が確認された。したがって，graphiteを負極材料としたリチウムイオン電池においては，VCの添加による電池寿命の延長にこの負極の表面層の形成が直接に関与していることが示唆される。電極表面により良好なSEI（Solid Electrolyte Interface）膜を形成させる特別な機能を持つため，VCが「膜生成」添加剤として認識されており，電池性能の向上に応用が広がってきた。さらに，添加剤は通常数wt％の添加量だけで電池の性能を大きく変える特徴があるので，コストパフォーマンスのことを考えても有利である。

VCの添加による電池性能の向上が多くの研究で認められているが，電極表面物質の官能基の分析でVCの重合反応で形成された皮膜の組成成分を間接的に調べ，添加剤の電池への影響に関連付ける議論に止まっており，良好な皮膜を形成する仕組みはまだ十分に解明されていない。これまでには，一般的に気体の各成分を分析する気体クロマトグラフィー質量分析法（Gas Chromatography Mass Spectrometry：GC-MS），液体の各成分を分析する液体クロマトグラフィー質量分析法（Liquid Chromatography Mass Spectrometry：LC-MS），電極表面の元素組成を検知するX線光電子分光法（X-ray Photoelectron Spectroscopy：XPS）並びに分子の官能基を調べるフーリエ変換赤外分光光度計（Fourier Transform Infrared Spectrometer：FTIR）などの分析手法を用いて，添加剤の研究が進められてきた。しかし，特に電極の表面においては，前述のXPSやFTIRでは，部分的な情報しか得られず，電極表面の化学物質の分子構造を正確に決定することが難しい。それゆえ，LC-MSで得られた電解液の分解生成物と合わせて電池の中で起こった一連の反応のメカニズムも解明し難くなる。したがって，GC-MSやLC-MSと同じ分析原理で電極表面の化学物質の分子構造を決定できる分析手法を用いることで，添加剤が電解液の分解反応に与える影響を的確に理解することが重要であろう。

そこで，本稿では，VCの電池の高温特性への影響に着目して，電解液及び電極表面の生成物の分子構造をそれぞれ一斉に分析できる新たな研究アプローチの一つとして，すなわち，質量分析法に基づくLC-MS及びDirect Analysis in Real Time-MS（DART-MS）を利用することによって，電解液の分解反応のメカニズムを系統的に解明し，高温での電池の性能の劣化やVCがもたらした電池の高温特性の向上をまとめて解説する。

2.　DART-MSの作動原理及び電池材料分析での応用

質量分析法の特徴としては，分子を直接にイオン化して分子の質量と数量を測定することにより，微量でも分子構造まで推定して物質同定が可能である。DART-MSはつまりDARTという質量分析のためのイオン源と質量分析装置とを組み合わせたものである[14]。このイオン源を用いることで，大気圧下で分析対象物の表面をそのままイオン化・サンプリングすることができるため，電極表面の分析に適した方法だと考えられる。なお，イオン源の温度を自由に変化できるため，異なるイオン温度の測定で取得した各種化学物質の情報を総合的に解析することにより，分析対象物の耐熱性に関する情報を得られるメリットがある。LC-MSと組み合わせた分析手法を用いた応用例として，充放電した後の電池を解体した後，電解液及び電極をそれぞれ不活性の環境で収集して，電解液をLC-MS，電極をDART-MSで個別で測定して得られた物質の情報を解析することにより，各構成材料の組成の経時変化を把握できるため，電池の性能の劣化の原因を調べられる。さらに，解析した各種の分子構造に基づく電気化学的反応機構の解明により，どのような電極構成，どのような充放電環境で，どのように電解液が分解するのかを検証できる。それによって，添加剤が電池の性能の劣化防止に与える影響を実証的に評価できるようになり，分子構造の観点から添加剤の設計方針を決めることにも大いに役立つと考えられる。もちろん，質量分析による解析結果をベースに，ほかの表面物質の分析方法であるXPS，FTIRまたは電気化学的分析法であるElectrochemical Impedance Spectroscopy（EIS）で取得した情報と照合して，より豊富な解析情報の下で電池の性能の変化を理解していくのが重要である。

3. VCの添加による電池の性能への影響

VCを用いることにより，電池の性能が改善されることについて，ここで改めてVCの添加剤としての効果を実験的に実証した。**図1**に，3元系正極材料（$LiNi_{1/3}Mn_{1/3}Co_{1/3}O_2$：NMC）/graphiteセルの30℃でのサイクル試験の結果を示す。サイクル数の低い50サイクルまでには，VCの添加した（VC-containing）セルはVCのない（VC free）セルに比べて，より安定したサイクル特性を表現する。長いサイクル試験を行っていくと，両者の差がさらに顕著になっていくことがわかった。試験のレートを0.5Cから3C，または5Cに変更した場合，低サイクル数においては，両者の電池容量が同じ程度であることに対して，長サイクル数のとき，放電電流の増大による両者の差が一目瞭然である。上記の試験結果によって，VCがNMC/graphiteセルのサイクル特性及びレート特性を向上させることを明らかにした。

電池のサイクル試験を60℃で行った場合の結果を**図2**に表示する。試験のセルは正極材を$LiFePO_4$（LFP），負極材をハードカーボン（hard carbon：HC）としたものであり，試験レートは0.5Cにした。いずれの電解液の条件においても，充放電サイクル試験の進行と同時に電池の容量が低下しており，正極の材料に比較的熱安定性のよいLFPを使っても，高温での電池の性能が著しく衰退することがわかった。しかし，電解液の組成によって，容量維持のレベルに差

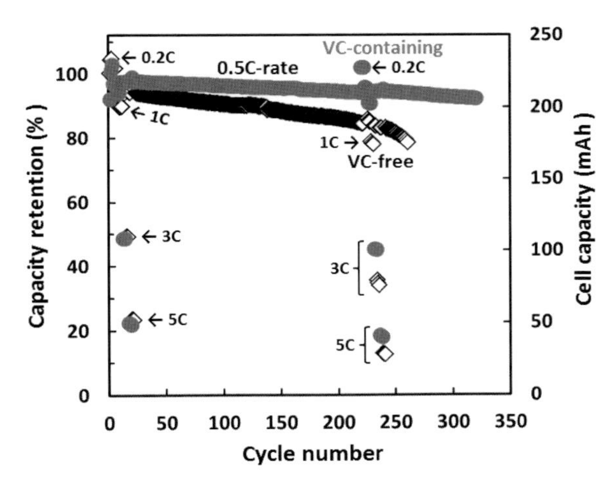

図1　VCによるNMC/graphite電池のサイクル特性とレート特性への影響（試験温度：30℃）

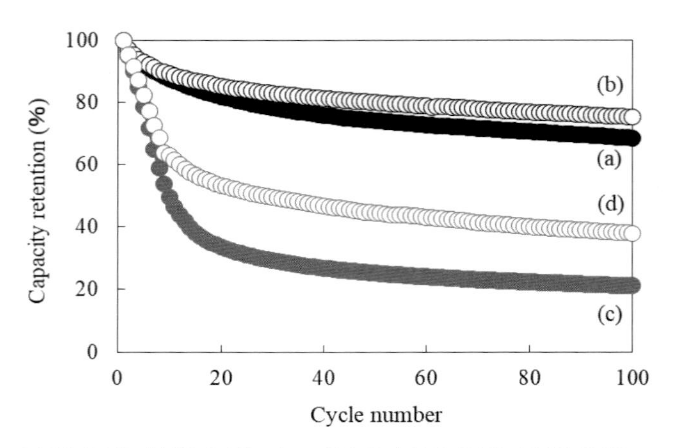

(a) EC/DEC; (b) EC/DEC＋1 wt % VC; (c) PC/DEC; (d) PC/DEC＋1 wt % VC.
(Reproduced from Ref. 15 with permission from the Royal Society of Chemistry)

図 2　VC の有無及び溶媒の種類による LFP/HC 電池のサイクル特性への影響（試験温度：60℃）

が出ており，全体的に溶媒を EC/DEC（(a)&(b)）を用いた電池は PC/DEC のもの（(c)&(d)）より，100 サイクル後の容量維持率は 30％以上の違いがある。さらに，いずれの溶媒でも，VC を添加することによって電池容量の低下が確実に抑制される。このように，正負極の材料を同じにしても電解液の組成を変えれば，電池性能が変わってくることが確認でき，さらに VC による電池の高温特性が向上することがわかった。

4. LC-MS による電解液の分析

充放電試験の環境温度の上昇による NMC/graphite 電池の電気化学特性変化及びその電解液の組成変化を調べた結果を**図 3** に示す。差し込み図は電池の初期（実線）及び 40 サイクル後（破線）の充放電曲線を描くものであり，30℃(a)での試験の場合，充放電曲線がほぼ重なることに対して，60℃(b)においては，40 サイクル後の曲線が初期の曲線から分かれて電池の容量が減少する。すなわち，環境温度を上げることにつれ，電池の劣化が促進されて性能の低下につながる。一方，40 サイクル後の電解液を LC-MS で測定して得られたクロマトグラムをみると，いずれの温度でも複数のピークが検出され，C グループのカーボネート系と P グループのリン酸エステル系の 2 種類の分解生成物に大別できる。MS で検出した生成物の詳しい情報を**表 1** にまとめる。さらに，30℃の結果と比較すると，60℃の試験で検出した生成物は，比較的多種類のリン酸エステル系のものが存在しており，カーボネート系のものにおいても検出強度が強い。これは，試験環境温度の上昇により，電解液の分解反応が促進された直接的な証拠となり，充放電曲線の結果との間に相関がみられた。

図 4(a)に 60℃における LFP/graphite 電池の 2 サイクル試験後の電解液の分析結果を示す。VC-free の場合では，2 種類のカーボネート系（C group）及び 3 種類のリン酸エステル系（P

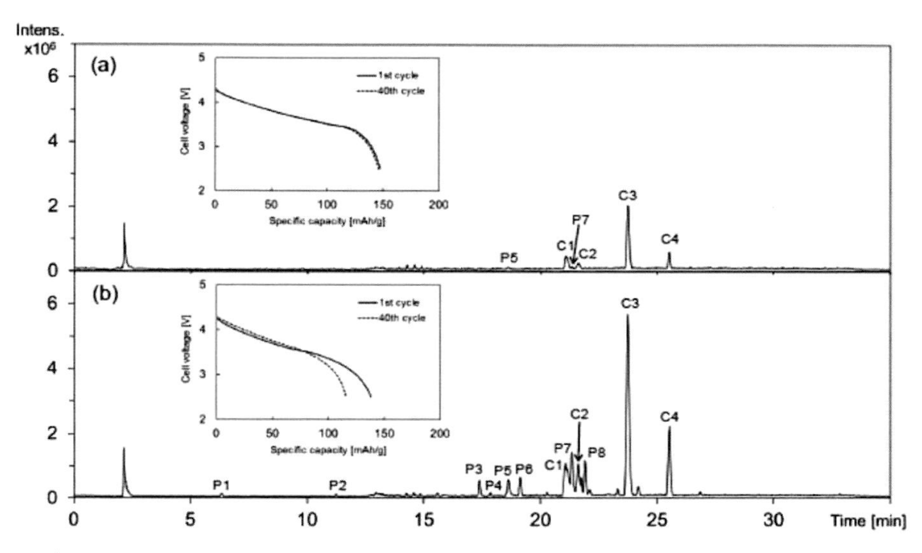

（Reproduced from Ref. 16 with permission from the American Chemical Society）

図３　0.5-C レートで 40 サイクル試験後の電解液サンプルの LC/ESI-MS によるクロマトグラム及びその試験セルの 1 st と 4 th サイクルの放電曲線（(a) 30℃；(b) 60℃）

表１　LC/ESI-MS で測定したピークの同定の結果

（Reproduced from Ref. 16 with permission from the American Chemical Society）

Peak No..	RT/min (FC-ODS)	Molecular weight	Estimated formula	RT/min (XR-ODSII)	Obs. mass ($[M+H]^+$ or $[M+NH_4]^+$)	Calc. mass ($[M+H]^+$ or $[M+NH_4]^+$)	⊿mDa
P1	6.2	152	$C_4H_9O_4P$	2.0	153.0303	153.0311	−0.8
P2	11.1	240	$C_7H_{13}O_7P$	4.7	241.0462	241.0472	−1.0
P3	17.2	308	$C_8H_{19}FO_7P_2$	11.7	309.0662	309.0663	−0.1
P4	17.7	334	$C_{10}H_{24}O_8P_2$	12.8	335.1031	335.1019	＋1.2
P5	18.4	244	$C_7H_{14}FO_6P$	11.1	245.0580	245.0585	−0.5
P6	18.9	270	$C_9H_{19}O_7P$	12.6	271.0944	271.0941	＋0.3
C1	20.9	206	$C_8H_{14}O_6$	12.3	224.1119	224.1129	−1.0
P7	21.1	332	$C_{10}H_{18}FO_9P$	14.0	333.0745	333.0745	±0
C2	21.4	250	$C_{10}H_{18}O_7$	13.3	251.1119	251.1125	−0.6
P8	22.7	358	$C_{12}H_{23}O_{10}P$	15.6	359.1100	359.1102	−0.2
C3	23.5	294	$C_{11}H_{18}O_9$	16.0	295.1021	295.1024	−0.3
C4	25.2	382	$C_{14}H_{22}O_{12}$	18.5	400.1454	400.1450	＋0.4

group）の分解生成物が検出された。これに対して，VC を電解液に入れると，リン酸エステル系の生成物がなくなり，カーボネート系のものについても検出ピークの強度が弱まることがわかった。これは，VC の添加によって，高温における電解液の分解生成物の形成が抑制されることを示唆しており，2 サイクルの短い充放電試験でも，VC の寄与が顕著である。図 4 (b)は，検出したリン酸エステル系とカーボネート生成物のそれぞれの MS スペクトルを表したものである。これらの生成物の構造推定を行ったところ，リン酸エステル系の P1，P2 及び P5 がリチウ

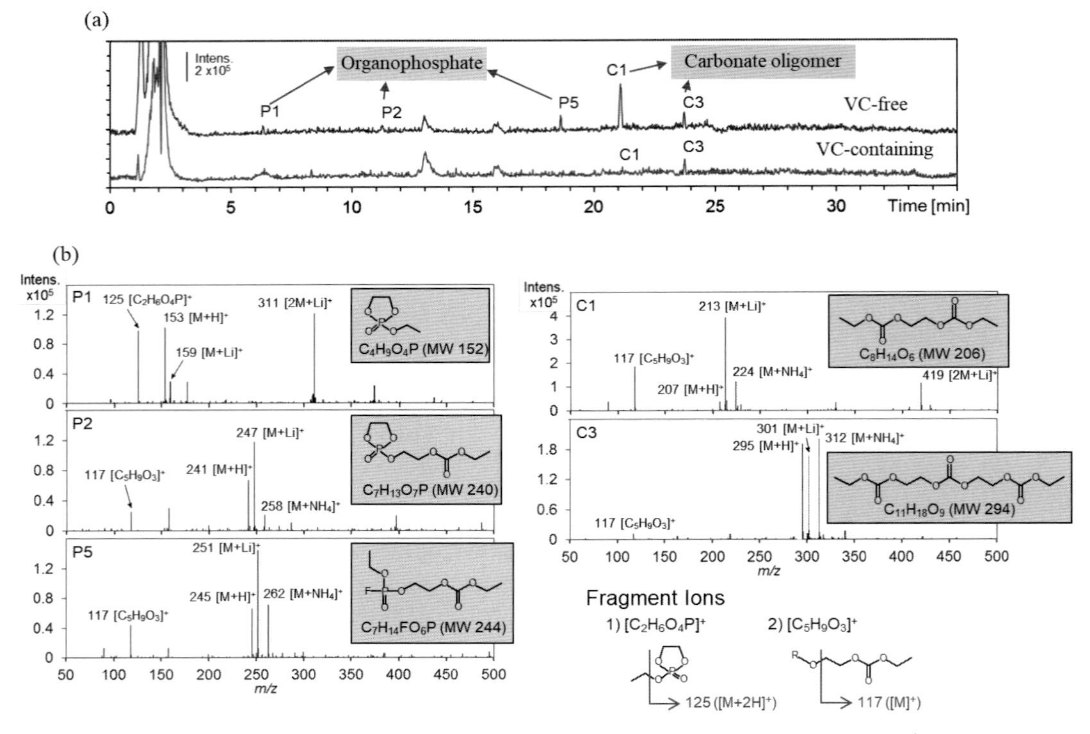

(Reproduced and modified from Ref. 17 with permission from the author)

図4　60℃における2サイクル充放電試験後の電解液サンプルの(a) LC-MS クロマトグラム及び(b) MS スペクトル

ム塩の $LiPF_6$ に由来したものであり，カーボネート系の C1 と C3 は溶媒分子の EC と DEC の分解からなるものと推測される。すなわち，60℃のような高温の環境で，電池を充放電させると，電解液の分解が素早く発生しており，重合反応により分子量の大きい化合物が形成される。これらの生成物が電解液に存在する場合，リチウムイオンの移動を阻害するものとなっており，電池の内部抵抗が増加して電池の性能に悪影響を及ぼすと考えられる。したがって，それを防止できる VC のような添加剤の存在が電池の高温特性の改善に重要な意味を持つ。

図5は，前述したカーボネート系 C1 と C3 を含めた分解生成物の反応機構を示したものである。まずは，電池が作動すると一般の電気化学還元の産物としたエトキシドアニオン（ethoxide anion）[18] が EC 分子に求核反応することにより，中間体 A（intermedia A）が形成される。この反応性の高いものがさらに DEC 分子に求核反応して C1 の diethyl-2, 5-dioxahexane dicarboxylate（DEDOHC）を形成するとともに，エトキシドアニオンを再生することになる。それに，DEC の代わりに，中間体 A が C1 のカーボネート基の炭素原子に求核攻撃をした場合，すなわち反応ルート①に従ったとき，C3 及びエトキシドアニオンが産物として生成されることが分かった。また，中間体 A が C1 のほかの炭素原子に求核攻撃（反応ルート②）[19]，もしくは C3 のカーボネート基の炭素原子にさらなる求核攻撃を起こした場合，多様なカーボネート系生成物を形成することになる。一方，$LIPF_6$ 塩の分解で生成したリン酸エステル系（P1，P2 及び P5）の形成の反応機構についても，竹田らの研究で報告された[16]。

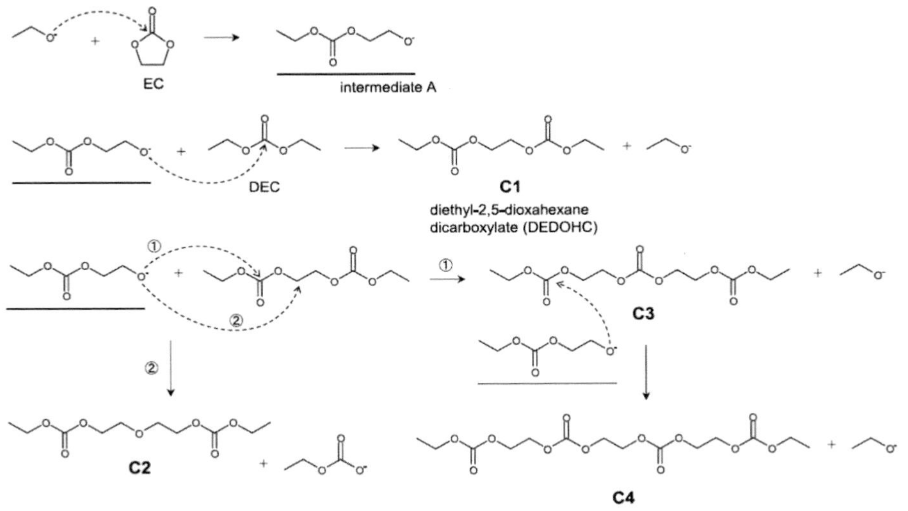

（Reproduced from Ref. 16 with permission from the American Chemical Society）

図5　推定されたカーボネート系生成物の形成反応機構

5. DART-MSによる電極表面の分析

DART-MSを用いた電極表面の分析の結果を**図6**に示す。分析の対象となるgraphite負極は，図4で説明したLFP/graphite電池（2回充放電サイクル試験後）から取り出したものである。正極LFPの表面においても同じくDART-MSを用いた方法で分析したが，VCの有無と関係せず溶媒分子しか検出できなかった。これは前述のOuataniら[13]の研究結果と一致する。一方，VC-freeの負極表面(a)においては，溶媒のECのほかにはP9とP10の二種類のリン酸エステル系分解生成物が検出されており，LC-MSで同定されたリン酸エステル系のP1，P2及びP5（図4）とは異なり，分子構造内にP=O二重結合を二つ持っており，分子量も比較的大きい。なお，イオンビーム温度を150℃に設定したとき，ECしか検出されなかったが，イオンビーム温度を250℃以上に上げると，リン酸エステル系分解生成物を検出できるようになった。さらに，同じ系列の生成物でも，P10はP9より高い温度で検出されており，分子構造の違いによる検出温度の差があることを明らかにした。すなわち，これらの化合物の耐熱性の優先順位がP10＞P9＞ECとなり，分子構造から考えると強いP=O結合をもった環状構造が多いほど，熱安定が高いことが示唆される。一方，VC-containingの場合，(b)では(a)と同じ化合物が検出されたものの，ECとP9の検出温度の範囲が比較的広く，500℃の高温においてもP9が検出されており，P10の検出強度もVC-freeの結果と比べて比較的高い。これは，VCの添加によって，graphite負極の表面におけるP9とP10の生成が促進され，緻密的かつ耐熱性に優れた構造が形成されることと考えられる。それによって，EC分子が十分にこの構造に閉じ込められるため，高い測定温度でも検出されることになる。さらに，図4の電解液の分解生成物と合わせて考えると，graphite負極表面の耐熱性に優れた皮膜の形成と電解液のさらなる分解の抑制，両者の間に相関がみられ

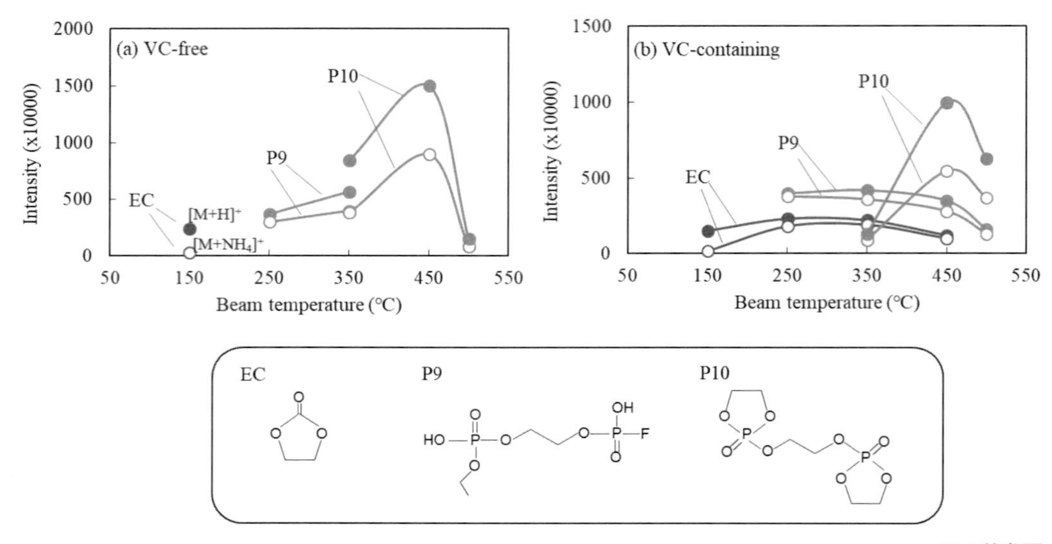

※口絵参照

（Reproduced and modified from Ref. 17 with permission from the author）

図 6　違うイオンビーム温度で得られた graphite 負極表面の DART-MS スペクトルのまとめ

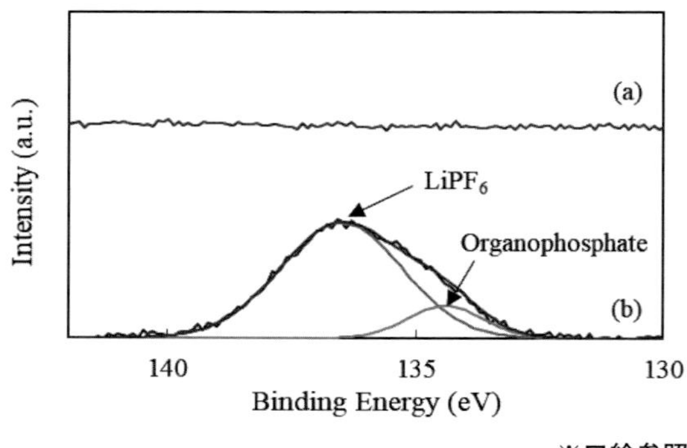

※口絵参照

（Reproduced and modified from Ref. 17 with permission from the author）

図 7　(a) as-prepared graphite 負極と(b)サイクル試験した graphite 負極（VC-containing）の $P2p_{3/2}$ の XPS スペクトル

ており，高温環境下で VC が電池に与えた影響を明らかにした。電解液にリチウムイオンの移動の抵抗となる分解生成物が少なくなり，一方，負極材料の表面構造にリチウムイオンの移動を助長する EC 分子がより多く存在するため，結果としては，電池の高温特性が向上すると考えられる。

さらに，上記の DART-MS の 500℃で測定した後のサンプル（graphite 負極）を XPS を用いて測定も行った。その結果を**図 7** の $P2p_{3/2}$ のスペクトルに表示する。“As-prepared” のサンプルでは，同定できるピークが現れなかったが，サイクル試験したサンプルでは，ややブロードなピークが現れており，このピークをさらに解析すると，リチウム塩の $LiPF_6$（ca.137 eV）のほかにリン酸エステル系生成物（134.4 eV）が存在することを確認できた。したがって，graphite 表面におけるリン酸エステル系生成物の形成を改めて確認できており，DART-MS の結果の裏付けになる。

6. 電極表面のリン酸エステルの生成反応機構

ここまでの分析結果により，リン酸エステル系生成物から構成される graphite 負極表面の皮膜が電池の高温特性の向上に非常に重要な役割を果たすことがわかった。そのため，これらのリン酸エステル系生成物，すなわち P9 と P10 の形成に関わる反応機構を解明した結果を**図 8** に示す。まず，高温の電解液の中で $LiPF_6$ が LiF と PF_5 に容易に分解し，液中の微量な水分やアルコールが存在すると，PF_5 がさらにそれらの物質と反応して，POF_3 が生成される[20)-22)]。この POF_3 分子がリン酸エステル系生成物の形成の前駆体となり，溶媒の EC 分子との反応により，脱炭酸や脱水プロセスを経って $POF_2OC_2H_4OH$ が形成された後，$POF_2OC_2H_4OH$ がさらに脱フッ化水素化して環状構造を有する $POFO_2C_2H_4$ が生成される（Route 1）。これは環状構造を有するすべてのリン酸エステル系生成物の出発点である。一方，もし POF_3 分子が溶媒の DEC 分子と反応すれば，Route 2 で示した反応経路のように，代わりに環状構造を持たないリン酸エステルが生成される。それに，$POFO_2C_2H_4$ が環状構造のないリン酸エステル（Route 3），もしくは環状のリン酸エステル（Route 4）との反応を通して，それぞれのリン酸エステル系生成物が P9

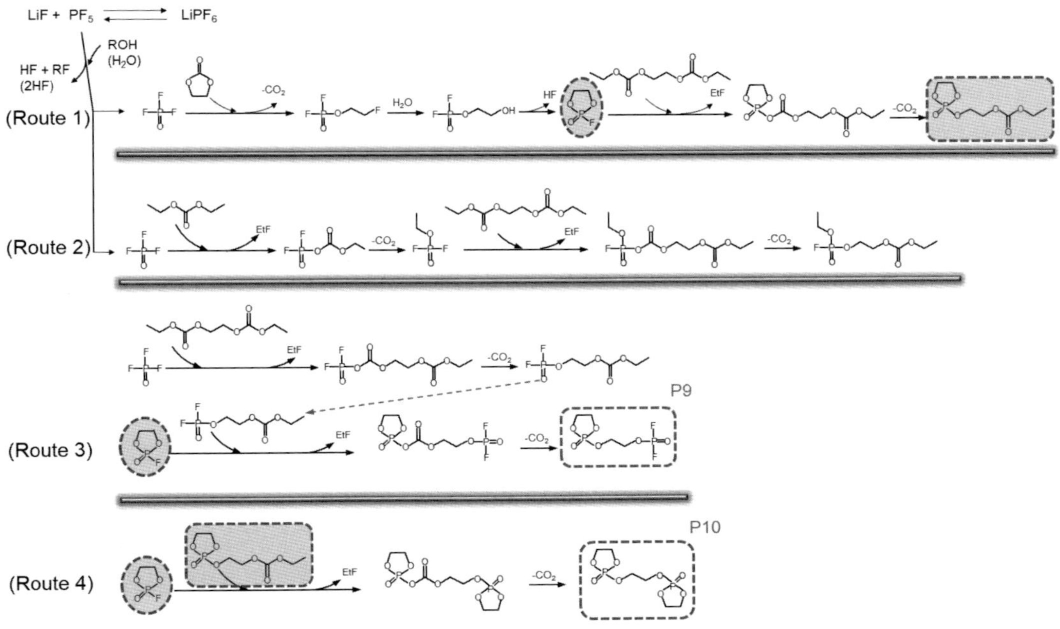

※口絵参照

（Reproduced and modified from Ref. 17 with permission from the author）

図 8　推定されたリン酸エステル系生成物 P9 と P10 の形成反応機構

と P10 となる。また，P9 については，$POFO_2C_2H_4$ と $POF_2OC_2H_4OH$ との脱フッ化水素反応によって生成されることも考えられる[17]。いずれにしても，これらの反応プロセスを通じて graphite 負極表面における耐熱性に優れたリン酸エステルの生成を説明できた。

7. おわりに

耐熱性に優れたリチウムイオン電池の開発は，高い安全性と信頼性を備えた大型蓄電システムの構築に非常に重要な役割を果たしていると言っても過言ではない。電池の高温特性を高めるには，耐熱性に優れた電池部材の開発はもとより，それによる電池内部の化学的変化を理解することも不可欠である。VC のような添加剤が電池の耐熱性の向上に効果があることは一般的に知られているものの，本稿で紹介した LC-MS と DART-MS との組み合わせた分析方法を通して，電池充放電後の電解液，そして電極表面の生成物が一斉に測定できるようになり，解析した分子構造の情報により高温における電解液の劣化，さらに VC による劣化防止の仕組みを明らかにした。特に，graphite 負極に環状のリン酸エステル系生成物から構成される皮膜の被覆により，高温での電解液のさらなる分解が抑制されるため，電池の高温特性が向上することがわかった。また，反応機構の解明により，耐熱性に優れたリン酸エステル系生成物の形成に関する知見も得られた。今後蓄電システムの大型化に向けて，広い使用温度範囲及び高い安全性のリチウムイオン電池が以前にもまして強く求められるようになることから，電池の劣化，さらにその劣化防止の仕組みをより深く理解することは重要になる。そこで，MS による分析アプローチの確立，そして得られた知見を活用することで，添加剤のみならず，あらゆる電池材料の設計に大いに役立つと考えられる。MS による分析アプローチを用いた電池材料解析への応用がますます拡大することを期待する。

文　献

1）M. Herstedt, H. Rensmo, H. Siegbahn and K. Edström: *Electrochim. Acta.*, **49**, 2351（2004）.
2）L. E. Ouatani, R. Dedryvère, C. Siret, P. Biensan, S. Reynaud, P. Iratçabal and D. Gonbeau: *J. Electrochem. Soc.*, **156**, A103（2009）.
3）I. B. Stojković, N. D. Cvjetićanin and S. V. Mentus: *Electrochem. Commun.*, **12**, 371（2010）.
4）J. C. Burns, N. N. Sinha, D. J. Coyle, G. Jain, C. M. VanElzen, W. M. Lamanna, A. Xiao, E. Scott, J. P. Gardner and J. R. Dahn: *J. Electrochem. Soc.*, **159**, A85（2012）.
5）D. Takamatsu, Y. Orikasa, S. Mori, T. Nakatsutsumi, K. Yamamoto, Y. Koyama, T. Minato, T. Hirano, H. Tanida, H. Arai, Y. Uchimoto and Z. Ogumi: *J. Phys. Chem. C*, **119**, 9791（2015）.
6）S.-K. Jeong, M. Inaba, R. Mogi, Y. Iriyama, T. Abe and Z. Ogumi: *Langmuir*, **17**, 8281（2001）.
7）X. R. Zhang, R. Kostecki, T. J. Richardson, J. K. Pugh and P. N. Ross: *J. Electrochem. Soc.*, **148**, A1341（2001）.
8）R. Oesten, U. Heider and M. Schmidt: *Solid State Ionics*, **148**, 391（2002）.
9）D. Aurbach, K. Gamolsky, B. Markovsky, Y. Gofer, M. Schmidt and U. Heider: *Electrochim. Acta*, **47**, 1423（2002）.
10）K. Xu: *Chem. Rev.*, **104**, 4303（2004）.
11）L. Chen, K. Wang, X. Xie and J. Xie: *J. Power Sources*, **174**, 538（2007）.
12）D. Xiong, J. C. Burns, A. J. Smith, N. Sinha and J.

R. Dahn: *J. Electrochem. Soc.,* **158**, A1431 (2011).
13) L. E. Ouatani, R. Dedryvère, C. Siret, P. Biensan and D. Gonbeau: *J. Electrochem. Soc.,* **156**, A468 (2009).
14) R. B. Cody, J. A. Laramée, J. M. Nilles and H. D. Durst: *JOEL News,* **40**, 8 (2005).
15) Y. H. Liu, S. Takeda, I. Kaneko, H. Yoshitake, M. Yanagida, Y. Saito and T. Sakai: *RSC Adv.,* **6**, 75777 (2016).
16) S. Takeda, W. Morimura, Y. H. Liu, T. Sakai and Y. Saito: *Rapid Commun. Mass Spectrom.,* **30**, 1754 (2016).
17) Y. H. Liu, S. Takeda, I. Kaneko, H. Yoshitake, M. Yanagida, Y. Saito and T. Sakai: *Electrochem. Commun.,* **61**, 70 (2015).
18) T. Sasaki, T. Abe, Y. Iriyama, M. Inaba and Z. Ogumi: *J. Power Sources,* **150**, 208 (2005).
19) G. Gachot, S. Grugeon, M. Armand, S. Pilard, P. Guenot, J.-M. Tarascon and S. Laruelle: *J. Power Sources,* **178**, 409 (2008).
20) B. Ravdel, K. M. Abraham, R. Gitzendanner, J. Dicarlo, B. Lucht and C. Campion: *J. Power Sources,* **805**, 119 (2003).
21) C. L. Campion, W. Li, W. B. Euler, B. L. Lucht, B. Ravdel, J. F. DiCarlo, R. Gitzendanner and K. M. Abraham: *Electrochem. Solid State Lett.,* **7**, A194 (2004).
22) C. L. Campion, W. Li and B. L. Lucht: *J. Electrochem. Soc.,* **152**, A2327 (2005).

第2章

正極材料の開発

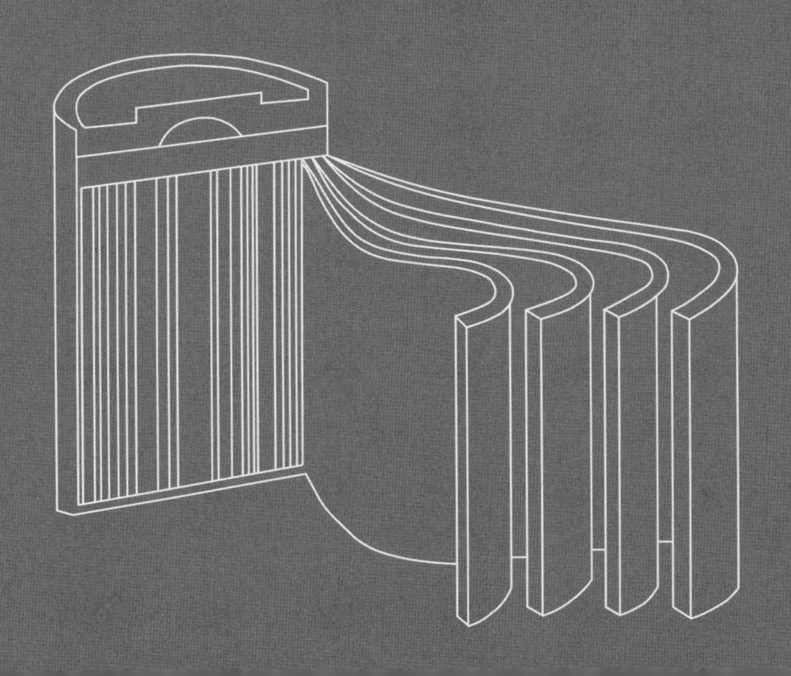

第1節 ガラス結晶化法による鉄リン酸塩系二次電池正極材料の開発

長岡技術科学大学 本間 剛　長岡技術科学大学名誉教授 小松 高行

1. はじめに

筆者らの研究グループはもともとガラス物質の結晶化現象を利用した機能性材料の開発に取り組んでおり，このプロセスを電池材料に展開し始めたのは2005年頃からである。その頃 $LiFePO_4$ リン酸鉄リチウムが次世代の低コストリチウム電池正極として注目され，炭素被覆，微細化など数多くの研究がなされた。ガラスの結晶化は均一組成の無機マトリックスからの結晶核の形成と成長の連続的なプロセスで進行する。マトリックスの組成，熱処理プロセスを最適化することで，1回の熱処理でナノサイズの一次粒径を持つセラミックスを得ることができる。このようなガラスから結晶が析出したセラミックス体はガラスセラミックス（Glass-Ceramics）あるいは結晶化ガラス（Crystallized Glass）と呼ばれており，結晶化の有無にかかわらずガラスセラミックスはガラス粉体同士あるいはガラスと結晶体との複合焼結体など広義に使われる。$LiFePO_4$ ガラスの結晶化から研究を開始し[1]，$LiMn_xFe_{1-x}PO_4$[2]，$LiVOPO_4$[3]，$Li_3V_2(PO_4)_3$[4] など種々のリン酸遷移金属酸化物のガラス作製と結晶化機構の解明を進めてきた。学術的な観点からリチウムイオン伝導だけではなく，他のアルカリ金属イオンのふるまいについて興味を持つようになり，その研究の過程で，2012年に $Na_2FeP_2O_7$ ガラスセラミックス（**図1**）が，ナトリウム

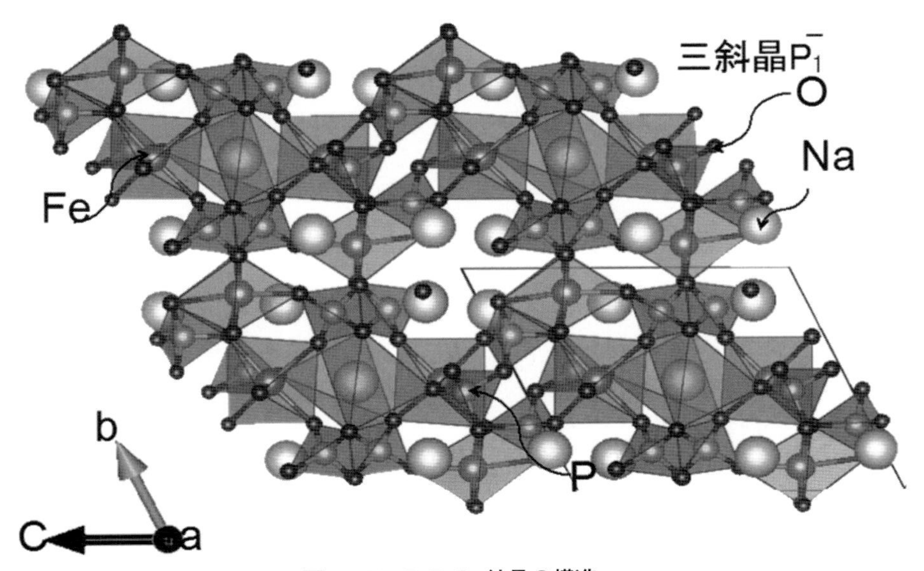

図1　$Na_2FeP_2O_7$ 結晶の構造

セルにおける正極として良好に機能することを発見した[5)6)]。本稿ではリン酸鉄系のガラスセラミックスの特徴と，最近の研究成果であるマンガンリン酸系における特異な結晶化と非晶質状態でのリン酸鉄系正極の電気化学的特性について解説する。

2. 結晶化ガラスによるリン酸鉄系正極の合成

$Na_2FeP_2O_7$ は，三斜晶系（空間群 P1-）に属し $(P_2O_7)^{2-}$ と FeO_6 ユニットが頂点共有した3次元的な網目構造中にナトリウムイオンが収容されており，鉄の価数は２価である。著者らはガラス結晶化法という手法で $Na_2FeP_2O_7$ を合成している。溶融法により極めて均一な組成分布を持つガラス体を前駆体として作製した後に炭素源となるグルコースなどを添加して，約600℃にて還元熱処理を施す。この間に，大気中で溶融した Fe^{3+} 豊富な前駆体ガラスは完全に Fe^{2+} へ還元され，目的の $Na_2FeP_2O_7$ 相と表面に炭素皮膜が同時に被覆される仕組みである。この発想は $LiFePO_4$ ガラスセラミックスの研究を通して得られたもので，鉄イオンの価数状態によって，ガラスの熱的性質が異なる。ガラス中での Fe^{2+} は6配位が支配的で，Fe^{3+} は4配位が支配的である。$LiFePO_4$ において結晶と同じ価数状態ではガラスは得られない。ガラス化の観点で見れば Fe^{3+} 豊富なマトリックスがガラス形成しやすく，前駆体ガラスを作製してから還元条件で熱処理により Fe^{2+} から構成される酸化物結晶を析出させる方法が好適といえる。

図２には金属ナトリウム負極に対する初回から10回までの充放電プロファイルを示す。$Na_2FeP_2O_7$ の電池反応は次式で示される。

$$Na_2Fe(II)P_2O_7 \leftrightarrow NaFe(III)P_2O_7 + e^- + Na^+ \quad (1)$$

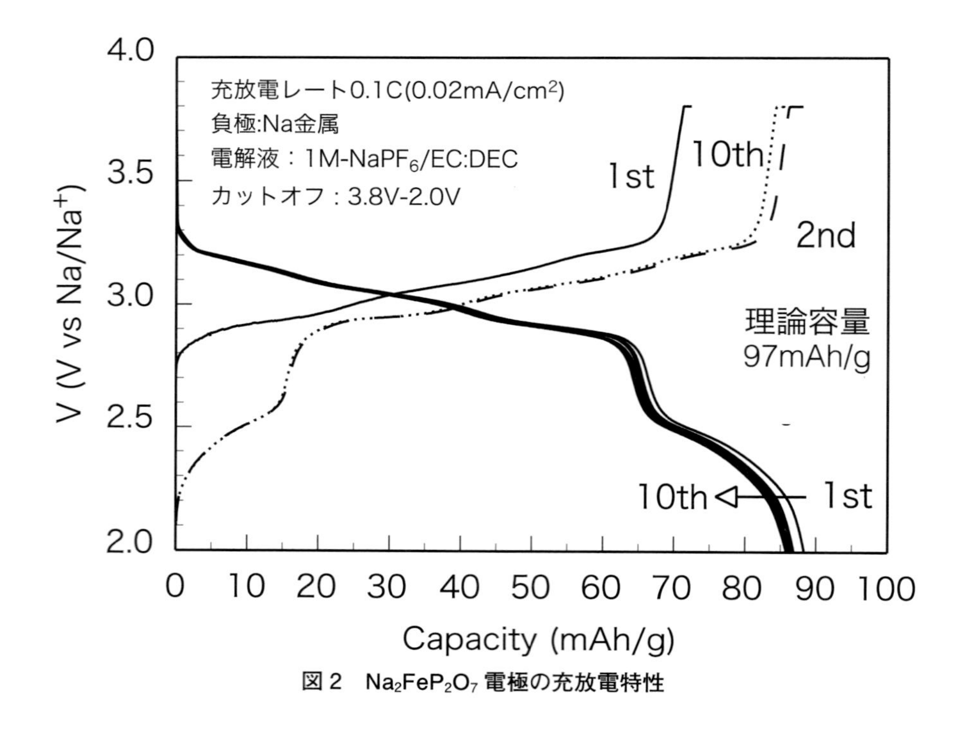

図２　$Na_2FeP_2O_7$ 電極の充放電特性

式量中1電子反応とした場合の理論容量は97 mAh/gとなる。図2で初回放電容量が88 mAh/gを示している。粒子表面に残存するガラス相などを考慮するとほぼ完全に式(1)の通り可逆的に反応が進行している。

3. マンガンリン酸系における特異な結晶化

$Na_2FeP_2O_7$のエネルギー密度を向上させるには，鉄イオンをマンガン，ニッケルへ置換することで，放電電位の向上が期待される。マンガンで全置換した$Na_2MnP_2O_7$は三斜晶系のβ相と呼ばれる構造である（**図3**(a)）。これは図1に示した$Na_2FeP_2O_7$と同じ構造であり，主には固相反応により作製されている。理論容量に対して，実際の容量は$Na_2FeP_2O_7$に比べて乏しいという報告がなされており，その電気化学的な活性はオリビン型$LiFePO_4$と$LiMnPO_4$との関係と同様である。

その他に電池特性が報告されていない相として，層状型$Na_2MnP_2O_7$がある（図3(b)）。層状型$Na_2MnP_2O_7$は，$Na_2CoP_2O_7$が持つような単純な層状構造ではなく，複雑な層状型である。$Na_2ZrSi_2O_7$型がベースであり，類似した構造として$Na_2PdP_2O_7$や$Na_2CuP_2O_7$がある。MnO_6-MnO_6の八面体同士が稜共有した［Mn_2O_{10}］と［P_2O_7］からなり，b軸方向がトンネル状になっている。$Na_2MnP_2O_7$は，少なくともb軸方向に1本のNa^+伝導パスを持つと考えられており，正極として機能する可能性がある。固相法による合成が報告されているが，長時間の徐冷が必要であり煩雑なプロセスとなっている。

$Na_2MnP_2O_7$前駆体ガラス粉末の熱処理後のXRDプロファイルを**図4**に示す。示差熱分析によって決定した結晶化温度465℃での熱処理により層状型$Na_2MnP_2O_7$が単相析出した[7]。さらに

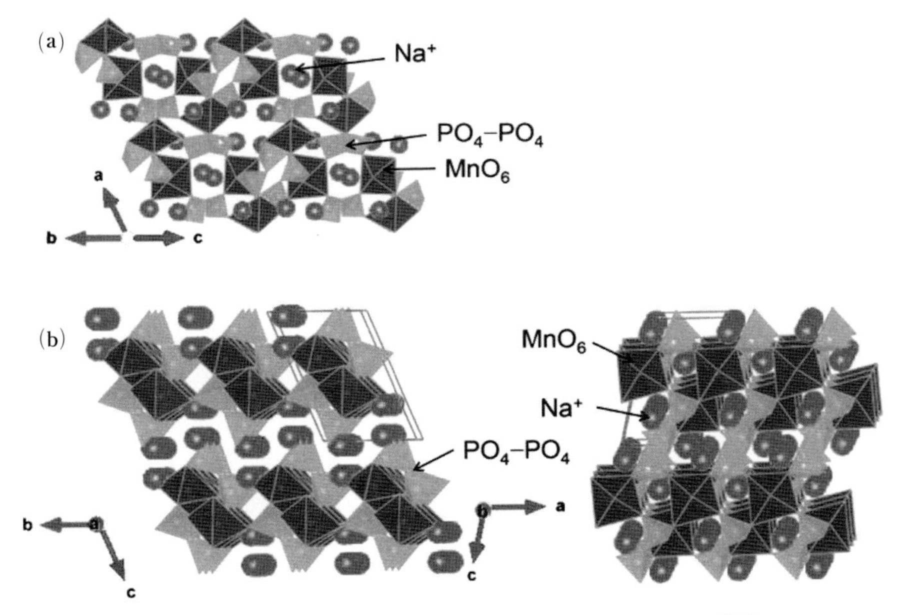

図3　(a)β型$Na_2MnP_2O_7$と(b)層状型$Na_2MnP_2O_7$の結晶構造

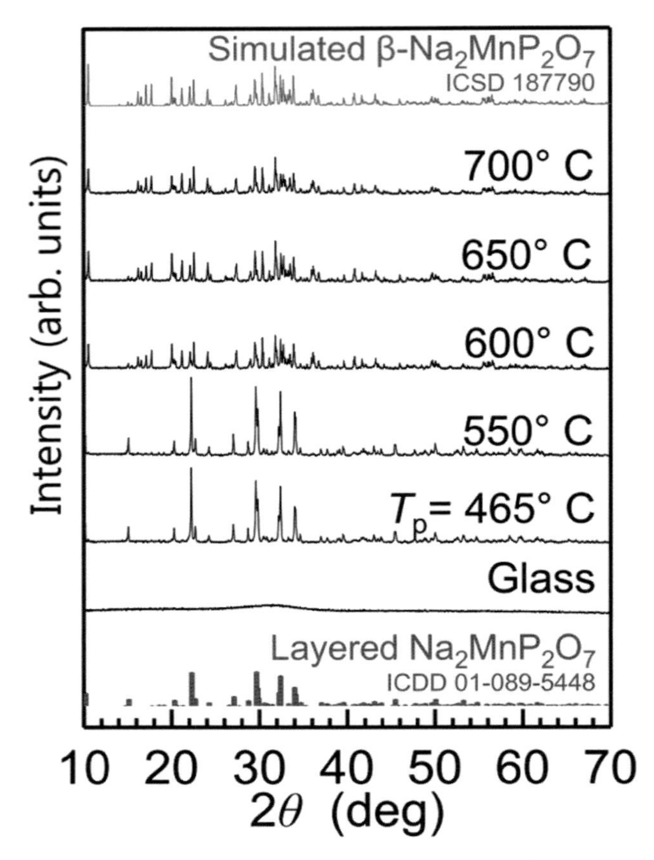

図４　$Na_2MnP_2O_7$ ガラスを各温度で熱処理を施した試料の XRD パターン

高温で熱処理すると，600℃で β 型と混相になり，650℃以上で $Na_2FeP_2O_7$ と類似した構造である β-$Na_2MnP_2O_7$ が単相析出した。詳細な熱処理による結晶化挙動の解明を進めると，$Na_2MnP_2O_7$ 前駆体ガラスは開始直後に層状型になり，600℃付近で不可逆な相転移が起こり，β 型になることがわかった。ラマン散乱スペクトルの解析から，ガラスから結晶への転移および結晶の構造相転移に伴い，［P_2O_7］$^{4-}$－ユニットの構成がそれぞれ変化することがわかった。相転移には［P_2O_7］$^{4-}$ユニットの再構成が必要になるため，層状型から β 型への相転移には長時間が必要となり不可逆になると考えられる。$Na_2MnP_2O_7$ と同様の相転移は，$Na_2CuP_2O_7$ において報告されており，600℃付近で $\alpha \rightarrow \beta$ への不可逆な相転移が起こり，相転移が不可逆となる要因は構造の再構成が必要となるためであると考察されている。

電気化学的な特性については，現在のところ層状型構造の熱的安定領域と炭素被覆の最適温度域のミスマッチから，炭素被覆などによる導電性の改善が課題であるが，ガラス結晶化法により通常の合成プロセスでは得られない結晶構造を発現する手法として非常に興味深い。

4. 非晶質リン酸鉄ナトリウムの電気化学特性

アルカリの種類に依存せず，リン酸鉄系のガラスの結晶化においては目的とする結晶相以外に残存するガラス相が確認される。これは本手法で得られる試料の特徴の一つであるが，残存するガラス相の電気化学的な活性については未解明である。**図5**には Na_2O–FeO_x–P_2O_5 系の三角プロットで，2成分系も含めて溶融法により得られるガラス化範囲と，活物質として可能性のある代表的結晶を示す。エネルギー密度を向上させようとすれば，図5の左下方向への組成設計となるが，その左端に位置する $NaFePO_4$ は $LiFePO_4$ と異なりマリサイト構造を有することから，ナトリウムイオン電池での活物質としては活性が乏しい。これはナトリウムの伝導経路内に PO_4^{3-} ユニットが存在するためで，活性は結晶構造に左右されてしまう。一方ではガラス状態はどうであろうか？　微視的に見ればガラスは不均一であり，リン酸の縮合などにより対応する結晶とは構造が異なるはずで，結晶において活性が乏しくとも，非晶質化することで可能性があるかもしれない。

そこで溶融急冷法により xFeO－(100－x)$NaPO_3$（x＝20，25，33.3，40，45，50）ガラスを作製した。得られた試料の粉末X線回折パターンを**図6**に示す[8]。

x＝20－45ではガラス特有のハローパターンを確認した。一方で，x＝50の試料ではマリサイト構造の $NaFePO_4$（斜方晶，ICDD#01-089-0816）結晶が単相での析出を確認した。この結果により，ナトリウムとリンの比を一定にし，鉄の含有量を増加していった場合の本系のガラス化上限は 45≦x<50 であった。

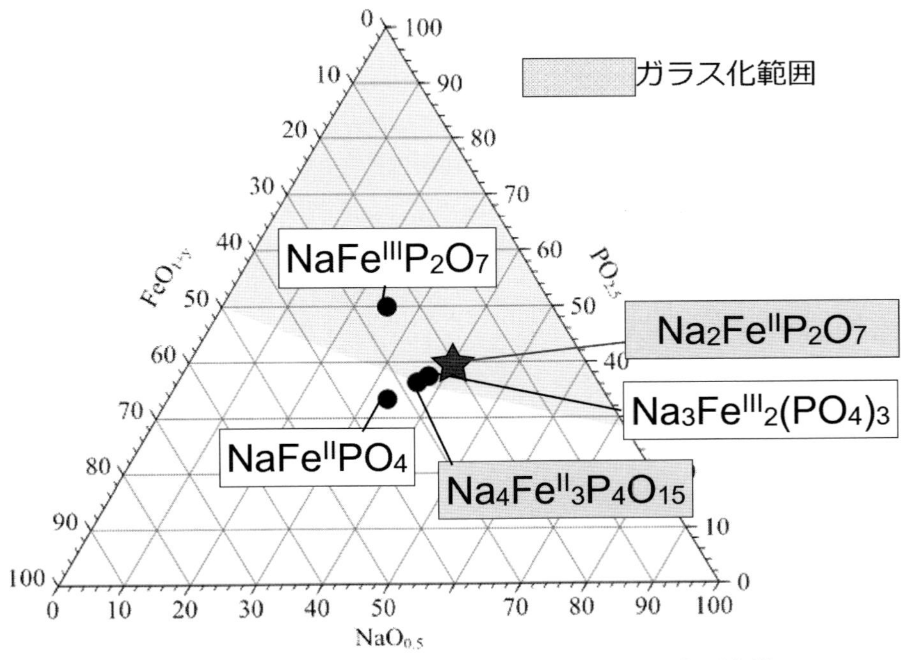

図5　Na_2O–FeO_x–P_2O_5 系のガラス化範囲と代表的な正極活物質

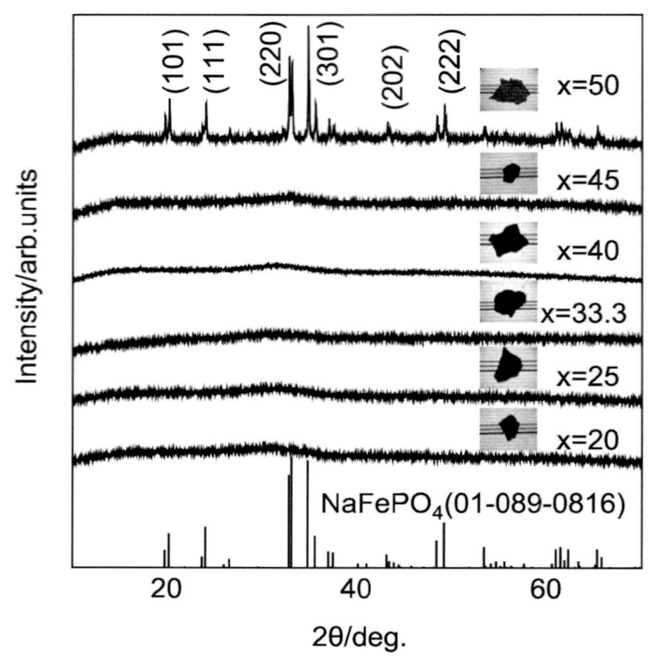

図６　xFeO−(100−x)$NaPO_3$(x＝20，25，33.3，40，45，50）急冷試料のＸ線回折パターン

急冷法によって得られたガラスおよび結晶化ガラスを活物質として，ナトリウム負極に対する充放電特性を評価した。**図７**には 40FeO−60$NaPO_3$(x＝40）ガラスの充放電曲線を示す。あえてカーボンコートなどの処理は施さず，電流密度 0.01C にて評価したところ，各組成の中で最大の初回放電容量 115 mAh/g（理論容量の 97%）を示した。また黒鉛とともにボールミル粉砕したのちに 0.1C で評価した同組成の試料においても 107 mAh/g と高い初回放電容量を示し，サイクル特性も良好であった。この結果から，x(FeO mol%）が増加することによって充放電中に反応可能な電子数が増加することがわかった。初回放電容量の組成依存性を**図８**に示す。図中の破線はガラス中の Fe^{2+} が一電子反応により期待される放電容量を示す。一電子反応さらに x を増加させた x＝45 では，初回放電容量 107 mAh/g（理論容量の 78%）と高い容量を示したが，x＝40 と比較すると容量は減少し，マリサイト構造の $NaFePO_4$ が析出したガラスセラミックスでは急激に減少した。

図９に各組成におけるラマンスペクトルを示す。x＝20−33.3 の組成では，1,130〜1,220 cm^{-1} に PO_2 対称伸縮（Q^2），〜1,200 cm^{-1} に PO_3 非対称伸縮（Q^1），1,030〜1,100 cm^{-1} に PO_3 対称伸縮（Q^1）が観測された。一方で x＝40 以上の組成では，〜1,200 cm^{-1} に PO_3 非対称伸縮（Q^1），1,030〜1,100 cm^{-1} に PO_3 対称伸縮（Q^1），970〜1,020 cm^{-1} に PO_4 対称伸縮（Q^0）が観測された[7)]。このことから，x＝33.3 と x＝40 を境に，ガラス構造は Q^2，Q^1 構造から Q^1，Q^0 へと変化していることがわかった。本来であれば $NaFePO_4$ 結晶（x＝50）は Q^0 のみ観測されるが，残存ガラスが存在しているため Q^1 が観測されたと考えられる。

リン酸ガラスにおいて Q^1 ユニットが支配的であることは，リン酸ユニットが縮合していると

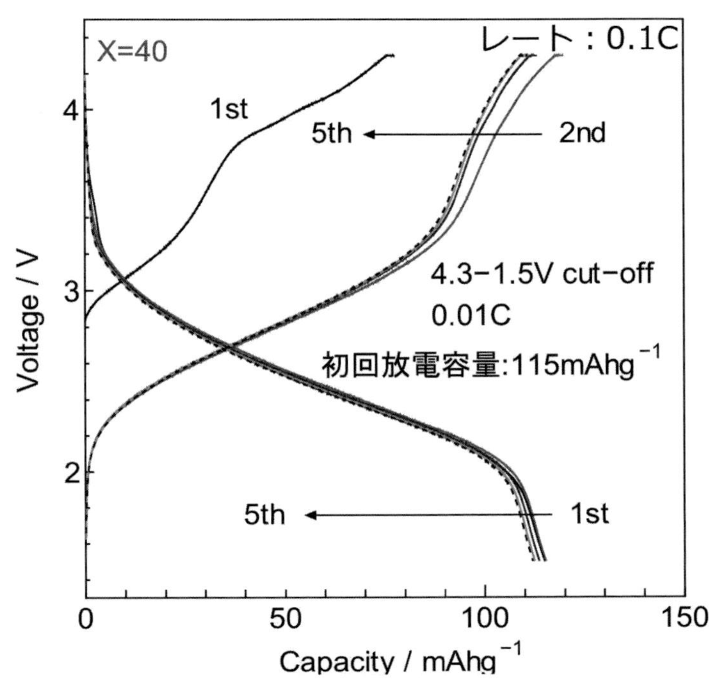

図７　40FeO−60$NaPO_3$ ガラスを活物質としたハーフセルの充放電特性

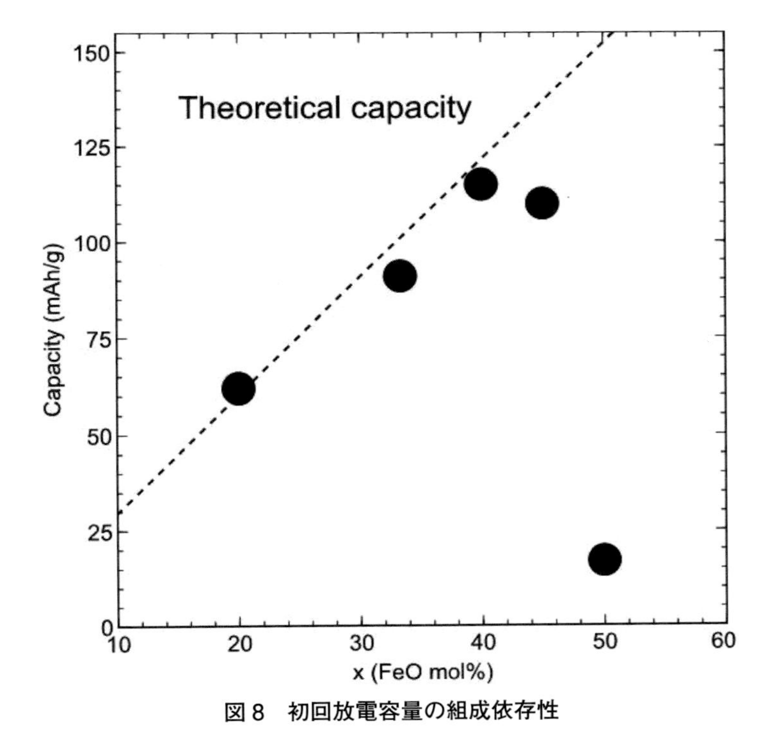

図８　初回放電容量の組成依存性

いうことを表し，その割合は対応する組成で構成される結晶に比べて多いものと考えられる。**図10** にはガラスの微構造を模式的に描いた。縮合リン酸ユニットが存在するということはその一方では Na^{+} イオン，Fe－O ユニットがクラスタリングしているサイトがあるものと考えられる。

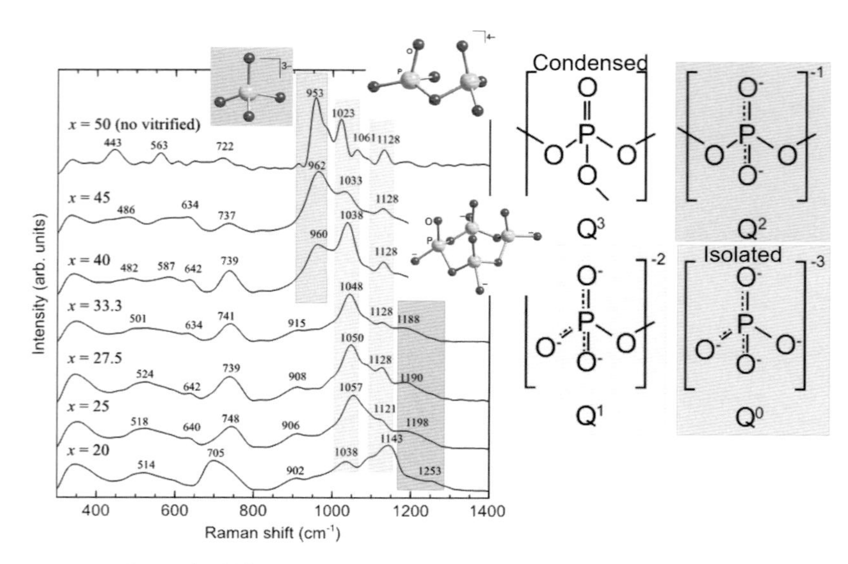

図９　各試料のラマン散乱スペクトルとリン酸構造の帰属

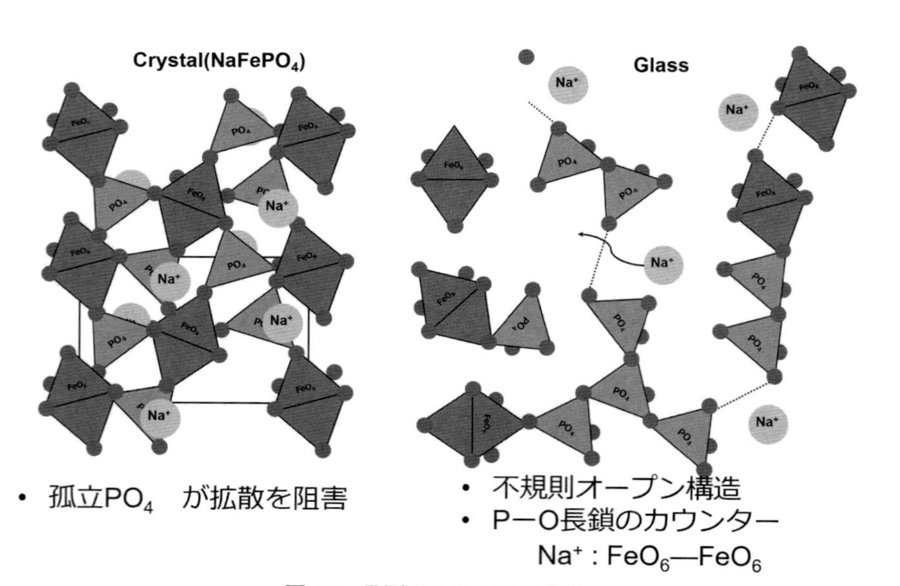

図 10　予測されるガラス構造

5. おわりに

本稿ではガラスセラミックスによる鉄リン酸系ガラスの特徴と，その正極活物質としての機能性について紹介した。結晶化の有無にかかわらず，正極活物質として機能することは組成選択に自由度をもたらす。また，結晶に比べてガラス構造は嵩高く，特定の結晶構造では許容されないイオン伝導もガラス状態にすることで許容される場合があることを明らかにした。

本稿では触れなかったが，ガラスが有する特異な性質としては粘性を示すことである。ガラス転移温度以上で流動性を示し，液相を介した焼結が発生する。この現象は固相反応での焼結よりも低温かつ，高速で起こる。全固体電池では界面での抵抗低減が課題となっており，ガラスおよび結晶化ガラスが，界面構築に資する材料，技術になると期待している。

文　献

1）K. Hirose, T. Honma, Y. Benino and T. Komatsu: Glass-ceramics with $LiFePO_4$ crystals and crystal line patterning in glass by YAG laser irradiation, *Solid State Ionics.*, 178, 801–807（2007）. doi:10.1016/j.ssi.2007.03.003.

2）T. Honma, K. Nagamine and T. Komatsu: Fabrication of olivine-type LiMnxFe1－xPO4 crystals via the glass-ceramic route and their lithium ion battery performance, *Ceram. Int.*, 36, 1137–1141（2010）. doi:10.1016/j.ceramint.2009.10.003.

3）K. Nagamine, T. Honma and T. Komatsu: Fabrication of LiVOPO4/carbon composite via glass-ceramic processing, *IOP Conf. Ser. Mater. Sci. Eng.*, 21, 12021（2011）. doi:10.1088/1757-899X/21/1/012021.

4）K. Nagamine, T. Honma and T. Komatsu: A fast synthesis of Li3V2（PO4）3 crystals via glass-ceramic processing and their battery performance, *J. Power Sources.*, 196, 9618–9624（2011）. doi:10.1016/j.jpowsour.2011.06.094.

5）T. Honma, T. Togashi, N. Ito and T. Komatsu: Fabrication of Na2FeP2O7 glass-ceramics for sodium ion battery, *J. Ceram. Soc. Japan.*, 120, 344–346（2012）. doi:10.2109/jcersj2.120.344.

6）T. Honma, N. Ito, T. Togashi, A. Sato and T. Komatsu: Triclinic Na2－xFe1+x/2P2O7/C glass-ceramics with high current density performance for sodium ion battery, *J. Power Sources.*, 227, 31–34（2013）. doi:10.1016/j.jpowsour.2012.11.030.

7）M. Tanabe, T. Honma and T. Komatsu: Unique crystallization behavior of sodium manganese pyrophosphate $Na_2MnP_2O_7$ glass and its electrochemical properties, *J. Asian Ceram. Soc.*, 5, 209–215（2017）. doi:10.1016/j.jascer.2017.04.009.

8）S. Nakata, T. Togashi, T. Honma and T. Komatsu: Cathode properties of sodium iron phosphate glass for sodium ion batteries, *J. Non. Cryst. Solids.*, 450, 109–115（2016）. doi:10.1016/j.jnoncrysol.2016.08.005.

第2節　レドックス導電性ポリ硫化炭素系正極材料の開発

東京都市大学　金澤　昭彦

1. リチウムイオン二次電池における硫黄系正極材料

リチウムイオン二次電池の正極活物質には，現在コバルト酸リチウム（$LiCoO_2$）が主に用いられているが，高容量化・高エネルギー密度化は理論的に限界がある。このような中，硫黄系化合物（Li_2S，S_8など）は次世代の高容量材料の候補として期待されている。例えば，硫黄S_8の理論エネルギー密度は4,350 Wh/kgであり，$LiCoO_2$（570 Wh/kg）の約8倍である。しかしながら、硫黄系化合物には分解劣化，絶縁性，電池反応の遅さなどの問題がある。そのため，既存材料に硫黄系化合物を混合し，高容量化を図るものが現在の開発の主流となっているが，電解液へのS溶出，電子伝導性の欠如，水との反応によるH_2S生成など，硫黄系化合物に起因する根本的な問題は解決できていない。

2. 有機イオウ系高分子材料

硫黄を含有した高分子化合物としてはポリチオフェンやポリ窒化硫黄が電気伝導体としてよく知られているが，最も単純な化学組成で高い硫黄含有率をもつものはポリ硫化炭素である。二硫化炭素（CS_2）を太陽光で長時間暴露すると茶色の沈殿物が生じることは約150年前から知られており，後にその生成物が高分子化された硫化炭素組成物（$(CS_x)_n$）であることが示された[1]。その後，宇宙科学や環境化学，電子材料化学などの分野を中心に，気相や液相状態のCS_2への高エネルギー（放射線やプラズマなど）照射による物質変換に関する研究が行われ，得られた生成物において導電性，新規磁性効果，超伝導性などの機能発現が予想されている[2]。しかしながら，これらの方法はCS_2の分解反応に基づくため，生成物は硫黄などの不純物を含み，$(C_xS_y)_n$のように炭素と硫黄の化学組成も不均一である。また，CS_2の液相での紫外線照射によって，$(CS_x)_n$組成物（$x = 1.04 - 1.05$）が得られることが報告された（**図1**）。この反応系では，比較的高純度のポリ硫化炭素を与えることができるが，5%程度の不純物硫黄の混入は避けることができない[3]。

炭素と硫黄が1：1の化学量論的組成をもつポリ硫化炭素（$(CS)_n$）に関しては，チオホスゲン（$CSCl_2$）を用いた報告例がある[4]。これは単純な分解反応ではなく有機反応プロセスに基づくものであり，化学合成的アプローチの有用性を示唆している。CS_2を出発原料として，純粋なポリ硫化炭素（$(CS)_n$）を合成できる新しい有機反応の開発が望まれる。

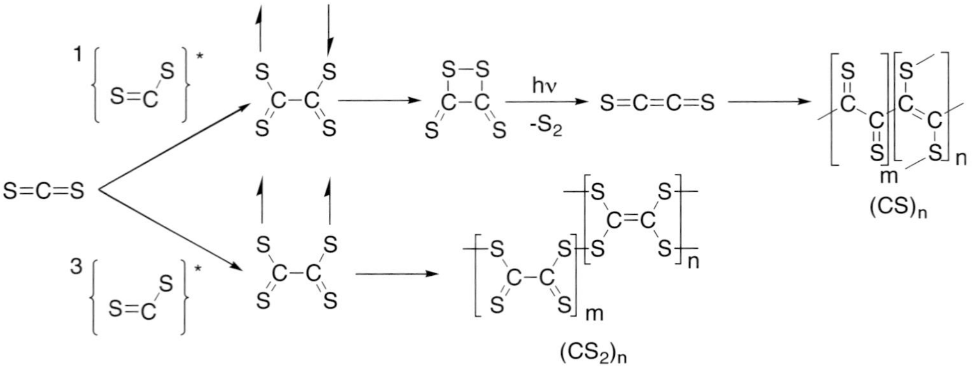

図１　二硫化炭素への紫外線照射によるポリ硫化炭素の合成例

3. 化学合成ポリ硫化炭素の開発

3.1　二硫化炭素のリンイリド媒介光重合：溶液重合

CS_2はトリ-*n*-ブチルホスフィン（*n*-Bu_3P）が共存すると特異的に錯形成し，赤色のリンイリド（*n*-Bu_3P^+-CS_2^-錯体）を与えることが報告されている[5]。この電荷移動錯体の溶液サンプルに紫外光あるいは可視光を照射したところ，赤色であった溶液が無色透明に変化し，錯体に由来する 360 nm 付近の吸収帯が完全に消失することが示された。また，この反応によってホスフィンスルフィド（*n*-Bu_3P＝S）が生成することもわかった（**図２**）。

前述の結果を踏まえて，*n*-Bu_3P^+-CS_2^-錯体の錯形成挙動および光化学反応挙動について詳細な検討が行われた。溶液中で *n*-Bu_3P^+-CS_2^-錯体は 360 nm 付近に吸収極大をもつ。高圧水銀ランプの 366 nm の輝線を錯体に照射することにより，*n*-Bu_3P＝S が定量的に生成することが確認された。物質収支を考えると，*n*-Bu_3P＝S の生成と同時に一硫化炭素（CS）も当量生成することになる。なお，この新規な光化学反応の量子収率はトリスオキサラト鉄（III）酸カリウム化

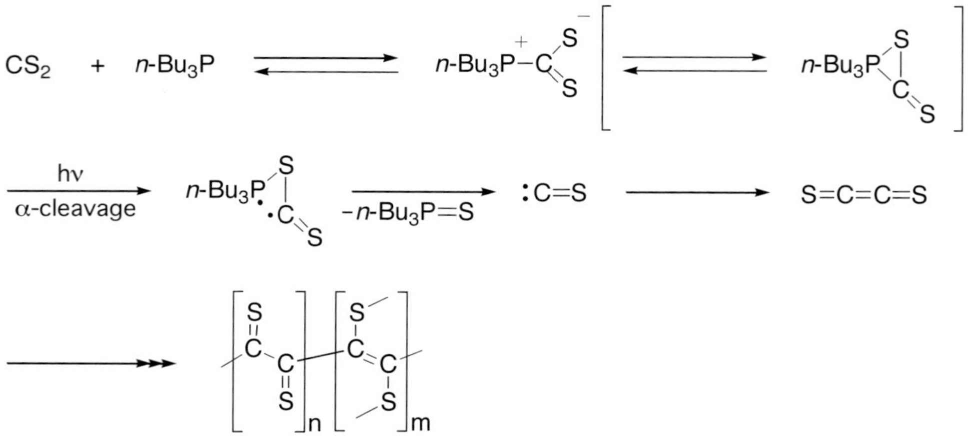

図２　新規光化学反応による化学合成ポリ硫化炭素の合成スキーム

学光量計を用いて決定され，ジクロロメタン溶媒中で$\phi = 0.076$であった。CSは不安定な活性種であり，-180℃以上では爆発的に重合して赤色の（CS)$_n$になることが知られている。そこで，n-Bu_3P^+-CS_2^-錯体の溶液に反応器の側面から光照射（366 nm）を行ったところ，反応器の内壁に赤褐色（あるいは金色）の膜状生成物が確認された。しかしながら、収量は極めて低く，生成物の同定および諸物性を詳細に検討するには至らなかった。

図２に示すように，この光化学反応ではn-Bu_3P^+-CS_2^-錯体からCSが脱離すると同時にn-Bu_3P=Sが生成し，脱離した化学種CSが反応性モノマーとして重合することによりポリ硫化炭素を与えると推察することができる。換言すれば，この光重合はn-Bu_3Pが出発原料であるCS_2の反応活性化剤として働き，CS_2からポリ硫化炭素への変換を可能にする新しい有機合成反応とみなすことができる。

3.2　二硫化炭素のリンイリド媒介光重合：気液相重合

ポリ硫化炭素の高効率合成を目指して，気液界面での光重合が設計された[5)6)]。n-Bu_3P^+-CS_2^-錯体溶液の液面への光照射によって，気液界面から発生するCSの気相反応を利用したポリ硫化炭素の合成が試みられた（**図３**)。この場合，副生する硫黄はホスフィンがn-Bu_3P=S硫化物として補足するので，不純物硫黄を含まない高純度のポリ硫化炭素が得られると期待できる。

気液界面近傍で反応を誘起するため，n-Bu_3P^+-CS_2^-錯体の高濃度反応溶液を-30℃に冷却しながら、反応器の上部から紫外線照射したところ，錯体由来の360 nmの吸収ピークは減少し，長波長側の440 nmと500 nm付近の可視光域にブロードな吸収帯が確認でき，明らかに光照射前の錯体の吸収とは異なることがわかった。また，光の照射面において反応溶液の気液界面に膜状生成物が観察されるとともに容器内部全体にエアロゾルが発生し，容器内に設置したガラス基板上に薄膜の形成が確認された。

続いて，光反応生成物の同定がIR吸収スペクトル測定，X線光電子分光分析（XPS）および元素分析によって行われた。まず，IR吸収スペクトル測定では1,300～1,500 cm^{-1}，1,200～

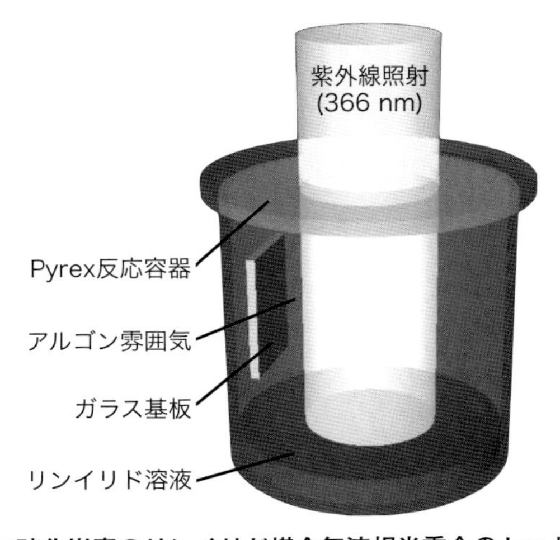

図３　二硫化炭素のリンイリド媒介気液相光重合のセットアップ

1,340 cm^{-1}，1,100 cm^{-1}付近，940～510 cm^{-1}および480 cm^{-1}付近に，それぞれC＝C，C–C，C＝S，C–S，S–S結合に由来する振動吸収が観察された。また，XPS測定ではC1s軌道に由来する光電子ピークのほか，π電子のπ–π*遷移に基づくサテライトピークが観察されており，この結果は得られたポリ硫化炭素がπ共役構造を有していることを示唆する。また，XPS測定および元素分析の結果，得られた生成物はCとSの比率がほぼ1：1の化学量論的組成を有することがわかった。したがって，CS_2のリンイリド媒介気液相重合はポリ硫化炭素の有効な合成法であると結論づけられる。さらに，光反応生成物を偏光顕微鏡（POM），走査型電子顕微鏡（SEM）を用いて観察したところ，薄膜表面は金属光沢を有しており，微視的には粒子状の物質からなる階層構造を形成していることが明らかとなった（**図４**）。

図４　ポリ硫化炭素薄膜の表面構造

3.3　第三級ホスフィン存在下における二硫化炭素の直接光重合

前述のように，CS_2とn–Bu_3Pから得られるリンイリドに紫外光を照射すると，脱CSとともにn–Bu_3P＝Sが生成する。この光化学反応で生成するCSをモノマーとして用いることによって，CS_2を$(CS)_n$ポリマーに変換することが可能になる。しかしながら，n–Bu_3P^+–CS_2^-錯体は溶液中では平衡状態にあるため，原料であるフリーのCS_2が系中に共存し，CS_2単体の光分解を完全に抑制することができない。そこで最近，ポリ硫化炭素の高純度化および高品位化を目指して，新たな合成法の確立が試みられている。

従来のn–Bu_3Pとは異なる置換基をもつ第三級ホスフィン（**図５**）を用いて，CS_2との錯形成挙動ならびにCS_2の光重合挙動に及ぼすホスフィンの影響が検討された。まず，CS_2と種々のホスフィンとの錯形成について調べられた。トリ–*iso*–ブチルホスフィン（i–Bu_3P），トリ–*n*–オクチルホスフィン（n–Oct_3P），トリシクロヘキシルホスフィン（Cy_3P）を添加した溶液は，n–Bu_3Pを添加した溶液と同様に，赤色に変化したが，トリ–*t*–ブチルホスフィン（t–Bu_3P）とトリフェニルホスフィン（Ph_3P）を滴下した溶液では変化が見られなかった。t–Bu_3PとPh_3Pでは錯形成しないが，i–Bu_3P，n–Oc_3P，Cy_3PはCS_2と電荷移動錯体を形成すると考えられる。錯形成が確認されたi–Bu_3P，n–Oc_3P，Cy_3Pについて，錯体構成成分比を360 nmの極大吸収の値を用いてJob's plotにより求めたところ，i–Bu_3P，n–Oc_3P，Cy_3PはCS_2と1：1錯体を形成するこ

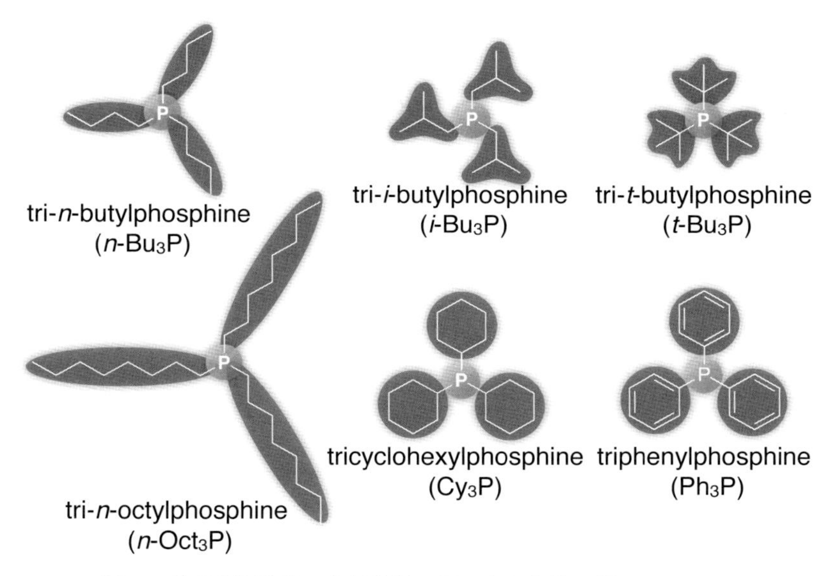

図５　ポリ硫化炭素の合成検討に用いられた第三級ホスフィン

とが明らかとなった。

各溶液の315 nmでの吸光度から求められたR_3PとCS_2の会合定数を**表１**に示す。n–Bu_3Pと比較すると，嵩高い置換基をもつi–Bu_3Pとn–Oc_3Pの会合定数は低い値であることがわかる。置換基の立体障害が錯形成に顕著に影響することがわかる。CS_2とホスフィンとの錯形成において，特筆すべきはt–Bu_3Pが高い塩基性をもつにも拘わらずCS_2と錯形成しないことである。嵩高い置換基によりP原子周りの立体障害が大きいため，CS_2と錯形成しないと推察される（表1）。**図６**に，トリブチル基を有する３種類の構造異性体である第三級ホスフィンのCPKモデルを示す。t–Bu_3Pでは明らかにP原子がアルキル基で覆われており，求核性の低下が予想される。また，Ph_3PもCS_2と錯形成しないが，これは低い塩基性に基づくと理解できる。

t–Bu_3PがCS_2と錯形成しない結果を踏まえて，t–Bu_3P存在下におけるCS_2の直接光重合について検討した。t–Bu_3PとCS_2を等モル混合した溶液を高圧水銀灯（366 nm）で12 h光照射したところ，反応液は黒色に変化した。この溶液の光照射前後の吸収スペクトルの変化を観察したところ，可視光域の400から800 nmの長波長域に吸収が見られ，光化学反応の進行が確認された。この新規光化学反応の量子収率をトリスオキサラト鉄（III）酸カリウム化学光量計を用いて決定した結果，量子収率は$\phi=0.082$であり，先述したn–Bu_3Pを用いるリンイリド媒介光重合系より高効率に進行することがわかった。また，得られた生成物を再沈殿し，乾燥させることで黒色の固体が得られた。GPC測定からそれらの数平均分子量（M_n）はおよそ1,000であり，生成物

表１　二硫化炭素–第三級ホスフィン電荷移動錯体の会合定数

R_3P/CS_2	Cy_3P/CS_2	n–Bu_3P/CS_2	i–Bu_3P/CS_2	n–Oct_3P/CS_2	t–Bu_3P/CS_2	Ph_3P/CS_2
association constant (K)	1.5×10^3	2.9×10^2	1.2×10^2	5.3×10^{-1}	—	—

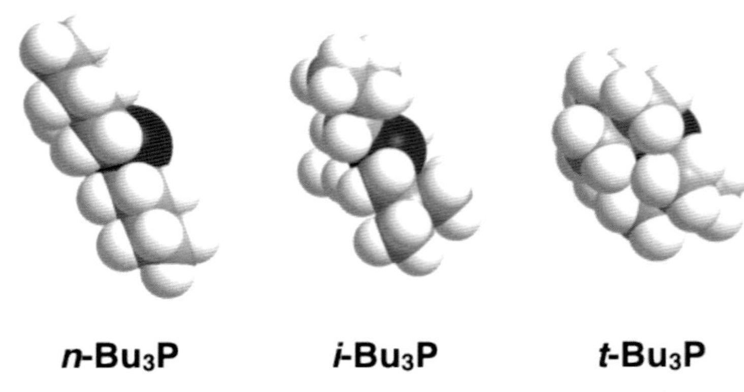

図６　トリブチル基をもつ第三級ホスフィンの CPK モデル

は低重合度のポリマーであることが確認された。また，IR 吸収スペクトル測定，XPS 測定，元素分析により，得られた黒色生成物は前述のリンイリド媒介光重合系と同じポリ硫化炭素（$(CS)_n$）であることが確認された。

t-Bu_3P は CS_2 と基底状態では錯形成しないことから，上述の n-Bu_3P^+-CS_2^- 錯体の光化学反応を利用した重合とは根本的に異なる反応機構で重合していることが示唆される（**図７**）。本重合系の利点は，CS_2 のみが選択的に光励起されるので，単一の反応経路から副反応を伴わず，化学組成が均質なポリ硫化炭素が生成することである。

$$t\text{-}Bu_3P + CS_2 \xrightarrow{h\nu} (t\text{-}Bu)_3P \cdots [S{=}C{=}S]^* \longrightarrow [(t\text{-}Bu)_3P \cdots S{=}C{=}S]^* \xrightarrow{-\,t\text{-}Bu_3P=S} :C{=}S \longrightarrow\!\!\blacktriangleright\!\blacktriangleright\!\blacktriangleright$$

図７　第三級ホスフィン存在下における二硫化炭素の直接光重合

4.　ポリ硫化炭素のリチウムイオン二次電池用正極材への応用

4.1　ポリ硫化炭素のレドックス導電性の評価[5)7)]

ポリ硫化炭素は典型的な導電性ポリマーであるポリアセチレンの水素原子を硫黄原子に置換した分子骨格を有する。π 共役ポリマー主鎖にヘテロ原子が結合しているため，酸化状態（バイポーラロン）においてもラジカル性の消失により環境安定性に優れた導電特性を示すことが期待できる（**図８**）。ポリ硫化炭素が電子伝導性を示せば導電助材と複合化することなく，理想的にはポリ硫化炭素単体で電極を構成することが可能となり，正極の比容量の増大によって電池の高エネルギー密度化が達成できる。そこで，ポリ硫化炭素の電子伝導性の実証が試みられた。粉末サンプルを圧縮成形することによって高硬度のタブレット状サンプルが調製され，次いでヨウ素雰囲気下での化学ドーピング（24 h）が施された。四探針法により電気伝導性を評価した結果，電子伝導性（10^{-5}～10^{-4} S/cm 程度）を示すことが明らかにされた。また，交流インピーダンス法（周波数範囲：5.0 MHz～0.1 Hz，交流レベル：1 Vms，測定温度 25℃）による評価も行われている。周波数依存に着目すると，10^6 Hz という高周波数側で応答していることから，伝導キャリアは電子や正孔といった軽い粒子である可能性が考えられる。また，Cole-Cole プロットは半円を描いた。一般的な有機化合物のバルクの電気特性を考えた場合，コンデンサー成分と抵抗成分の並列回路と仮定すると半円が描かれるので，観察されたインピーダンスはバルク抵抗とみなすことができる。抵抗値から電気伝導度を見積もったところ，化学ドープサンプルにおいて～10^{-5} S/cm の値が得られた。電子伝導性に関しては未だ実用域には達していないが，交流インピーダンス法では未ドープサンプルの電子伝導性も確認されており，ポリ硫化炭素がπ電子系共役構造に基づく電子伝導性を示すことは確かである。

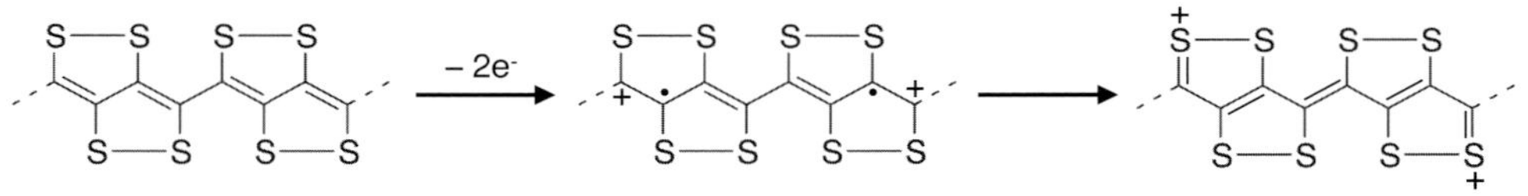

図８　ポリ硫化炭素におけるバイポーラロン生成

ポリ硫化炭素の電池反応は，分子内あるいは分子間ジスルフィド（S–S）結合の酸化還元反応（レドックス）に基づくと推察される。そこで，電池反応機構が一般的な硫黄系化合物と同様か検討するためにポリ硫化炭素の固体サンプルを用いて電子スピン（EPR）共鳴測定が行われた。測定条件は，Power：4 mW，Field and Sweep Width：326±25 mT，Sweep Time：1 min，Modulation Frequency and Amplitude：100/0.1 KHz/mT，Receiver Gain：5×100，Time Constant：0.1 sec である。その結果，硫黄単体（S_8）と同様に S ラジカル（g 値：2.010）が検出され，電池反応は S–S 結合に起因することが示唆された。また，観察された EPR シグナルは空気や溶媒（プロピレンカーボネート PC など），共存電解質（$LiClO_4$ など）に対しても長期間安定であり，ポリ硫化炭素が正極材として有望であることがわかった。また，耐熱性についても同様に評価されている。−150℃～100℃の温度範囲で固体サンプルの EPR 測定を行ったところ，温度によらず同様の EPR スペクトルが観察され，シグナル強度もほとんど変化がなかった。

以上，ポリ硫化炭素は，硫黄 S_8 の特性を保持しつつ，硫黄含有率が 72.7％と極めて高く，π共役骨格を有することから，レドックス機能と電子伝導性を併せもつ新規レドックス導電性ポリマーとして，リチウムイオン二次電池用正極材への応用が期待される。

4.2　レドックス導電性ポリ硫化炭素系正極材料の電気容量の評価[7)]

まず，リンイリド媒介気液相光重合によって得られたポリ硫化炭素を正極活物質に用いたコイン型セルを試作し，それらの電池性能を調べた。乾燥したポリ硫化炭素（正極活物質）30 wt％，ケッチェンブラック（導電助材）45 wt％，ポリテトラフルオロエチレン（バインダー）25 wt％を混合して正極材とし，これを N–メチル–2–ピロリジノンに分散させて混練ペーストを調製した。この混練ペーストをアルミ箔に塗布したのち乾燥，プレスして直径 12 mm の円盤に打ち抜いて正極板を得た。この正極板を用いて，セパレーター，負極，正極，集電板，取り付け金具，外部端子，電解液などの各部材を使用してリチウムイオン二次電池を作製した。このうち，負極は金属リチウム箔を用い，電解液には 1.0 M Li（$CF_3SO_2)_2N$／ジエトキシエタン：エチレンカーボネート（9：1 混合溶媒）を使用した。作製したコイン型電池を 25℃に保持した恒温槽内に設置して，3.0 V から 1.0 V までの領域で 0.1 mA の定電流放電および定電流充電を行った。この放電と充電を 1 サイクルとして 50 サイクル繰り返した。サイクル初期の放電容量，5 サイクル目，10 サイクル目，50 サイクル目の放電容量を**表２**に示す。

表２　ポリ硫化炭素を正極材とするリチウムイオン二次電池の性能評価

	駆動電圧（V）	放電容量（mAh/g）			
		初　期	5 回目	10 回目	50 回目
Run 1	2.2	820	790	730	660
Run 2	2.2	810	750	720	630
Run 3	2.2	1,120	1,050	960	890

Run 1 では，放電容量の初期値が 820 mAh/g であり，充放電サイクル 50 回目でも 80％以上の容量保持率を示した。また，Run 2 は同じサンプルを用いた再現性試験であり，Run 3 はアルゴン雰囲気下 300℃で 3 時間加熱処理を施したサンプルを用いた場合の結果である。加熱処理を施すことによって，放電容量がおよそ 1.4 倍に増大することが明らかとなった。また，50 サイクル後でも容量保持率が約 80％であった。

以上の結果より，ポリ硫化炭素は正極活物質として高い性能を有し，熱処理は正極材の電気容量の改善に効果的な手法であることが明らかとなった。また，合成条件および充放電条件を最適化することによって、現時点では放電容量が約 1,200 mAh/g，50％容量保持率が 300 サイクルに達することが示されている。さらに，上述したようにポリ硫化炭素の電子伝導性が確認されたので，充放電容量に及ぼす導電助材の使用低減の効果が調べられた。正極材は構成成分の全量を一定とし，導電助材の一部をポリ硫化炭素に置き換えて調製された。充放電条件については上限電圧 2.8 V，下限電圧 1.5 V に設定した。その結果，正極材単位重量あたり 1,450 mAh/g の実効容量が確認された。

5. まとめと今後の展望

レドックス導電性ポリ硫化炭素系正極材料を用いるリチウムイオン二次電池は CS 電池と呼称されるが，既存の電池材料系との比較を**表３**にまとめる。CS 電池は従来のリチウムイオン二次電池と比較して実効容量の点では勝るが，駆動電圧は約 2.2 V でありリチウムイオン二次電池の約 3.7 V より低い（表 3）。一方で，駆動電圧が同格のナトリウム・硫黄電池（NaS 電池）を比較対象にした場合，CS 電池は NaS 電池より体積エネルギー密度や作動温度の点で優位であるが，

表３　ポリ硫化炭素と既存材料の性能比較

		$LiCoO_2$	Li_2S	CS	CS/$LiCoO_2$
	モル質量（g/mol）	97.87	46.95	44.07	
	密度（g/cm³）	5.16	1.66	2.1	短所
	駆動電圧（V）	3.7	1.5～2.0	2.2	短所
理論値	電気容量（Ah/kg）	274	1,142	1,216	4.4
	容量密度（Ah/L）	1,414	1,896	2,554	1.8
	重量エネ密度（Wh/kg）	1,014	1,713	2,675	2.6
	体積エネ密度（Wh/L）	5,232	2,844	5,618	1.1
実測値	電気容量（Ah/kg）	150～200	800～900	1,200	8.0
	容量密度（Ah/L）	774	1,328	2,520	3.3
	重量エネ密度（Wh/kg）	555	1,200	2,640	4.8
	体積エネ密度（Wh/L）	2,864	1,992	5,544	1.9
	電気伝導度（S/cm）	×	×	10^{-6}～10^{-4}	長所

充放電サイクル特性に関しては劣る。以上の観点から，CS電池の実用化を図るためには，充放電サイクル特性とエネルギー密度（駆動電圧と材料密度に依存）をいかに向上させるかが鍵になる。特に体積エネルギー密度に関しては，駆動電圧の改善は容易ではないと思われるので，材料密度および電気伝導度の向上を目指した材料開発が効果的であろう。

ポリ硫化炭素は潜在的には電気容量1,500 mAh/g，充放電サイクル1,000回を実現可能である。これら２つの性能因子は導電助材の使用低減および充放電条件の調節によりそれぞれ単独では概ね達成できているが，双方の性能を同時に満たす正極材の開発には至っておらず，現状では電気容量1,200 mAh/g・サイクル300回の両立に留まっている。しかしながら，ポリ硫化炭素はそれらの示す電子伝導性に基づいて，正極活物質としては単位重量あたりの実効容量はほぼ理論容量に達している（表３）。既存の$LiCoO_2$の利用率が50％前後であるのに対して，ポリ硫化炭素ではほぼ100％である。CS電池の予想される充放電機構を**図９**に示す。CS電池はポリ硫化炭素のレドックス導電性に起因して，通常の電池反応機構に加えてキャパシタ機構も充放電機構に関与している可能性がある。いわゆる，一種のレドックス型キャパシタ（スーパーキャパシタ）の性格に近いかもしれない。この新しい原理に基づく充放電機構が高い実効容量を導いていると考えられる。

いずれにしても，ポリ硫化炭素を正極材とするCS電池の一層の性能向上には，充放電サイクル特性の改善に加えて，高エネルギー密度化に関する技術開発が重要であると考える。ポリ硫化炭素は$LiCoO_2$と比較して，密度および駆動電圧が低いことが短所として挙げられる（表３）。この短所が，実効容量の優位性を損なってしまっている。実際，ポリ硫化炭素は$LiCoO_2$と比較して、実効容量は８倍であるのに対して，重量エネルギー密度では4.8倍，体積エネルギー密度に至っては1.9倍と低下してしまう。CS電池の高エネルギー密度化を実現するには，ポリ硫化炭

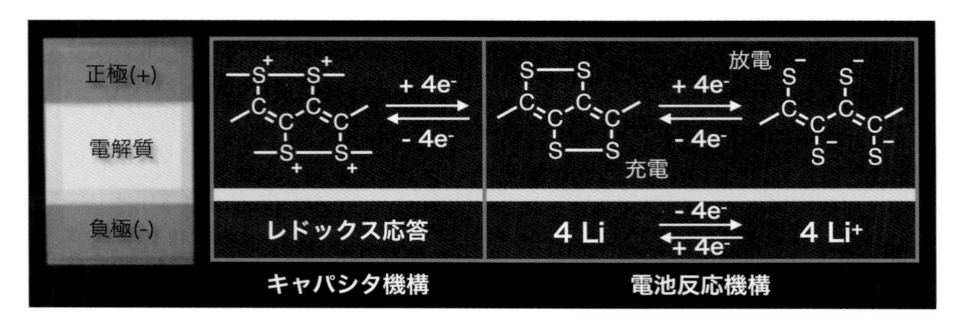

図9　CS電池における予想される充放電機構

素自体の密度および駆動電圧を上げる必要があるが，物質固有の性質を変えることは困難である。今後の材料開発の進展に期待したい。

本稿では，二硫化炭素という安価で国内で容易に入手できる無色透明な液体を，ポリ硫化炭素という黒色固体の有機イオウ系π共役ポリマーに変換できることを紹介した。また，ポリ硫化炭素は硫黄単体とポリアセチレンの性質を兼ね備えているため，二次電池用電極材として有用であることを述べた。合成化学的には，二硫化炭素から有機反応によってポリ硫化炭素が化学合成できる点が興味深い。反応制御によって，ポリ硫化炭素の構造や物性も制御できるだろう。基礎的な材料開発がリチウムイオン二次電池を凌駕する革新的な二次電池の創出に繋がることに期待したい。最後に，本稿で概説した研究は新エネルギー・産業技術総合開発機構（NEDO）「平成23年度先導的産業技術創出事業」において実施されたことを申し添える。

文　献

1）O. Z. Loew: *Chem.*, **4**, 622（1868）.
2）例えば，P. W. Bridgman: *J. Appl. Phys.*, **12**, 461-469（1941）.
3）P. B. Zmolek, H. Sohn, P. K. Gantzel and W. C. Trogler: *J. Am. Chem. Soc.*, **123**, 1199-1207（2001）.
4）J. Dewar et al.: *Proc. R. Soc. London, A*, **83**, 408（1910）.
5）T. Masuda and A. Kanazawa: *IUPAC 11th International Conference on Advanced Polymers via Macromolecular Engineering*, **2**, 59（2015）.
6）金澤昭彦，桝田剛平：硫化炭素ポリマーの製造方法，特願2015-230101，特開2017-95315.
7）金澤昭彦，桝田剛平：正極活物質及びそれを用いた非水電池，特願2015-230100，特開2017-098124

第3節　ナフタザリン骨格を有する高容量有機正極材料の開発

国立研究開発法人産業技術総合研究所　八尾　勝

1. はじめに

現行のリチウム二次電池には，コバルトやニッケルなどのレアメタルを用いた材料が正極に多く使用されており，コストおよび資源的観点から使用量の低減や代替材料の開発が求められている。この要望に応えるため，筆者らは，重金属を本質的に全く含まない有機材料を活物質として用いる研究を続けている。特に，現行の正極に使われているコバルト酸リチウム（$LiCoO_2$）の実容量（～150 mAh/g）の数倍の容量が見込めるキノン系分子に注目している。最も単純な構造のキノン類の一つである1,4–ベンゾキノンの酸化還元反応（**図1**）が電池として利用できれば，約500 mAh/gもの高い放電容量が見込めるため，電極材料として古くから注目されてきた[1)–3)]。昇華性を有する1,4–ベンゾキノンを電極内へ固定化するためには，何らかの手段が必要であり，これまで高分子化が主に取り組まれてきた。しかしながら，そうした高分子で実際に得られる容量は理論値の半分以下である場合が多かった。この原因は必ずしも明らかではないが，筆者らは，高分子特有の非晶質部位が電子伝導性やイオン伝導性を阻害している可能性があると考えている。このような課題に対し，筆者らは，高分子ではなく敢えて結晶性の低分子を中心に研究を展開し，多くの低分子性キノン類が，理論容量に近い放電容量を示すことを見出してきた[4)–12)]。本稿の前半では，正極活物質として機能するベンゾキノン類の一例として，筆者らが提案してきた2,5–ジメトキシ–1,4–ベンゾキノン（DMBQ）の充放電特性とその機構を概説し，後半では，さらなる高容量化が期待できる，ナフトキノンの一種の5,8–ジヒドロキシ–1,4–ナフトキノン（ナフタザリン）類の充放電特性を紹介する。

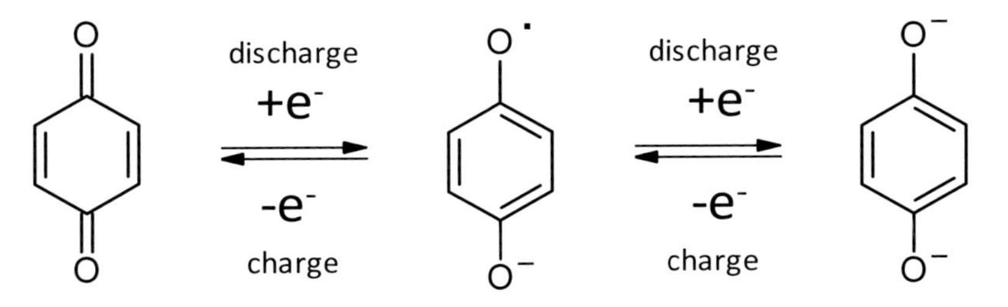

図中で左側の化合物が1,4–ベンゾキノン

図1　1,4–ベンゾキノン類における2電子移動型の酸化還元反応

2. 低分子性キノン類を用いたリチウム二次電池

2.1 ベンゾキノン誘導体

ここでは，筆者らが比較的早い時期に報告したベンゾキノン類として，2,5−位にメトキシ基を有する誘導体（2,5−ジメトキシ−1,4−ベンゾキノン：DMBQ）(**図２**(a)) の特徴を説明する[4]。この材料は，図２(b)に示すように結晶中でπ−スタックや疑似的な水素結合で強く結びついているため[13]，有機溶媒への溶解度が低い。図２(c)にはこのDMBQを用いた電極の初回放電曲線とその後の充電曲線を示している。初回放電時には312 mAh/gと，２電子反応を仮定した理論値の319 mAh/gに非常に近い値が得られた。図２(d)に示したサイクル試験では，低分子性活物質としては比較的良好な挙動が見られた。40サイクル程度であれば，放電容量は安定であるが，その後は容量低下が見られる。劣化要因の一つは，電解液への活物質の溶出であると考えている。

ところで，有機材料は一般的に電子伝導性に乏しいものが多い。今回例示しているDMBQも例外ではないが，電極として評価した際には高い利用率が得られており，少なくとも充放電中は結晶の内部まで電子が流入していることが示唆されている。DMBQは結晶中でπ共役平面がスタックしており，図２(b)では，d−1の方向に一次元カラム構造を形成している。**図３**に示すように，そのカラムの方向にバンド構造が形成されていることが密度汎関数法を用いた量子化学計算から明らかになっており，この電子構造が充放電中の電子伝導に寄与していると考えている[6]。

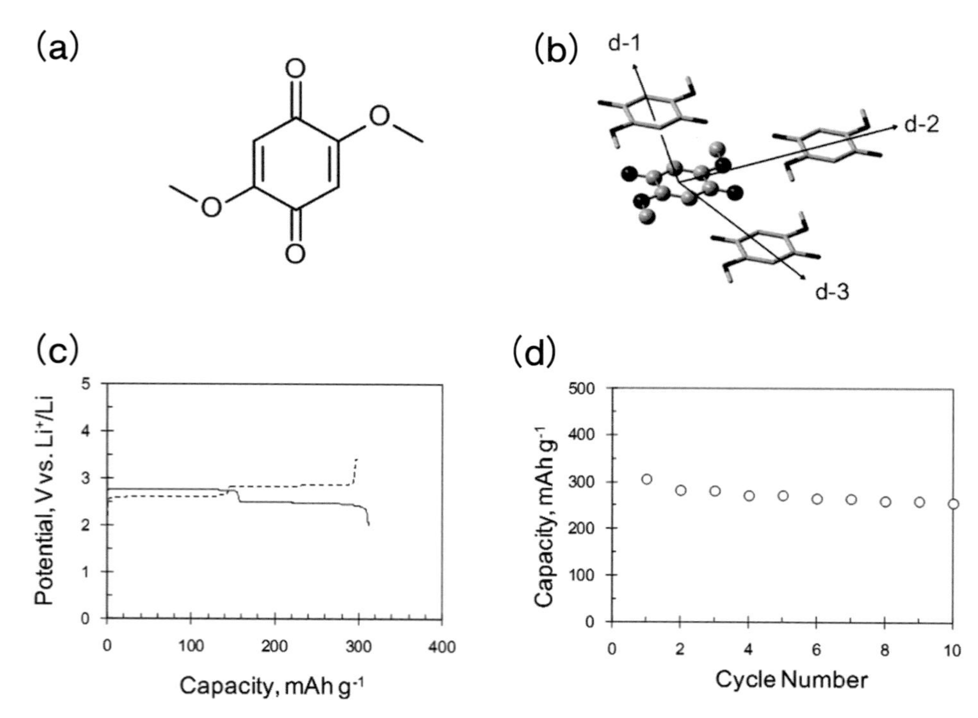

(a) DMBQの分子構造　(b) DMBQの結晶構造[13]　(c) DMBQを正極活物質として用いた電極の初回充放電曲線，および(d)サイクル特性（図２(b)，(c)，(d)に関してはElsevier. B. V.より許可を得て文献[4]から掲載）

図２　2,5−ジメトキシ−1,4−ベンゾキノン（DMBQ）の電極特性

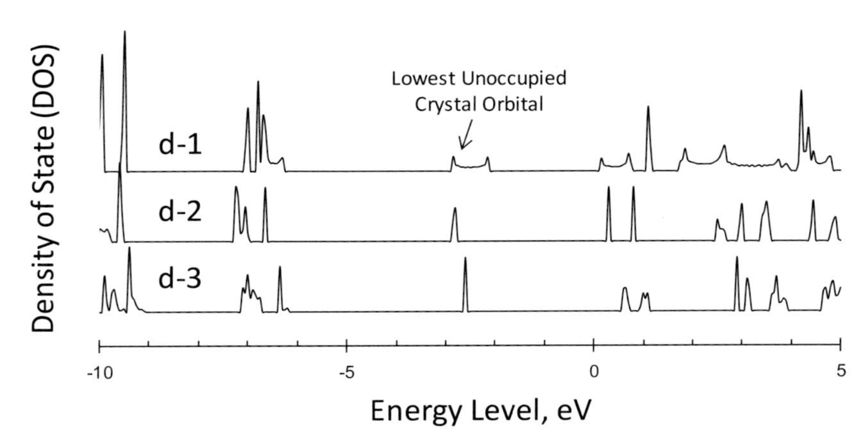

図中の d–1，d–2，および d–3 は図 2(b)記載の DMBQ の結晶中の方向を表している（公益社団法人電気化学会より許可を得て文献[6] より転載）

図３　DFT 計算（B3LYP/6–31G*）で得られた DMBQ 結晶の状態密度（DOS）

2.2　ナフタザリン誘導体

ベンゾキノン以上の高容量を示す系として筆者らは，ナフタザリン骨格に着目している[8)9)11)12)]。この骨格は，ベンゾキノンとその還元体であるヒドロキノンが縮環した構造であり，ヒドロキシ基の水素をリチウムで置換した塩に誘導すれば，**図４**に示すような，１分子あたり４電子の移動を伴う酸化還元反応が想定できる。この骨格を有する誘導体は，天然にも存在し，中でもシコニンと呼ばれる紫の色素が有名である[14)]。酸化体（ナフトジキノン）換算の理論容量はベンゾキノンの値を超える 550 mAh/g 以上となる。

まず，ナフタザリン類の充放電挙動を理論的に検討するために，DFT 計算を行った結果を説明する。**図５**は，ベンゾキノンと充電状態にあるナフタザリン（ナフトジキノン）の，放電に関与する軌道の形態およびエネルギー準位を表している。ベンゾキノンの場合は，前出の図１に示すように，放電時に２電子を受け取る機構であるため，その際には最低空軌道（LUMO）に電子が入ることになる。一方，充電時のナフタザリンであるジキノンの場合は，４電子を受け取る。そのため，LUMO に加えて，もう一つ高い準位の NLUMO も放電に関与する。これらの軌道の形状を見ると全て π 性を帯びており，さらには，分子のカルボニル（C＝O 結合）の部位で，軌道の位相が反転している。すなわち，これらの軌道は，炭素と酸素の結合にとっては反結合性

反応式中，中央に示した化合物がナフタザリンリチウム塩

図４　ナフタザリンリチウム塩の４電子移動型の酸化還元反応

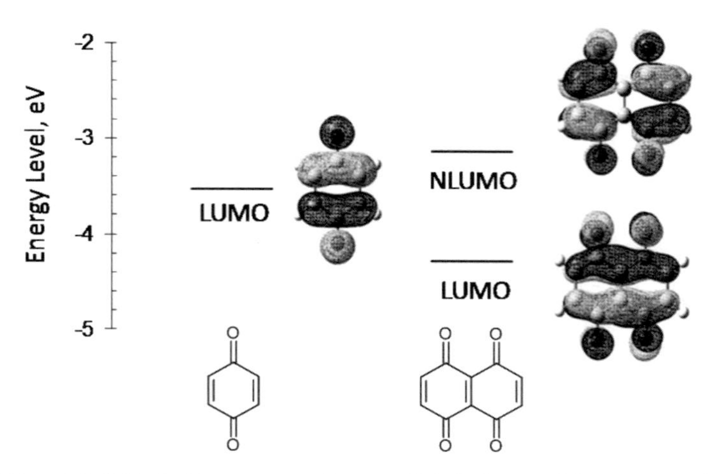

図５　DFT 計算（B3LYP/6-31G*）から得られたベンゾキノンおよびナフトジキノンの放電に関与する軌道のエネルギーとそれぞれの形状

であることがわかる。これは，放電時に二重結合であるカルボニル（C＝O）が単結合のフェノラート（C−OLi）に変化することに対応している。

次にエネルギー準位を見ると，ベンゾキノンのLUMOに比べ，ナフトジキノンのLUMOは0.7 eVほど低い準位にシフトしている。これは，隣接するカルボニル基の電子求引性の影響であり，電池特性としては，放電初期の電圧が高くなることに対応している。一方で，ナフトジキノンのNLUMOはベンゾキノンのLUMOより0.4 eV準位が高くなっている。それらのエネルギー準位の平均値はベンゾキノンのLUMOの値より0.3 eVほど低く，電池特性としては，平均電位がベンゾキノンと比べ，わずかに高くになることを示唆している。したがって，ベンゾキノン類からナフタザリン類に変更することで，電圧はほとんど変わらずに容量のみが高くなることが期待される。

図６には，実際に，ナフタザリンのリチウム塩を用いて作製した電極の初回充電後の放電曲線を示す。3.5および2.0 V vs. Li^+/Li付近に電位プラトー領域を有しており，多電子移動型の還元過程を反映していると考えられる。前半の放電が，ジキノンからジリチウム塩（ナフタザリン

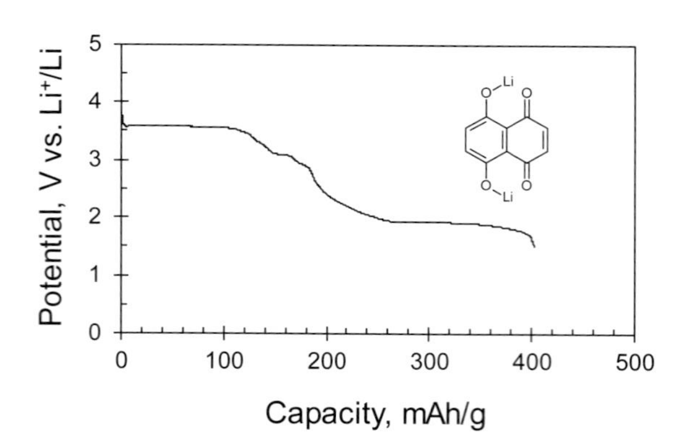

図６　ナフタザリンリチウム塩を正極活物質として用いた電極の初回放電曲線

リチウム塩）に還元される反応で，後半がさらに還元が進んでリチウムイオンが分子に入った形のテトラリチウム塩に至る過程に対応していると推察される。充電時のジキノン体の生成および放電時のテトラリチウム塩体の生成は，電極から抽出した溶液の NMR 測定などの解析から実証している[8]。

次に放電容量に注目すると，得られた値は，400 mAh/g 程度と高容量で，4 電子反応を仮定した理論値（531 mAh/g）の約 75％であった。平均電位は 2.7 V vs. Li^+/Li と，ベンゾキノン類と同等である。これらの結果は，ナフタザリン骨格が高容量ユニットとして有効であることを示している。しかしながら，2 サイクル目以降の容量低下は大きく，わずか 10 サイクルで初期値の半分以下となった。

ナフタザリン誘導体の充放電特性に及ぼす置換基効果を検討するために，周辺に塩素を有する数種類の誘導体を検討したところ，容量は低下するものの，周辺の水素をすべて塩素に置換したテトラクロロ体が比較的良好なサイクル特性を示すことが明らかとなった[12]。溶出の低減も寄与していると思われるが，それに加え，周辺置換基が酸化還元反応中のナフタザリン骨格の保護基として機能していることがエレクトロクロミック測定から示唆された。

一方，電解液への活物質の溶解性を低減させる他の方法として，酸化還元ユニットのオリゴマー化（数量体化）が有効であることが，キノン誘導体[7)10)]やその他の化合物[15)]で明らかになっている。そこで，**図７**(a)のようなナフタザリン骨格をジチイン環で繋いだ二量体を設計–合成し，充放電特性を評価した[11]。図７(b)に示すように初回放電時の容量は 400 mAh/g を超える値を示し，平均電位は約 2.7 V vs. Li^+/Li であった。これらの挙動はナフタザリン単量体のものと類似

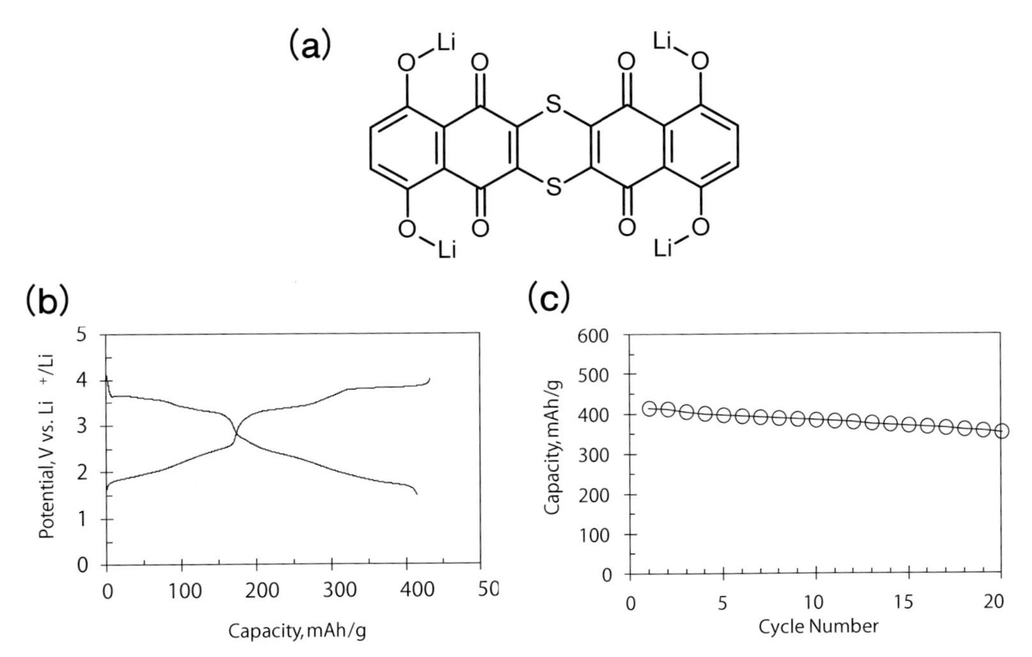

(a)化学構造　(b)初期の充放電曲線，および(c)サイクル特性（図７(b)，(c)については，公益社団法人 電気化学会電池技術委員会より許可を得て第 57 回電池討論会要旨[11)] から転載）

図７　合成したナフタザリン二量体の電極特性

している。また，放電曲線で見られる多段の電位平坦部位も多電子移動型の還元過程を反映していると考えられる。一方，放電の進行に伴う電位変化は，単量体と比較すると緩やかであり，二量化による分子内クーロン反発などの影響が伺える。さらには，図７(c)に示すようにサイクル特性も単量体よりずっと優れており，20サイクル後も350 mAh/g程度の容量を維持していた。二量化することにより，分子間に働く相互作用が強まることで充放電に伴う有機電解液への溶出が抑えられ，その結果，サイクル特性が向上したと考えている。

3. 課題と展望

本稿では，筆者らが近年取り組んでいるキノン系有機活物質の電極特性の一部を紹介した。多電子移動型の酸化還元反応を反映して重量あたりの容量が高くなるキノン類は多く，特にナフタザリン系化合物の容量は高くなる。一方で，有機材料は単位体積あたりの質量（密度）が無機材料と比べて小さいため，体積エネルギー密度は高くなりにくいと考えられがちである。しかしながら，仮に密度が1.5 g/cm^3，平均電圧が3 V vs. Li$^+$/Li，容量が400 mAh/gを超えれば，今使われている無機正極の一つ$LiFePO_4$を超える体積エネルギー密度となる。実際，上述のナフタザリンの二量体の密度は2 g/cm^{3}に近く，体積エネルギー密度も高い。さらにエネルギー密度を向上させるためには，高容量化だけではなく高電位化が有効である。

他の課題として，サイクル特性の改善が挙げられる。上述のように，低分子性有機活物質は高容量になるものが多いものの，電解液への溶出が起こりやすく，その結果，サイクルが進むにつれ容量が低下する傾向がある。本稿で説明したように，酸化還元部位の縮環やオリゴマー化[7)10)15)]がサイクル特性を改善するうえで有効である。他の方法として，イオン性基の導入[8)]も有効であることがわかっており，適切な分子設計および合成によって，さらなる性能向上が可能である。

本稿で紹介した有機活物質は重金属を含まないため，リチウム二次電池におけるレアメタルの使用量の削減に対して有効で，材料の大量合成によって材料コストも低下することが期待される。また，材料によっては天然の化合物から誘導–合成できる[16)]。加えて，本稿では説明していないが，いくつかの有機材料は，リチウムではなくナトリウムやマグネシウムなどの電荷担体においても電極として機能することがわかっており[17)–19)]，ポストリチウム二次電池材料としての有望性が期待される。

上述のように，有機活物質は現状でいくつかの課題を抱えるものの，克服は可能であり，加えて，これまでの無機材料にはない特長もあり，新しいタイプの電池材料として可能性を秘めていると考えている。今後は，分子構造の設計・合成に加え，電解液やその他の電池部材との組み合わせ，電池構造の検討[20)21)]等に取り組むことで，さらなる特性向上，ひいては実用化に繋がることを望んでいる。

文　献

1) J. S. Foos, S. M. Erker and L. M. Rembetsy: *J. Electrochem. Soc.*, **133**, 836 (1986).
2) T. L. Gall, K. H. Reiman, M. Grossel and J. R. Owen: *J. Power Sources*, **316**, 119 (2003).
3) J. F. Xiang, C. X. Chang, M. Li, S. M. Wu, L. J. Yuan and J. T. Sun: *Cryst. Growth Des.*, **8**, 280 (2008).
4) M. Yao, H. Senoh, S. Yamazaki, Z. Siroma, T. Sakai and K. Yasuda: *J. Power Sources*, **195**, 8336 (2010).
5) M. Yao, S. Yamazaki, H. Senoh, T. Sakai and T. Kiyobayashi: *Mater. Sci. Eng. B*, **177**, 483 (2012).
6) M. Yao: *Electrochemistry*, **82**, 682 (2014).
7) M. Yao, H. Ando and T. Kiyobayashi: IMLB 2014, Abstract # 435 (2014).
8) M. Yao, T. Numoto, M. Araki, H. Ando, H. T. Takeshita and T. Kiyobayashi: *Energy Procedia*, **56**, 228 (2014).
9) M. Yao, T. Numoto, H. Ando, R. Kondo, H. T. Takeshita and T. Kiyobayashi: *Energy Procedia*, **89**, 213 (2016).
10) M. Yao, H. Ando and T. Kiyobayashi: *Energy Procedia*, **89**, 222 (2016).
11) 八尾勝，安藤尚功，清林哲，竹市信彦：第57回電池討論会（千葉市）講演要旨集，3A09 (2016).
12) M. Yao, S. Umetani, H. Ando, T. Kiyobayashi, N. Takeichi R. Kondo and H. T. Takeshita: *J. Mater. Sci.*, **52**, 12401 (2017).
13) H. Bock, S. Nick, W. Seitz, C. Nather and J. W. Bats: *Z. Naturforsch. Teil B Chem. Sci.*, **51**, 153 (1996).
14) R. Majima and C. Kuroda: *Acta Phytochim*, **1**, 43 (1922).
15) Y. Inatomi, N. Hojo, T. Yamamoto, S. Watanabe and Y. Misaki: *ChemPlusChem*, **77**, 973 (2012).
16) A. Tsuzaki, H. Ando, M. Yao, T. Kiyobayashi, R. Kondo and H. T. Takeshita: *Energy Procedia*, **89**, 207 (2016).
17) 八尾勝，倉谷健太郎，妹尾博，竹市信彦，清林哲：第54回電池討論会（大阪）講演要旨集，3D01 (2013).
18) M. Yao, K. Kuratani, T. Kojima, N. Takeichi, H. Senoh and T. Kiyobayashi: *Sci. Rep.*, **4**, 3650 (2014).
19) H. Sano, H. Senoh, M. Yao, H. Sakaebe and T. Kiyobayashi: *Chem. Lett.*, **41**, 1594 (2012).
20) H. Senoh, M. Yao, H. Sakaebe, K. Yasuda and Z. Siroma: *Electrochim. Acta*, **56**, 10145 (2011).
21) Y. Hanyu and I. Honma: *Sci. Rep.*, **2**, 453 (2012).

第3章

負極材料の開発

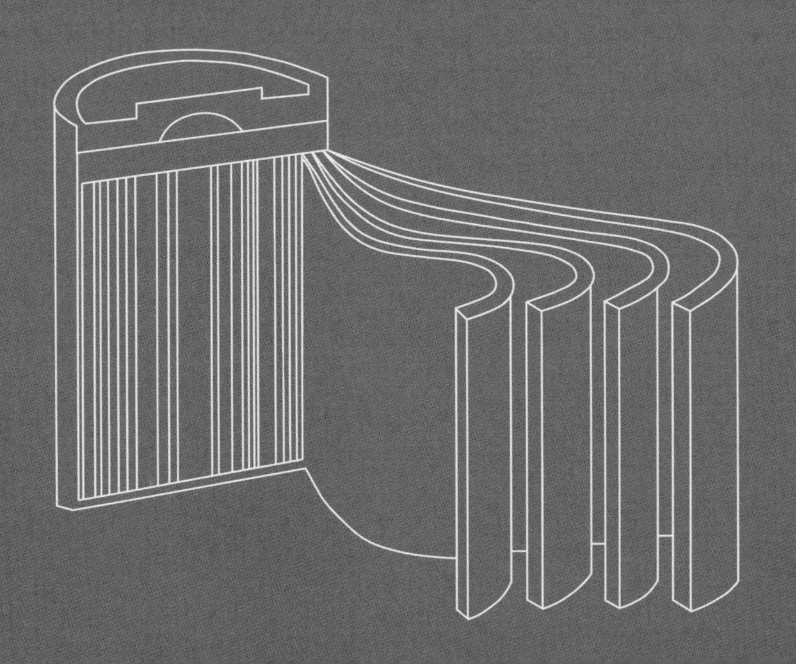

第1節　水素化マグネシウムを用いた全固体リチウムイオン電池負極材料の開発

広島大学　市川　貴之

1. はじめに

新しいリチウムイオン電池の負極材料として，水素化物を用いた『コンバージョン系』と称される反応系が提案されている[1)]。本システムで示される反応は，

$$MH_2 + 2Li \leftrightarrow M + 2LiH \tag{1}$$

と表記され，リチウムの挿入に対して，水素化リチウム（LiH）の形成を伴った形で電極内にリチウムが侵入する。Li^+/Li平衡電位を基準とした反応電位については，ネルンストの式を通じて，

$$E = -(2G^0(LiH) - G^0(MH_2))/2F \tag{2}$$

で表される。ここで，G^0 はそれぞれの物質の標準生成ギブズエネルギーであり，F はファラデー定数である。G^0 はそれぞれ負の値となり，より絶対値が大きいほど安定な水素化物であることを示すため，水素 1 mol あたりの水素化物の安定性が LiH より低いものが，Li^+/Li 平衡電位を基準として正の平衡電位を示すこととなる。ここで，仮想的に

$$H_2 + 2Li \leftrightarrow 2LiH \tag{3}$$

の反応が電気化学的に成立するとした場合，反応電位は約 0.7 V となる。すなわち，本反応系で期待される反応電位は Li^+/Li 平衡電位を基準として 0.7 V 程度以下となり，LiH に近い安定性を示す物質ほど，負極材料としては，0 V に近い，より低い反応電位を示すこととなる。また，LiH より水素 1 mol あたりの安定性が高いものは，Li^+/Li 平衡電位よりも低い電位となり，水素化物の形成以前に，Li 金属が析出することとなる。なお，**表 1** には代表的な水素化物の標準生

表 1　代表的な水素化物の標準生成ギブスエネルギー[2)]

物質名	1 標準生成ギブスエネルギー［kJ/mol］
LiH（水素化リチウム）	−68.37
NaH（水素化ナトリウム）	−33.48
KH（水素化カリウム）	−34.11
MgH_2（水素化マグネシウム）	−35.9
CaH_2（水素化カルシウム）	−147.2
TiH_2（水素化チタン）	−80.3
ZrH_2（水素化ジルコニウム）	−128.8

成ギブズエネルギーを示した[2)]。この値を見比べると，CaH_2を用いたコンバージョン反応は成立しないことがわかる。

本稿では，こうした水素化物を用いたリチウムイオン二次電池の負極材料として，特に水素化マグネシウムに注目し，研究開発の動向と，全固体化への取り組みについて概観したい。

2. 水素貯蔵材料としての水素化マグネシウムと水素化ホウ素リチウム

水素化マグネシウム（MgH_2）は，マグネシウムがクラーク数の高い元素（第８位）であること，水素重量密度が7.6％と非常に高いことから，高容量の水素貯蔵材料として注目されてきた。しかしながら，マグネシウム表面が水素に対して不活性であるために，マグネシウムの熱力学的特徴として，300℃で約0.1 MPa（１気圧）の水素放出圧を示すにもかかわらず，表面の活性化処理無しでは水素放出に400℃以上の高温を必要とすることが知られている。また，水素吸蔵については，原理的に室温でも適度な水素圧力で吸蔵しうるはずであるが，速度論的な理由から400℃程度の温度が表面の活性化のために必要であり，こうした高温下でも水素化の速度が著しく遅いことが知られている。

2.1　水素化マグネシウムの活性化処理

マグネシウム表面の活性化のために，触媒の付与による表面改質が検討された。遷移金属表面が水素の解離吸着に有効であるとされていたため，マグネシウム表面に遷移金属の微粉末を付与する試みがなされた[3)]。結果として一定の活性化が果たされたが，ドイツのグループにより，五酸化二ニオブの添加によって，マグネシウムと水素の反応性が著しく活性化されることが報告された[4)]。その後，こうして表面改質されたマグネシウムは室温でも高速に水素を吸蔵しうることが示された[5)]。最近では，塩化ジルコニウム[6)]やフッ化チタン[7)]なども同様の触媒能を示すことが報告され，水素貯蔵材料としての水素化マグネシウムの研究開発は新たな局面を迎えているということができる。X線吸収分光やX線光電子分光法を用いた分析により，こうした酸化数の高い遷移金属触媒は，その付与過程でわずかに還元され，４価や５価の状態で付与されたとしても，触媒能を発揮する段階では，２価程度になっていることが知られている[6)-8)]。

2.2　水素化ホウ素リチウムとコンポジット材料

水素化ホウ素リチウム（$LiBH_4$）は，Züttelらによって水素貯蔵材料としての可能性を示されて以来[9)]，現在に至るまで高容量の水素貯蔵材料として注目を集めている[10)]。重量あたりの水素密度は材料あたりで18.5％であり，水素化マグネシウムと比較しても非常に高い値となることがわかる。しかしながら，水素放出のためにその融点を超える300℃程度以上の温度を必要とするだけでなく，400℃程度までで放出される水素は以下の反応で示される13.8％となる。

$$LiBH_4 \rightarrow LiH + B + 3/2H_2 \tag{4}$$

数値上，水素放出量は高い値を示すものの，Liをカチオン，BH_4をアニオンとするイオン結晶

体である $LiBH_4$ から水素が放出された後に生成されるホウ素は六方晶系の非常に安定な物質であるため，反応(4)の逆反応を進行させるためには，著しく高温高圧を必要とすることが知られている[11)]。

上述した $LiBH_4$ はそれ自身では，再水素化が非常に困難な材料として知られているが，この系を，より容易に水素化，脱水素化する方法として，$LiBH_4$ と MgH_2 のコンポジット化が提案された[12)]。コンポジット化によって得られる新たな水素吸蔵・放出反応は以下の式で表される。

$$MgH_2 + 2LiBH_4 \leftrightarrow MgB_2 + 2LiH + 4H_2 \quad (5)$$

この反応系により，400℃程度かつ 1 MPa（10 気圧）程度の水素圧で再水素化が可能となることが示されている。一方，本系は水素放出段階で真空下では単純に二つの水素化物からの水素放出特性を示すのに対し，水素放出圧以下の低い水素バックプレッシャーのもとでは，上記の反応式(5)が進行することが知られている。Zeng らはこの反応機構に興味を持ち，研究を進める中で上記コンポジットの固相間において，100℃程度という比較的低温において，水素が高い運動性をもって交換し合っていることを見出した[13)]。これにより，$LiBH_4$ および MgH_2 はそれぞれ 300～400℃以上の温度でのみ水素を放出しうるが，水素ガスという状態を経ることなく，水素原子はそれぞれの固体に束縛されずにそれぞれの化合物の垣根を超えて，動き回れることが明らかとなった。

3. 固体電解質としての水素化ホウ素リチウムと負極材料としての水素化マグネシウム

この $LiBH_4$ に関しては，2007 年に Matsuo らによってリチウムイオン伝導体としての性能が報告された。そもそも $LiBH_4$ は 115℃程度に構造相転移があり，斜方晶から六方晶へ転移する。この際，リチウムイオンの配列がイオン伝導に適した形に変わることで，この相転移温度を挟んでイオン伝導度が 2 桁以上ジャンプして向上することが示された[14)]。これにより，酸化物系のリチウムイオン伝導体や硫化物系ガラス電解質に加えて，固体電解質の新たなトレンドとして水素化物系の固体電解質がとらえられることとなっている。

一方，MgH_2 の負極特性については，2008 年に Oumellal らによって報告された[1)]。この報告では，冒頭で示した水素化物のコンバージョン系負極が，それ以外の酸化物や塩化物のコンバージョン系負極と比較して，低い分極電圧（充電電位と放電電位の差）となることが指摘されている。これは，リチウムの挿入に伴うアニオンの受け渡しとして，塩化物イオン（Cl^-）や酸素イオン（O^{2-}）と比較して水素イオン（H^-）が容易に固相間でやり取りされることを意味している。また，充放電特性としては，Li を対極とした半セルにおいて，

$$MgH_2 + 2Li \leftrightarrow Mg + 2LiH \quad (6)$$

の反応が進行し，約 0.5 V の反応電位となる結果が得られている。この式における理論容量は，2,037 mAh/g となり，さらに低い電圧では，反応式(7)で示す合金化反応が進行する。

$$Mg + Li \leftrightarrow MgLi \tag{7}$$

この反応も考慮した場合，負極は1.5倍の3,055 mAh/gの容量を示す。しかし，充放電によって，それぞれ大きな体積変化を示すため，10回程度の充放電サイクルによって200 mAh/g程度まで容量が低下することが報告されている[1]。

4. 水素マグネシウムの負極特性

以上のように，MgH_2がリチウムイオン電池の負極材料として注目されたこと，水素化物であるLiBH_4が高温で超イオン伝導性を示すこと，そもそも，筆者らのグループでは，水素貯蔵材料として，MgH_2の活性化，MgH_2-LiBH_4コンポジット材料の反応メカニズムの追及を進めてきたことから，必然的にMgH_2を負極材料とし，$LiBH_4$を固体電解質としてとらえた研究開発を進めることとなった[15]。

MgH_2の負極性能を調べるにあたり，電極合材としては，触媒として作用する五酸化二ニオブ（Nb_2O_5）を1 mol％添加したMgH_2と，固体電解質として用いる$LiBH_4$と導電助剤としてのアセチレンブラックをそれぞれ，4：3：3の重量比で混合し，これを錠剤成型機でペレット化し，さらに**図１**のように，Liフォイルと固体電解質部の三層構造に成型したものを用いて充放電測定を行った。また，$LiBH_4$が超イオン伝導を示す120℃の温度で充放電特性評価を行った。触媒を添加したのは，MgH_2から固体中を拡散してきたLiイオンに水素原子を渡す際，水素原子の感じる障壁を下げることを目的としている。**図２**に示したように，リチウムが電極に取り込まれる前の，MgH_2の状態から出発しているため，測定はLi挿入（ｉ→iii）から始まっている。この結果から，電極電位は0.7 V程度（ｉ）から速やかに低下し，0.5 V程度での比較的長いプラトー領域を経て1,600 mAh/gの容量を示し（ｉ→ii），その後0.2 V程度でも短めのプラトーが観測（ii→iii）されている。この結果は，最初にフランスのグループから報告された結果と等

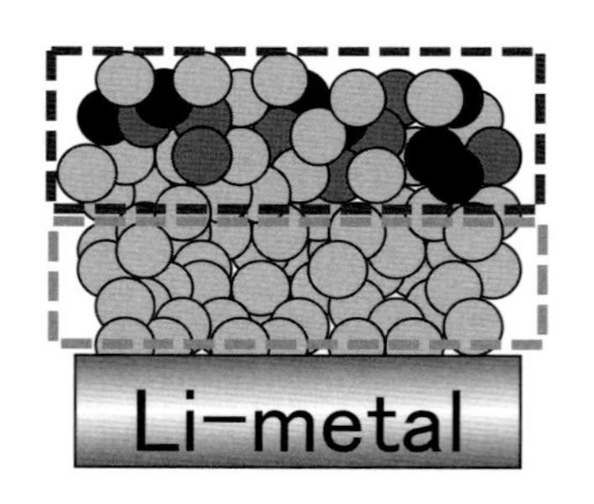

図１　全固体セルの概要

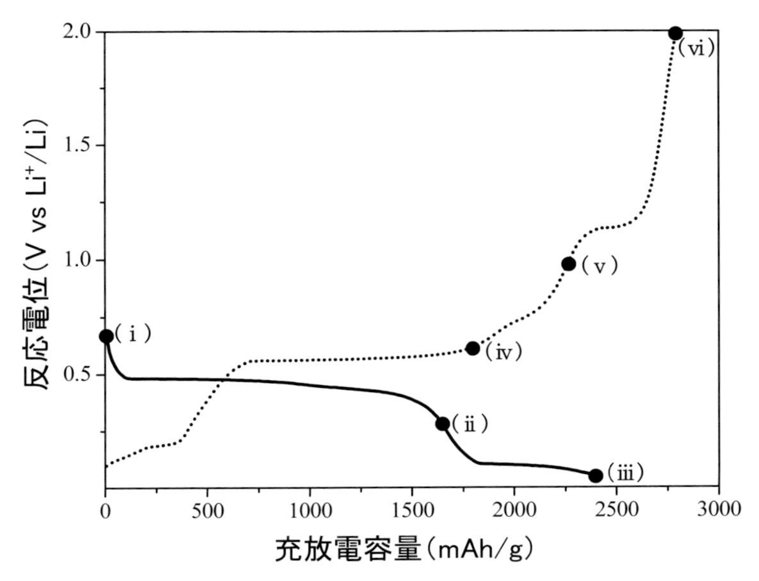

図2　$LiBH_4$を固体電解質としたMgH_2負極の初期充放電特性（半セル）

価なものであり，それぞれLiHの生成を伴うコンバージョン反応（反応式6）とMgとの合金化を伴う反応（反応式7）に対応することが，X線回折の結果から明らかとなっている。さらに，その後のLi脱離の反応であるが，0.3V程度と0.5V程度と1.2V程度に3つのプラトー領域が観測された。図2に示した（iii）の段階では消失していたMgH_2のX線回折ピークが，（iv）で再び観察され，その後，（v）ではMgに対応するピークがすべて消失した。これらはそれぞれ合金からのLiの脱離反応，コンバージョン反応の逆反応に対応している。驚くべきことに，（vi）では，新たに$Mg(BH_4)_2$のX線回折のピークを観察したことから，Li脱離反応時に，より高電圧まで電位を上げることにより，以下の式で示される新たなコンバージョン反応が進行していることが明らかとなった。

$$Mg(BH_4)_2 + 2Li \leftrightarrow Mg + 2LiBH_4 \qquad (8)$$

結果として，図2にも示した通り，初期のリチウム挿入の容量は，2,045 mAh/gであったのに対し，リチウム脱離に相当する容量は，固体電解質がコンバージョン反応に加わったために挿入容量を上回り，2,791 mAh/gを示した。

ここで，**図3**に図2の測定と同様の条件で，充放電サイクルを経た充放電プロファイルの結果を示した。この結果から明らかになったことは，サイクルを経るごとに，リチウム脱離反応に現れる1.2Vでのプラトーが徐々に減少して消失していること，最初のリチウム挿入反応では見られなかった0.7V程度のプラトーが2^{nd}サイクルにおいて現れ，これも同様にサイクルを経るごとに徐々に減少した後に消失している点である。また，トータルの充放電容量も2,800 mAh/g程度からサイクルを経るごとに減少し，20回のサイクルの後には，1,200 mAh/g程度まで減少している様子が見てとれる。この結果から，反応式(6)と比較して，反応式(8)の反応はサイクル劣

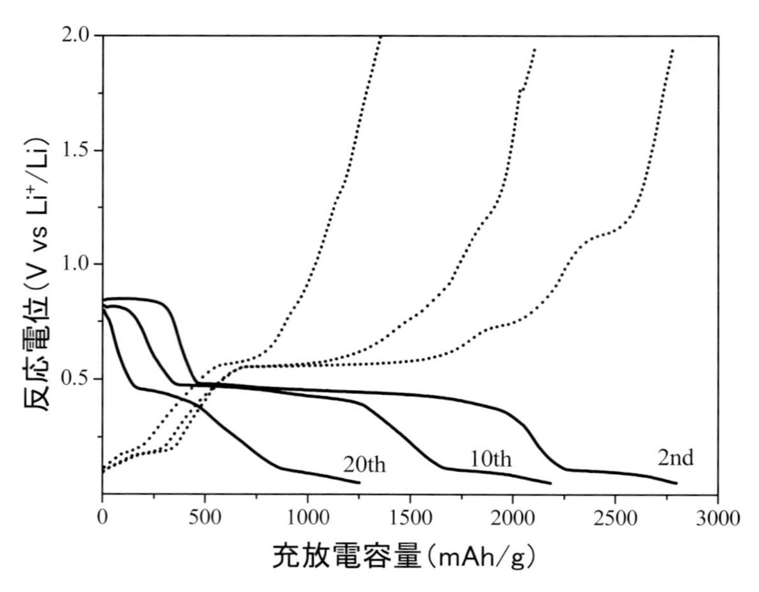

図３　$LiBH_4$を固体電解質としたMgH_2負極の充放電サイクル特性（半セル）

化が激しく，また，充放電電位を0.3 Vでカットすると，2ndサイクルで現れた0.7 Vでのプラトーが消失することから，1stサイクルでの充放電容量を犠牲にするものの，リチウム挿入反応時に0.3 V程度，逆にリチウム脱離反応時に1.0 V程度で電圧をカットし，0.3から1 Vのウィンドウで充放電サイクル特性を評価した。**図４**に示した通り，初期の充放電容量は0.05 Vから2 Vで充放電試験を行った方が高い値が得られたが，サイクルを経るごとに，その容量は大きく減少し，50サイクルの後には，より狭いウィンドウで充放電試験を行った方が，高い充放電容量を示すことが明らかになった。

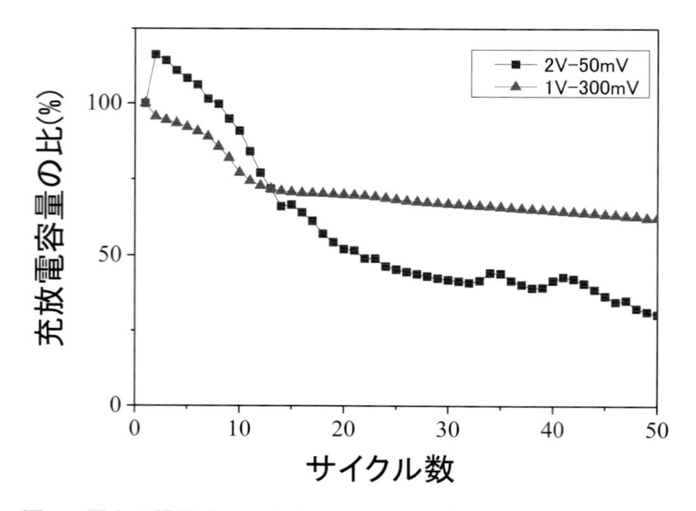

図４　異なる電位ウィンドウでサイクル評価を行った際の充放電容量

5. 今後の展開

本稿では詳述しなかったが，MgH_2を負極として用いた場合に最近注目されている硫化物系ガラス電解質を用いた場合[16]や，あるいは一般的な電解液を用いた場合は，現在のところそれほど優れた性能を得るには至っていない。これらは，電極界面で生じる不可逆な副反応が原因であると考えられている。すなわち，$LiBH_4$は還元剤として働くのに対して，硫化物や有機系電解液は酸化剤として働くものと考えられるが，その詳細は明らかになっていない。しかし，理由はともかくMgH_2を負極として機能させるためには，$LiBH_4$を固体電解質として利用する必要があることをこれらの結果は支持していると思われる。

また，$LiBH_4$に注目した場合，イオン伝導度の観点から，現在の条件では120℃という高温でのみ動作するため，室温で動作する現状のリチウムイオン電池の負極材料にすぐに置き換えられる訳ではない。そのために，より低温で動作するLiIなどの添加物の利用や，$LiBH_4$を用いても動作する正極材料の探索が必要であると考えられる。

一方，120℃でも動作するリチウムイオン電池という特徴からは，より高温で動作するNaS電池の代替という観点での発展が期待できる。すなわち，現状のリチウムイオン電池の問題点の一つに，熱暴走の問題があるが，室温近傍での温度制御よりも，120℃程度での温度制御が容易であることは言うまでもなく，NaS電池のような溶融ナトリウムによる腐食の危険性も軽減できるのではないかと考えられる。また，高温で動作するため，結果的に高出力特性を担保できる点も強調したい。いずれにしても，現状の二次電池を代表する，リチウムイオン電池の性能を大きく向上させるという命題が掲げられて，国を挙げて研究開発が進められている中で，新たな機構の二次電池開発が多角的に進められ，同時にそのメカニズムに迫る研究開発を進めていくことが，着実にその技術を前進させる唯一の方法ではないかと考えている。

文　献

1）Y. Oumellal, A. Rougier, G.A. Nazri, J.M. Tarascon and L. Aymard: *Nat. Mater.*, **7**, 916–921 (2008).
2）例えば，第６版　電気化学便覧，電気化学会編，丸善出版
3）N. Hanada, T. Ichikawa and H. Fujii: *J. Phys. Chem. B*, **109**, 7188–7194 (2005).
4）G. Barkhordarian, T. Klassen and R. Bormann: *Scr. Mater.*, **49**, 213–217 (2003).
5）N. Hanada, T. Ichikawa, S. Hino and H. Fujii: *J. Alloys Compd.*, **420**, 46–49 (2006).
6）S. Kumar, A. Jain, S. Yamaguchi, H. Miyaoka, T. Ichikawa, A. Mukherjee, G.K. Dey and Y. Kojima: *Int. J. Hydrogen Energy*, **42**, 6152–6159 (2017).
7）A. Jain, S. Agarwal, S. Kumar, S. Yamaguchi, H. Miyaoka, Y. Kojima and T. Ichikawa: *J. Mater. Chem. A*, **5**, 15543–15551 (2017).
8）N. Hanada, T. Ichikawa, S. Isobe, T. Nakagawa, K. Tokoyoda, T. Honma, H. Fujii and Y. Kojima: *J. Phys. Chem. C*, **113**, 13450–13455, (2009).
9）A. Zuettel, S. Rentsch, P. Fischer, P. Wenger, P. Sudan, P. Mauron and C. Emmenegger: *J. Alloys Compd.*, **356**, 515–520 (2003).
10）C. Li, P. Peng, D.W. Zhou and L. Wan: *Int. J. Hydrogen Energy*, **36**, 14512–14526 (2011).
11）S. Orimo, Y. Nakamori, G. Kitahara, K. Miwa, N. Ohba, S. Towata and A. Zuettel: *J. Alloys Compd.*, **404–406**, 427–430 (2005).
12）J.J. Vajo, S.L. Skeith and F. Mertens: *J. Phys. Chem. B*, **109**, 3719–3722 (2005).
13）L. Zeng, H. Miyaoka, T. Ichikawa and Y. Kojima: *J. Phys. Chem. C*, **114**, 13132–13135, (2010).
14）M. Matsuo, Y. Nakamori, S. Orimo, H. Maekawa and H. Takamura: *Appl. Phys. Lett.*, **91**, 224103–

1-224103-3 (2007).
15) L. Zeng, K. Kawahito, S. Ikeda, T. Ichikawa, H. Miyaoka and Y. Kojima: *Chem. Commun.*, **51**, 9773-9776 (2015).
16) S. Ikeda, T. Ichikawa, K. Kawahito, K. Hirabayashi, H. Miyaoka and Y. Kojima: *Chem. Commun.*, **49**, 7174-7176 (2013).

第2節　シリコン/カーボンナノ複合体電極材料の開発

大阪大学　**松本　健俊**

1. シリコン/カーボンナノ複合体電極材料の開発の狙い

携帯電子機器の長時間の利用，電気自動車の航続距離の延長や自然エネルギー由来の電力の平滑化などに対応するため，リチウムイオン電池の電極材料を次世代のものに置き換えることが検討されている。シリコンをリチウムイオン電池の負極活物質として用いた場合，理論容量は3,578 mAh/g[1]で，現在，主に使用されている黒鉛の理論容量（372 mAh/g）の約10倍もある。しかし，シリコンは，リチウム挿入時に体積が3～4倍も膨張して[2]剥離しやすく，イオン伝導性[3]や電気伝導率が低い[4]ため，本来の特性を引き出せない。これらの問題は，シリコンナノ粒子の利用によりある程度改善されるが，表面積の増加に伴うクーロン効率の低下や，導電パスの確保のための導電助剤の増量などの新たな問題が生じる。そこで，シリコンとカーボンを単に混合する方法だけでなく，シリコンとカーボンの複合化の研究が行われてきた。本稿では，シリコンとカーボンの複合化技術と，これとともに開発されてきたカーボンおよびシリコン材料について紹介する。

2. シリコンとカーボンの混合

2.1 黒鉛負極へのシリコンの添加

シリコンは，リチウムの挿入・脱離時の大きな体積変化により剥離しやすいため，黒鉛負極に少量のシリコンを添加し，バインダーで結着する方法が検討されている。しかし，シリコンへのリチウム挿入に帰属されるプラトーが始まる電位は～0.2 V vs. Li/Li$^+$，シリコンへのリチウム脱離に帰属されるプラトーが終わる電位は～0.55 V vs. Li/Li$^+$であり[5]，黒鉛のものより高い。つまり，少量のシリコンを添加した黒鉛電極で，十分に放電した後に充電容量を制限して充放電を行う場合，シリコンは常に十分に充放電されることになる。この時，黒鉛間に入ったシリコンが剥離し，導電パスが失われることがあるので注意が必要である。後述するシリコン/カーボン複合体の利用の他に，薄くて安定な固体電解質界面（SEI）の原料となるフルオロエチレンカーボネート（FEC）などの電解液への添加[6]や放電容量制限[5]を行うことなどの対策が提案されている。

2.2 ボールミルによるシリコンと黒鉛の混合

廃シリコンウェハを薬液処理したポーラスシリコンと黒鉛をボールミルで粉砕，分散，混合を同時に行う方法が検討されている[7]。この方法では，シリコンのナノ粒子化による剥離の抑制，シリコンナノ粒子の分散，導電ネットワークの形成およびシリコンの体積変化を吸収する緩衝空間の形成が期待できる（**図１**）。この結果，300サイクル目に～1,200 mAh/gの放電容量を達成している。

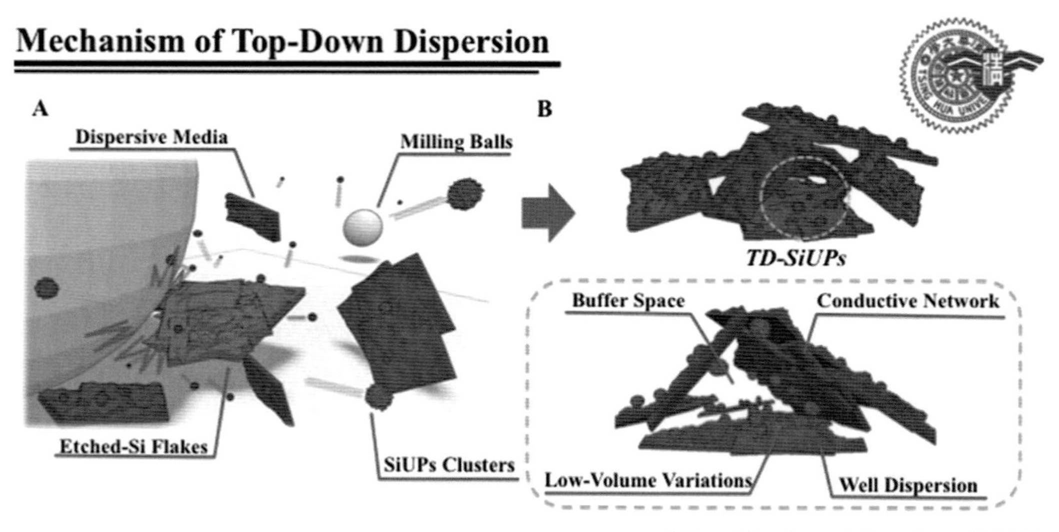

図１　トップダウン（TD）方式での分散プロセス(A)と新規電極構造のイメージ図(B)[7]

2.3　カーボンナノ材料とシリコンの混合

カーボンナノチューブは，丈夫な導電パスとして，また，強い結着力や高い強度を持つバインダーと一緒に使用することによってシリコンの剥離を抑制する材料として期待されている。マイクロポーラスシリコン，カーボンブラックおよびポリアクリル酸にカーボンナノチューブを加えて混錬した負極では，100サイクル目で～2,000 mAh/gの放電容量が報告されている[8]。

カーボンナノチューブより安価なカーボンナノファイバーとシリコンナノ粒子を混合する方法も報告されている。カーボンナノファイバーは，グラフェンが多層に積層して柱状になっている。この方法では，100サイクル目で～800 mAh/gの放電容量を示した[9]。

グラフェンとの混合によるシリコンナノ粒子の内包化についても検討されている。グラフェンは，機械的強度が高く，柔軟性に富むので，リチウムの挿入・脱離に伴うシリコンの体積変化に追随してシリコンを内包化することが期待される。一般的には，Hummer法を用いて黒鉛を酸化してできる酸化グラフェンの分散溶液を利用する[10]。酸化の過程でグラフェンのサイズが小さくなったり，導電性が低下したりするが，導電性は酸化グラフェンの還元によりある程度回復できる。膨張黒鉛をグラフェンやシリコンナノ粒子と混合し，水素中700～1,000℃で酸化グラフェンを還元すると，300サイクル目で～1,400 mAh/g，さらにシランカップリング剤でシリコンと酸化グラフェンを結合させて還元すると，1,100サイクル目で～1,300 mAh/gの放電容量が得られた[11]。

近年，さまざまな形状の炭素材料が発表されつつある。混合するだけでシリコンナノ粒子を内包できるような，低コストの新規炭素材料の開発が望まれる。

3. シリコン表面のカーボンコートによるシリコン/カーボン複合体の作製

3.1 気相中でのシリコン表面のカーボンコート

炭化水素ガス中で加熱することにより，シリコン表面にカーボン層を容易に形成できる[12)13)]。アセチレン中800℃で加熱しアモルファスカーボン層を，メタン中1,000〜1,100℃で加熱したり，さらにCO_2を混合したりすることにより[14)]，結晶性の高いカーボン層も形成できる。

アモルファスカーボン層を有するシリコンナノ粒子は，リチウム挿入時にシリコンの膨張により露出したシリコン表面で隣接するシリコンナノ粒子同士が融着し，シリコンやカーボンの密度が高い部分がネットワーク状になるしわ状構造が形成される（**4.2**参照）[5)6)12)13)]。このネットワーク構造は，導電パスとなるだけでなく，複合体の強度を高め，電極のサイクル特性を向上させると考えられている。シリコンナノフレークをアセチレン中でカーボンコートしたシリコン/カーボン複合体を用いると，充電容量制限をすることにより，800サイクルまで，〜1,200 mAh/gの放電容量を保持することも可能である（**図２**）[13)]。また，結晶性の高いカーボン層を堆積すると，積層されたグラフェンシートがスライドし，体積変化のあるシリコンを常に内包するとのメカニズムも提案されている[14)]。この方法を用いると，100サイクル目の放電容量が〜1,900 mAh/gに達している。

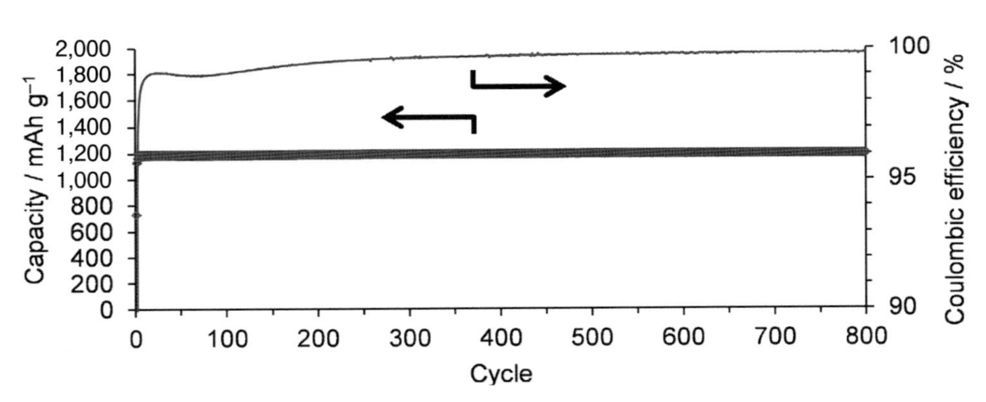

図２　カーボンコートしたシリコンナノフレークを用いた電極のサイクル特性（1,200 mAh/g で充電容量制限）[13)]

3.2 固体高分子化合物を用いたシリコンのカーボンコート

シリコンナノ粒子表面を固体高分子化合物でコートし，不活性ガス中で加熱し，炭化させる方法もある。高分子化合物にはポリアクリロニトリル，ポリビニルアルコール，ポリ塩化ビニル，石油ピッチなど多数が報告されている。例えば，カーボンナノチューブ，シリコンナノ粒子および高分子化合物を混練し，焼成することで作製したシリコン/カーボン複合体では，1,100サイクル目で〜550 mAh/g[15)]や100サイクル目で〜2,000 mAh/g[16)]などの放電容量が得られ，良好なサイクル特性が報告されている。

シリコンナノ粒子をカーボンナノファイバーに内包化する研究も多く行われている。カーボンナノファイバーは，高分子化合物のナノファイバーを不活性ガス中で焼成することにより作製できる。この時，高分子化合物のナノファイバー中にシリコンナノ粒子を混入させることで，シリコン/カーボン複合体となる。一例として，グラフェンとシリコンナノ粒子を混合したカーボンナノファイバーを用い，200 サイクル目で～1,200 mAh/g の放電容量が報告されている[17]。

3.3 緩衝空間の創製

シリコンにリチウムを挿入した際の体積変化を吸収するために，緩衝空間の効果が検討されている。表面を酸化したシリコンナノ粒子表面をカーボンコートし，フッ化水素酸水溶液でシリコン酸化膜を除去することにより，体積を制御した緩衝空間をもつシリコン/カーボン複合体を作製した（**図３**）[18]。この方法では，酸化膜を厚くし，フッ化水素酸水溶液によりエッチングすることにより，緩衝空間を大きくできる。1 サイクル目の放電容量は，理論容量をいずれも大きく下回っている（**表１**）。これは，緩衝空間の体積が，シリコンの体積の増加量よりも小さい時は電極構造が破壊され，逆に大きい時はシリコンの剥離が起こるからと説明されている。構造が変化しにくいカーボン層を用いる場合，サイクル特性の向上には，緩衝空間の体積を精密に制御する必要があることが示唆された。

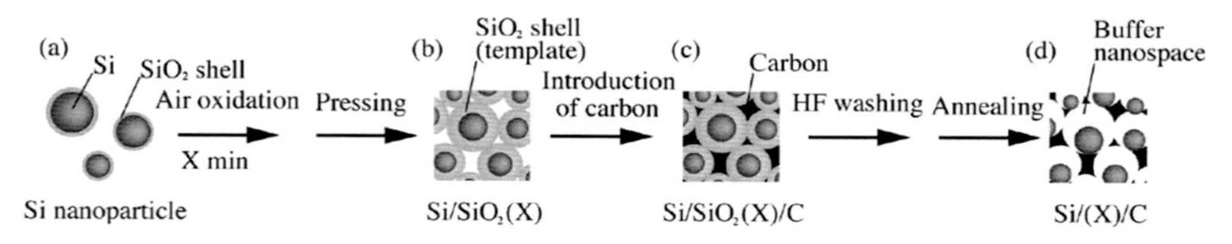

図３　体積を調整した緩衝空間を有するシリコン/カーボン複合体の作製方法[18]

表１　緩衝空間を有するシリコン/カーボン複合体の特性とシリコン酸化膜厚[18]

sample	t_s[a] (nm)	ε[b] (−)	X_{Si}[c] (wt %)	expected capacity[d] (mAh/g)	1st charge capacitance (mAh/g)	1st discharge capacitance (mAh/g)	Coulomb efficiency in the 1st cycle (%)
Si/(O)/C	5	1.6	45	2,010	1,350	790	54
Si/(10)/C	7	2.0	40	1,550	1,320	900	68
Si/(90)/C	11	3.1	24	1,240	1,200	860	72
Si/(200)/C	14	4.1	21	1,140	980	690	70
Si/(300)/C	15	5.0	17	1,000	780	530	68
Si/(400)/C	15	5.1	16	980	700	500	71

Si/(X)/C の X は，900℃での熱酸化時間（min）。[a] シリコン酸化膜の平均膜厚。[b]（シリコン酸化膜＋シリコンナノ粒子）とシリコンナノ粒子の体積比。[c] シリコン含有量。[d] 黒鉛とシリコンの理論容量をそれぞれ 372 および 4,008 mAh/g とした時のシリコン/カーボン複合体の理論容量

4. 新規シリコン材料とカーボンの複合化

4.1 ポーラスカーボンにアモルファスシリコンを堆積した高容量負極の創製[19]

～2,000℃での加熱により形成した枝分かれのあるポーラスカーボン表面に，化学気相堆積（CVD）法を用いてアモルファスシリコンナノ粒子を堆積させた。次に，CVD法でカーボンによりこの表面をコートしながら凝集させたシリコン/カーボン複合体を作製した（**図4**）。この複合体を用いた電極の放電容量は，100サイクル目で1,590 mAh/gと高い値を示した（**図5**）。

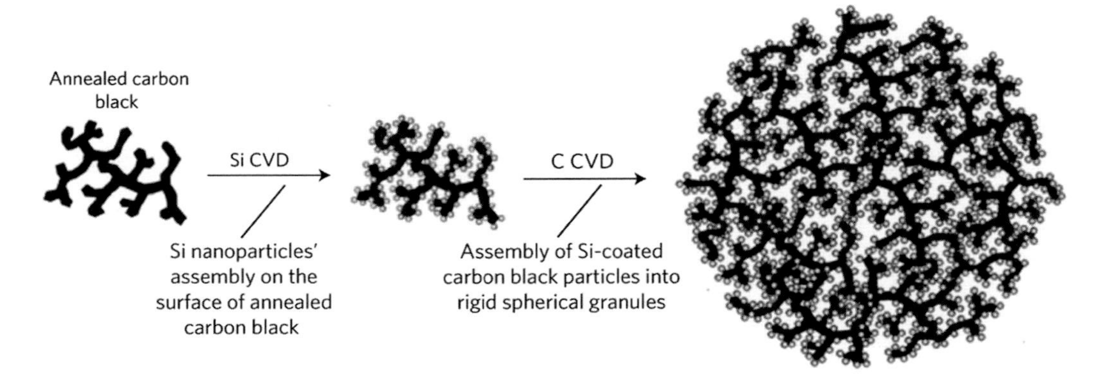

©Springer Nature（2010）

図4　加熱したカーボンブラックにシリコンナノ粒子をCVD法で担持したシリコン/カーボン複合体[19]

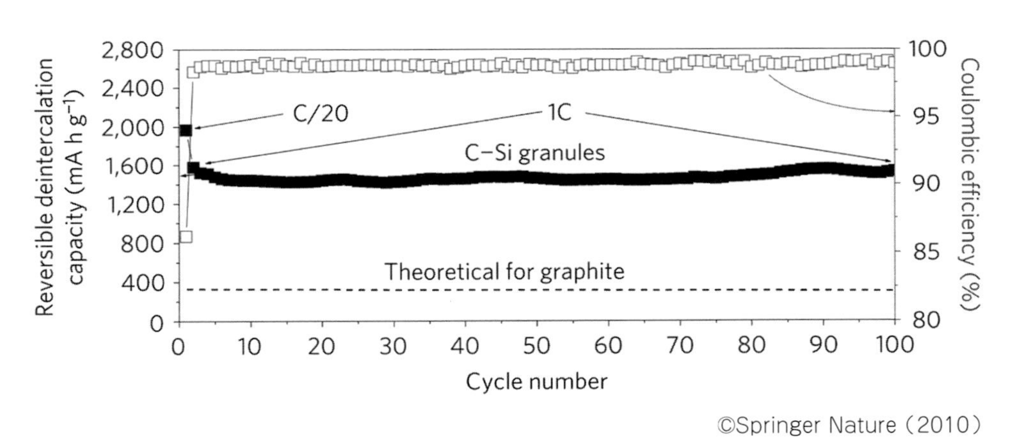

©Springer Nature（2010）

図5　図4の活物質を用いた電極の放電容量とクーロン効率[19]

4.2 シリコン切粉を用いた低コスト高容量負極の創製[6]

シリコンナノ材料は高価なものが多く，リチウムイオン電池のシリコン負極の実用化の障壁の一つになっていた。一方，シリコン切粉は，シリコンインゴットからシリコンウェハをスライスして作製する際に発生する産業廃棄物であり，この利用法の一つとしてリチウムイオン電池のシリコン負極が検討されている。シリコン切粉は，世界で年間約10万トンも生じ，リチウムイオン電池への利用には十分な量を確保できる。シリコンインゴットのスライス方法も，SiC 砥粒をクーラントに混ぜる遊離砥粒法から，近年，ダイヤモンドが電着されたワイヤーソーを用いる固定砥粒法に変わりつつあり，砥粒をシリコン切粉から分離する必要がなくなった。クーラントも，グリコールベースから水ベースに代わり，シリコン切粉の洗浄工程も簡便になった。このため，シリコン切粉のシリコン負極への応用の障壁は，極めて低くなった。

シリコン切粉を走査電子顕微鏡（TEM）で観察すると，約 1 μm と数百 nm のおおまかに二種類のサイズのフレークが積層していた。また，シリコン切粉を直径 0.5 mm のビーズで粉砕すると，透過型電子顕微鏡像では 200～700 nm のサイズのフレークが観察され，電子線回折像からフレークは単結晶であることが分かった（**図 6**(a)）。大きなシリコンナノフレーク上には～10 nm のサイズのシリコンナノフレーク（図 6(b)）が多数積層していた。

このシリコンナノフレークを水素中で加熱後，エチレン中でカーボンコートした。C/Si の比が 0.1（図 6(c)）および 0.21（図 6(d)）の時は，それぞれ，1.5～2 nm と～4 nm の厚さの均一なアモルファスカーボン層が堆積された。一方，C/Si の比が 0.37（図 6(e)）の時は，カーボン層の膜厚が 50～90 nm に大きく増加し，不均一であったことから，カーボンコート中にシリコンナノフレークが凝集し，表面積が減少し，カーボン層の膜厚が急増したものと考えられる。

このシリコンナノフレーク/カーボン複合体を活物質に用いて電極を形成した。対極を Li 箔と

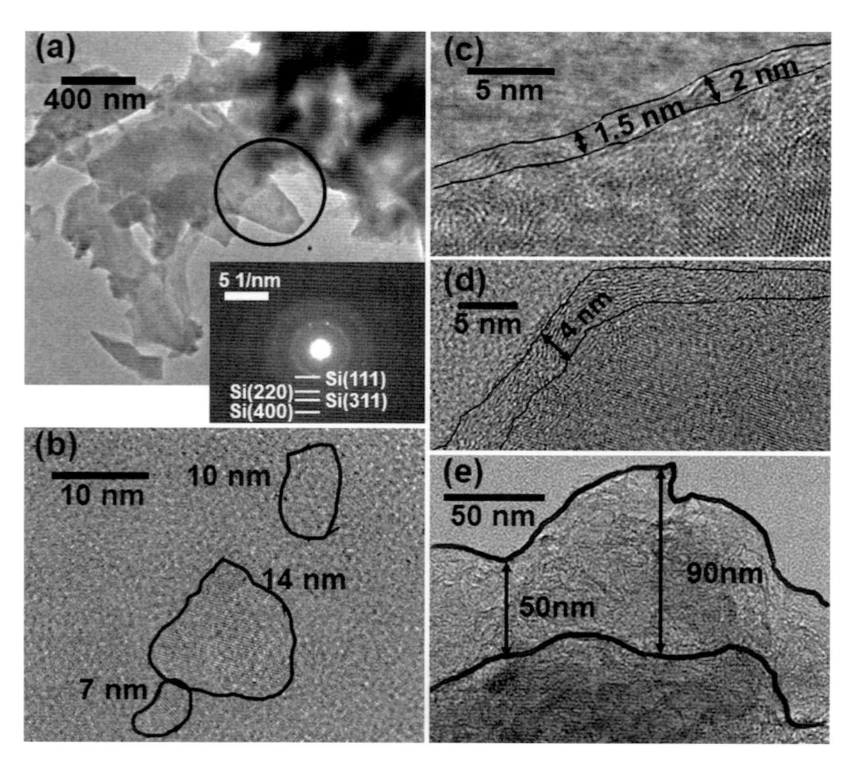

©Elsevier (2017)

図 6　C/Si 比 0.1 (a)，0.21 (b)および 0.37 (c)のシリコン負極の 100 サイクル後の TEM 像[6]

し，10% FEC を添加した 1M $LiPF_6$ のエチレンカーボネート（EC）：ジエチレンカーボネート（DEC）＝1：1 の電解液中で 100 サイクル充電放電した時の電極の TEM 像（**図７**）とサイクル特性（**図８**）を示す。TEM 像では，いずれの場合もリチウムの挿入・脱離を繰り返したときに形成されるしわ状構造が生成しているが，C/Si＝0.37 の時のみ剥離した結晶シリコンナノ粒子も観察された。これは，シリコンナノ粒子が，カーボンコート中に凝集したため，表面部分のみがリチウムの挿入に伴い膨張し，応力のかかった一部のシリコンが剥離したためと考えられる。サイクル特性では，カーボンコートをしない時に，初期より理論容量を大きく下回る放電容量を示した。一方，シリコンナノフレークを C/Si＝0.1 ～0.21 の比でカーボンコートすることにより，100 サイクル目でも～1,500 mAh/g の良好な放電容量を示した（図 8）。しかし，C/Si の比を 0.37 まで増やすと，100 サイクル目の放電容量が～1,200 mAh/g まで低下した。これは，図7(e)で見られたように，シリコンナノ粒子が，カーボンコート中に凝集したため，表面部分のみがリチウムの挿入に伴い膨張し，応力のかかった一部のシリコンが剥離したためと考えられる。そのため，初期サイクルから C/Si＝0.1～0.21 の時に比較して～300 mAh/g 放

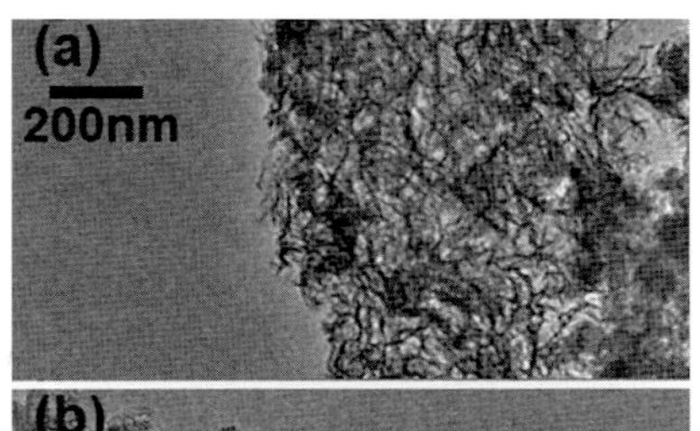

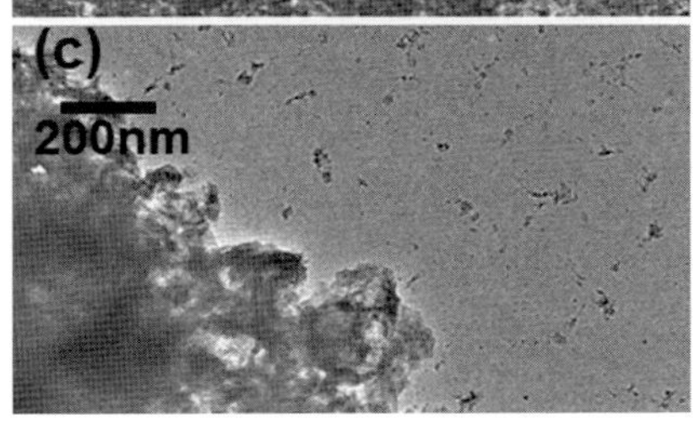

図７　シリコンナノフレークの TEM 像と円内の電子線回折像(a)，高分解能像(b)と C/Si 比 0.1 (c)，0.21 (d)および 0.37 (e)でカーボンコートしたときの TEM 像[6)]

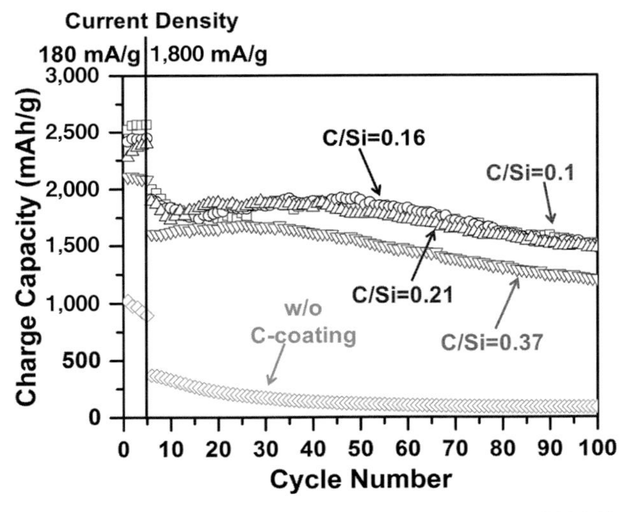

図８　シリコンナノフレーク/カーボン複合体を用いた電極のサイクル特性[6)]

電容量が小さかったものと考えられる。したがって，サイクル特性を向上させるためには，カーボンコート中のシリコンナノ粒子の凝集を抑制することが重要である。

5. おわりに

パリ協定の遵守や2050年までの自動車のゼロエミッション化などの政策が各国で揚げられ，今後，エネルギー・環境問題に対応するため，全世界で蓄電池技術の大きな変革が求められる。そのためには，低コストで環境負荷の小さい材料・プロセスを用いて製造する，高容量で長寿命のリチウムイオン電池の電極を研究・開発する必要がある。不純物をほとんど含まないシリコン切粉の利用にも目処が立ち，シリコン/カーボン複合材料は，この一助になると考えられる。シリコンの体積変化に追随し，導電パスを形成し，シリコンの剥離を抑制し，剥離したシリコンを再度接触させるようなカーボンによる新規内包化技術の出現に期待したい。

文　献

1) T. D. Hatchard and J. R. Dahn: J. *Electrochem. Soc.*, **151**, A838 (2004).
2) C.-Y. Chen et al.: *Sci. Rep.*, **6**, 36153 (2016).
3) G. A. Tritsaris, K. Zhao, O. U. Okeke and E. Kaxiras: *J. Phy. Chem. C.*, **116**, 22212 (2012).
4) D. He, F. Bai, L. Li, L. Shen, H. H. Kung and N. Bao: *Electrochim. Acta.*, **169**, 409 (2015).
5) K. Kimura, T. Matsumoto, H. Nishihara, T. Kasukabe, T. Kyotani and H. Kobayashi: *J. Electrochem. Soc.*, **164**, A995 (2017).
6) T. Matsumoto, K. Kimura, H. Nishihara, T. Kasukabe, T. Kyotani and H. Kobayashi: *J. Alloys Compd.*, **720**, 529 (2017).
7) Y.-H Huang, C.-T. Chang, Q. Bao, J.-G. Duh and Y.-L Chueh: *J. Mater. Chem. A*, **3**, 16998 (2015).
8) M.-J. Choi, Y. Xiao, J.-Y. Hwang, I. Belharouak and Y.-K. Sun: *J. Power Sources.*, **348**, 302 (2017).
9) J.-B. Koo, B.-Y. Jang, S.-S. Kim, K.-S. Han, D.-H. Jung and S.-H. Yoon: *Jpn. J. Appl. Phys.*, **54**, 085001 (2015).
10) C. K. Chua and M. Pumera: *Chem. Soc. Rev.*, **43**, 291 (2014).
11) Y. Miroshnikov, G. Grinbom, G. Gershinsky, G. D. Nessim and D. Zitoun: *Faraday Discuss.*, **173**, 391 (2014).
12) S. Iwamura, H. Nishihara and T. Kyotani: *J. Power Srources*, **222**, 400 (2013).
13) T. Kasukabe, H. Nishihara, K. Kimura, T. Matsumoto, H. Kobayashi and T. Kyotani: *Sci. Rep.*, **7**, 42734 (2017).
14) I.-H. Son, J.-H. Park, S. Kwon, J.-W. Choi and M. H. Rümmeli: *Small*, **12**, 658 (2016).
15) L. Xue, G. Xu, Y. Li, K. Fu, Q. Shi and X. Zhang: *Appl. Mater. Interfaces*, **5**, 21 (2012).
16) J. Wang et al.: *Silicon*, **9**, 97 (2017).
17) L. Fei, B. P. Williams, S. H. Yoo, J. Kim, G. Shoorideh and Y. L. Joo: *Appl. Mater. Interfaces*, **8**, 5243 (2016).
18) S. Iwamura, H. Nishihara and T. Kyotani: *J. Phys. Chem. C*, **116**, 6004 (2012).
19) A. Magasinski, P. Dixon, B. Hertzberg, A. Kvit, J. Ayala and G. Yushin: *Nature Mater.*, **9**, 353 (2010).

第3節　シリコン系負極の開発とイオン液体の適用

鳥取大学　道見　康弘　　鳥取大学　薄井　洋行　　鳥取大学　坂口　裕樹

1. はじめに

シリコン（Si）は現行の黒鉛負極と比較して約10倍もの高い理論容量（3,580 mA h g^{-1}）を有することから，次世代リチウム二次電池（LIB）の負極活物質として大変魅力的である。しかしながら，Siは充放電反応に伴い体積が大きく変化し応力が発生し，それにより生じるひずみが蓄積することでSi活物質層が崩壊し乏しいサイクル寿命しか示さない。これに加えてSiは電子伝導性およびLi^+拡散能に乏しいといった欠点も抱えている[1]。このような問題を解決するためのアプローチとして，Siの欠点を補う物質とSiとのコンポジット化およびSiへの不純物ドープによるSiそのものの特性の改善などが有効であることを我々は示してきた[2)-13]。他方，高容量Si負極を用いることにより電池のエネルギー密度が高くなると危険性が増すため，安全性への配慮が一層必要となる。これに対して当グループでは，難燃性かつ電気化学的安定性の高いイオン液体電解液の可能性を検討してきた。その結果，ある種のイオン液体電解液をSi電極に適用することにより，有機電解液と比較して優れたLIB負極特性が得られることを明らかにしてきた[14)-17]。本稿ではSi単独電極に対してイオン液体のカチオンおよびアニオンの最適化を行った結果について概説する。また，その最適化されたイオン液体電解液をこれまでに我々が開発してきたSi系コンポジット電極に使用した結果も併せて紹介する。

2. イオン液体電解液のカチオンの最適化

Si電極へのLi吸蔵（充電）は（1）電解液中のLi^+移動，（2）Li^+の脱溶媒和および固体電解質界面（Solid electrolyte interphase, SEI）あるいは電気二重層中のLi^+移動，（3）Si表面とLiとの合金化，（4）Si中のLi拡散，と段階的に進行する。その中でLi^+の脱溶媒和過程が律速過程である[18]。イオン液体電解液中ではLi^+とアニオンとの静電相互作用によりLi^+の脱溶媒和が有機電解液中と比較して起こりにくくなると考えられる。そのため，一般にイオン液体電解液中における充放電容量は有機電解液中におけるそれと比較して低い。イオン液体のカチオンにはイミダゾリウム系，ピロリジニウム系，ピペリジニウム系などがあるが，これらの中でピペリジニウム系イオン液体電解液中においてSi系電極が優れた性能を示すことが報告されている[14)19]。本研究では，イオン液体電解液中における充放電容量の向上を目的として1-((2-メトキシエトキシ）メチル)-1-メチルピペリジニウム（1-((2-methoxyethoxy）methyl)-1-methylpiperidinium, PP1MEM）を選択した（**図1**）。このイオン液体では1-ヘキシル-1-メチルピペリジニウ

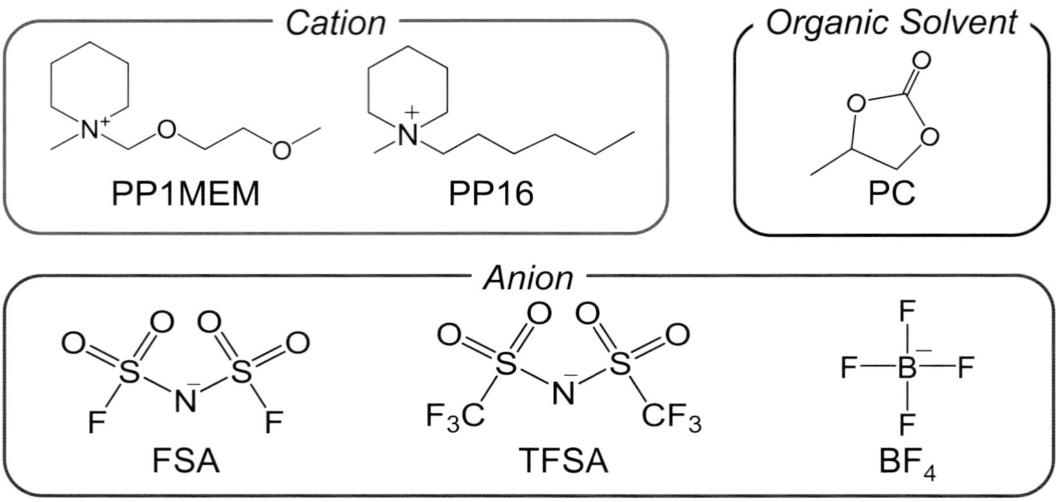

Cation
PP1MEM　PP16
Organic Solvent
PC
Anion
FSA　TFSA　BF_4

図１　本稿で使用したイオン液体のカチオンおよびアニオンの構造（比較として使用した有機溶媒の構造も示す）

ム（1-hexyl-1-methylpiperidinium，PP16）のアルキル側鎖に電子供与性のエーテル基を導入しているが，これにより Li^+ とアニオンとの静電相互作用が弱まることが期待される。すなわちイオン液体のアニオンからの Li^+ の脱溶媒和が進行しやすくなり，充放電容量が増大することが期待できる。なお，ここではイオン液体のアニオンはビス（トリフルオロメタンスルフォニル）アミド（bis（trifluoromethanesulfonyl）amide，TFSA）に固定して実験を行った（アニオンの最適化は次項参照）。

図２(a)は種々の電解液中における Si 単独電極の初回充放電曲線を示す。電解液の種類に依らず，充電側 0.1 V および放電側 0.4 V 付近にそれぞれ Si と Li との合金化および脱合金化に由来した電位プラトーが確認できた。プロピレンカーボネート（propylene carbonate，PC）系有機電解液中における放電容量は約 3,100 mA h g^{-1} と高かったが，PP16-TFSA イオン液体電解液中のそれは約 1,800 mA h g^{-1} であった。イオン液体電解液中における Si の低い利用率は，電極-電解質界面における Li^+ 移動が遅いためであると考えられる[19,20]。TFSA 系電解液中において１つの Li^+ は４つの酸素原子を介して２つの TFSA アニオンに配位されていることから，Li^+-TFSA アニオン間の強い静電相互作用が Si への Li 吸蔵を妨げ充放電容量の低下を招くと推察される。他方，イオン液体のカチオンを PP16 から PP1MEM に変えると，アニオンが同じ TFSA であるにも関わらず放電容量は約 2,700 mA h g^{-1} と PP16 系電解液と比較して 900 mA h g^{-1} も増大した。したがって，イオン液体電解液のカチオン構造が Si 電極の負極特性に影響をおよぼすことが明らかとなった。図２(b)は種々の電解液中における Si 単独電極のサイクル性能とクーロン効率の推移を示す。PC 系有機電解液の場合，初期容量こそ 3,000 mA h g^{-1} 以上と高いものの 100 サイクルまでにそのほとんどが失われてしまった．また，クーロン効率は 10 サイクルにおいてほぼ 100％に達したが，35 サイクル付近において 92％まで減少した。これは，充放電反応の繰り返しにより Si 活物質層が崩壊し電解液に曝された新生面において電解液の還元分解が

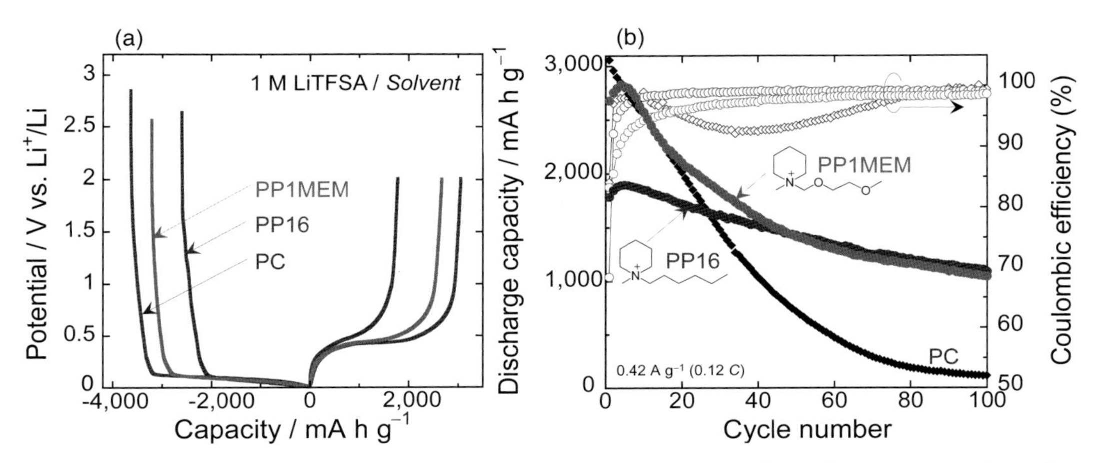

(Reprinted with permission from *J. Electrochem. Soc.*, 161, A1765 (2014). Copyright 2014, The Electrochemical Society.)

図２　種々の電解液中におけるSi単独電極の(a)初回充放電曲線，(b)サイクル性能[15]

進行したためである。これに加えて，活物質層の崩壊が急激な容量衰退を招いたと考えられる。他方，PP16系およびPP1MEM系イオン液体電解液中では100サイクル後に1,000 mA h g^{-1}を維持する優れたサイクル性能を達成した。クーロン効率に有機電解液中のような減少は見られず，サイクル経過とともに徐々に向上した。したがって，イオン液体電解液中ではSi活物質層の崩壊は抑制されているものと推察される。

図３は２種類のイオン液体（PP16–TFSAとPP1MEM–TFSA）およびこれらにLi塩を溶解させたイオン液体電解液のラマンスペクトルを示す。イオン液体単独のラマンスペクトルにおいて観測された742 cm^{-1}付近のピークはS–N伸縮振動を伴うCF_3の変角振動に帰属され，Li^+に溶媒和していないフリーのTFSAアニオンに由来するものである[21)–23)]。他方，イオン液体電解液の場合は上述のピークに加えて748 cm^{-1}付近にショルダーが観測された。これはLi^+と溶媒和したTFSAアニオンに由来するものである[24)]。イオン液体電解液のピークをデコンボリューション（ピーク分離）したところ，PP1MEM系のLi^+に溶媒和したTFSA由来のピークはPP16系と比較して小さいことがわかった。また，Li^+に対するTFSAアニオンの溶媒和数は前者で1.56，後者で2.40であった。以上の結果から，PP16カチオンのアルキル側鎖にエーテル基を導入したPP1MEM系電解液中ではLi^+–TFSAアニオン間の相互作用が弱まり，Si負極–電解質界面におけるLi^+移動がスムーズになり，その結果として初期容量が増大したと推察した。

電解液の違いがサイクル性能におよぼす影響を明らかにするために，PC系有機電解液中およびPP1MEM系イオン液体電解液中において充放電試験を行った後のSi単独電極表面のラマン分光測定を行った(**図４**)。充放電試験前後のスペクトルにおいて観測される520および490 cm^{-1}付近のピークはそれぞれ結晶質Si（*c*–Si）および非晶質Si（*a*–Si）に由来するピークである[15)]。また，500 cm^{-1}付近において見られるピークは一部において結晶性を失った微結晶Siに由来する[25)]。図４の結果からSiがLiと合金化・脱合金化することにより，Siの結晶性が一部あるいは完全に失われアモルファス化することが確かめられた。**図５**は電極表面7 μm四方における520

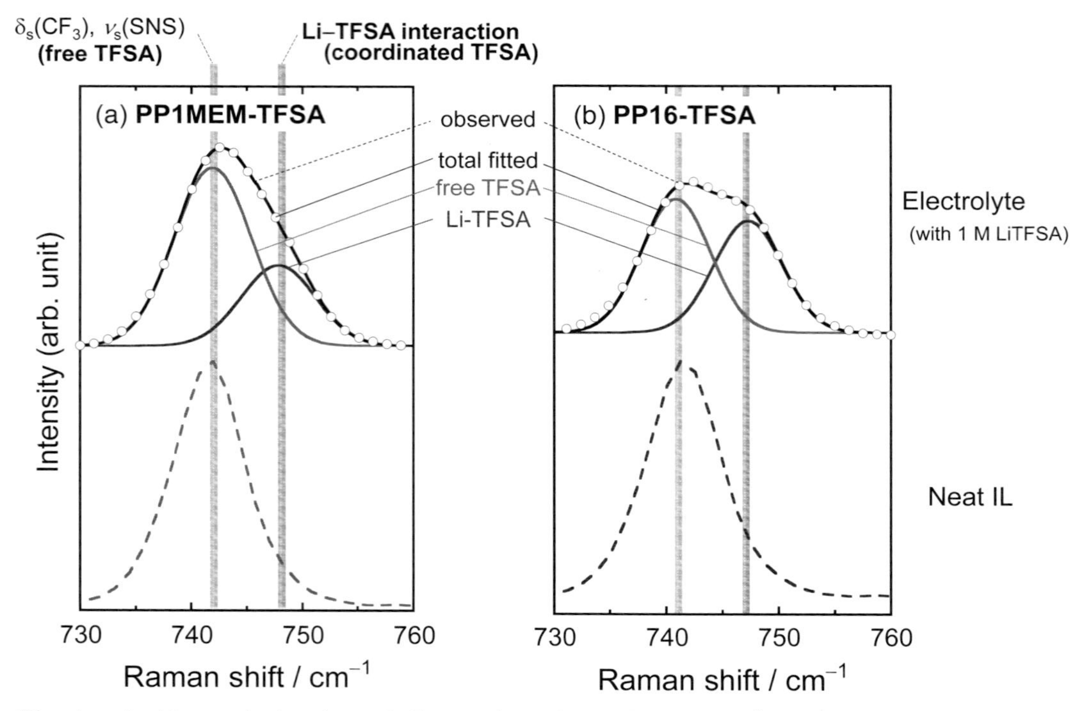

(Reprinted with permission from *J. Electrochem. Soc.*, 161, A1765 (2014). Copyright 2014, The Electrochemical Society)

図３　(a) PP1MEM–TFSA および(b) PP16–TFSA イオン液体電解液のラマンスペクトル[15]

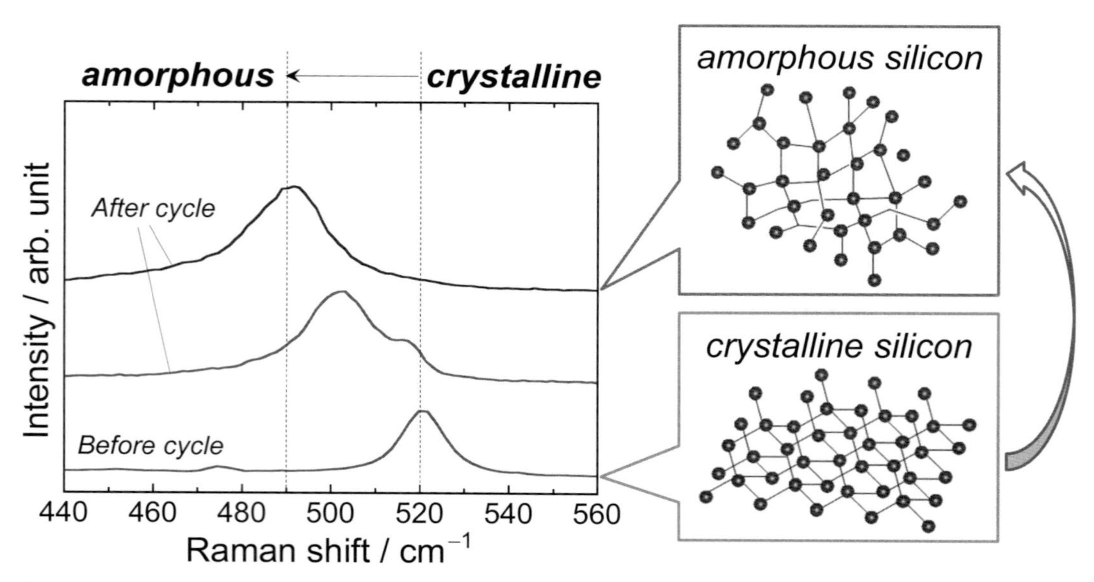

(Reprinted with permission from *J. Phys. Chem. C*, 119, 2975 (2015). Copyright 2015, American Chemical Society)

図４　充放電前後における Si 単独電極のラマンスペクトル[16]

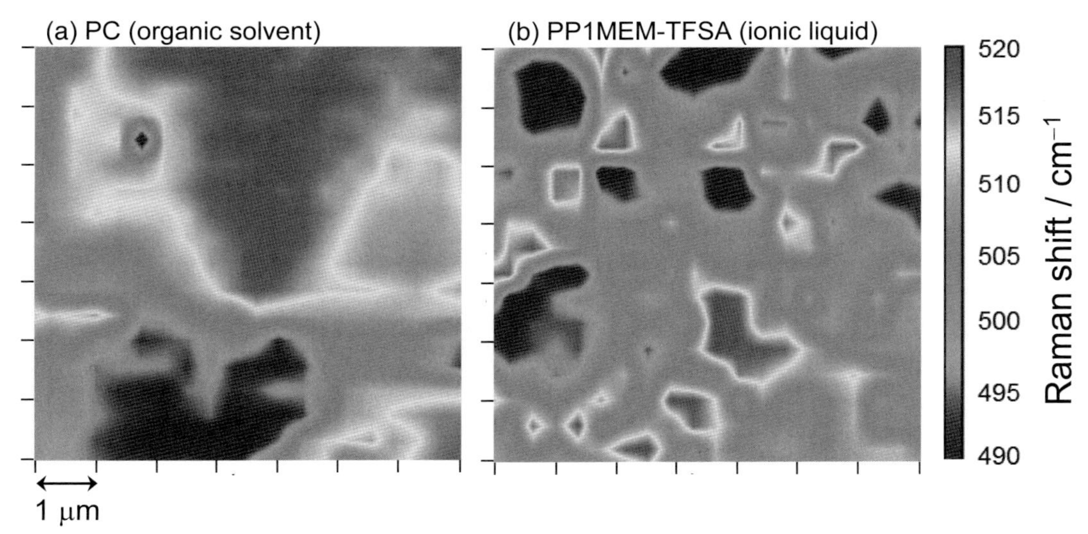

※口絵参照

(Reprinted with permission from *J. Phys. Chem. C*, 119, 2975 (2015). Copyright 2015, American Chemical Society)

図５　(a) PC 系有機電解液および (b) PP1MEM 系イオン液体電解液中において充放電させた後の Si 単独電極表面のラマンイメージ[16)]

～490 cm^{-1} のラマンピークの強度分布を示す。赤い箇所は *c*-Si すなわち Li と未反応の Si を表しており，それ以外の色で示された箇所は Li と反応した Si を表している。PC 系有機電解液の場合，*c*-Si が偏在していることから Si への Li 吸蔵が均一に起こらなかったことが示された。初期サイクルの充電過程において電解液は負極表面で還元分解され，SEI と呼ばれる表面被膜が形成される。有機電解液中では，この被膜の膜厚が不均質であるため Li は薄い箇所から優先的に Si に吸蔵されると考えられる。このため，活物質層内部において局所的に大きな体積変化が起こり電極崩壊，さらには急激な容量衰退を招いたと推察される。他方，PP1MEM 系イオン液体電解液中では *a*-Si が均一に分布していた。これは Si への Li 吸蔵が電極表面で一様に進行したことを示している。このため，充放電反応に伴い発生するひずみは局部的に蓄積されておらず電極崩壊が抑制され，その結果として優れたサイクル性能が得られたと考えられる（図２(b)）。以上の結果から，PP1MEM は Si 電極の高容量を引き出すための最適なカチオンの１つであると結論した。

3. イオン液体電解液のアニオンの最適化

イオン液体のアニオンは電解液中における Li^+ の溶媒和構造に影響を与えるだけでなく，イオン伝導性や粘度などの特性を決定付ける重要なファクターである[26)]。そこで，カチオンを PP1MEM に固定し，アニオンを TFSA，ビス（フルオロスルフォニル）アミド（bis (fluorosulfonyl) amide, FSA），BF_4（各構造は図１参照）と変化させて電極–電解質界面のさらなる最適化を図った。**図６**は異なるアニオン構造を有するイオン液体電解液中におけるSi単独電極のサイクル性能とクーロン効率の推移を示す。比較として有機電解液中の結果も示す。BF_4系イオン液体電解液中における初期容量は800 mA h g^{-1}以下と４種類の電解液の中で最も低く，クーロン効率も最大で70%と乏しい性能しか示さなかった。クーロン効率が低い値で推移していることから，形成された被膜の電子伝導性が比較的高く電解液の還元分解が継続的に進行したと考えられる。他方，TFSA系およびFSA系イオン液体電解液中の場合，有機電解液に匹敵するほどの高い初期容量が得られた。また，100サイクル後においてそれぞれ1,100および2,000 mA h g^{-1}という高い可逆容量が得られた。

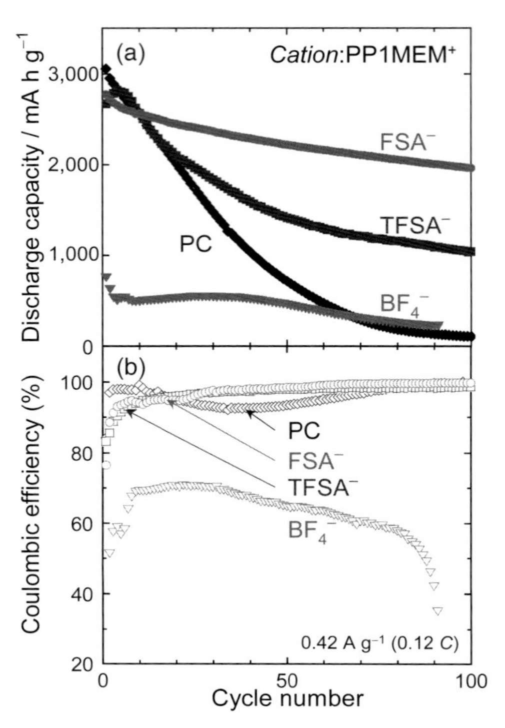

図６　異なるアニオン構造を有するイオン液体電解液中におけるSi単独電極の(a)サイクル性能と(b)クーロン効率の推移

図７はFSA系およびTFSA系イオン液体電解液中におけるSi単独電極の高速充放電性能を示す。比較としてPC系有機電解液の結果も併せて示す。2.4*C*以上の高レート下ではPC系有機電解液中において最も高い可逆容量が得られ，FSA系およびTFSA系イオン液体電解液の順に容量が低下した。充電反応ではLi^+はSiに吸蔵され

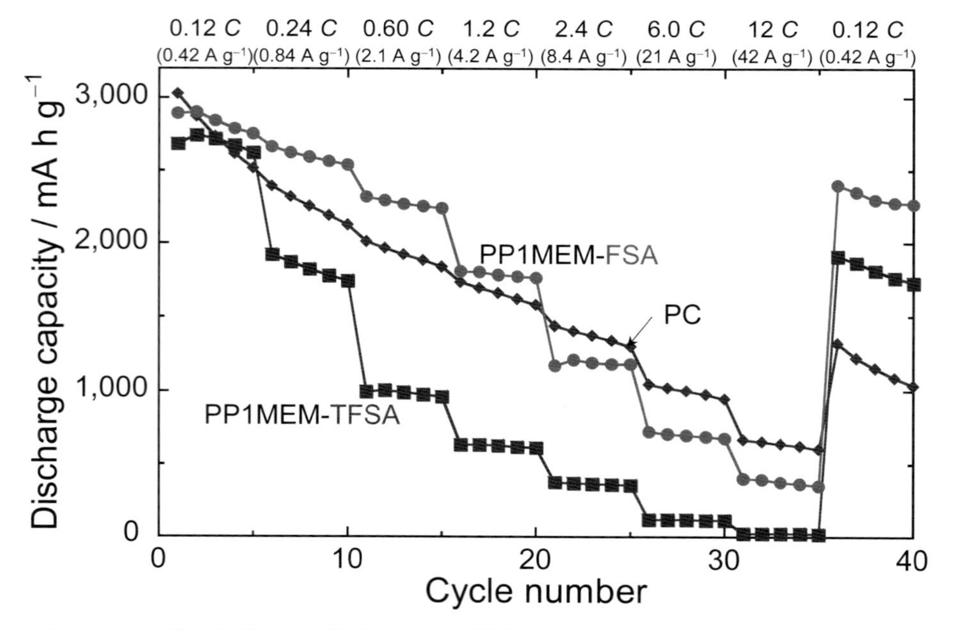

図７　FSA系およびTFSA系イオン液体電解液中におけるSi単独電極のレート性能

電極近傍のLi^+濃度が低下し濃度勾配が生じる。これを解消するため電解液バルクから電極近傍へとLi^+が拡散してくる。高レート条件下では単位時間あたりのLi^+吸蔵量が多く，濃度勾配が大きくなるため物質移動律速となる。各種電解液のイオン伝導率を**表１**に示す。イオン伝導率の高い電解液中の方が高速充放電性能に優れていたことから，PC 系電解液中ではバルクから電極近傍へのLi^+拡散が最も早く進行したと考えられる。他方，36 サイクル後にレートを初期値に戻すと有機電解液中では初期容量の 40％までしか回復しなかったが，イオン液体電解液中では 70％以上まで回復した。したがって，有機電解液中においては Si 単独電極の崩壊が起きたのに対して，イオン液体電解液中では電極崩壊が進行しなかったと考えられる。

PP1MEM-FSA 系イオン液体電解液中において Si 単独電極が最も優れた性能を示した理由を明らかにするために，充放電反応後の Si 活物質層の体積膨張の様子，被膜の成分および活物質層内部の Li 分布を調べた。**図８**は走査型電子顕微鏡（Scanning electron microscope，SEM）による 10 サイクル後の Li 吸蔵状態における Si 単独電極の断面観察の結果である（×印については後述）。充放電試験前の Si 活物質層の厚さは約 2 μm であったことから[9,16]，電解液に依らず 10 サイクル後には Si 層が膨張することが明らかとなった。PC 系有機電解液の場合，その厚みは 4.7～12.9 μm と不均一であったのに対し，PP1MEM-FSA 系イオン液体電解液では 5.6 ± 1.2 μm と比較的均一であった。また，Si 活物質層内部には空隙が数多く存在し多孔質になっている様子が確認できた。この断面に対してエネルギー分散型 X 線分光（Energy dispersive X-ray spectroscopy，EDS）を施して算出した各元素の原子分率を**表２**に示す。PC 系電解液中では C および O が多く検出されたのに対して，F，N，および S の割合は少なかったことから，被

表１　種々の電解液のイオン伝導率

Electrolyte		Conductivity/mS cm^{-1}
Li-salt	Solvent	
LiFSA	PP1MEM-FSA	2.06
LiTFSA	PP1MEM-TFSA	0.66
LiTFSA	PC	5.51

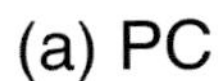

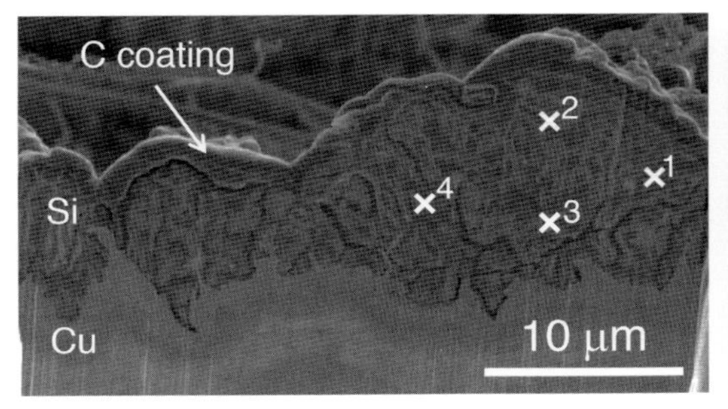

(b) PP1MEM-FSA

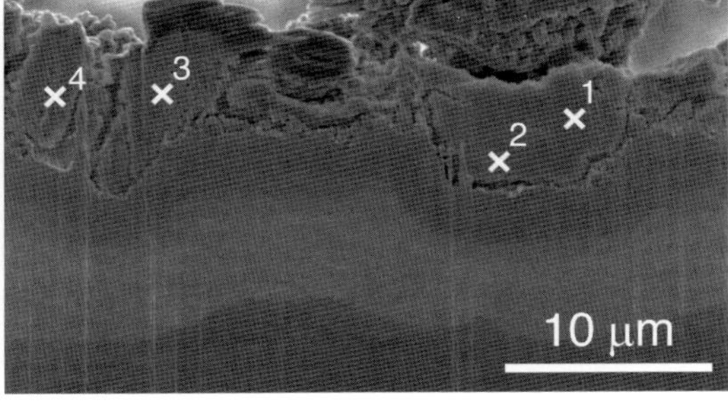

図８　(a) PC 系有機電解液中および(b) PP1MEM-FSA 系イオン液体電解液中における 10 サイクル後の Li 吸蔵状態の断面 SEM 像

膜の主成分は溶媒であるPCの分解生成物でありLi塩であるLiTFSAはほとんど分解されないことが明らかとなった。他方，PP1MEM-FSA系イオン液体電解液の場合，F，N，およびSが比較的多く検出されたことからFSAアニオンが分解され被膜が形成されると考えられる[17]。FSAアニオンが還元分解される際，S-F結合が優先的に切断された後にF^-が放出されLiFが早い段階で形成されることが分子動力学シミュレーションに基づき報告されている[27]。LiFは被膜の構造安定性に寄与することから，FSAアニオン由来の被膜が良好なサイクル安定性に寄与したと考えられる。

次に軟X線発光分光法（Soft X-ray emission spectroscopy，SXES）によりSi活物質層断面におけるLi分布を調べた。EDSなど他の方法では軽元素であるLiの検出は極めて難しいが，この手法はSEM像を用いて位置を確認しながらLiを検出できることから大変有益な分析法である。図8中の×印で示した各箇所において得られたSXESスペクトルを**図9**に示す。PC系有機電解液の場合，測定点1, 2においてはLiが検出（0.054 KeV付近にピークが出現）されたものの，測定点3, 4では観測されなかった。この結果はSi活物質層へのLi吸蔵反応が不均一であったことを示している。Li吸蔵反応が局所的に起こることにより活物質層の特定の領域のみが膨張し応力が発生する。その結果として生じたひずみが局所に集中して蓄積され活物質層の崩壊を招い

表2　EDSから算出した各元素の原子分率

	PC					PP1MEM-FSA				
	C	N	O	F	S	C	N	O	F	S
1st cycle	49.2	0.6	45.9	3.5	0.8	47.0	2.4	35.8	10.5	4.3
5th cycle	40.0	0.0	56.2	3.1	0.7	50.0	2.3	33.1	11.0	3.6
10th cycle	41.7	0.4	53.1	4.0	0.8	31.6	4.2	34.0	22.8	7.4
20th cycle	35.6	0.2	59.1	3.7	1.4	31.7	2.0	52.2	9.2	4.9

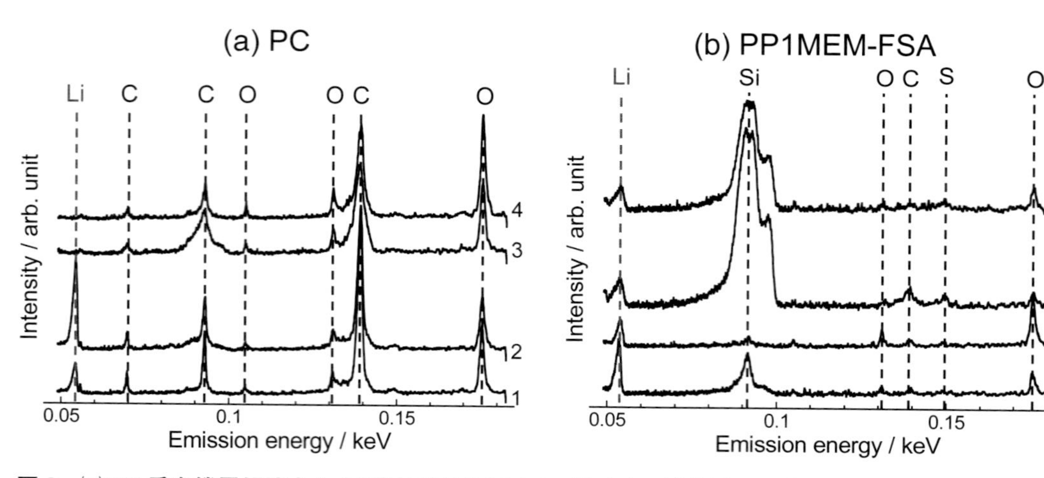

図9　(a) PC系有機電解液中および(b) PP1MEM-FSA系イオン液体電解液中における10サイクル後のLi吸蔵状態のSXESスペクトル

たと考えられる。他方，PP1MEM-FSA 系電解液中ではすべての測定点において Li が検出されたことから，Si 層への Li 吸蔵反応が比較的均一に進行することがわかった。以上の結果から，PP1MEM-FSA 系イオン液体電解液中において Si 単独電極が優れた性能を示したのは，構造安定性に優れた LiF が被膜に含まれていること，かつ Si への Li 吸蔵–放出反応が均一に起こるため活物質層全体にわたり応力が分散し電極崩壊が抑制されること，の２点に起因していると推察される。

図 10 は種々の電解液中で放電容量を 1,000 mA h g^{-1} に規制して行った Si 単独電極のサイクル性能を示す。容量規制により充放電反応に伴う Si の過度な体積変化を抑制し活物質層の崩壊を防ぐことが可能である。PC 系有機電解液中では 200 サイクル程で容量が衰退したのに対して，TFSA 系イオン液体電解液中では 800 サイクルまで容量を維持し 4 倍も寿命が向上した。さらに，FSA 系イオン液体電解液中では 3,000 サイクル（2 年以上）を超えても依然として 1,000 mA h g^{-1} の容量を維持する長寿命性を示した。現行の LIB 黒鉛負極の約 3 倍もの容量を長期サイクルにわたり維持していることから，PP1MEM-FSA 系イオン液体電解液は Si 単独電極の高容量の魅力を最大限に引き出す電解液の１つである。

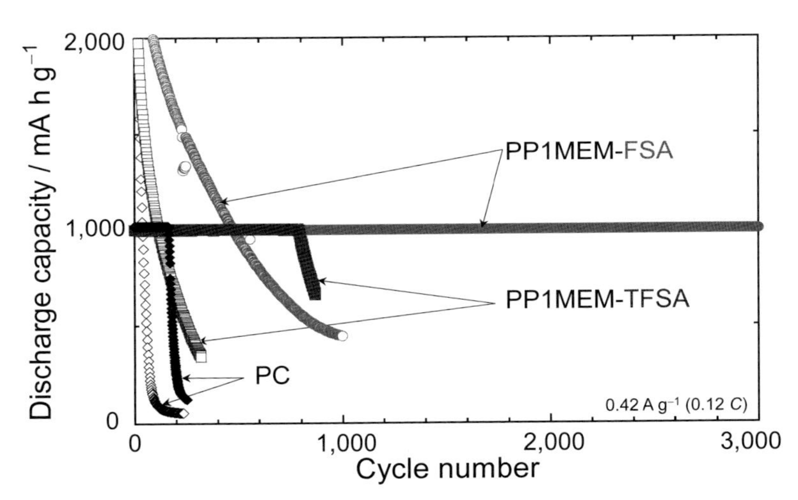

図 10　放電容量を 1000 mA h g^{-1} で規制して充放電試験を行った場合の Si 単独電極のサイクル安定性

4. コンポジット電極へのイオン液体電解液の適応性

これまでに当グループでは Si の欠点を補う物質と Si とをコンポジット化させた電極を作製し，その LIB 負極特性を評価してきた。その一例として，Si 表面をエッチング処理した後に無電解析出法により Ni–P 化合物を被覆させ，さらに熱処理を施した Ni–P/Si 電極の負極特性が優れていることを報告してきた（Ni–P/Si 粉末：㈱日立金属ネオマテリアル提供）[28)29)]。これは被覆層中に含まれる Ni_3P が適度な Li 反応性を有すること，および靭性を有する Ni と硬い Ni_3P が混在することにより被覆層ひいては活物質層全体の機械的性質が改善されたためと考えられる。また，エッチング処理による表面酸化層の除去とアンカー効果に加えて，熱処理により形成されたNiシリサイド相が被覆層とSi粒子との密着性を向上させたことも優れた負極特性の一因である。

そこで，この電極に対して上述のSi単独電極に対して最適化させたPP1MEM-FSA電解液を適用させてみた。**図11**はPP1MEM-FSA電解液中におけるNi-P/Si電極およびSi単独電極のサイクル性能を示す。Si単独電極は500サイクル後においても1,000 mA h g^{-1}の高容量を示した。他方，Ni-P/Si電極は同じ500サイクル後において1,400 mA h g^{-1}のより高い容量を保持していた。Ni-P/Si電極はSi単独電極と比較して充放電レートが約3.3倍も高いにも関わらず優れたサイクル性能を示したことから，PP1MEM-FSAイオン液体電解液はNi-P/Si電極の性能向上に対しても有効であると結論した。また，両者のクーロン効率は同じような推移を辿り図2(b)の有機電解液中のような減少は確認されなかったことから，Ni-P/Si電極の場合もPP1MEM-FSA電解液中では電極崩壊が抑制されているものと推察される。**図12**はPP1MEM-FSA電解液中におけるNi-P/Si電極およびSi単独電極の高速充放電性能を示す。レートの増加に伴いNi-P/Si電極およびSi単独電極ともに放電容量が減少しているものの，1.2C以上の比較的高いレートでは前者の方が高い容量を示した。また，36サイクル後にレートを初期値に戻すとNi-P/Si電極ではほぼ初期容量まで回復した。以上の結果から，PP1MEM-FSAイオン液体電解液はNi-P/Si電極に対して十分な適応性を有することが明らかとなった。

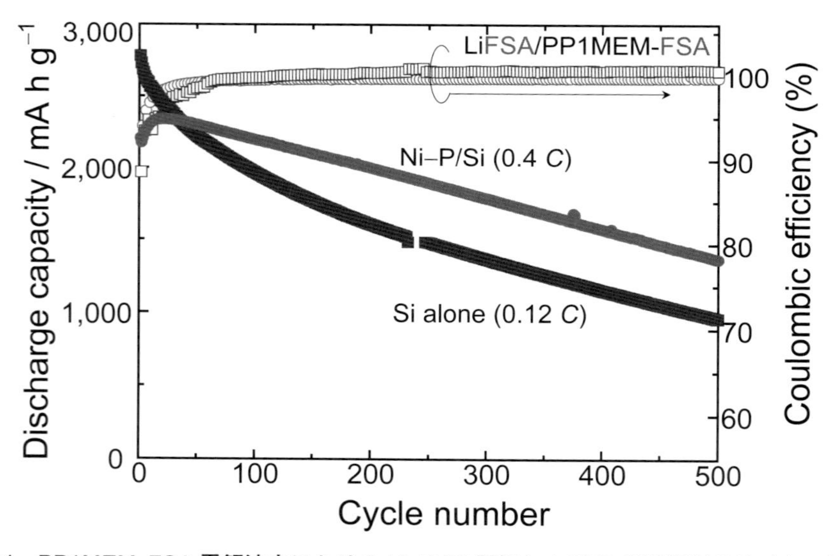

図11　PP1MEM-FSA電解液中におけるNi-P/Si電極およびSi単独電極のサイクル性能

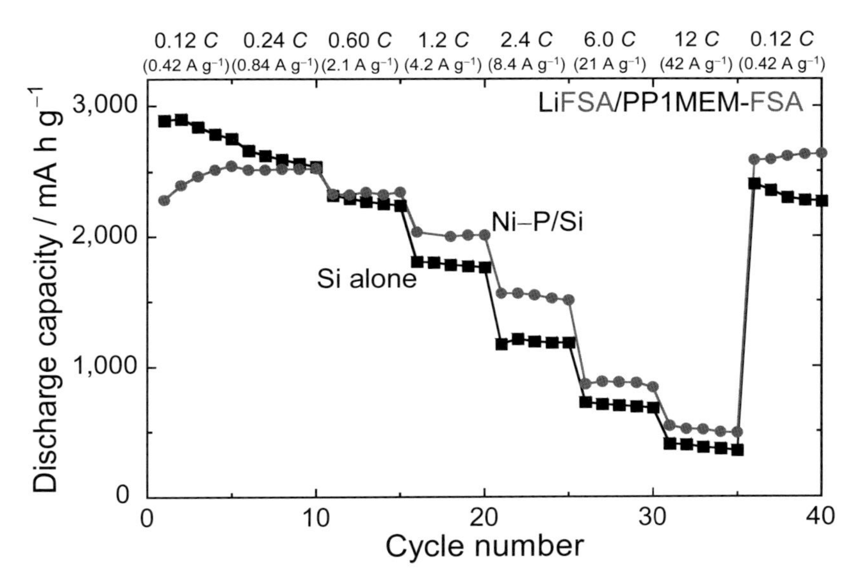

図 12　PP1MEM-FSA 電解液中における N-P/Si 電極および Si 単独電極のレート性能

5. おわりに

Si はさまざまな欠点を抱えているが，従来の黒鉛負極と比較して 10 倍もの高い理論容量を有する点が最大の魅力である。本稿では反応場である電極–電解質界面の最適化，すなわちイオン液体のカチオンおよびアニオンを系統的に最適化した結果を概説した。また，最適化したイオン液体電解液が当グループで開発してきた Ni–P/Si コンポジット電極に対して適応可能であることも示した。紙面の都合により紹介できなかったが，他のコンポジット電極や不純物ドープ Si からなる電極に対してもある種のイオン液体電解液が有効であることも明らかにしつつある。イオン液体はコストや低温特性の面で解決すべき課題が残されているものの，一層高エネルギー密度化される次世代蓄電池の安全性を確保するうえで有力な電解液の候補である。本稿で紹介した知見が新たなイオン液体電解液の開発の一助となることを期待したい。

謝　辞

本研究の一部は JSPS 科研費（JP17K17888，JP16K05954，JP17H03128）の助成を受けて実施されたものである。関係各位に謝意を表す。

文　献

1）J. Xie, N. Imanishi, T. Zhang, A. Hirano, Y. Takeda and O. Yamamoto: *Mater. Chem. Phys.*, **120**, 421（2010）.
2）H. Usui, M. Shibata, K. Nakai and H. Sakaguchi: *J. Power Sources*, **196**, 2143（2011）.
3）H. Usui, K. Maebara, K. Nakai and H. Sakaguchi: *Int. J. Electrochem. Sci.*, **6**, 2246（2011）.
4）H. Usui, N. Uchida and H. Sakaguchi: *J. Power*

Sources, **196**, 10244 (2011).
5) H. Usui, N. Uchida and H. Sakaguchi: *Electrochemistry*, **80**, 737 (2012).
6) H. Usui, K. Wasada, M. Shimizu and H. Sakaguchi: *Electrochim. Acta*, **111**, 575 (2013).
7) H. Usui, M. Nomura, H. Nishino, M. Kusatsu, T. Murota and H. Sakaguchi: Mater. *Lett.*, **130**, 61 (2014).
8) H. Usui, K. Nouno, Y. Takemoto, K. Nakada, A. Ishii and H. Sakaguchi: *J Power Sources*, **268**, 848 (2014).
9) Y. Domi, H. Usui, M. Shimizu, Y. Kakimoto and H. Sakaguchi: *ACS Appl. Mater. Interfaces*, **8**, 7125 (2016).
10) Y. Domi, H. Usui, Y. Takemoto, K. Yamaguchi and H. Sakaguchi: *J. Phys. Chem. C*, **120**, 16333 (2016).
11) Y. Domi, H. Usui, Y. Takemoto, K. Yamaguchi and H. Sakaguchi: *Chem. Lett.*, **45**, 1198 (2016).
12) Y. Domi, H. Usui, H. Itoh and H. Sakaguchi: *J. Alloys Compd.*, **695**, 2035 (2017).
13) Y. Domi, H. Usui, D. Iwanari and H. Sakaguchi: *J. Electrochem. Soc.*, **164**, A1651 (2017).
14) H. Usui, M. Shimizu and H. Sakaguchi: *J. Power Sources* **235**, 29 (2013).
15) M. Shimizu, H. Usui, K. Matsumoto, T. Nokami, T. Itoh and H. Sakaguchi: *J. Electrochem. Soc.*, **161**, A1765 (2014).
16) M. Shimizu, H. Usui, T. Suzumura and H. Sakaguchi: *J. Phys. Chem. C*, **119**, 2975 (2015).
17) K. Yamaguchi, Y. Domi, H. Usui, M. Shimizu, K. Matsumoto, T. Nokami, T. Itoh and H. Sakaguchi: *J. Power Sources*, **338**, 103 (2017).
18) Y. Yamada, Y. Iriyama, T. Abe and Z. Ogumi: *J. Electrochem. Soc.*, **157**, A26 (2010).
19) H. Usui, T. Masuda and H. Sakaguchi: *Chem. Lett.*, **41**, 521 (2012).
20) J.-A. Choi, D.-W. Kim, Y.-S. Bae, S.-W. Song, S.-H. Hong and S.-M. Lee: *Electrochim. Acta*, **56**, 9818 (2011).
21) I. Rey, P. Johansson, J. Lindgren, J. C. Lassègues, J. Grondin and L. Servant: *J. Phys. Chem. A*, **102**, 3249 (1998).
22) S. P. Gejji, C. H. Suresh, K. Babu and S. R. Gadre: *J. Phys. Chem. A*, **103**, 7474 (1999).
23) M. Herstedt, M. Smirnov, P. Johansson, M. Chami, J. Grondin, L. Servant and J. C. Lassègues: *J. Raman Spectrosc.*, **36**, 762 (2005).
24) Y. Umebayashi, S. Mori, K. Fujii, S. Tsuzuki, S. Seki, K. Hayamizu and S. Ishiguro: *J. Phys. Chem. B*, **114**, 6513 (2010).
25) R. C. Teixeira, I. Doi, M. B. P. Zakia, J. A. Diniz and J. W. Swart: *Mater. Sci. Eng. B*, **112**, 160 (2004).
26) K. Hayamizu, S. Tsuzuki and S. Seki: *J. Chem. Eng. Data*, **59**, 1944 (2014).
27) D. M. Piper, T. Evans, K. Leung, T. Watkins, J. Olson, S. C. Kim, S. S. Han, V. Bhat, K. H. Oh, D. A. Buttry and S.-H. Lee: *Nat. Commun.*, **6**, 6230 (2015).
28) H. Usui, M. Narita, Y. Fujita and H. Sakaguchi: *Sur. Sci. Soc. Jpn.*, **36**, 334 (2015).
29) Y. Domi, H. Usui, M. Narita, Y. Fujita, K. Yamaguchi and H. Sakaguchi; *J. Electrochem. Soc.*, **164**, A3208 (2017).

第4節 シリコン負極用無機系バインダの開発

ATTACCATO合同会社 向井 孝志 ATTACCATO合同会社 山下 直人
ATTACCATO合同会社 池内 勇太 ATTACCATO合同会社 坂本 太地

1. はじめに

次世代の負極材料として，シリコン（Si）やスズ（Sn）などの合金系材料の研究開発が活発に進められている。その中でも，Siは，3,600～4,200 mAh/g（8,400～9,800 mAh/cc）もの電気容量を有し，従来の黒鉛負極と比べると数倍以上の高容量化が可能であり，体積あたりでは金属Li（2,050 mAh/cc）よりも高容量となる。このSi負極の長寿命化を図るには，充放電しても電極の導電ネットワークを維持する技術が重要となっている。

本稿では，無機系バインダを用いたSi負極について取り上げる。特に，結着力が不十分な樹脂系バインダを用いた電極であっても，簡便な方法で無機系バインダをコートすることにより，サイクル特性と電池の釘刺し安全性が飛躍的に向上したので紹介する。

2. バインダの分類と無機系バインダ

リチウムイオン電池の電極は，一般的に，活物質，導電助剤，バインダなどを水やN-メチル-2-ピロリドン（N-Methyl-2-pyrrolidone；NMP）などの溶媒と混合してスラリー状にして，これを集電体上に塗布・乾燥後，プレス調圧することによって製造される。バインダは，活物質と活物質，活物質と導電助剤，活物質と集電体などを結着するために用いられている。このバインダは，樹脂系（有機系）と無機系に分けることができる（**図1**）。

実用のリチウムイオン電池の電極には，樹脂系バインダが用いられており，ポリフッ化ビニリデン（Polyvinylidene Fluoride；PVdF）系やスチレンブタジエンゴム（Styrene-butadiene rubber；SBR）系などが有名である。ただし，これら従来の樹脂系バインダでは，体積変化の激しい合金系材料を用いた場合，充放電中で電極内の導電ネットワークが破壊されやすく，サイクル劣化が大きいという問題がある。そこで，近年，高強度・高結着性のポリイミド（Polyimide；PI）系の樹脂系の電極バインダが開発され，導電性のPIマトリックス中に活物質を分散させることで，電極の高容量化と長寿命化の両立が図られている[1)-7)]。

一方，無機系バインダは，樹脂系バインダと比べて，融点が高く，有機溶媒には溶けず，完全に無臭で，不燃性であり，かつ熱伝導度が高いなど，さまざまな特徴を有する。とりわけ，ケイ酸系やリン酸系の無機系バインダは，金属，酸化物，およびカーボンのすべてに対して強い結着性を示すため，防火剤や硬化剤，地盤強化剤などのさまざまな分野で応用されている。しかし，リチウムイオン電池の電極分野では，ほとんど報告例がない。筆者らは，これら無機物で構成さ

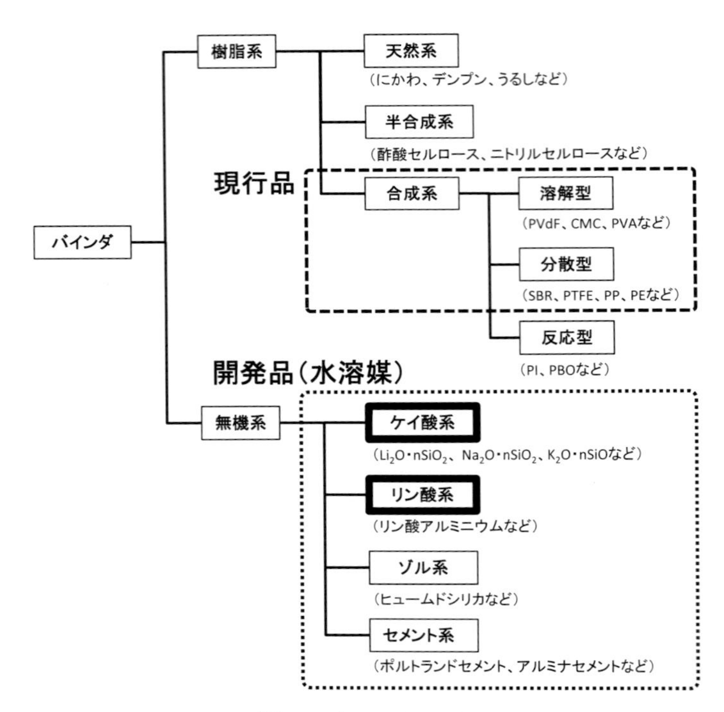

図１　バインダの分類

れるバインダを電極に適用することができれば，耐久性と耐熱性，放熱性などに優れた電極が得られる可能性が高いと考えた。

ケイ酸系は，すでに中世・ルネサンス期の錬金術には利用されており[8]，1800年代には，大量生産の技術と数多くの利用可能性が見出され，「Wasserglas[9]（水ガラス，Water glass）」とも総称されるようになった。**図２**に示すように，各種の樹脂系バインダよりも，高い耐熱性を示す。このようなケイ酸系バインダは，シロキサン（Si–O）結合を有するシリコン（Si）と酸素（O）を主たる分子骨格とする無機物である（**図３**(a)）。Si–O結合の結合エネルギーは444 kJ/molであり，C–C結合（356 kJ/mol）やC–O結合（339 kJ/mol），Si–C結合（327 kJ/mol）などと比べて大きい。ケイ酸系バインダには，A_4SiO_4，A_2SiO_3，$A_2Si_2O_5$，$A_2Si_3O_7$，$A_2Si_2O_5$，$A_2Si_4O_9$などが存在し，ケイ酸化合物中のアルカリ金属元素（A）の割合が増すにつれて，融点が低下傾向にあり，同時に水への溶解性が高くなる。工業的には，ケイ酸系バインダ中のアルカリ金属元素（A）の割合を連続的に変化させることができ，任意

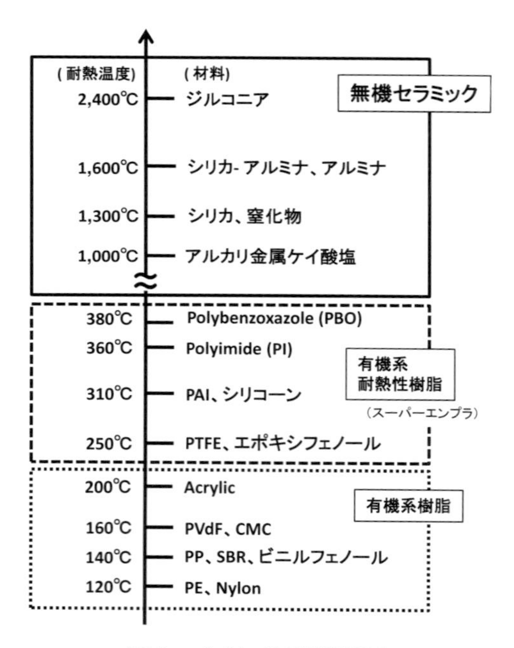

図２　バインダの耐熱温度

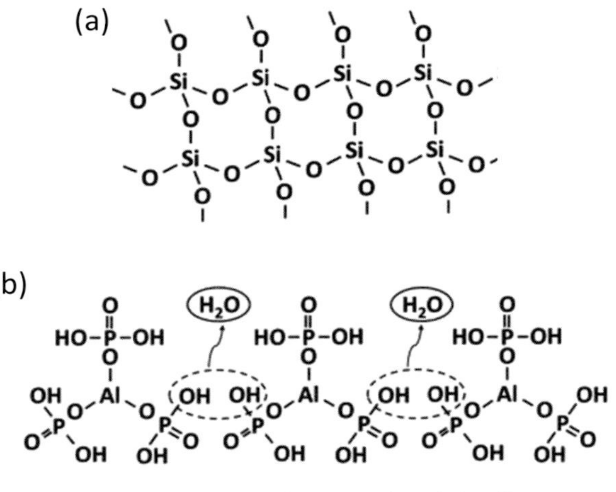

(a)ケイ酸系バインダ　(b)リン酸系バインダ

図３　無機バインダの分子骨格

の塩が調整可能となる。このバインダの分子式は，$A_2O \cdot nSiO_2$ なる形式で表されるのが一般的である[10]。

リン酸系は，加熱により脱水縮合反応を起こし，リン（P）と酸素（O）の間に共有結合を生じた無機物である（図３(b)）。このバインダの分子式は，$M \cdot nH_xPO_4$（M＝Al，Ca，Mg）なる形式で表されるのが一般的である。例えば，リン酸アルミニウム系では，脱水縮合反応によって，アルミニウム（Al）元素を中心とした１つの分子につき，最大６箇所反応でき，３次元的に高分子化した無機リン酸化合物が得られる。

このように，無機系バインダは，炭素を主体とした骨格を有する樹脂系バインダとは異なり，高い耐熱性と耐酸化性が示される。

3. ケイ酸系バインダを用いたSi負極の特性[12)16)]

ケイ酸系バインダ（$A_2O \cdot nSiO_2$；n＝2.0～5.0）は，アルカリ炭酸化合物（A_2CO_3；A＝アルカリ金属元素）および二酸化ケイ素（SiO_2）からなる混合体を900～1,500℃に加熱溶融して冷却後，オートクレーブ中で水に溶解させて作製することができる。このバインダを用いたスラリーを急速に乾燥させると表面にガラス状の被膜が形成され，電極膨れが生じることがある。これは，表面から水分が除去されてスラリーの粘度が増大し，内部から外部にかけての水分の逃げ道を塞ぐためと考えられる。そこで，粒径３μm程度のアルミナ（Al_2O_3）粉を無機系バインダに加え，水蒸気をアルミナ粒子間の隙間から電極外へ逃がための経路を形成して電極を作製した。水蒸気による気泡の発生を抑制できればシロキサン結合を有する強固なガラスが形成される。

図４に，ケイ酸系バインダを用いたSi負極のサイクル特性を示す。試験負極（2 mAh/cm^2）は，切削式Si（D_{50}＝1.3 μm，TMC製）[6)7)11)]とアセチレンブラック（AB），気相成長炭素繊維（VGCF），Al_2O_3，ケイ酸系バインダからなるスラリー（19：3：1：38：38 wt.%）を厚さ

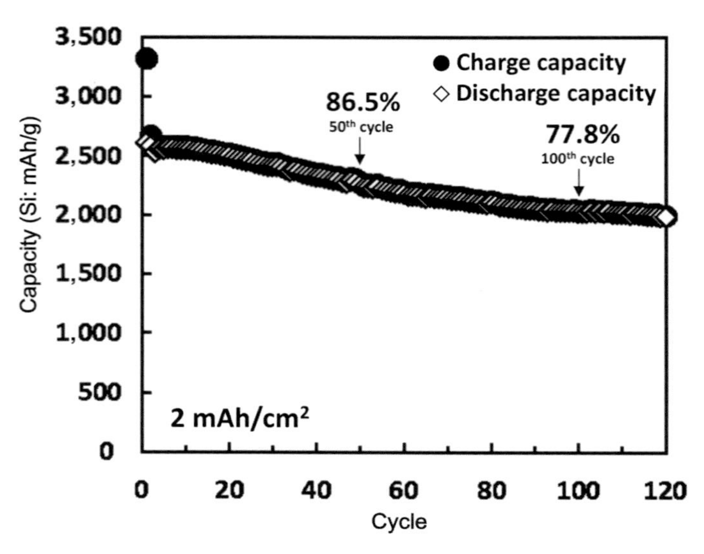

図４　ケイ酸系バインダを用いた Si 負極のサイクル特性

10 μm の Cu 箔上に片面塗工し，150℃で熱処理することで作製された。電池は，電解液として，1 M $LiPF_6$/(エチレンカーボネート（EC）：ジエチルカーボネート（DEC）＝50：50 vol.%，＋ビニレンカーボネート（VC）1 wt.%)，セパレータとして，厚さ 25 μm のポリオレフィン微多孔膜（PP/PE/PP）とガラス不織布（ADVANTEC 製，GA-100）を重ね合わせたもの，対極兼参照極として金属 Li 箔を用いることで作製された。サイクル試験は，温度 30℃，定電流 0.25 C-rate，カットオフ電位 0.01～1.0 V（vs. Li/Li^+）で充放電することで行われた。

試験負極は，初期効率が 71% であり，また初期放電容量 2,609 mAh/g に対して，100 サイクル後の容量維持率は 77.8% であった。強固なケイ酸系バインダが Si の膨張収縮による導電ネットワークの破壊を抑制したことが，容量維持率の改善に寄与したものと思われる。

4. リン酸系バインダを用いた Si 負極の特性[12)]

リン酸系バインダを用いたスラリーでも急速に乾燥させると表面にガラス状の被膜が形成され，電極膨れが生じる。そこで，前述同様に Al_2O_3 粉を無機系バインダに加えた。水蒸気による気泡の発生を抑制できればアルミノリン酸結合を有する強固なガラスが形成される。

図５に，電極の熱処理温度とリン酸系バインダを用いた Si 負極のサイクル特性を示す。試験負極（3.7～4.0 mAh/cm^2）は，切削式 Si（D_{50}＝1.3 μm，TMC 製)[6)7)11)] と AB，VGCF，Al_2O_3，リン酸系バインダ（$Al{\cdot}nH_2PO_4$；n＝2～4）からなるスラリーを厚さ 40 μm の Cu 箔上に塗工し，150℃または 300℃で熱処理することで作製された。電池は，電解液として，1 M $LiPF_6$/(EC：DEC＝50：50 vol.%，＋VC 1 wt.%)，セパレータとして，ガラス不織布（ADVANTEC 製，GA-100），対極兼参照極として金属 Li 箔を用いることで作製された。サイクル試験は，温度 30℃，定電流 0.2 C-rate，カットオフ電位 0.01～1.0 V（vs.Li/Li^+）で充放電することで行われた。

リン酸系バインダであっても，安定した容量を維持することができた。電極の初期効率は，電

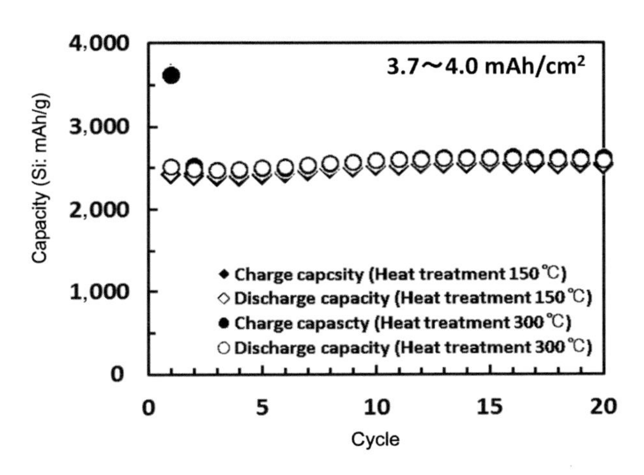

図５　リン酸系バインダを用いた Si 負極のサイクル特性

極の熱処理温度を高くすることで改善傾向にあるが，150℃では 67%，300℃では 70%であった。

5. ケイ酸系バインダをコートした Si 負極の開発と充放電特性[12)-17)]

前述のように，無機系バインダを用いた電極は，優れたサイクル特性を示す。ただ，無機系バインダの密度は 2.2～2.6 g/cc（20℃）であり，樹脂系バインダと比較すると大きくなる。このため，スラリーの固形分に対して質量比では多めに加えないと十分な結着力を示しにくい。そこで，少量の無機系バインダを用いて，電極の簡便な作製方法により，Si 負極のサイクル特性の向上を試みた。具体的には，ケイ酸系バインダを電極用バインダとしてではなく，電極の骨格を形成させるために適用し，無機系バインダの使用量の低減を図った。Si 負極は，切削式 Si（D_{50} ＝1.3 μm，TMC 製）[6)7)11)] と AB，VGCF，PVdF 系バインダからなるスラリーを厚さ 10 μm の Cu 箔上に塗工後，電極をケイ酸系バインダが溶解した水溶液中に浸漬して，150～160℃で熱処理することで作製された。**図６**に，電極に無機骨格を形成するプロセスの一例を示すが，現行の生産プロセスで得られた電極に無機系バインダを塗布するだけであり，至って単純である。

図７に，Si 負極の断面における反射電子像（BSE）および電界放出型電子線マイクロアナライザ（FE-EPMA）による Na マッピング像，グロー放電発光分析（GDS）の結果をそれぞれ示す。電極に無機系バインダをコートすることで，活物質層に無機系バインダが浸透することが確認された。**図８**に，無機系バインダをコートした Si 負極の電極強度試験結果を示す。コート前の電極と比べてみると，剥離強度と引っ掻き強度が向上していることが確認された。これらの結果を踏まえると，活物質と活物質との隙間が作った細孔の表面に無機系バインダが被覆され，集電体と一体化したことにより，強力な接着効果を発揮し，強度が向上したものと考えられる。また，電極の厚みは損なわれることなく（厚み変化は数百ナノメートル程度），強度を本質的に高められたことから，電極体積エネルギー密度に大きな悪影響を及ぼさないものと思われる。

図９に，無機系バインダのコート量と Si 負極（3.0 mAh/cm^2）のサイクル特性を示す。サイクル試験は，温度 30℃，定電流 0.1 C-rate，カットオフ電位 0.0～1.4 V（vs.Li/Li^+）で充放電す

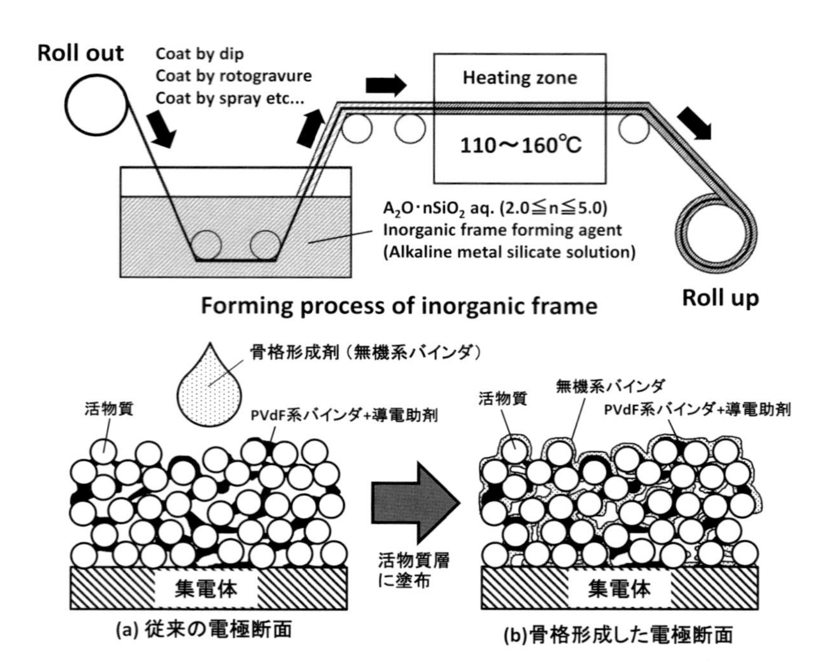

図６　無機骨格形成プロセスと電極断面イメージ

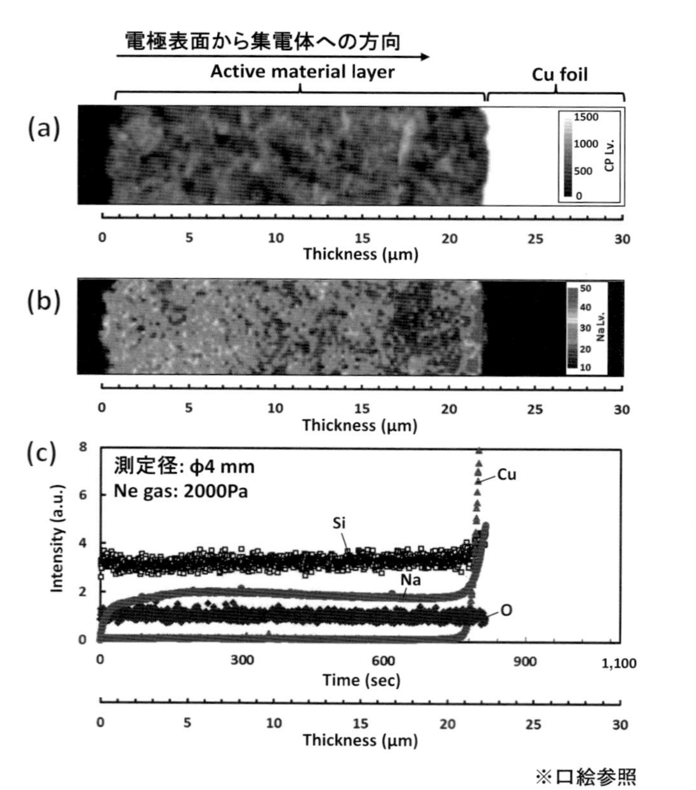

※口絵参照

(a) BSE 像　(b) FE-EPMA による Na マッピング　(c) GDS 分析結果

図７　ケイ酸系バインダをコートした Si 負極の断面の観察

(a)

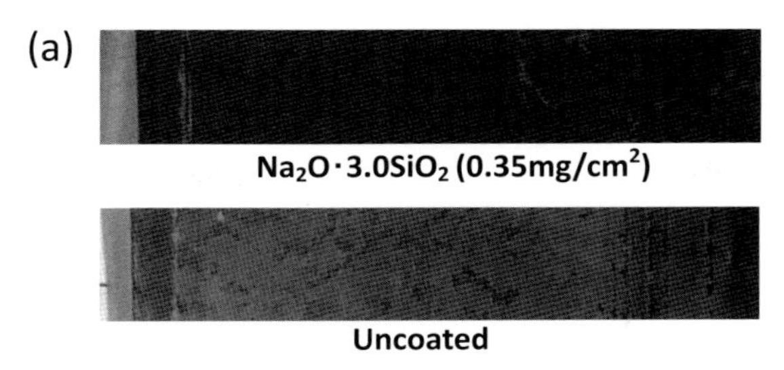

Peeling test for Si anode（JSI K6854-2）
（100 mm/min, 2 kg roller, 25℃, angle: 180°,
TERAOKA polyester film adhesive tape No.631S#25B）

(b)

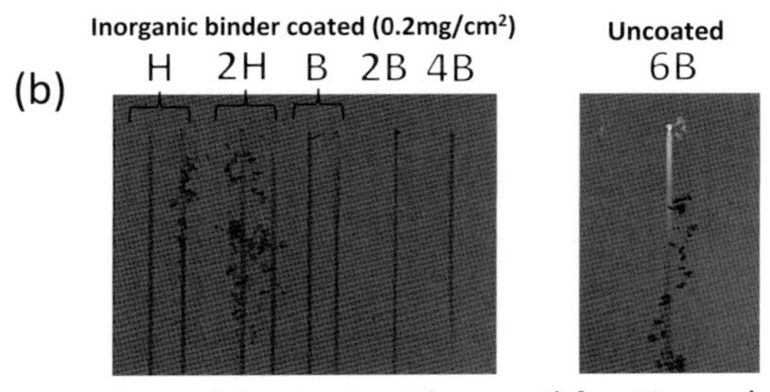

Scratching test with pencil for Si anode
Si: PVdF: AB: VGCF=85: 10: 4: 1 wt.%/ Cu foil
（Angle:45°, Load:750gf, Mitubishi UNI pencil, JIS K5600-5-4）

(a)テープ剥離試験　(b)鉛筆引っ掻き試験

図８　無機バインダをコートしたSi負極の電極強度

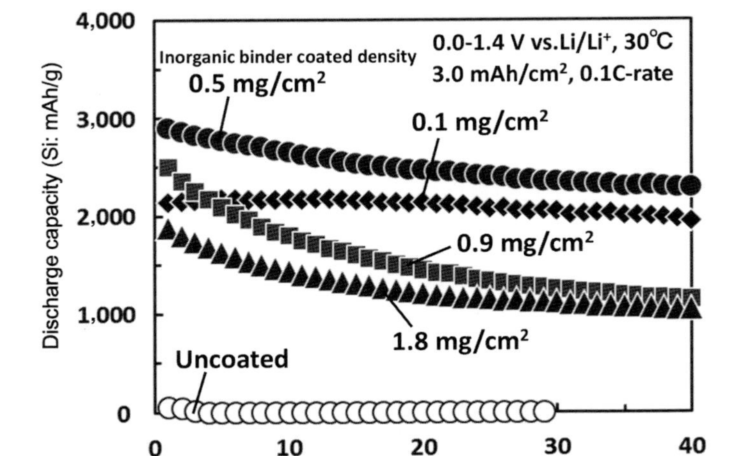

図９　無機バインダコート量とSi負極のサイクル特性

ることで行われた。無機系バインダをコートした電極は，結着力の不十分なPVdF系バインダを用いたSi負極であっても，高容量で，かつ長寿命となっていることがわかる。通常，電極の塗布層は多孔質であり，無機系バインダが集電体まで深く浸透して硬化するから，電極バインダに強力な結着力を必要としないことが示唆された。また，電極に対する無機系バインダ量は，多すぎると電極抵抗が増大し，放電容量が小さくなる傾向にあり，少なすぎると初回充電で，電極の導電ネットワークが破壊され，可逆容量が少なくなることが示された。

図10に，充放電に伴うSi負極の活物質層の厚み変化を，無機系バインダを0.26 mg/cm^{2}コートしたSi負極（3.55 mAh/cm^2）と，PI系バインダを用いて作製されたSi負極（3.13 mAh/cm^2）とを比較して示す。PI系バインダを用いたSi負極は，切削式SiとAB，VGCF，PI系バインダからなるスラリーを厚さ10 μmのCu箔上に塗工後，300℃で熱処理することで作製された。電池は，電解液として，1 M $LiPF_6$/（EC：DEC＝50：50 vol.%），セパレータとして，厚さ25 μmのポリオレフィン微多孔膜（PP/PE/PP）とガラス不織布（ADVANTEC製，GA-100）を重ね合わせたもの，対極兼参照電極として金属Li箔を用いることで作製された。厚み変化の測定は，所定容量まで電池を，温度30℃，定電流0.1 C-rateの条件で充放電した後，電池を解体して活物質層の厚みを測定した。無機系バインダをコートしたSi負極は，初回充電（SOC 100）で充電前の厚みに対して約220%膨張した。一方，PI系バインダを用いたSi負極では，約250%膨張した。Si負極のLi化による膨張は，無機系バインダをコートしたSi負極の方が小さいことがわかる。無機系バインダをコートしたSi負極は，空隙を残した状態で，電極の細孔の表面に無機系バインダが被覆されるため，Siの体積変化を空隙が緩和し，見た目の厚み変化が小さくなったものと思われる。

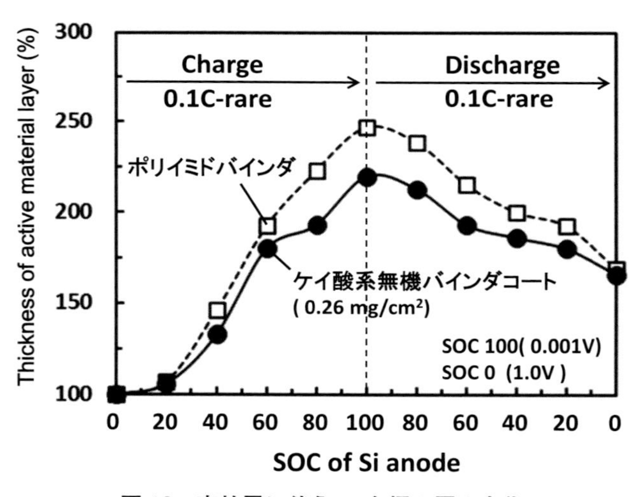

図10　充放電に伴うSi負極の厚み変化

6. ケイ酸系バインダをコートしたSi負極の釘刺し安全性[15)16)]

電池の短絡時の安全性を確認するために，釘刺し試験などが行われている。市販の1 Ah以上のラミネート電池の多くは，釘刺し時に一瞬で短絡して釘に大電流が流れ，急激に温度上昇する。温度が140℃を超えると電極を電気的に隔離しているポリオレフィン系微多孔膜セパレータが軟化または溶融し，正極と負極とが接触して完全短絡を引き起こし，暴走に至る可能性が高くなる[18)-21)]。そこで，電池容量が1 AhのNCM/Si系積層式ラミネート電池とNCM/Graphite系積層式ラミネート電池を試作し，動作確認後，0.1 C-rate で 4.2 V まで充電した電池に釘刺し試験を行った。正極は，$LiNi_{1/3}Co_{1/3}Mn_{1/3}O_2$（NCM111）と AB，VGCF，PVdF からなるスラリーを厚さ 15 μm の Al 箔上に塗工し，150～160℃で乾燥させることで作製された。Si 負極は，切削式 Si（D_{50}＝1.3 μm，TMC 製）[4)5)9)] と AB，VGCF，PVDF からなるスラリーを厚さ 10 μm の Cu 箔に塗工し，60～80℃で仮乾燥後，ケイ酸系バインダを 0.20 mg/cm^2 または 0.34 mg/cm^2 コートし，150～160℃で熱処理することで作製された。黒鉛負極は，人造黒鉛と，AB，VGCF，SBR，カルボキシメチルセルロース（CMC）からなるスラリーを厚さ 10 μm の Cu 箔上に塗工し，150～160℃で熱処理することで作製された。電池は，正極（51×83 mm，6 枚）と負極（54×86 mm，7 枚）とを厚さ 25 μm のポリオレフィン系微多孔膜（PP/PE/PP）を介して積層し，正負極間に金属リチウム参照電極を釘刺し部から 10 mm 離れた位置に配置後，1.2 M $LiPF_6$/（EC：EMC：DEC＝30：35：35 vol.%）を注液して作製された。釘刺し試験は，環境温度 25℃（±1℃），釘先端部に K 型熱電対が内蔵された鉄釘（φ3 mm，N65，ATTACCATO LLC. 製）を降下速度 1 mm/sec で貫通させ，10 分間維持し，電池電圧と正極電圧，負極電圧，釘先端温度を測定した。

図 11 に，1 Ah 級の積層式ラミネート電池の釘刺し時における釘先端の温度変化を示す。黒鉛負極を用いた電池は，釘先端の温度が 58.0℃まで上昇した。一方，ケイ酸系バインダをコートした Si 負極を用いた電池は，0.20 mg/cm^2 では 27.6℃，0.34 mg/cm^2 では 27.2℃であり，Si 負極を用いた電池の発熱は微小であることがわかる。

図 12 に，釘刺し時における電池電圧と正極電位，負極電位の変化を示す。電池電圧は，取り付けたリチウム参照電極により測定した正極と負極の電位差に対応している。黒鉛負極を用いた電池では，釘刺し直後の電池電圧が 4.2 V から 4.002 V まで低下した。一方，ケイ酸系バインダをコートした Si 負極を用いた電池は，0.20 mg/cm^2 では 4.143 V，0.34 mg/cm^2 では 4.161 V まで低下した。ケイ酸系バインダをコートした Si 負極を用いた電池は，黒鉛負極を用いた電池と比べると電池電圧の低下が少ないことがわかる。正極と負極の電位変化に注目してみると，黒鉛負

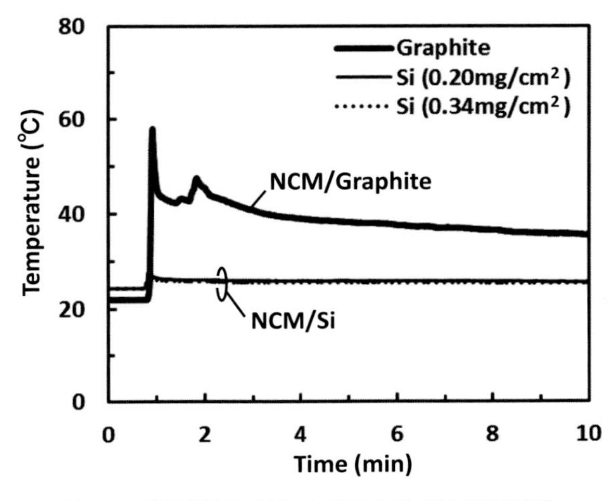

図 11　電池釘刺し時における釘先端の温度変化

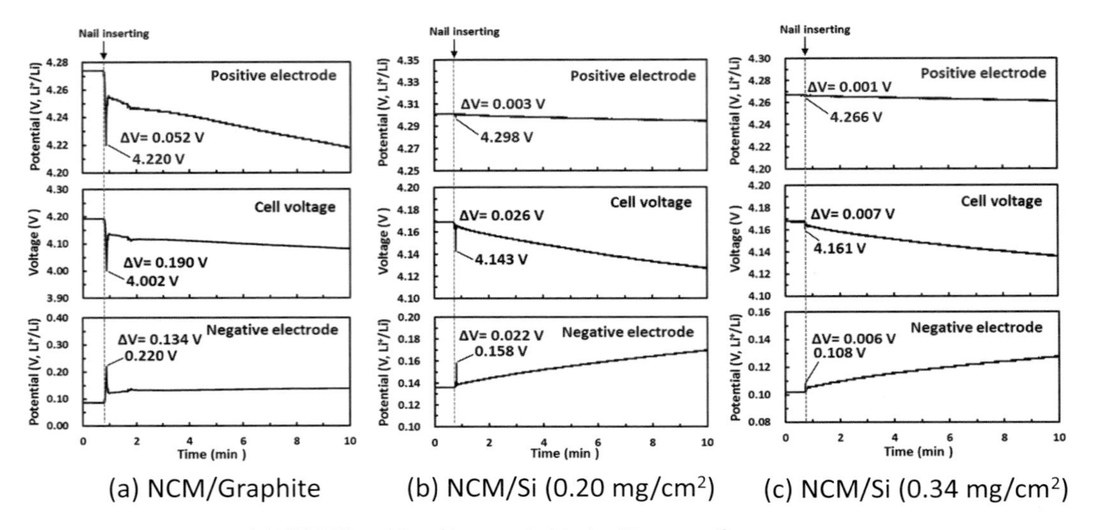

(a) NCM/Graphite（Inorganic binder Uncoated）
(b) NCM/Si（Inorganic binder coated density 0.20 mg/cm^2）
(c) NCM/Si（Inorganic binder coated density 0.34 mg/cm^2）

図 12　釘刺し時における電池電圧と正極電位，負極電位の変化

極を用いた電池は，正極電位では 52 mV，負極電位では 220 mV 変動している。ケイ酸系バインダを 0.20 mg/cm^2 コートした Si 負極を用いた電池は，正極電位では 3 mV，負極電位では 158 mV 変動している。0.34 mg/cm^2 コートし Si 負極を用いた電池は，正極電位では 1 mV，負極電位では 108 mV 変動している。従来型の黒鉛負極は，導電性が高いため，短絡部分に電流が集中して急激な発熱を起こす。一方，Si 負極は，Li 化した Si（充電状態の Si）では高い導電性を示すが，短絡部分で完全放電（Li 放出）されると，その部分は絶縁性（半導体）の Si に戻り，内部短絡電流がシャットダウンされる。さらに，この Si 負極は，電極表面が絶縁体の無機物に覆われており，ケイ酸系バインダのコート量が多くなると正極と負極の電圧変動も小さくなっている。これらの理由から，釘との電気的な接触が抑制され，電池電圧の低下が小さくなり，短絡による発熱が小さくなったものと考えられる。このように，ケイ酸系バインダをコートした Si 負極を用いた電池は，釘刺し時の熱暴走リクスを低減させることが可能となる。

7. おわりに

電池の高性能化と安全性の両立に向けて，無機系バインダを Si 負極に適用した技術の一端を紹介した。通常，電極の塗布層は多孔質であり，無機系バインダを骨格形成剤として用いて，これを塗布層にコートすることで，無機系バインダが集電体まで深く浸透して硬化するから，電極バインダに強力な結着力を必要としない。このコンセプトが関連研究開発の参考になれば幸いである。ただ，無機系バインダの浸透具合や電極強度などは，電極の塗布層（空隙率，厚み，比表面積，材質など）や無機系バインダ（濃度，組成，粘度，添加剤など），塗布条件（温度，塗布量，塗布速度，乾燥方法など）などが大きな影響をもつ。乾燥後の無機系バインダの強度は，活物質層の骨格体として機能するため，ほとんどの場合，対象となる電極より強くなる。電極を100℃以上で熱処理をすることで，浸透した無機系バインダは，水に対して不溶となる。このようにして得られた電極は，樹脂系バインダと無機系バインダから構成され，フレキシブル性を有するため，積層式電池のみならず，捲回式電池にも適用できる。

現在，開発したSi負極を用いた電池をバイオロギング用デバイスの電源として搭載し，実証試験を行っている。今後，さらなる改良を行って，他の用途においても，純Si負極を用いた電池の実用化を目指したい。

文　献

1）境哲男：*Electrochemistry*, **71**（8），722（2003）.
2）境哲男：電池ハンドブック，第２章第５節，オーム社，388-398（2010）.
3）境哲男：化学，**65**，31（2010）.
4）M. Yamada, A. Inaba and K. Matsumoto：*Battery Technology*, **22**, 72（2010）
5）T. Miyuki, Y. Okuyama, T. Sakamoto, Y. Eda, T. Kojima and T. Sakai：*Electrochemistry*, **80**, 401（2012）.
6）森下正典，向井孝志，江田祐介，坂本太地，境哲男：レアメタルフリー二次電池の最新技術動向，第３章，シーエムシー，125-135（2013）.
7）向井孝志，坂本太地，山野晃裕，片岡理樹，森下正典，境哲男：リチウムイオン電池活物質の開発と電極材料技術，第３部第１章，サイエンス＆テクノロジー，269-311（2014）.
8）J. R. Glauber：*Furni Novi Philosophici*, Amsterdam, **PARS-Ⅱ**, 107（1651）.
9）J. Nepomuk Fuchs: *Polytechnischen Journals*, **17**, CIV, 465（1825）.
10）J. Nepomuk, v. Fuchs：*Polytechnischen Journals*, **142**, LXXXIV, 365（1856）.
11）岩成大地，吉田一馬，田中一誠，向井孝志，境哲男：第54回電池討論会講演要旨集，140（2013）.
12）山下直人，坂本太地，池内勇太，向井孝志：第57回電池討論会講演要旨集，118（2016）.
13）岩成大地，吉田一馬，田中一誠，坂本太地，池内勇太，山下直人，向井孝志：第57回電池討論会講演要旨集，117（2016）.
14）山下直人，坂本太地，岩成大地，池内勇太，吉田一馬，田中一誠，向井孝志：第64回応用物理学会春季学術講演会講演予稿集，15a-P3-6，01-046（2017）.
15）山下直人，坂本太地，岩成大地，池内勇太，吉田一馬，田中一誠，向井孝志：日本セラミックス協会2017年年会講演予稿集，1P159（2017）.
16）向井孝志，山下直人，池内勇太，坂本太地：*Material Stage*，**17**（5），29（2017）.
17）ATTACCATO合同会社，TMC株式会社：特許第6149147号（2016）.
18）向井孝志，境哲男：機能紙研究会誌，**52**，49（2013）.
19）向井孝志，池内勇太，境哲男，柳田昌宏：*Energy Device*，**3**（1），39（2015）.
20）向井孝志，坂本太地，境哲男，柳田昌宏：*WEB Journal*，**12**，9（2015）.
21）境哲男，向井孝志：*Material Stage*，**16**（12），53（2017）.

第4章

新規電解液の開発

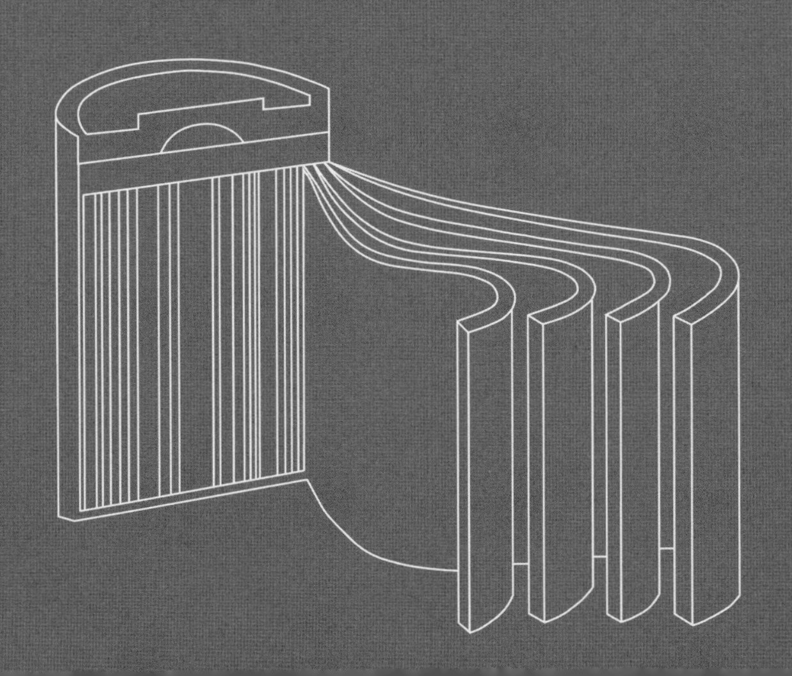

第1節　電位窓が3Vを超える水系電解液の開発と水系キャパシタの新展開

株式会社クオルテック　冨安　博　株式会社クオルテック　朴　潤烈
株式会社クオルテック　新子　比呂志

1. はじめに

リチウムイオン電池が広く普及している。3V以上の起電力があり，大きな蓄電量を有するこの電池は，現時点では最強の電池と言える。電解液には，高い起電力に対応するため，可燃性の非水溶媒が使われている。時々発生する発火事故はこの非水溶媒によるもので，潜在的な危険性は常に存在する。一方，水系電解液は不燃性で，導電性も良く，環境負荷も小さい。しかし，最大の欠点は電位窓が狭い（電気分解する電位が低い）ことである。理論的な電位窓は1.2Vで，そのため高い印加電圧では，電気分解が発生する。水溶液の電位窓を広くする試みは数多く成されているが，現実は古典的な鉛蓄電池の2Vが最大である。

筆者らは水系キャパシタに関する研究を行い，その研究の過程で3V以上の電位窓を持つ水系電解液を初めて発見した[1]。口頭発表もなく唐突の発表であったが，筆者らの発表から2週間後に九州大学・岡田などのグループが同様の結果を報告している[2]。二つの研究は民間会社と大学で独立して行われ，研究目的は異なり研究上の接点はなく，研究者の交流も全くなかった。それにもかかわらず，両者が同じ結論を導いていることは，高い電位窓に対する必然性の帰結かもしれない。論文は同時期に英国と日本で審査されたので，学術的には同時に発表されたと理解している。

キャパシタは，充放電速度が速く，反応熱はほとんど発生しないため，短時間に大電流を流すことが可能である。その特徴を生かすためには，不燃性の水系電解液が最も好ましい。しかし，従来の水系電解液では，電位窓が狭く，肝心の蓄電量を大きくすることには限界があった。多くの研究が電極の改良に向けられているが，それでは2V前後の壁は破れない。筆者らは電解液の電位窓を広くすることに研究の焦点を絞ることにした。

本稿では，広い電位窓を持つ水系電解液開発の経緯とその電解液のキャパシタにおける有効性について述べる。

2. 水の構造と電気分解

一つの疑問がある。水溶液の電位窓を非水溶媒並みに広げることは可能か？

この疑問を解決するため，筆者らは水の電気分解の機構を溶液化学的に考察することにした。水の電気分解は水の構造とどう関わっているのか？　電気分解を起こす因子は何か？　その考察は一つの結論を導いた。水の電気分解は水の水素結合と密接に関わっていることである。水は単純にH_2Oとして存在するのではなく，水素結合を介して，クラスター状に結びついている。すなわちO–H結合の原子間距離は0.098 nmであるが，0.3 nm以内にある水分子と水素結合する。この結びつきがH_2OのO–H結合を弱めことになっている[3]。事実，独立した水（気体分子）のO–H結合は非水溶媒のO–H結合に比べて特に弱いことはない。また，水の酸解離平衡も重要な因子である。

$$2H_2O \rightleftarrows H_3O^+ + OH^-$$

酸解離平衡の速度は水溶液中では最も速い反応であるから，酸性でH_3O^+の還元がアルカリ性でOH^-の酸化が起こっていても，水の直接分解と区別することはできない。留意したいことは，水溶液中では，裸のH^+は存在しないことである。H^+は，イオン半径が10^{-6} nmと小さく電気密度が非常に高いため，必ず水和していなければならない。SSPAS中では，自由な水分子はほとんど存在しないため，希薄水溶液における酸解離平衡の概念は存在しない。

電解質の添加は，水の構造を破壊することは古くから知られている。そのため，濃厚な金属塩の水溶液を作り，その性質を調べることにした。着目したのは過塩素酸塩である。特に，過塩素酸ナトリウムは水100 gに対して220 g溶解する。つまり，飽和過塩素酸ナトリウム水溶液（以後，Saturated Sodium Perchlorate Aqueous Solution，以後SSPASと呼ぶ）では，$NaClO_4$ 1分子に対して水分子は3.3個しか存在しない。このことは，水分子はNa^+の第一水和圏に想定されている4個よりも少ない。ほとんどの水分子がNa^+とClO_4^-に束縛されることは，自由な水分子はほとんど存在せず，水素結合も非常に制約されると推察される。

3. 水のNMR測定

飽和過塩素酸ナトリウム水溶液と1/100に希釈した水溶液の^{1}H–NMRスペクトルを測定した。^{1}H–NMRのピークは，飽和水溶液では3.69 ppmに，希釈溶液では4.76 ppmに観測された。飽和水溶液で高磁場にシフトすることは，水素結合が切断されることによりO–H結合の電子密度が増加することに対応している。このことは，水が常温から超臨界状態まで変化すると，水素結合は次第に切断され，それに伴って水の^{1}H–NMRケミカルシフトが高磁場側へシフトすることと一致している[4]。しかし，飽和過塩素酸ナトリウム水溶液中において，水のケミカルシフトは水素結合が20%程度存在する超臨界水中の1.3 ppmに比べると大きい。これはH_2OがNa^+に配位することにより，H_2O中のOの電子密度が減少することに起因すると考えられる。また，半値幅は飽和水溶液において希釈溶液の1/2程度と狭い。このことは，飽和水溶液では，水素結合の切断により水素結合を通してのdipole–dipole couplingが減少する[5]と考えると合理的に説明される。飽和水溶液のNMR測定において，水の^{1}H–NMRシグナルは1本で，広がりも観察されていない。このことは，水分子はNMR測定の時間以内（数m秒以下）で平均化されていることを意味する。つまり，水分子はNa^+とClO_4^-に強く束縛されているが，磁気環境の異なった水分子は迅速に交換していることを意味する。

4. CV 測定

飽和過塩素酸ナトリウム水溶液（SSPAS）の CV（サイクリックボルタンメトリー）測定を BAS CV-50W 装置を用いて行った。測定結果を**図１**に示す。図１には，1 M（1 M = 1 mol/dm^3）NaOH および 1 M H_2SO_4 水溶液の CV も示す。1 M 水溶液では，アルカリ性から酸性になると，分解電圧は＋側にシフトすることがわかる。このことは，酸性では H_3O^+ の還元が，アルカリ性では OH^- の酸化が水の直接的な分解に優先することを示している。一方，SSPAS では，酸化が始まる電位は 1 M H_2SO_4 水溶液におけるより高く，還元が始まる電位は 1 M NaOH 水溶液よりも低い。酸化と還元電位は，それぞれ，約＋1.6 V と－1.6 V で，CV の形は点対称に近い。このことは，SSPAS では酸化も還元も直接の水分解であり，いずれも O-H 結合の切断を伴い，エネルギーは等しいと解釈すると合理的に説明できる。電位窓は約 3.2 V であった。この値は，水溶液としては誰も経験したことのない大きな値である。

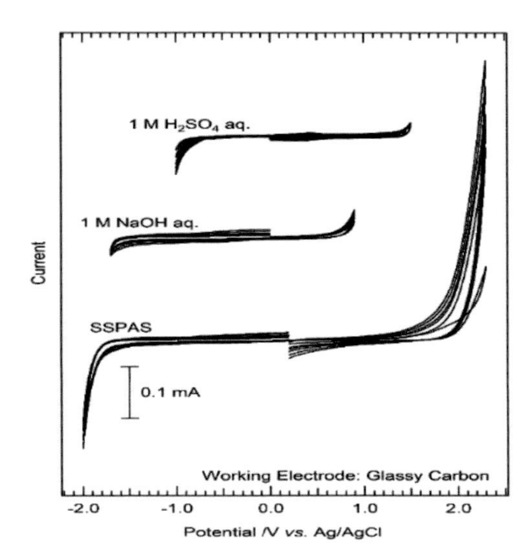

SSPAS の CV は，希薄水溶液（1 M NaOH と 1 M H_2SO_4）と比較して，横軸のフラットな部分が長く，広い電位窓を意味する。分解電位は，酸化（＋）と還元（－）でほぼ等しく，約 1.6 V である

図１　飽和過塩素酸ナトリウム水溶液の CV

5. 電解液としての飽和過塩素酸ナトリウム水溶液

飽和過塩素酸ナトリウム水溶液（SSPAS）の電位窓が 3.2 V であることは CV 測定により明らかになった。電解液にとって，広い電位窓は大きな長所であるが，それだけで優れた電解液と言うわけではない。SSPAS の電解液としての性質を調べる目的で，SSPAS をキャパシタの電解液に用い，充放電試験を行った。充放電曲線には，電解液の機能が濃縮されているからである。以下に，その結果について述べる。

5.1 電気二重層キャパシタの原理

電気二重層キャパシタにおける充放電の機構は，**図２**に示すようにイオンの配向によって支配される。すなわち充電では，負極に＋イオンが，正極に－イオンが配向し，放電ではこの配向が乱れる。これが電気二重層キャパシタの大雑把な原理である。そのため，電解質は電解液に溶解し，イオン化しなければならない。非水溶媒を電解液に用いた場合でも，要件は同様であるから，電解質の溶解に優れた水系電解液はこの点に関しても非水溶媒より優れている。電気二重層キャパシタでは，充放電において化学反応を伴わないため，充放電速度が速く，反応熱はほとんど発生しない。このことはキャパシタの長所であるが，蓄電容量は一般的に二次電池より著しく

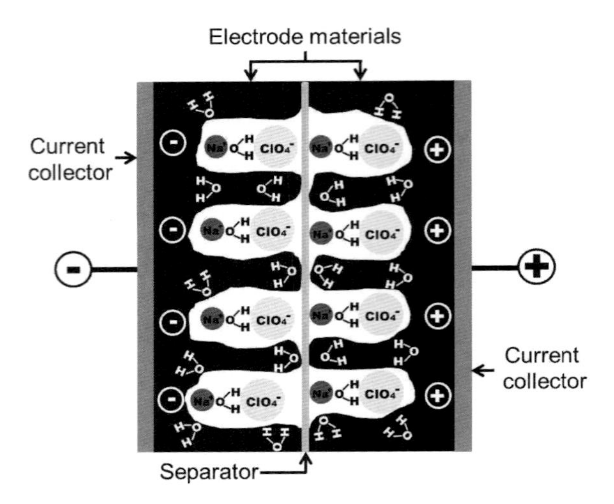

充電するとNa^+は負極に，ClO_4^-は正極に配向する。放電するとイオンの配向は乱れる

図２　電気二重層キャパシタの概念図

劣る。電気二重層キャパシタの蓄電容量は印加電圧の二乗に比例するため，電位窓の広さが必須の条件である。電位窓の狭い水系電解液は，実用的にはキャパシタからほとんど消えてしまった。

5.2　グラファイトを主成分とするキャパシタ

グラファイト（日本黒鉛）にアセチレンブラック（Denka）と少量のカーボンフェルト（TOYOBO）を混ぜ（以後グラファイト混合物と呼ぶ），混合物を加圧して薄い板状にしたものが電極である。セパレーターには紙，親水性の高分子膜あるいは陽イオン交換膜を用いた。電解液は飽和過塩素酸ナトリウム水溶液（SSPAS）で，集電極にグラッシーカーボンを用い，電池ユニット（宝泉）に挿入してグラファイトキャパシタを作製した。印加電圧を最大で3.2 Vに設定し，充放電試験（Bio-Logic VSP）を行った。

図３は１万回の繰り返し測定した充放電曲線群である。縦軸は電圧，横軸はCapacity（mAh）である。定電流測定であるから，曲線の形は横軸を時間とした場合と変わらない。曲線群が数％の誤差幅内に収まっていることは，電解液が充放電により分解などの反応することなく，安定して一定条件を保っていることを示す。充放電速度は速いが（1サイクルは12 s），エネルギー密度は0.45 Wh/kg（活物質のに対して）と小さい。

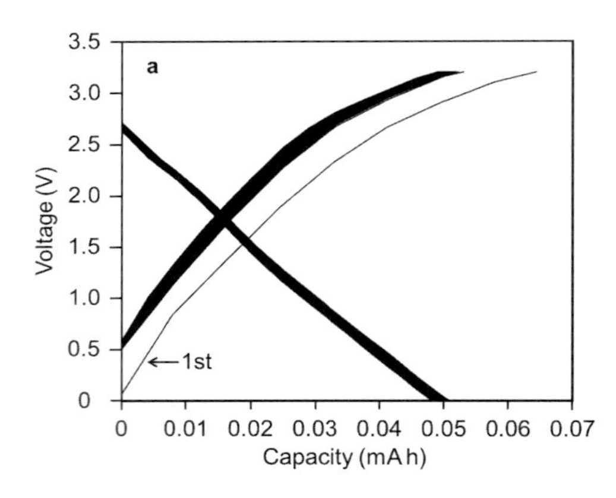

電流密度：15 mA/cm²，エネルギー密度0.45 Wh/kg

図３　グラファイトを主成分としたキャパシタの充放電試験

グラファイト混合物に市販の活性炭を加えると，エネルギー密度は著しく増加する。活性炭の添加は金属を用いず，蓄電量を増加させるという

効果はあるが，活性炭には吸湿性という厄介な問題がある。余分な水は本キャパシタの性能を著しく低下させるからである。

5.3　金属酸化物の添加による効果

キャパシタにおける金属酸化物の効果は多数報告されているが，中でも酸化ルテニウム（IV）RuO_2 は最も多く研究されている[6]。印加電圧はいずれも 1.2 V 以下で行われている。筆者らは印加電圧を 3.2 V で行ったところ，安価な鉄，バナジウムあるいはマンガン酸化物の添加によりルテニウムと同様の効果が得られたため，これらの酸化物による効果を集中的に調べた。実験は，グラファイト混合物に，Fe_2O_3，Fe_3O_4，V_2O_3，V_2O_5 および MnO_2 を添加して行った。充放電曲線の例を**図４**に示す。通常のキャパシタの充放電曲線とは著しく異なり，二次電池のような振

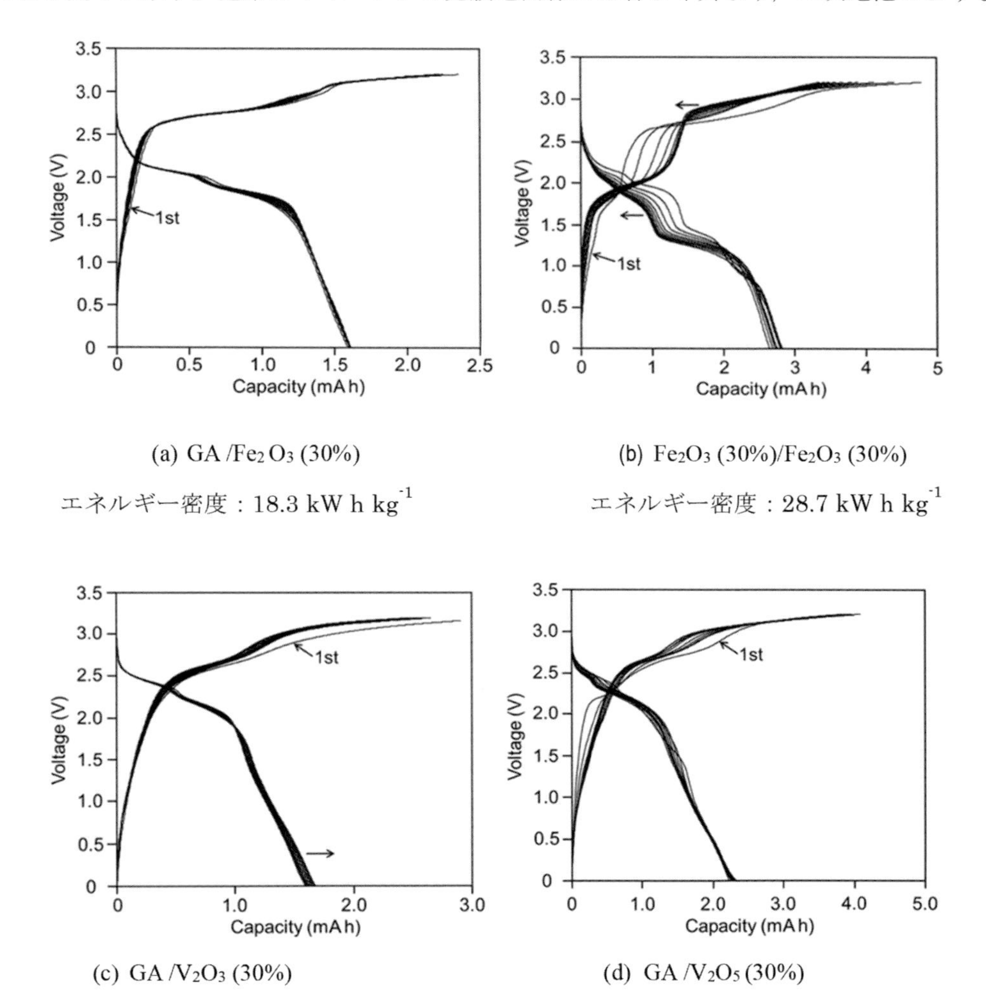

(a) GA /Fe_2O_3 (30%)　エネルギー密度：18.3 kW h kg^{-1}

(b) Fe_2O_3 (30%)/Fe_2O_3 (30%)　エネルギー密度：28.7 kW h kg^{-1}

(c) GA /V_2O_3 (30%)　エネルギー密度：20.1 kW h kg^{-1}

(d) GA /V_2O_5 (30%)　エネルギー密度：27.8 kW h kg^{-1}

横軸は Capasity（mAh），電極の組成は正極/負極で示す。GA はグラファイト混合物，電流密度はすべて 15 mA/cm^2

図４　金属酸化物を添加したグラファイトキャパシタの充放電曲線

舞いをする。負極に Fe_3O_4 を正極に MnO_2 を添加すると，エネルギー密度は 36.3 $Whkg^{-1}$ となった。この値は二次電池の領域に迫る。

5.4　金属酸化物添加による効果の理論的考察

先に述べたように，水系キャパシタにおける金属酸化物の寄与は，酸化ルテニウム（RuO_2）において最も多く研究されている[6]。RuO_2 による電子の吸収は，以下のように報告されている。もし x が 1 を超えれば，Ru は還元されたことになる。

$$RuO_2 + xH^+ + xe^- \rightleftarrows RuO_{2-x}(OH)_x \qquad (1)$$

ここで，$0 \leq x \leq 2$

飽和過塩素酸ナトリウム水溶液（SSPAS）中では話が少し異なる。H^+ は水和により常に H_3O^+ として存在することを前提とすると，SSPAS 中では，H^+ に水和する自由な水分子が少なく，当然，酸解離平衡も制約される。V_2O_5 を添加物とする場合，H_2O が直接反応して，以下の反応を考えるのが合理的である。

$$V_2O_n + xH_2O + xe^- \rightleftarrows V_2O_{n-x}(OH)_x + xOH^- \qquad (2)$$

ここで，n＝3 あるいは 5，また $0 \leq x \leq 1$

負極に金属酸化物を含み，正極はグラファイト混合物のみの非対称型キャパシタでは，負極において式(2)の反応で電子を吸着するか，あるいは金属酸化物の存在下で，グラファイトが以下の反応で電子を吸着する。

$$C + xe- \rightleftarrows C^{x-} \qquad (3)$$

一方，正極では式(4)の反応で，グラファイトが電子を放出する。

$$C \rightleftarrows C^{x+} + xe^- \qquad (4)$$

式(2)の反応により，負極で xOH^- が生成するなら（イオンのバランス上），正極では以下の反応により xH_3O^+ が生成する。

$$C^{x+} + x2H_2O \rightleftarrows xCOH + xH_3O^+ \qquad (5)$$

すなわち，負極で起きる電子吸収と同じ量の電子が正極で放出される。このことは，**図５**の３極電極を用いたキャパシタにより合理的に説明される。図５において，カウンター電極と作用電極における充放電曲線は完全に対象的である。両者の絶対値の和が全セルの電位になる。

しかし，正極と負極に Fe_2O_3 を含む対称型キャパシタでは（図４(b)），鉄イオンの間で電子の授受が起こる可能性は否定できない。

負極に V_2O_3 を含むグラファイトキャパシタにおいて，充放電によりグラファイトがどのように変化するかを調べた。XRD（Rigaku MiniFlex II）測定の結果，負極のグラファイトでは，充電によりグラファイト特有の 27° 付近の鋭いピークに変化は見られなかった。一方，正極では，

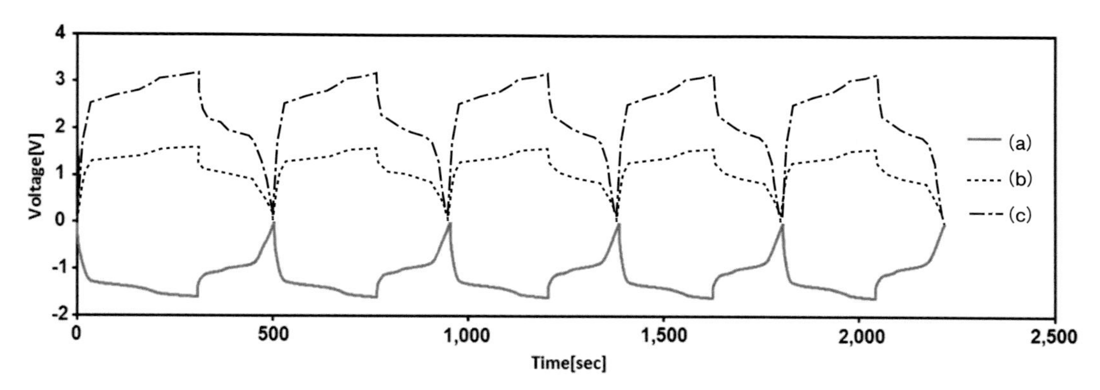

横軸は時間。Ag/AgCl を標準電極に用いた。作用電極はグラファイト混合物，カウンター電極はグラファイト混合物に 30% Fe_2O_3 を含む。；(a)カウンター電極　(b)作用電極　(c)セル電位

図５　３極電極を用いたキャパシタによる充放電曲線

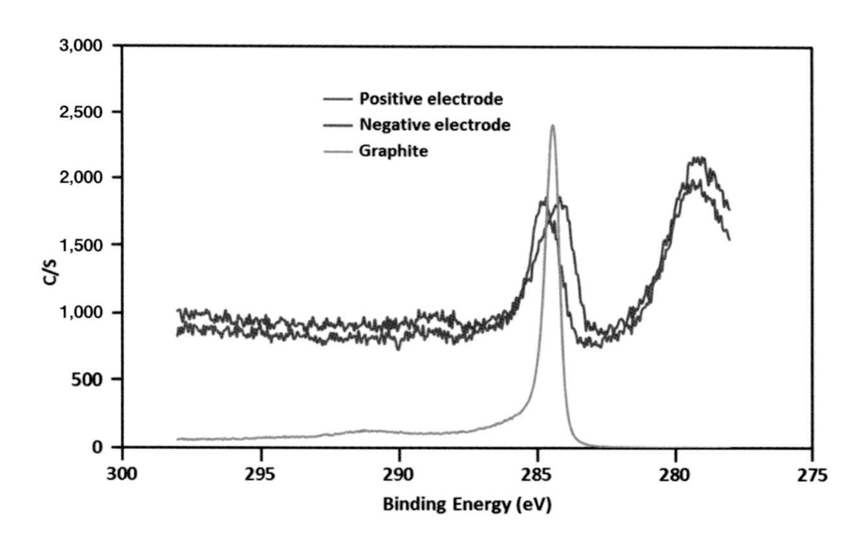

標準のグラファイトは 284.5 eV に鋭いピークを持つ。キャパシタの試料は，ClO_4 酸素の１ｓ軌道の妨害により，S/N 比は悪いが，負極と正極には僅かな違いが見られた

図６　正極と負極におけるグラファイト炭素１ｓ軌道の XPS スペクトル

ピークの位置に変化はなかったが，ピークの広がりが認められた。このことは，正極では，グラファイトの構造がアモルファス化していることを示唆している。同じ検証を XPS（X 線光電子分光スペクトル，ULVC PHI 5000 VersaProbe III）測定によって行った。グラファイト炭素における１s 軌道の XPS スペクトルを**図６**に示す。図では，正極と負極において，グラファイトのピークの違いはわずかである。このことは，XPS 測定においても，正極と負極でグラファイトの結合に大きな変化はないことを示している。

5.5　グラファイト中に含まれる V_2O_5 の酸化状態

正極と負極のグラファイトに V_2O_5 を添加し，充放電による V_2O_5 の酸化状態を調べる目的で

XPS 測定を行った。測定対象は V_2O_5 の酸素の 1 s 軌道のエネルギーである。測定の結果，純粋な V_2O_5 の O1s に該当するピークは 530.2 eV に現れ，充放電後の正極と負極の試料では，それぞれ 532.7 eV と 533.3 eV に観測され，いずれも 530 eV より大きい。このことは，結合エネルギーが 530 eV より小さい VO_2 および V_2O_3 とは明らかに異なる[7]。すなわち，充放電によりバナジウムの酸化状態に変化はないことを示している。本キャパシタを Redox Capacitor と呼ぶのは正しくない。しかし，V_2O_5 に何らかの構造変化が起こっているとは推察される。

飽和過塩素酸ナトリウム水溶液以外でも，濃厚な飽和過塩素酸塩水溶液において，同様な電気化学的な性質が期待される。筆者らは $LiClO_4$, $Mg(ClO_4)_2$, $Ca(ClO_4)_2$, $Ba(ClO_4)_2$ および $Al(ClO_4)_3$ の飽和水溶液について実験を行い，これらの飽和水溶液が優れた電解液であることを明らかにした。詳細は文献 1）を参照されたい。

6. 安全性評価

過塩素酸塩は不安定な物質ではないが，強力な酸素供給源であり，特に有機物との反応は要注意である。今回作製したキャパシタでは，グラファイト混合物に飽和過塩素酸ナトリウム水溶液を浸み込ませた。ここで，過酷な条件でどうなるかを検証した。何らかの原因で，セルが過熱して，水分が蒸発し，200℃まで温度上昇することを想定した。実験の結果，200℃ではグラファイトが燃えることはなかった。

7. おわりに

筆者らは，飽和過塩素酸塩水溶液の電位窓がこれまでに知られている水系電解液とは比較にならないほど広いことを明らかにした。このことは，水系電解液に付きまとう“狭い電位窓”という呪縛から解放されることを意味する。筆者らは，飽和過塩素酸塩水溶液がキャパシタに対して極めて有効に機能することを明らかにしたが，岡田らは類似した条件で二次電池にも有効であることを報告している[2]。

本研究の目的は，電解液としての飽和過塩素酸塩水溶液の開発とそのキャパシタへの有効性を調べるもので，キャパシタの材質にはこだわらなかった。今後，この水系キャパシタを実用化して行くには，エネルギーとパワー密度を高めて行くことは必須であり，そのためには材質の最適化に関する研究が重要である。高価な希少金属を使うことなく，安価で安全な蓄電ディバイスとして進化していくことを期待する。

謝　辞

最後に，本研究は，株式会社クオルテックにおいて行われたが，CV と XRD 測定などで，以下の方々の協力を得たことを記す。

東京工業大学　先導原子力研究所・鷹尾康一朗　准教授
信州大学工学部　物質化学科・樽田誠一　教授
東海大学　工学部原子力工学科・浅沼徳子　准教授

文　献

1) H. Tomiyasu, H. Shikata, K. Takao, N. Asanuma, S. Taruta and Y. Y. Park: An aqueous electrolyte of the widest potential window and its superior capability for capacitors, Scientific Reports. DOI; 10.1038/srep45048 March 21st (2017).
2) K. Nakamoto, R. Sakamoto, M. Ito, A. Kitajou and S. Okada: Effect of Concentrated electrolyte on Aqueous sodium-ion Battery with Sodium Manganese Hexacyanoferrate Cathode, Electrochemistry (電気化学および工業物理化学) April 5, 179–185 (2017).
3) Cotton, F. A. and Wilkinson, G.: Advanced Inorganic Chemistry. Fifth Edition. Ch. 2, 90–107 (John & Sons, 1988).
4) N. Matsubayashi, C. Waki and M. Nakahara: Structural study of supercritical water, I, *J. Chem. Phys.*, **107**, 9133–9140 (1997).
5) Vyalikh, A. et al.: Hydrogen bonding of water confined in controlled-pore glass 10–75 studied by ^{1}H-solid state NMR, *Z. Phys. Chem.*, **221**, 155–158 (2007).
6) P. Simon and Y. Gogotsi: Materials for electrochemical capacitors, *Nat. Mater*, **7**, 845–854 (2008).
7) L. Schacht, J. Navarrete, P. Schacht and M. A. Ramirez: Influence of vanadium oxidation states on the performance of V-Mg-Al mixed-oxide catalysts for the oxidative dehydrogenation of ropane; *J. Mex. Chem. Soc.*, **54** (2), 69–73 (2010).

第2節 高温作動Li(Na)イオン二次電池に向けた溶融塩電解液の開発

国立研究開発法人産業技術総合研究所 窪田 啓吾

1. はじめに

リチウムイオン電池を代表とする金属イオンの伝導により作動する二次電池は，一般に携帯電話などの小型電子機器，自動車などの中型機械に搭載するものが開発されている。その作動温度域は，移動する機械に搭載するため，当然室温で作動することを前提に開発され，その改良研究の方向性は寒冷地でも作動することに注力されている。一方で室温よりも高温での研究は熱暴走，火災などの事故を起こさないことを目的として安全性に主眼が置かれており，そもそも高温作動を常態として作動させることは検討されていない。しかしながら，移動型ではなく，工場などで使用する大規模蓄電のための定置型を想定すると，大型電池を集中することによる保温性の向上，併設する機械の余熱により電池の作動温度域は高温になる。この場合，室温作動電池をスケールアップしたものでは安定作動のために冷却機構，高温による事故に備えた防災機構を必要とする。したがって，このような用途には高温で安定作動する電池が適しているといえる。

室温作動の電池の電池部材（電極，電解液など）は，当然ながら室温で作動することを前提にされており，前述したように現在の研究は室温より低温で作動することを目的に耐低温，不凍性の材料の研究が進められている。これに対してより高温では作動することよりも事故を起こさないことを目的に進められており，常に高温作動することを目的とした材料は希少である。本稿では室温よりも高い温度域で常時作動させる電池を開発するために，電池部材の中でも温度の影響を大きく受ける電解質，特に溶融塩電解液[1)2)]の今後の展望について概説する。

2. 高温作動電池および溶融塩電解液のコンセプト

高温化の利点として，電池の課題の一つである電極と電解質間の界面電荷移動抵抗，電解質中の溶液抵抗が高温になるほど低下することでより高速の充放電が可能になる。また放電時の電圧降下が抑えられることにより出力も向上する。常温作動の電池においても，部材の高温による劣化（電極ならば相変化・熱分解，有機電解液ならば液の蒸発など）が起こらない範囲であれば，温度が高いほど高い性能を発揮する。解決する課題としては，前提として上述した室温作動電池では問題となる高温で事故および性能劣化しない電池部材を選択すること，また実用面では高温の環境温度を維持するコストの低減がある。

すでに実用化されている高温作動電池として，300℃以上で作動する熱電池[2)]やナトリウム硫黄電池[2)]は実用化されている。ナトリウム硫黄電池は工場の大規模蓄電に利用されている。熱電池は塩化物溶融塩を電解質に用い，ロケットなどの電源に使用される。保存性，頑丈性に非常に優れているが，作動可能な最低温度が300℃以上と非常に高いために用途が制限されている。

本稿で述べる高温作動二次電池のコンセプトは，電池反応は既存の金属二次電池そのままに，幅広い用途に対応するため，また温度調節のコストを低減するため，既存の高温作動電池よりも低い温度域で作動することである。目標としては，最低は室温から最大は200℃以上の温度域で安定に作動することが望ましい。

高温作動電池を構築するためには，電池部材には目的とする温度域で安定なものを選ぶ必要がある。例として，実用化されているリチウムイオン電池で用いられている正極活物質である $LiCoO_2$ は耐熱性が低い[4]ために室温域以上では使用できないことが報告されている。これらの中で最も温度による制限を受けるのは電解質である。室温二次電池で多用されている有機電解液は電解質塩（リチウムイオン電池ならばリチウム塩，など）と有機溶媒の混合物であり，有機溶媒の揮発性・可燃性から40℃以上を常態としては実用不可能と言われている。目標とする室温～200℃以上の温度域で安定な電解質を開発することが重要な課題となる。

溶融塩とはイオンのみで構成される液体であり，難燃性で低い蒸気圧をもつことから，電解液としては高い安全性を示す。また，有機電解液と比べて耐熱性も高く，高温作動電池に適している。近年電池用電解質として用いられている溶融塩としては，有機イオンから構成される低融点溶融塩（イオン液体[5]とも呼ばれる）と電解質塩を混合したイオン液体電解液がある[6]。一方で，古典的な溶融塩としてアルカリ金属カチオンを含むアルカリ金属溶融塩は，融点が高いという欠点を持つが溶融塩の中でも耐熱性とイオン伝導率が非常に高い。また，イオン液体電解液と比べてカチオンがアルカリ金属のみであるため，有機カチオンに由来する課題（有機カチオンの耐熱性や電極材料との相性など）がない。本稿ではこのアルカリ金属溶融塩を電解質に用いた電池の構築を中心に述べる。

3. 溶融塩電解液の熱物性

溶融塩の安定温度域は溶融塩を用いるうえで重要なパラメータの一つであり，融点と熱分解温度により規定される。アルカリ金属溶融塩の融点はイオンのサイズによる影響，特にアニオンによる影響が大きい。例としてリチウム溶融塩の安定温度域を**図１**[1]に示す。塩化物などのハロゲン化物の塩は単原子イオンのみで構成されるため熱安定性が最も高いが，固相におけるイオン同士の結合が最も強固であるために融点も400℃以上である。実際には塩同士を混合することで，熱分解温度をそのままに融点を下げて取り扱い性を向上させた混合塩が用いられる[7]。混合の組み合わせとしては，後述の電気化学安定性や輸送特性が類似となるアニオンが共通の塩を組み合わせることが多い（異種カチオン混合塩）。硝酸，過塩素酸などの複原子からなるアニオンの塩は融点が300℃以下まで低下するが，溶融塩が強力な酸化剤であるために他の電池部材と反応し，また自己発火性であるなど危険性も高い[2]。室温作動のリチウムイオン電池の電解質において，有機溶媒に伝導イオン源として添加される電解質塩には実用化されている $LiPF_6$ を代表に，耐酸化性の高いフッ素系のアニオンからなる塩が用いられているが，これらのアルカリ金属塩の大部

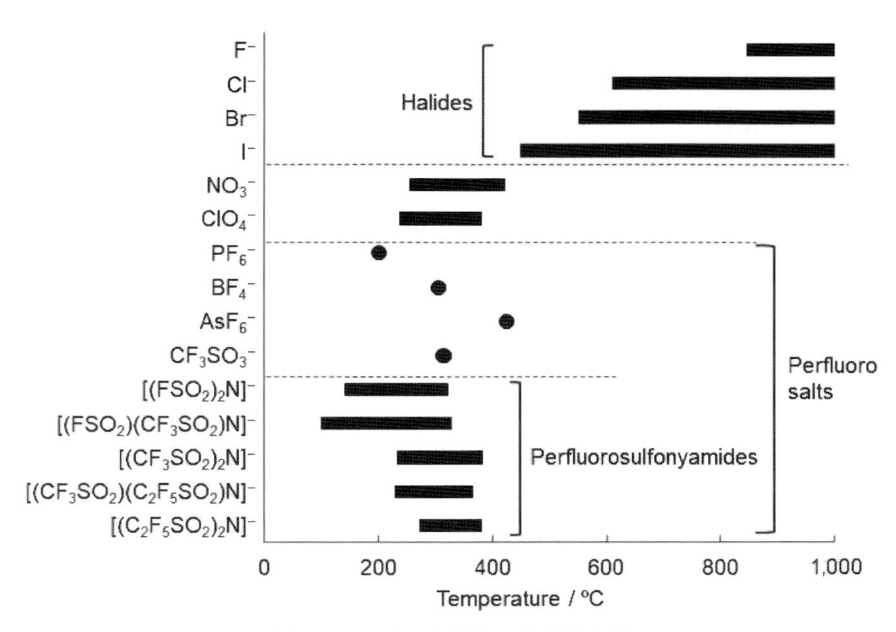

図１　リチウム溶融塩の液相温度域

分が固体から溶融せずに熱分解し[8)-10)]，単塩では溶融塩とならない。その中で，ビストリフルオロスルフォニルアミド（TFSA，化学式$[N(SO_2CF_3)_2]^-$）アニオンを代表とするペルフルオロスルフォニルアミドアニオンからなる塩はイオン液体において低融点および高い熱安定性と耐酸化性をもたらすことが報告されており，リチウム塩の融点も200℃，熱分解温度も300℃以上であり中温域に広い安定温度域をもつ。近年ではビスフルオロスルフォニルアミド（FSA，化学式$[N(SO_2F)_2]^-$）アニオン，さらに側鎖の非対称構造によりより融点の低いフルオロスルフォニルトリフルオロメチルスルフォニルアミド（FTA，化学式$[N(SO_2F)(SO_2CF_3)]^-$）アニオン[10)]からなるリチウム塩が単塩でも100℃まで融点が低下することが報告されている。このようなリチウムアミド塩は同アニオンの他のアルカリ金属塩を添加することでさらに融点が低下し，特にFSAやFTAの塩は30℃まで融点が低下し[12)13)]，室温近傍から300℃以上までリチウムやナトリウムの二次電池用電解質として用いることができる。

4. 溶融塩の電気化学安定性

電池の作動電圧は正極と負極の充放電電位によって定められるが，その前提としてそれぞれの電池反応が電解質中のイオンが酸化・還元をしない電位の範囲（電気化学窓）内で起こることが必要とされる。したがって溶融塩電池が室温作動のリチウムイオン電池と同等の電圧（４V）を得るためには，溶融塩電解質にそれ以上の電気化学窓を持つことが望ましい。いくつかの異種カチオン混合のアルカリ金属溶融塩の電気化学窓を**表１**に示す[13)-17)]。電気化学窓は溶融塩中のカチオンの耐還元性とアニオンの耐酸化性によって定められ，混合塩では最も耐性の弱いイオンに準拠する。例えば，ハロゲン化物の耐酸化性はアニオンサイズが大きいほど低くなるため，LiF–

表１　アルカリ金属溶融塩の電気化学窓

Molten salt	Electrochemical window/V	Operating temperature/℃	Cathodic raction	Anodic reaction	Ref.
LiCl–KCl eutectic	3.6	450	Reduction of Li^+ (lithium metal deposition)	Oxidation of Cl^- (Cl_2 gas generation)	14
LiBr–KBr–CsBr eutectic	3.4	250	Reduction of Li^+ (lithium metal deposition)	Oxidation of Br^- (Br_2 gas generation)	15
LiF–LiCl–CsI eutectic	2.7	425	Reduction of Li^+ (lithium metal deposition)	Oxidation of I^- (I_2 gas generation)	14
$LiNO_3$–KNO_3 eutectic	4.5	180	Reduction of Li^+ (lithium metal deposition)	Oxidation of NO_3^-	16
Li[FTA]–Cs[FTA] eutectic	5.0	100	Reduction of Li^+ (lithium metal deposition)	Oxidation of FTA^-	13
Li[TFSA]–Na[TFSA] eutectic	4.5	220	Reduction of Na^+ (sodium metal deposition)	Oxidation of $TFSA^-$	17
Li[TFSA]–K[TFSA] eutectic	5.0	170	Reduction of Li^+ (lithium metal deposition)	Oxidation of $TFSA^-$	17
Li[TFSA]–Cs[TFSA] eutectic	5.2	130	Reduction of Li^+ (lithium metal deposition)	Oxidation of $TFSA^-$	17

LiCl–CsI のような混合塩の酸化耐性は CsI に準拠し，LiCl–KCl や LiBr–KBr–CsBr よりも電気化学窓は狭くなる。アミドアニオンはリチウムイオン電池用電解質塩として使われているペルフルオロアニオンの塩に類しているため，ハロゲンや硝酸に比べて耐酸化性が高く，溶融塩としてもリチウムの析出から５V 以上の広い電気化学窓をもつ。また，融点の低下によりハロゲン塩と比べて大幅に低い温度で，この電気化学安定性を示す。対してアルカリ金属カチオンはナトリウムが最も高い電位で還元するため，リチウム二次電池の電解質としてはナトリウム塩の添加は適さない。特にアミド塩では融点低下効果や後述の輸送特性の改善効果も併せて主にカリウム塩やセシウム塩との混合塩が使用されている。このように，室温から高温域まで作動する二次電池の新規な電解質としては，融点，安定温度域，電気化学窓の観点から，TFSA をはじめとするアミドアニオンのアルカリ金属塩が適している。

5. 溶融塩電解液の輸送物性

電池電解質の性能を定めるパラメータとして，粘度とイオン伝導率，伝導イオンの輸率が挙げられる。イオン伝導率が高いほど高速充放電が可能になる。粘度はイオン導電率と反比例的な傾向があり，また粘度が低いほど合剤電極に含侵しやすく，室温の有機電解液に近い使い勝手が期待できる。室温作動電池の有機電解液の粘度は室温で 10 mPa･s 以下，イオン伝導率については 1 mS･cm^{-1} 以上である。例として，TFSA のリチウム塩（Li[TFSA]）を中心にリチウム塩およびアルカリ金属 TFSA 溶融塩の粘度とイオン伝導率の温度依存性を**図２**，**図３**に示す[16)17)]。リチウム塩におけるアニオン種依存性は温度域が異なるため一概にはわかりにくいが，アニオンのサイズが小さいほど粘度が低くイオン伝導率が高い傾向がある。これは単純にサイズの小さいアニオンほど移動が容易であるためと考えられる。特にハロゲン化物以外のアニオンは複数の原子により球状とは異なる形をもつため，よりイオンの易動度が低下するものと考えられる。古典的なハロゲンや硝酸のリチウム塩は 300℃温度域で室温電解液の 100 倍以上の導電率を示すが，Li[TFSA]をはじめとするアミド系のリチウム塩はそれぞれの温度域で 10 mS･cm^{-1} 以下である。一方で，同種アニオン中ではカチオンサイズが大きいほど粘度が低くイオン伝導率が高い。これは単原子のアルカリ金属カチオンのグループでは表面電化密度が低下することによりアニオンとのクーロン相互作用が低下し，単純なサイズ増大による易動度の低下を打ち消して逆に易動度が増加するためと考えられる。したがって，リチウムやナトリウムの二次電池に導入する溶融塩電解質として，前項で熱物性と電気化学的安定性から適していると述べたペルフルオロスルフォニルアミドの溶融塩は電解液として適しているとは言い難い。この性質を改善する方法として，混合溶融塩の輸送特性は原料としたそれぞれの塩の中間の値となる性質を利用し，同アニオンのアルカリ金属塩を添加することでリチウムアミド塩のイオン伝導率を向上させることができる。

イオン伝導率は電解液中に存在するすべての種類のイオンの伝導率の合計であり，電池用電解質としてはこれと電池反応に関与するイオン（リチウムイオン電池ならリチウムイオン）のみのイオン伝導率（部分イオン伝導率）が実際に電解質の性能を定めるパラメータとなる。部分イオン伝導率は通電時の各イオンが担う電荷移動の割合（輸率）と全イオン伝導率の積で表される。**表２**にいくつかの溶融塩の輸率のイオン伝導率を示す。輸率は電解液中のイオンの濃度，溶融塩であれば構成するイオンの組成比とイオンのサイズの影響を受ける。単塩中にはそれぞれ１種類のカチオンとアニオンのみが存在し，片方のイオンは対のイオンに対してサイズが小さいほど高い輸率を示す。したがってアルカリ金属カチオンに対して非常に大きいアミドアニオンの塩で

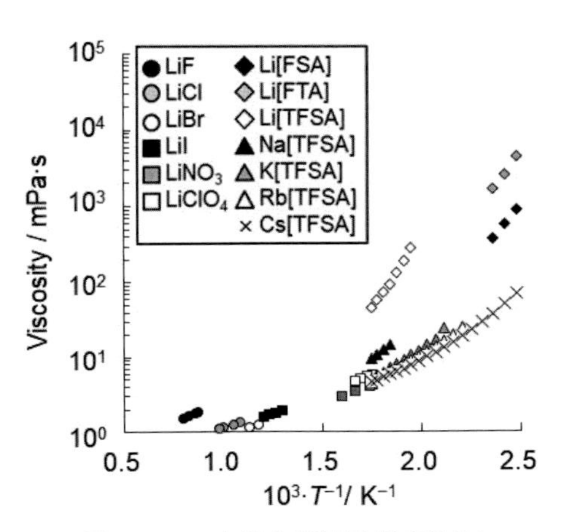

図２　アルカリ金属溶融塩の粘度

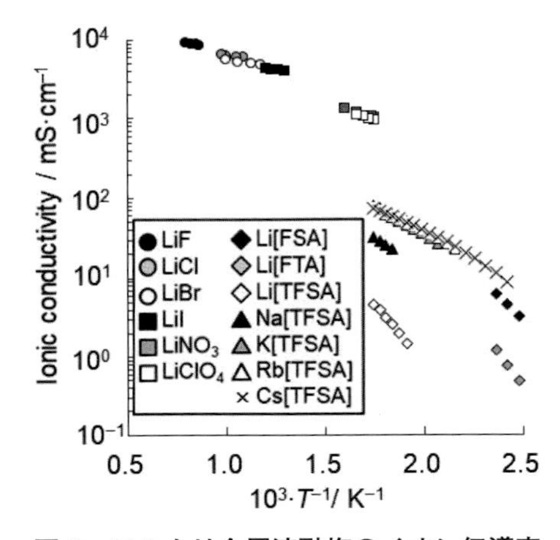

図３　アルカリ金属溶融塩のイオン伝導率

表２　含リチウムアルカリ金属溶融塩のリチウムイオン輸率

Molten salt	Operating temperature/℃	Transport number of Li^+	Ionic conductivity/ mS・cm^{-1}	Partial ionic conductivity of Li^+/mS・cm^{-1}	Ref.
LiF	850	0.55	8,600	4,700	19
LiCl	767	0.67	6,600	4,400	20
$LiNO_3$	317	0.72	1,100	830	20
Li[FTA]-Cs[FTA] ($x_{Li[FTA]}$=90 mol％)	110	0.81	0.23	0.19	13
Li[FTA]-Cs[FTA] ($x_{Li[FTA]}$=40 mol％)	110	0.30	2.9	0.88	13
Li[FTA]-Cs[FTA] ($x_{Li[FTA]}$=20 mol％)	110	0.18	4.4	0.80	13

はアルカリ金属の，特に最も小さいリチウムカチオンは非常に高い輸率を示すと予測される。一方で，上述した通りリチウムアミド塩の全体のイオン伝導率は非常に低く，他のアルカリ金属塩を添加することで改善することはできるが，リチウムイオン輸率は低下する。例として，表２の下部にFTAのリチウム塩と同アニオンのセシウム塩を混合した際のイオン導電率とリチウムイオン輸率，およびリチウムイオンの部分イオン伝導率を示す。Li[FTA]よりもCs[FTA]の方が高いイオン伝導率を持つため，Cs[FTA]を添加するほどイオン伝導率はLi[FTA]単塩よりも高くなる一方，混合塩のLi[FTA]の濃度が低くなるほどリチウムイオン輸率は低下する。したがってリチウムイオンの部分イオン伝導率はある組成（Li[FTA]とCs[FTA]の混合比が２：３）を示す。このように，混合により電解質の改善を図る場合，融点における状態図作成と同様にリチウムイオンの部分伝導率が最も高くなる組成を明らかにする必要がある。

6. おわりに―今後の課題

高温作動の金属イオン二次電池はまだ基礎研究がほとんどであり，数多くの研究課題が残されている。前述した通り，一般に実用化，または改良研究が進められている金属イオン二次電池は室温作動を前提としており，室温では使用できない。電解液であれば室温以上に融点を持つことがわかった時点で対象から除外されることも多い。しかしながら，既存の電池構成でも高温化による容量・充放電速度の増加が期待できることはもとより，電解質ならばアルカリ金属溶融塩など，これまで検討されてこなかった電池部材を選択できる可能性がある。高温化における安全面の最大の課題である電解質は，イオン液体電解液を中心に解決案が示されており，本稿で述べたアルカリ金属アミド溶融塩のように単純な構成でありながら優れた安定性と興味深い特性を持ち，リチウム，ナトリウム二次電池の電解質として機能することが報告されている。今後の課題として，高温作動に対応する他の電池部材，特に50～200℃の温度域で開発が必要である。また，産業的には室温作動の電池において必要であった冷却・防災用の機構の代わりに室温以上の環境温度に維持する機構が必要とされる。

また，マグネシウムやカルシウムなどの二価金属イオンを用いた電池は，リチウムやナトリウムよりも移送する電荷量が２倍であることから大容量が期待でき，またリチウムよりも埋蔵資源量が豊富であることからポストリチウムイオン電池として研究が進められている。しかしながら，リチウムイオン電池と同様に室温作動を前提として場合，これらの電池部材は電極−電解液の界面電荷移動抵抗が高いことや電解質マグネシウム塩の溶媒への溶解度が低いことから，構築することそのものが困難であることが明らかになってきている。作動温度を高温域に広げた場合，界面電荷移動の低減が期待でき，電池部材の選択肢も広範に広げることができる。このように，高温域で安定な電解液の開発は既存の電池の性能向上のみならず，これまで構築できなかった反応の電池の可能性の開拓につながる。室温作動では実用化が難しい分野に対して，これらが新しいブレイクスルーとなることを期待したい。

文　献

1) K. Kubota and H. Matsumoto: *J. Phys. Chem.* C, 117, 18829 (2013).
2) P. Masset and R. A. Guidotti: *J. Power Sources,* **164**, 397 (2007).
3) D. E. Garrett: Sodium Sulfate: Handbook of Deposits, Processing, and Use (2001).
4) D. D. MacNeila and J. R. Dahn: *J. Electrochem. Soc.,* **148**, A1205 (2001).
5) K. Xu: *Chem. Rev.,* **104**, 4303 (2004).
6) H. Sakaebe and H. Matsumoto: In Electrochemical Aspects of Ionic Liquids; H. Ohno, Ed.; WileyInterscience: Chapter 16, Hoboken, NJ, (2005).
7) J. Sangster: *J. Phase Equilibria,* **21**, 241 (2000).
8) E. Zinigrad, L. Larush-Asraf, J. S. Gnanaraj, M. Sprecher and D. Aurbach: *Thermochim. Acta,* **438**, 184 (2005).
9) A. S. Kanáan and J. M. Kanamueller: *High Temp. Sci.,* **11**, 23 (1979).
10) K. S. Gavrichev, G. A. Sharpataya, V. E. Gorbunov, L. N. Golushina, V. N. Plakhotnik, I. V. Goncharova and V. Gurevich: *Inorg. Mater.,* **39**, 175 (2003).
11) H. Matsumoto, N. Terasawa, T. Umecky, S. Tsuzuki, H. Sakaebe, K. Asaka and K. Tatsumi: *Chemistry Letters,* **37**, 1020 (2008).
12) K. Kubota, T. Nohira and R. Hagiwara: *J. Chem. Eng. Data,* **55**, 3142 (2010).
13) K. Kubota and H. Matsumoto: *J. Electrochem. Soc.,* **161**, A902 (2014).
14) P. Masset: *J. Power Sources,* **160**, 688 (2006).
15) T. Kasajima, T. Nishikiori, T. Nohira and Y. Ito: *J. Electrochim. Soc.,* **151**, E335 (2004).
16) M. H. Miles, G. E. McManis and A. N. Fletche: *J. Electrochem. Soc.,* **134**, 614 (1987).
17) K. Kubota, K. Tamaki, T. Nohira, T. Goto and R. Hagiwara: *Electrochim. Acta,* **55**, 1113 (2010).
18) G. J. Janz: *J. Phys. Chem. Ref. Data,* **17**, 1 (1988).
19) V. Sarou-Kanian, A. L. Rollet, M. Salanne, C. Simon, C. Bessada and P. A. Madden: *Phys. Chem. Chem. Phys.,* **11**, 11501 (2009).
20) G. J. Janz and N. P. Bansal: *J. Phys. Chem. Ref. Data,* **11**, 505 (1982).

第3節　異常に高いリチウムイオン輸率を示すイオン液体/ホウ素二成分系電解質

北陸先端科学技術大学院大学　松見　紀佳

1. はじめに

電解質に求められる特性としてはイオン伝導度，リチウムイオン輸率，電気化学的安定性などが主要なファクターとして挙げられる[1)]。中でも有機電解質は一般にリチウムイオン輸率が非常に低く，多年にわたり高分子固体電解質として研究されてきたポリエーテル誘導体では室温で0.1～0.2程度，新型電解質として期待されているイオン液体においても0.2～0.3にすぎず，大半はエネルギーの貯蔵に寄与しないアニオンが主に系内を移動していた。しかし，理想的にはリチウムイオンのみが系内を移動するシングルイオン伝導体を構築することができれば，デバイスの安定動作上最も望ましい。

電解質のリチウムイオン輸率を向上させる手法としては，高分子電解質の場合には高分子構造中にアニオン構造やアニオンレセプター構造を導入することが試みられてきたが，液状電解質においてリチウムイオン輸率を向上させる手法は極めて限定されていた[2)-9)]。

高分子固体電解質及びイオン液体・溶融塩においてはすでにこれまでさまざまなアニオンレセプターやリチウムボレート，ホウ素安定化アニオンなどのイオン伝導性マトリックスへの導入が行われ，構造特性の相関について広く検討が行われてきた（**図1**）。高分子系や溶融塩系へのホウ素ユニットの導入は主にヒドロボラン種を用いたヒドロボレーション反応や脱水素カップリング反応により行ってきた。各系のホウ素-アニオン相互作用の強さにより，アニオントラップの効果の影響はさまざまで，①アニオントラップが極めて強い場合にはイオン伝導度は減少する一方でリチウムイオン輸率は大幅に向上し，②アニオントラップが弱い場合にはリチウムイオン輸率の向上は顕著ではない一方で塩解離の促進によるイオン伝導度の向上が認められた。また，③適度なアニオントラップを示す系では他系と比較してイオン伝導度，リチウムイオン輸率ともに向上した系も見出されている。

とりわけ，高分子化イオン液体中にホウ素を導入した系は0.87のリチウムイオン輸率を示し，高被引用度論文となっている。高分子化イオン液体導入するホウ素ユニットとしては，特にルイス酸性の高いアルキルボラン構造を導入した場合に優れた特性が観測された。

その後，よりデバイスパフォーマンスを指向した系としては低粘度イオン液体を含有するケイホウ酸ガラスハイブリッド電解質（**図2**）を報告している。低粘度イオン液体の存在下においてアルコキシシラン，アルコキシボランのゾル-ゲル反応を行い，目的のハイブリッド材料を得た。得られた材料はバーナーで1分間炎を当てても着火することはなく，高い水準の難燃性と高いイオン伝導性を兼ね備えた固体状電解質であることがわかった。DEIS（動的インピーダンス測定）

Macromolecules 2002, *35*, 5731.; *Macromolecules* 2003, *36*, 2321.; *Macromolecules* 2005, *38*, 4951.; *Macromolecules* 2005, *38*, 2040.; *Macromolecules* 2006, *39*, 6924.
Chem. Commun. 2004, 2852.; *Chem. Commun.* 2005, 4557.; *Chem. Commun.* 2006, 1926.

図１　さまざまな有機ホウ素系電解質の研究例

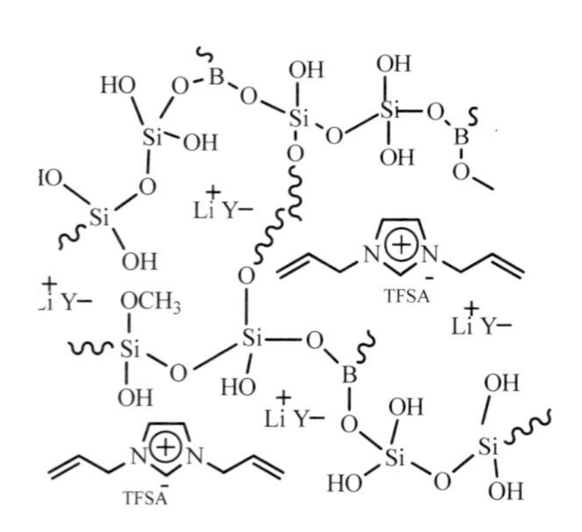

図２　難燃性ケイホウ酸ガラス/イオン液体ハイブリッド

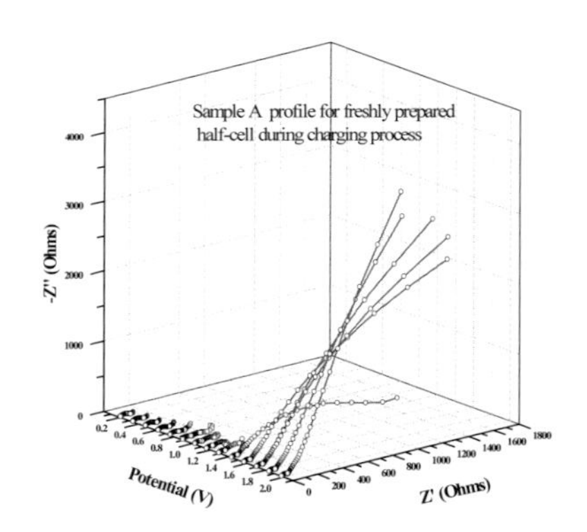

図３　動的インピーダンスによる充放電条件最適化の例

法を経た充放電条件の最適化（**図３**）を経て Li/電解質/C 型ハーフセルにおいて 160 $mAhg^{-1}$ 程度の可逆的な充放電が可能であることがわかった（**図４**）。

本稿では特に液状の二成分系イオン液体/ホウ酸エステル電解液の創出に焦点をあてる[10]。

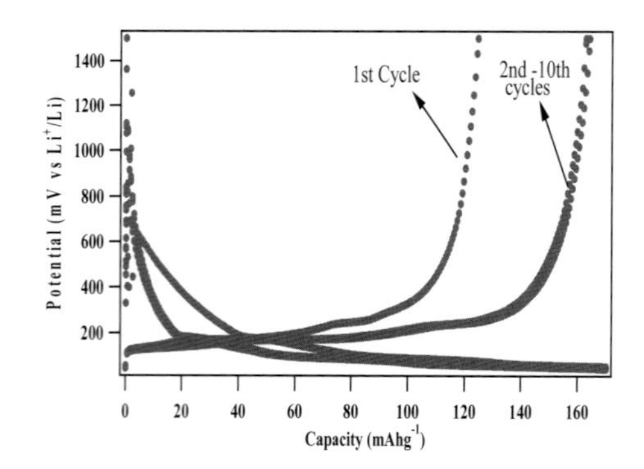

図４　難燃性有機・無機ハイブリッド電解質を用いた Li/電解質/C 型セルの充放電特性

2. イオン液体/ホウ酸エステル二成分系電解液の創出

本研究においては従来相溶しなかったイオン液体とホウ酸エステル化合物の相溶性を体系的に調べた（**表１**）。その結果，多くのイオン液体とホウ酸エステル化合物の組み合わせにおいては双方の液体は相溶せず，混合すると直ちに目視において相分離が明瞭に観測された。しかし，一部の TFSI［bis（trifuloromethanesulfonyl）imide］アニオン/FSI［bis（fluorosulfonyl）imide］アニオンを有するイオン液体がメシチルジメトキシボラン（MDMB）と均一相溶することを見出した。また，これらの系ではイオン液体とメシチルジメトキシボランは幅広い組成比において相溶することがわかった。これらの組み合わせにおいて，混合電解液はイオン液体自身よりも低い粘度を示し（**図５**），粘度の温度依存性はアレニウス型の挙動に従った。比較的低い粘度を有することを考慮すると，本系は予想されるよりも若干低いイオン伝導度を示したが（**図６**），そ

表１　種々のイオン液体とホウ酸エステル化合物との相溶性

IL/Boron	1	2	3
BMImTFSI	−	−	＋
AMImTFSI	−	−	＋
AAImTFSI	−	−	＋
AMImFSI	−	−	＋
EMImFSI	−	−	−
BMImCl	−	−	−
AMImCl	−	−	−
AMImCH$_3$COO$^-$	−	−	−
AMImBr	−	−	−

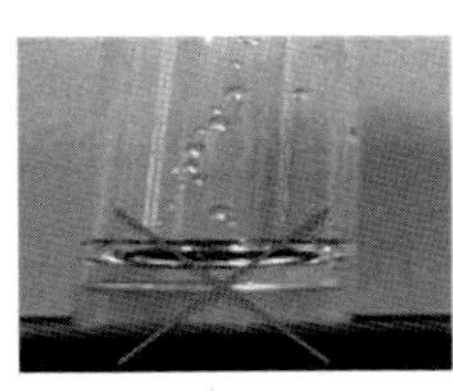

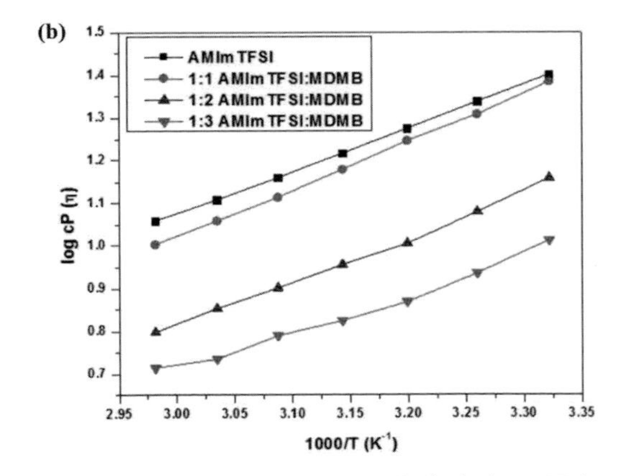

図５　(a)イオン液体/ホウ酸エステル相溶系（上）と非相溶系（下）の写真および(b) AMImTFSI/ホウ酸エステル系の粘度の温度依存性

れは後述する非常に高いアニオントラップ能によりキャリアーイオン濃度が低下したためと考えられる。しかし，依然として $1.4x10^{-3}\,Scm^{-1}-9.4x10^{-4}\,Scm^{-1}$（at 51℃）と高水準のイオン伝導度を維持している。特筆すべき点は，いずれの電解液も非常に高いリチウムイオン輸率を示した（**図７**(a)）。イオン液体とメシチルジメトキシボランの体積比１：１の相溶系はすべての系において 0.5 を超えるリチウムイオン輸率を示した。また，イオン液体とメシチルジメトキシボランの

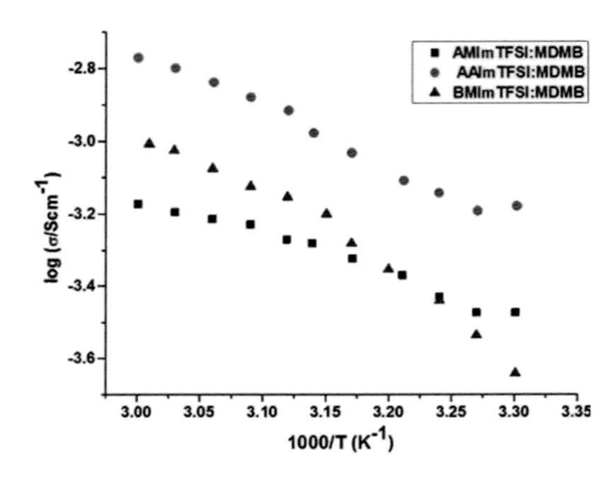

図６　AMImTFSI/ホウ酸エステル系のイオン伝導度の温度依存性

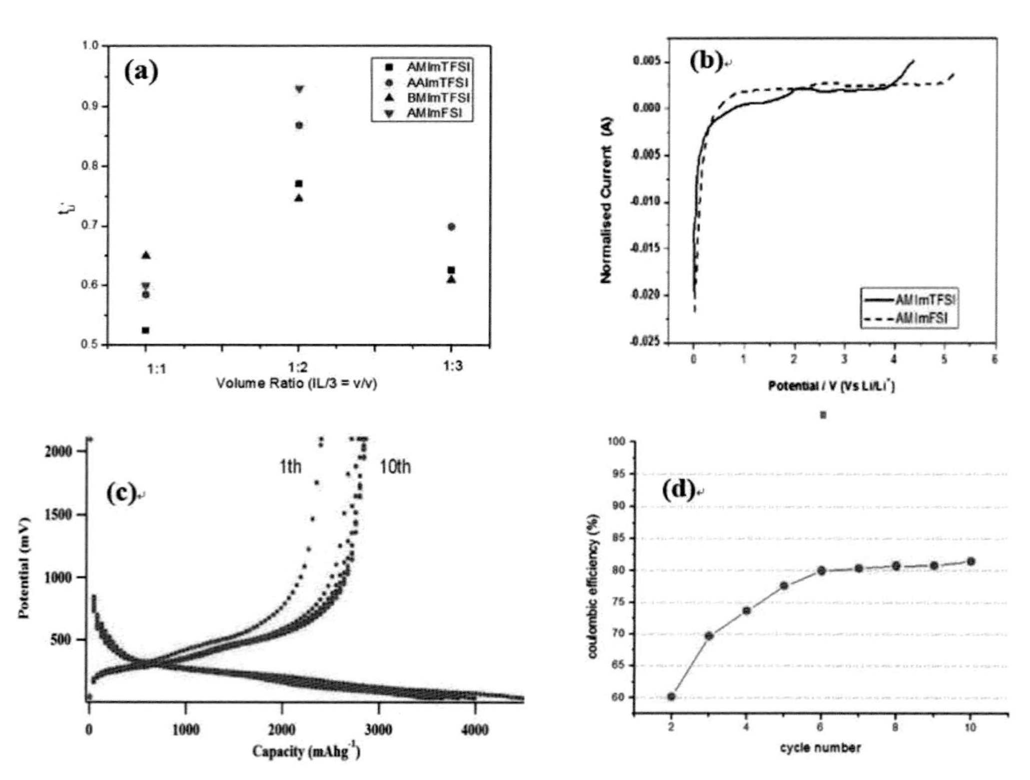

(a)リチウムイオン輸率　(b)直線走査ボルタンメトリー（Li/IL：MDMB（１：２ v/v）/Pt；vs Li/Li⁺）　(c)充放電特性（Li/電解質/Si；充放電レート 0.3 C）　(d)充放電試験におけるクーロン効率

図７　イオン液体/ホウ酸エステル系のさまざまな電気化学測定の結果

体積比を１：２とした系ではいずれの系においてもイオン伝導度，リチウムイオン輸率ともにさらに向上した。ホウ素化合物の組成が向上しアニオントラップ能が向上したことに加えて，粘度もさらに低減したことが伝導度の向上にもつながったと考えられる。一方，イオン液体とメシチルジメトキシボランの体積比を１：３とした場合にはイオン伝導度，リチウムイオン輸率ともに減少に転じた。さらなるキャリアーイオン数の減少がイオン伝導度の減少につながった可能性や，粘度のさらなる低減により両イオンの非選択的な移動が増したことが要因と考えられる。観測された最大のリチウムイオン輸率としては，FSI系イオン液体とメシチルジメトキシボランが体積比 1/2（v/v）で相溶した系では 0.93 という異常に高いリチウムイオン輸率が観測された(図７(a))。

一般的にリチウムイオン輸率を向上させた系では，イオン伝導度とのトレードオフが問題となるケースが多いが，本系では系が低粘度であることにより，イオン液体系特有の高イオン伝導度を維持したままリチウムイオン輸率を大幅に向上させることに成功した。

また，各二成分系電解液の電気化学的安定性に関して直線走査ボルタンメトリーにより評価を行った（図７(b))。その結果，TFSI系イオン液体/メシチルジメトキシボラン系は４V 程度の電位窓を示したのに対し，FSI系イオン液体/メシチルジメトキシボラン系は５V 程度の電位窓を有し，高電圧型の電極材料の使用にも耐える特性を示した。

この混合電解液（IL/B＝1/2（v/v））を用いて Li/電解液/Si 型ハーフセルを構築し，0.3 C の充放電レートで充放電試験を行ったところ，可逆的な充放電挙動とともに 2,500 mAh/g 以上の放電容量が観測された（図７(c)(d))。

3. おわりに

従来，相溶系が見出されていなかったイオン液体とホウ酸エステル化合物に関して，容易に相溶する系が見出された結果，非常に高いリチウムイオン輸率をはじめ総合的に際立った特性を有する二成分系電解液を開発することに成功した。従来の有機ホウ素系イオン液体・溶融塩ではホウ素をイオン液体構造に共有結合的に導入する必要があったために，ホウ素導入後には分子量増加に伴う粘度上昇や場合によっては固体化に至っていた。その結果，イオン伝導度とリチウムイオン輸率のトレードオフ相関が多くの系で顕著となっていた。一方，本系ではホウ酸エステル導入後にはイオン液体自身よりも有意に粘度が低下したため，ホウ素導入後にも高水準のイオン伝導度が維持されたままでリチウムイオン輸率を大幅に向上させることに成功した。著者らが知る限り，液状電解質としては異常に高いリチウムイオン輸率が発現されたといえる。一因としては系内に大過剰のアニオンレセプターが存在しているため，複数のアニオンレセプター分子が協同的にアニオンをトラップすることにより，従来のアニオンレセプター導入系と比較してさらに効果的なアニオントラップが起きている可能性が考えられる。複数のアニオンレセプターが協同的にアニオンと相互作用して高い結合定数を示す例は超分子化学分野やアニオンセンシング分野では多数の事例において報告されているが，このような分子設計がエネルギーデバイス用電解質の領域で活用されている事例は著者の知る限りにおいては見られない。

５V 程度の電位窓を発現可能な点や，シリコン系電極とも親和性を有していることを含め，今後の伸びしろが大いに期待できる電解液系であると考えている。

文　献

1）E. M. Erickson, C. Ghanty and D. Aurbach: *J. Phys. Chem. Lett.*, **5**, 3313,（2014）.

2）H. S. Lee, X. Q. Yang, C. L. Xiang, J. McBreen and L. S. Choi: *J. Electrochem. Soc.* **145**, 2813（1998）.

3）N. Matsumi, K. Sugai and H. Ohno: *Macromolecules*, **35**, 5731（2002）.

4）N. Matsumi, M. Miyake and H. Ohno: *Chem. Commun.*, **24**, 2852（2004）.

5）A. Narita, W. Shibayama, K. Sakamoto, T. Mizumo, N. Matsumi and H. Ohno: *Chem. Commun.*, **18**, 1926（2006）.

6）N. Matsumi, K. Sugai, M. Miyake and H. Ohno: *Macromolecules*, **39**, 6924（2006）.

7）N. Matsumi, K. Sugai and H. Ohno: *Macromolecules*, **6**, 2321（2003）.

8）N. Matsumi, T. Mizumo and H. Ohno: *Polym. Bull.*, **51**, 389（2004）.

9）M. A. Mehta and T. Fujinami: *Chem. Lett.* **9**, 915（1997）.

10）R. Vedarajan, K. Matsui, E. Tamaru, J. Dhankhar, T. Takekawa and N. Matsumi: *Electrochem. Commun.*, **81**, 132（2017）.

第5章

固体電解質および固体電池の開発

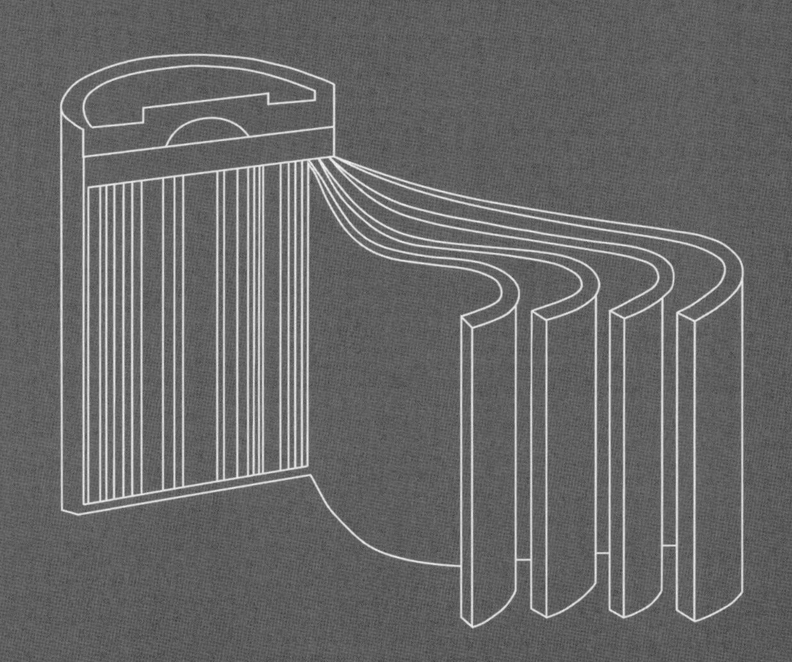

第1節　アルジロダイト型硫化物固体電解質の開発

三井金属鉱業株式会社　井手　仁彦

1. はじめに

車載用二次電池では，1回充電あたりの走行距離延伸を求める市場に対して，その電池を高エネルギー密度化するために，高容量正・負極活物質材料の採用や高電極密度化などの電池設計改善など，さまざまな要素技術の改善が盛り込まれている。民生用途では，車載用途に先駆けて，従来よりも充電電圧を引き上げることで高容量化する取り組みも進んできている。高エネルギー化していく技術トレンドに対して最も懸念される点は，異常発生時における安全性の確保である。可燃性の有機溶媒を使用していない全固体電池は，発火時の爆発的な燃焼を回避するなどの安全リスクを低減する技術として重要である。また，非水溶媒電解液に比べて高い電位窓を有している固体電解質材料も開発されており，安全性のみならず高電圧領域における信頼性の観点からも，次世代車載用電池として有望とされている。

全固体電池で最も重要な材料である固体電解質には，ポリマー系，酸化物系，そして硫化物系が挙げられる。三井金属では，最もリチウムイオン伝導性が高い硫化物系固体電解質に着目しており，車載用途への展開を目標として開発を進めている。

2. 三井金属における硫化物系全固体電池材料の開発

三井金属では，ニッケル水素電池の負極材料に使用される水素吸蔵合金開発をその萌芽期から実施しており，安定した水素吸蔵特性や耐食性向上などの材料機能面だけではなく，リサイクル技術や車載用二次電池材料として重要な異物管理などの製造管理技術も長い量産実績を通じて構築してきた。リチウムイオン電池（LIB）においては，電気自動車用に採用されたマンガン酸リチウム正極材料から事業展開を開始している。これまでに各種車載用電池材料事業を担ってきた見地から，車載向け硫化物系全固体電池における材料開発の課題を以下の視点で整理している。

①LIB水準の電池性能を引き上げるリチウムイオン伝導性の確保，②正極層および負極層，セパレータ層のいずれでも使用できる固体電解質，③車載用途に適した低コスト製造プロセスの適用，④準ドライルーム環境下で電池製造可能な固体電解質，⑤お客様が選択する活物質に適した組成および粒子サイズ設計，⑥硫化物系固体電解質に適した正極および負極活物質の材料設計，⑦異物や不純物などの品質管理，⑧破壊的車両事故を想定した硫化水素発生抑止技術の構築――などが挙げられる。以上の観点から，硫化物系固体電解質と全固体電池に適した正極および負極活物質までの主要3部材を対象として材料開発に取り組んでいる。本稿では現状の開発状

況と今後の展望について記述する。

3. アルジロダイト型硫化物固体電解質

硫化物系固体電解質における代表的な材料を**表1**に示す[1)-5)]。PS_4^{3-}四面体を1ユニットとした骨格をなすLi–P–S系を基本組成としたものが多い。このLi–P–S系の派生組成である$Li_{10}GeP_2S_{12}$や$Li_{9.54}Si_{1.74}P_{1.44}S_{11.7}Cl_{0.3}$などに代表される結晶質材料は，室温でのリチウムイオン伝導率が既存の非水溶媒電解液と同等以上である1×10^{-2} S･cm^{-1}を超える値が報告されている。東京工業大学やトヨタ自動車が発表した報文では，非水溶媒電池の特性を凌ぐと考えられる出力特性が示されている。また低温特性や単位電極面積あたりの高容量化（活物質層の厚膜化）の可能性も示されており，車載用への適用が視野に入ってきた魅力的な材料である[4)]。

一方で，構成元素として卑な元素を含まないために電気化学的に安定な電位領域が広く，従来のグラファイト負極や，シリコン負極材料，金属リチウム負極にも適用可能性があるLi_6PS_5Cl材料も魅力的な候補である[5)]。アルジロダイト（Argyrodite）構造と称されるこの硫化物系固体電解質材料には，結晶構造中のClを同じ17属元素であるIやBrが置換されたLi_6PS_5IやLi_6PS_5Br材料などが独・ジーゲン大学により報告されている。結晶構造中に3次元的なリチウムイオン伝導パスが形成され，高いリチウムイオン伝導性を発現する可能性が示唆されている[6)]。代表的な硫化物系固体電解質材料は，アルジロダイト型の化合物も含めて，溶融急冷法やメカニカルアロイング法により材料合成がなされている。溶融急冷法では，硫化物の熱的安定性が低いことから，硫黄成分の揮発により硫黄欠損が発生しやすいなど，量産技術的には組成制御が難しい。また，メカニカルアロイング法も連続工法や大型化が難しく，車載用途に適した量産設計に対して大きな制約がある。

三井金属では，前段で述べた開発課題の視点から，組成の適正化や車載用途材料に適した製造プロセスを導入する観点で材料開発を進めている[7)]。一般的な固相反応法をベースに原料を焼成して製造する方法を標準とし，硫黄欠損を抑制した組成制御や品質安定化のために，硫化水素雰囲気内で焼成する「硫化焼成法」を用いている。有毒ガスを使用した特殊工法であるために，安全管理などの面で高度な工程管理技術を要するが，硫黄欠損を抑制した高結晶性の材料を連続製法で製造することができる。**図1**には，本研究で開発した結晶性アルジロダイト構造を有する

表1　代表的な硫化物系固体電解質の化学組成，構造およびリチウムイオン伝導率

化学組成	構造	リチウムイオン伝導率 σ/S･cm^{-1}
$0.75Li_2S$–$0.25P_2S_5$	アモルファス	1.8×10^{-4}
$Li_7P_3S_{11}$	ガラスセラミックス	5.4×10^{-3}
$Li_{10}GeP_2S_{12}$	結晶質	1.2×10^{-2}
$Li_{9.54}Si_{1.74}P_{1.44}S_{11.7}Cl_{0.3}$	結晶質	2.4×10^{-2}
Li_6PS_5Cl	結晶質	1.3×10^{-3}

図 1　アルジロダイト型固体電解質開発品の SEM 像

Li_6PS_5Cl 材料の SEM 像を示す。粒子サイズは適用される活物質粒子に合わせ，ハンドリング性や電池性能を適正化する目的で，サブミクロンから数ミクロンサイズに作り分けが可能である。電解質粉末の外観は白色を呈しており，硫黄欠損が生成した場合に認められる着色も認められない。組成に対しても目的組成通りの材料が得られることを ICP 発光分析法で確認している。

4. 硫化物系固体電解質の電気化学特性

固体電解質材料として重要な特性であるリチウムイオン伝導性評価は，粉末形態である固体電解質材料をアルゴン雰囲気のグローブボックス中に設置した一軸プレス機でペレット状に成形し，得られたペレット圧粉体に対して測定を実施している。**図 2** にはアルジロダイト型固体電解質開発品のリチウムイオン伝導率の温度依存性を示す。室温領域において $5{\sim}6\times10^{-3}\,S\cdot cm^{-1}$

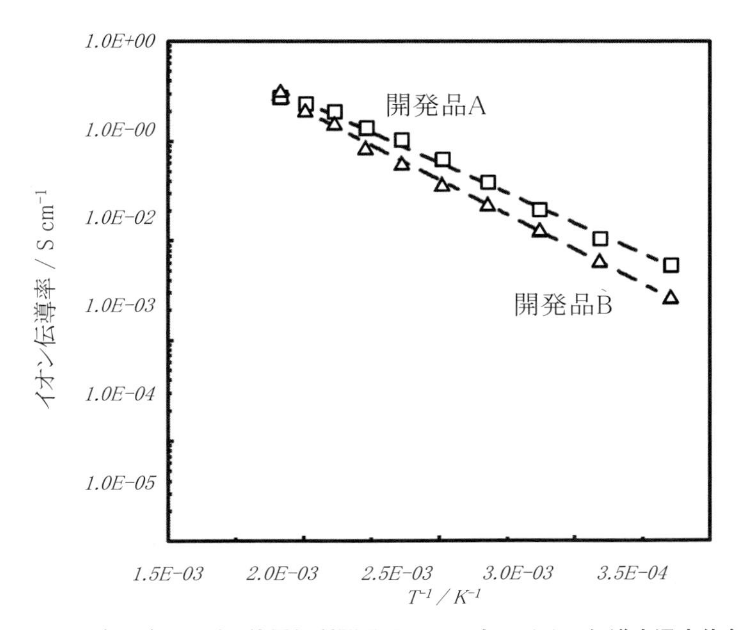

図 2　アルジロダイト型固体電解質開発品のリチウムイオン伝導率温度依存性

が得られており，電解質粉末を圧粉成形した「バルク型」全固体電池に使用される材料として，有望なイオン伝導度である。

図３には開発品であるアルジロダイト型固体電解質材料に対して測定したサイクリックボルタムグラム（CV）による電位窓の測定結果を示す。対極（参照極）にはリチウム金属，作用極にはSUSを用いている。固体電解質ペレットサイズを直径10.0 mm，厚みを約3 mmとして，-0.5 Vから7.5 Vの範囲を0.2 mV sec^{-1}条件で電圧を掃引したところ，0 Vを中心としたリチウムの吸蔵・脱離に起因すると考えられる電流ピークを認める以外，特に高電位領域での電流ピークは存在しないことが確認できた。この結果は，非水溶媒電池系では高電位領域での分解ガスの発生により実用化が困難とされる高電位正極の適用可能性や，充電電圧を引き上げて使用する層状正極での技術課題を克服できる可能性を示唆するものである。

リチウムイオン伝導性に優れた固体電解質が得られ，圧粉成形による「バルク型」硫化物系全固体電池として，高性能電池が実現できる可能性を示唆する結果が認められたことから，次に基礎的な電池充放電特性の作動確認を行った。固体電解質材料の性能差を確認する目的として，まず開発品であるアルジロダイト電解質に対する比較サンプルとして公知な固体電解質材料であるLi_2S：P_2S_5＝75：25アモルファス材料をメカニカルミリング法により作製して準備した（リチウムイオン伝導率：3.0×10^{-4} $S\cdot cm^{-1}$）。また正極活物質には，$LiNi_{0.5}Co_{0.2}Mn_{0.3}O_2$（NCM523），負極活物質にはグラファイトを用いた。それらの全固体電池としての初回充放電曲線を比較した結果を**図４**に示す。リチウムイオン伝導性の低いLi_2S：P_2S_5＝75：25アモルファス材料を用いた電池に対して，アルジロダイト型固体電解質開発品を用いた電池では充電過程および放電過程何れも抵抗が低減されたことによる傾向が認められ，充放電効率も著しく改善できており，類似の電池設計で測定した非水溶媒液電池と同等の充放電容量および充放電プロファイルが得られることが確認できた。

図５には作製した全固体電池のレート特性を示す。充電レートは0.1 C相当の電流値で固定し，

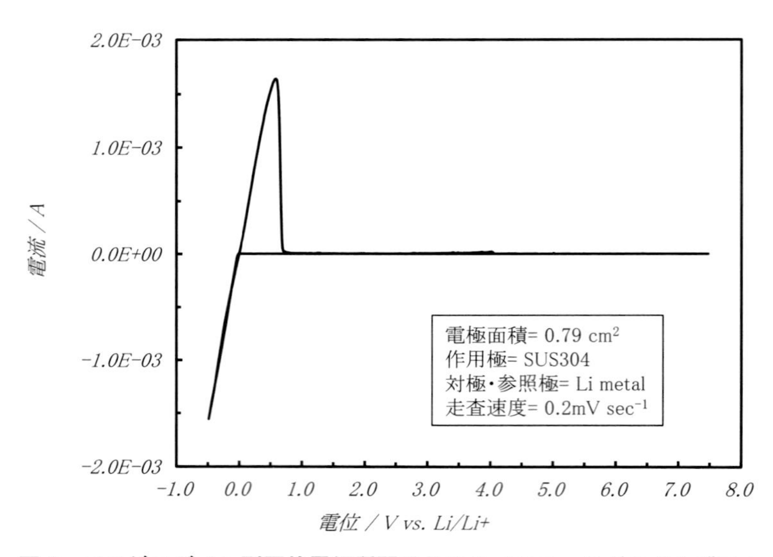

図３　アルジロダイト型固体電解質開発品のサイクリックボルタムグラム

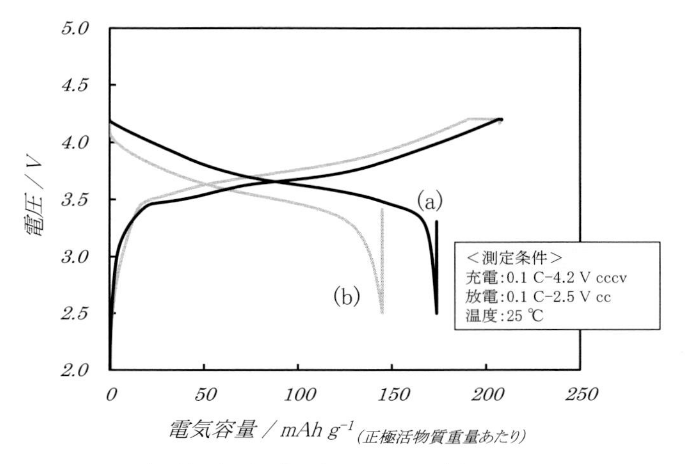

(a)アルジロダイト型固体電解質開発品，(b) $75Li_2S$-$25P_2S_5$

図４　硫化物系固体電解質を用いた全固体電池の初回充放電曲線

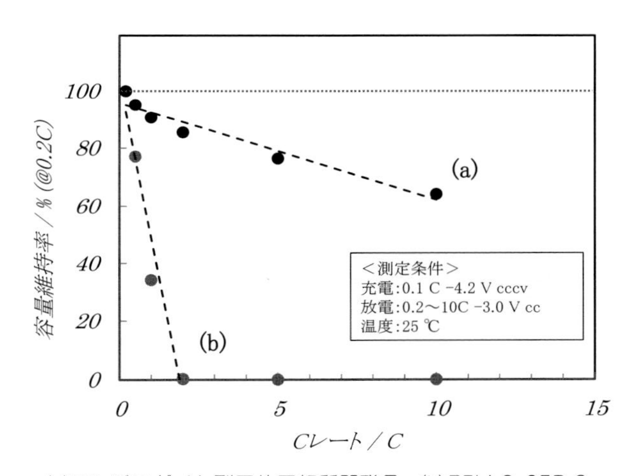

(a)アルジロダイト型固体電解質開発品，(b) $75Li_2S$-$25P_2S_5$

図５　硫化物系固体電解質を用いた全固体電池の放電レート特性

放電時のみレートを変更して同一電池にて測定を行った。横軸に放電レート，縦軸に 0.2 C 放電時の放電容量を 100％として各放電レートにおける放電容量の維持率を示す。Li_2S：P_2S_5＝75：25 アモルファス固体電解質を用いた全固体電池では，放電レートが 2 C を超えるとほとんど放電できなくなるのに対し，アルジロダイト固体電解質開発品を用いた全固体電池では放電レート 10 C においても 64％の容量が引き出せている。これらのことから，従来の全固体電池の課題とされていたレートや出力特性を，解決できる見通しがつきつつある。

二次電池として重要なサイクル寿命については**図６**に示す。Li_2S：P_2S_5＝75：25 アモルファス固体電解質を用いた全固体電池と比べて，開発品であるアルジロダイト電解質を用いた全固体電池のサイクル特性は良好であり，100 サイクルで 95％以上の容量維持率を示した。以上の結果から，開発したアルジロダイト電解質材料は電気化学的にも安定であり，一般的な正極および負極材料の適用にも致命的な技術課題がないことを確認した。

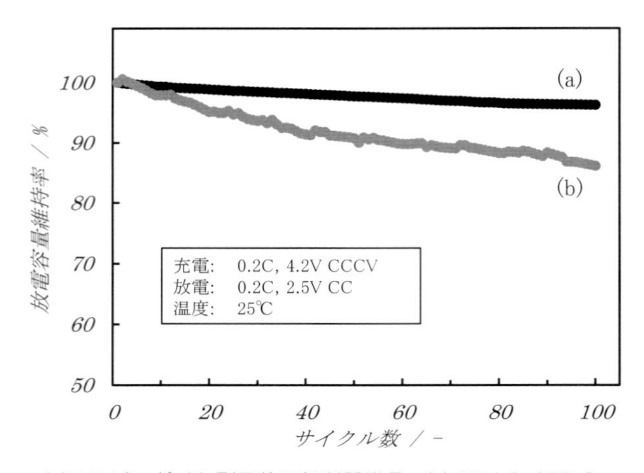

(a)アルジロダイト型固体電解質開発品，(b) $75Li_2S$-$25P_2S_5$

図６　硫化物系固体電解質を用いた全固体電池の充放電サイクル特性

5. 全固体電池技術実現で期待される電池性能

全固体電池には材料不燃性による安全性だけではなく，非水溶媒電池でこれまで達成できなかった電池特性を実現することについても期待されている。例えば電解液の低温域での物性変化に起因する低温電池作動や，電解液との副反応に起因した高温耐久性，高電位領域充放電特性などが挙げられる。いずれも車載用途としての二次電池特性として重要視されている特性であり，各電池構成部材の開発や電池設計，温度管理を含めたシステム設計開発が進んでいる。

ここでは，次世代車載用途電池として重要視されている高エネルギー密度電池の実現について，当社内で技術方向性の検討を行っている一部内容について記述する。一般的に既存の LIB をそのまま全固体化しただけでは高エネルギー密度化が実現できないことは自明である。全固体電池技術による高エネルギー密度化の考え方には，２つのアプローチが存在する。１つめは非水溶媒電池では困難な「バイポーラセル構造[8]」が実現できることにある。自動車には電池が搭載されるスペースに限りがあり，体積あたりの電池エネルギー密度が重要視される。走行に必要な容量に対して充足する数の電池を搭載しては，搭乗者数やトランクスペースに制限がかかるほか，車内快適性にも影響が出るためである。２つめは高電圧耐性に優れた全固体電池の特長を活かした高電位正極[9)10)] の採用や，既存の層状正極[11)12)] をベースに高充電圧化する方向性である。**図７**は各種実用化された車載電池の平均放電電圧を縦軸にとり，車載用途電池の体積エネルギー密度を横軸にプロットしたものである。車両設計にも依存するが，１回充電あたりの走行距離をガソリン車並みにするためには，800 Wh L^{-1} を超えるエネルギー密度が必要だと言われている。また，プラグインハイブリッド自動車（PHEV）など，HEV に求められる入出力特性にくわえて，EV に求められる容量特性を満足する観点では，単セル電圧が高くセル点数を削減できる高電位正極を用いた電池設計も重要である[13)]。

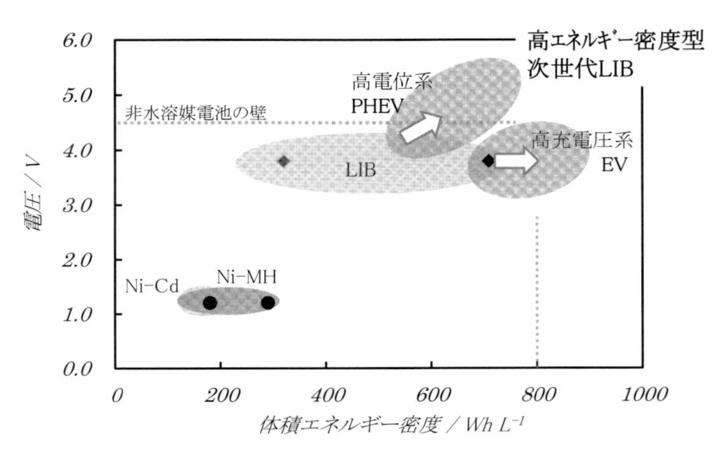

図7　各種二次電池の体積エネルギー密度と平均放電電圧の関係

6. 層状正極を用いた全固体電池の高充電圧電池特性

図8には，正極活物質にジルコニアをコートした層状化合物である $LiNi_{0.5}Co_{0.2}Mn_{0.3}O_2$（NCM523），負極活物質にはグラファイト，固体電解質には開発品であるアルジロダイト電解質を用いた全固体電池の充放電曲線を示す。同一設計の電池を2個作製し，1つは従来からの充放電条件である充電終止電圧4.2 Vとした条件で，2つめは全固体電池の特長を確認する目的で4.5 Vに設定して充放電を常温で行った。充電容量および放電容量ともに充電電圧を0.3 V引き上げることにより20%程度の容量向上効果が得られており，全固体電池においても充電電圧を引き上げることによる高容量化メリットが引き出せることが確認できたことになる。この電池設計で懸念される事項は，高電圧領域における電解質耐性が原因で技術課題がある充放電サイクルの耐久性である。**図9**には充放電サイクル特性（0.2 C）について，同じ正・負極材料構成で作製したラミネート型の非水溶媒電池と比較した結果を示している。非水溶媒電解液には，高電圧耐性を向上させた特殊な開発材料ではなく，一般的な1 M $LiPF_6$/EC：DEC（1：1 vol. %）を用

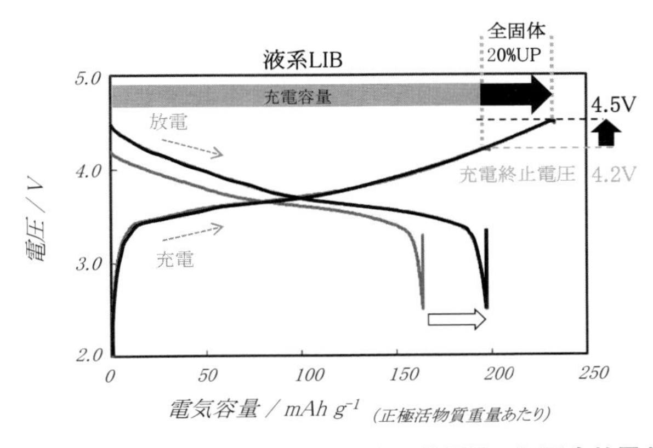

図8　硫化物系固体電解質を用いた全固体電池の初回充放電曲線

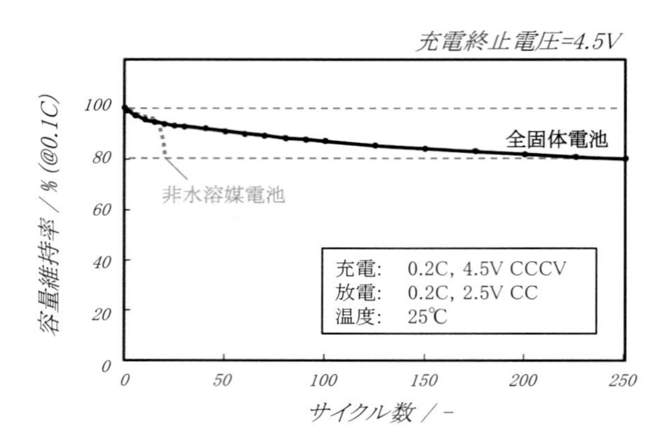

図９　充電終止電圧を引き上げた全固体電池の充放電サイクル特性

いている。非水溶媒電池ではサイクル数を重ねるに従って，ラミネート袋内にガス発生による著しい膨らみが観察され，50サイクル手前で急激な容量劣化が認められた。しかしながら，全固体電池については初期の容量維持傾向を保ち，500サイクルまで急激な劣化はなく充放電可能であることを確認した。この結果は，非水溶媒電池での高充電電圧設計で扱われている技術課題に対して，解決の糸口としても意義のある結果と考えている。

次に，全固体電池の特長を活かした非水溶媒電池とは異なる高エネルギー密度化の方向性として，電極の単位面積あたりの容量向上の可否を検討した結果を**図10**に示す。全固体電池では，活物質層内に電解液を含浸する空間を残す必要がないことから，高い電極密度が実現でき，活物質層の厚膜化も可能である。あくまで一例であるもののNCM811およびSi負極を用いた全固体電池をベースに，高充電圧化とともに電極面積容量を8 mAh cm^{-2}まで引き上げても0.1 Cで充放電可能であることを示している。高電圧耐性については，電解質だけの問題ではなく層状正極材料自身の技術課題もあることから，組成や上述の粉体物性および次項目で述べる活物質への表面改質技術の適正化も重要であると考えている。図８から図10で検討した結果は，全固体電池技術の適用により，NCM層状正極をベースとした高充電圧化設計の適用，電極面積容量の引き上げによる高エネルギー密度電池の実現可能性を示唆するものである。

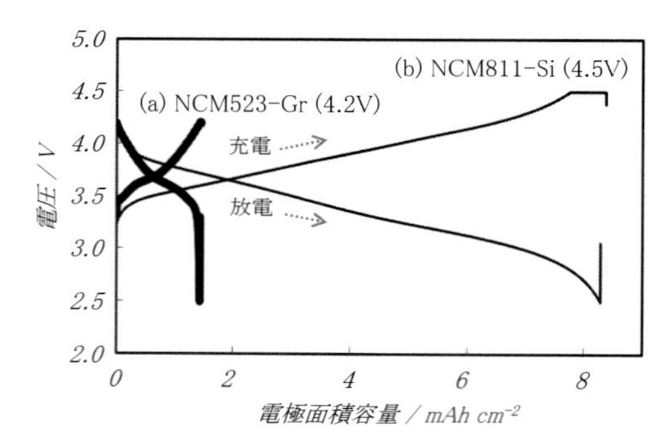

(a) NCM523正極-Gr負極　(b) NCM811正極-Si負極

図10　アルジロダイト型固体電解質開発品を用いた全固体電池の充放電曲線

7. 高電位正極 LNMO を用いた全固体電池の高充電圧電池特性

次に PHEV 用途や大型定置用途での採用が期待されていながら，高電位領域での非水溶媒電解液との反応によるガス発生により，実用化が遅れている高電位正極に関する検討について述べる。スピネル構造を有するニッケルマンガン酸リチウム（$LiNi_{0.5}Mn_{1.5}O_4$；LNMO）は，同じ構造を有するマンガン酸リチウム（$LiMn_2O_4$；LMO）が初期モデルの EV 用正極として採用されたように，その構造内に 3 次元的なリチウム拡散パスをもつことから安定した入出力特性を持っている。高電位正極として知られる LNMO はその電圧が 4.7 V 付近に得られるため単セル電圧を引き上げることができ，セル点数削減による接続抵抗の低減や全体コストを低減できる考え方から，長く実用化が期待されている正極材料である。一方でスピネル構造である LMO や LNMO は，焼結工程で酸素欠陥を生じやすく，安定した結晶構造をもつ正極活物質を量産するには，適切な工程管理技術を構築してくことが重要である。

全固体電池では高電位領域で分解反応を引き起こす非水溶媒電解液が存在しないために，安定した充放電が得られるものと期待されていた。しかしながら，高電位正極を用いた硫化物系全固体電池では，酸化物からなる活物質と硫化物固体電解質との界面において著しい界面抵抗が存在することが認められている。この界面に存在する抵抗層のメカニズムについては，空間電荷層形成モデルの存在，硫化物と酸化物との間での反応形成物の存在など，多くの議論が継続されている[14)-18)]。そのような背景のもと，コバルト酸リチウムなどで検討されていたリチウムニオブ酸化物を LNMO 活物質表面に修飾することにより，0.05 C（20 時間充電）で 80 mAh g^{-1} の容量が発現することが見出され，サイクル耐久性にはまだ課題があることが報告された[19)]。本研究ではこの技術に着目し，全固体電池に適した活物質バルク自体の組成および粉体物性を適正化し，さらに独自技術によるニオブ材料被覆層の組成・結晶性の適正化を試みた。

図 11 には，全固体電池用として開発した LNMO 正極とグラファイト負極を用い，固体電解質には開発品であるアルジロダイト電解質を用いた全固体電池の充放電曲線を示す。0.1 C（10

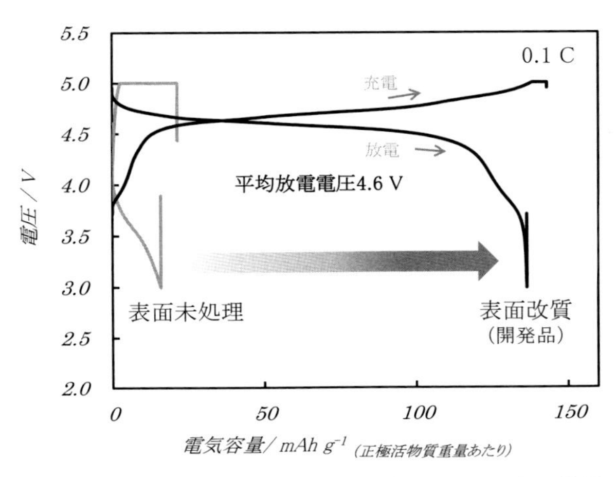

図 11　5 V 級 高電位正極（LNMO）を用いた全固体電池の充放電曲線

時間充電）レートでも非水溶媒電解液電池と同等の充放電容量が得られることが確認できた。**図12**にはサイクル耐久性を示しているが，0.2 C（5時間充放電）サイクルを200サイクル経た時点での放電容量維持率が約90％と高電圧耐久性に優れた全固体電池と高電位正極との組合せが可能であることを示唆した。レート特性も2 Cレートで80％の容量が得られており，引き続き車載用途に必要なその他の温度依存性や量産技術を含めて材料開発を進めている。

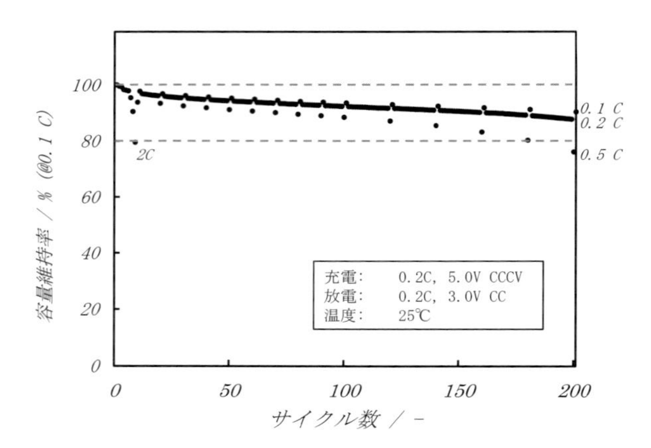

図12　5 V級 高電位正極（LNMO）を用いた全固体電池のサイクル特性

8. アルジロダイト型硫化物固体電解質の化学的安定性[20]

前述したように，全固体電池には安全性の観点から実用化への期待が寄せられている一面がある。しかしながら，硫化物であるがゆえに水に対する化学安定性は極めて低く，電池製造工程や雨天下での車両事故に起因した電池破損を想定すると，大気暴露による材料特性の劣化や，水との反応による有毒な硫化水素（H_2S）ガスの発生が懸念される。Li_2S–P_2S_5二成分系ガラスセラミックス固体電解質については，これまでに化学安定性（耐湿性）に関する研究が数多くなされており[21]，Li_2Sの一部をLi_2O[22]やLi_3N[23]で置換することで硫化水素の発生が抑制される効果があることが認められている。一方で，アルジロダイト型硫化物固体電解質については化学安定性（耐湿性）に関する研究例がほとんど見られない。そこで，開発品であるアルジロダイト型硫化物固体電解質について，化学安定性（耐湿性）の改善に向けた検討についても一部ご紹介する。

電池製造工程を想定した準ドライルーム環境下での電解質劣化挙動を評価することを目的に，所定の露点（−30℃～−45℃）となるように管理・調整した乾燥空気で満たされたグローブボックス中に，容積約2 Lのガラス製密閉容器を用意した。電解質粉末試料50 mgと硫化水素濃度計（GX-2009，理研計器社製）を所定時間当該容器内に保持することで，硫化水素発生量を評価した。さらに，暴露後の電解質粉を再度アルゴン雰囲気グローブボックスに移動させ，そのまま粉体物性や交流インピーダンス法によるイオン伝導率，ペレット型セルによる電池評価などを行った。

図13には$Li_{7-x}PS_{6-x}Cl_x$試料の室温におけるイオン伝導率について，作製直後と露点−30℃環

境に 6 時間暴露させた後の結果を比較して示した。$Li_{7-x}PS_{6-x}Cl_x$ 固体電解質は，Cl 置換量増加に伴いイオン伝導率が上昇し x＝1.6 付近で極大値をとるが，乾燥空気暴露後のイオン伝導率は，逆に Cl 置換量が多いほど大きく低下する傾向が見られた。x＝1.2 の試料の暴露後伝導率は 1.4×10^{-3} S cm^{-1} となり，全固体電池としての充放電動作が可能な値を維持できることがわかった。一方で，電解質からの硫化水素発生量については，x＝1.2 の試料で暴露後 1 時間の総発生量が 0.34 cm^3g^{-1} となった。同条件での $75Li_2S\cdot25P_2S_5$ ガラスセラミックスの硫化水素発生量がほぼ未検出の結果であったことから，アルジロダイト型硫化物固体電解質に関しては，硫化水素発生の抑制を狙った対策が特に必要であると考えられる。

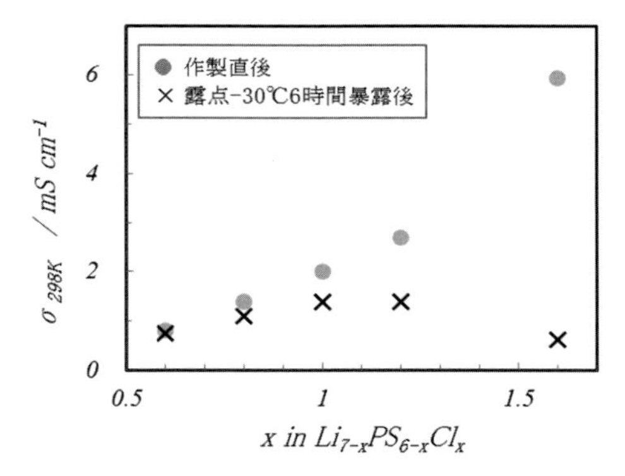

図 13　アルジロダイト型固体電解質開発品（$Li_{7-x}PS_{6-x}Cl_x$）のリチウムイオン伝導率（露点－30℃ 6 時間暴露前後）

暴露によるイオン伝導性劣化の原因を探るため，伝導率低下の大きかった x＝1.6 の試料について，その粉体物性変化を調査した。**図 14** に示す粉末 X 線回折パターンでは，暴露前後における異相生成やピークシフトなどの変化は認められなかった。この結果から，暴露によるアルジロダイト相の結晶構造やその結晶性の影響はほとんど無く，材料の劣化は電解質粒子の表面などバルク以外が主であると推測される。現在，さらなる組成の適正化や表面改質など，化学的安定性を向上させる材料開発に挑戦しており，硫化物系全固体電池実用化の実現に向けて貢献していく考えである。

車載電池用途については，これまでの電動化車両の量産経験で培われてきた各メーカでの車両技術を鑑みると，電池自体が破壊的な事態に至る恐れは低いとも考えられる。車載用途での全固体電池の実現には電池技術のみならず自動車産業や新しい産業技術の統合が欠かせない。

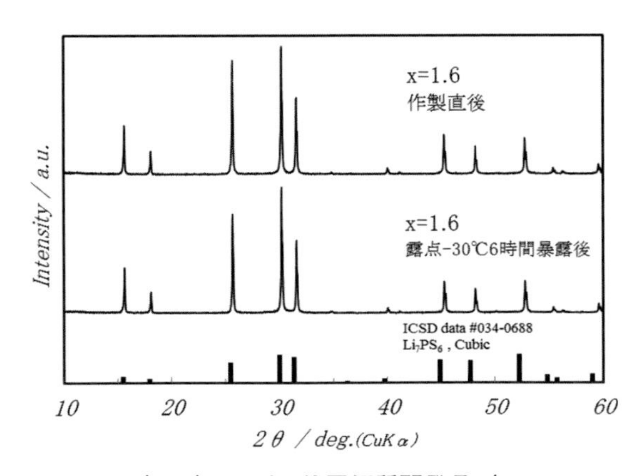

図 14　アルジロダイト型固体電解質開発品（$Li_{5.4}PS_{4.4}Cl_{1.6}$）に対して測定した X 線回折パターン（露点－30℃ 6 時間暴露前後）

三井金属では，引き続き固体電解質材料の水分に対する安定性向上開発に注力するとともに，固体電解質・正極活物質・負極活物質の主要３部材の観点で次世代車載用の全固体電池開発の早期実現に向けて開発を続けていく考えである。

文　献

1）A. Hayashi, S. Hama, T. Minami and M. Tatsumisago: *Electrochem. Commun.*, **5**, 111（2003）.
2）A. Hayashi, K. Minami, S. Ujiie and M. Tatsumisago: *J. Non-Cryst. Solids*, **356**, 2670（2010）.
3）N. Kamaya, K. Homma, Y. Yamakawa, M. Hirayama, R. Kanno, M. Yonemura, T. Kamiyama, Y. Kato, S. Hama, K. Kawamoto and A. Mitsui: *Nature Materials*, **10**, 682（2011）.
4）Y. Kato, S. Hori, T. Saito, K. Suzuki, M. Hirayama, A. Mitsui, M. Yonemura, H. Iba and R. Kanno: *Nature Energy*, **1**, 16030（2016）.
5）S. Boulineau, M. Courty, J-M. Tarascon and V. Viallet: *Solid State Ionics*, **221**, 1（2012）.
6）H-J. Deiseroth, S-T. Kong, H. Eckert, J. Vannahme, C. Reiner, T. ZaiB and M. Schlosser: *Angew. Chem. Int. Ed.*, **47**, 755（2008）.
7）宮下徳彦，筑本崇嗣，松嶋英明，松崎健嗣：第54回電池討論会予稿集，3E22（2013）.
8）Y. Kato, K, Kawamoto, R. Kanno and M. Hirayama: *Electrochemistry*, **80**, 749（2012）.
9）T. Ohzuku, S. Takeda and M. Inagawa: *J. Power Sources*, **81**, 90（1999）.
10）K. Ariyoshi, Y. Maeda, T. Kawai and T. Ohzuku: *J. Electrochem. Soc.*, **158**, A281（2011）.
11）T. Ohzuku and Y. Makimura: *Chemistry Letters*, 744（2001）.
12）N. Yabuuchi and T. Ohzuku: *J. Power Sources*, **119-121**, 171（2003）.
13）大村淳，鷲田大輔，井手仁彦，宮下徳彦：第57回電池討論会予稿集，2G09（2016）.
14）K. Takada, T. Inada, A. Kajiyama, H. Sasaki, S. Kondo, M. Watanabe, M. Murayama and R. Kanno: *Solid State Ionics*, **158**, 269（2003）.
15）K. Takada, N. Ohta, L. Zhang, K. Fukuda, I. Sakaguchi, R. Ma, M. Osada and T. Sasaki: *Solid State Ionics*, **179**, 1333（2008）.
16）N. Ohta, K. Takada, I. Sakaguchi, L. Zhang, R. Ma, K. Fukuda, M. Osada and T. Sasaki: *Electrochem. Commun.*, **9**, 1486（2007）.
17）J. Haruyama, K. Sodeyama, L. Han, K. Takada and Y. Tateyama: *Chemistry of Materials*, **26**, 4248（2014）.
18）M. Otoyama, Y. Ito, A. Hayashi and M. Tatsumisago: *Electrochemistry*, **84**, 812（2016）.
19）平山雅章，G. Oh，鈴木耕太，菅野了次：第56回電池討論会予稿集，1F24（2015）.
20）伊藤崇広，鷲田大輔，高橋司，井手仁彦，宮下徳彦：第58回電池討論会予稿集，3C21（2017）.
21）H. Muramatsu, A. Hayashi, T. Ohtomo, S. Hama and M. Tatsumisago: *Solid State Ionics*, **182**, 116（2011）.
22）T. Ohtomo, A. Hayashi, M. Tatsumisago and K. Kawamoto: *Electrochemistry*, **81**, 428（2013）.
23）福嶋晃弘，林晃敏，山村英行，辰巳砂昌弘：第57回電池討論会，1G08（2016）.

第2節　酸化物系固体電解質「LICGC」の開発

株式会社オハラ　印田　靖

1. はじめに

現在，スマートフォンやタブレット，ノートパソコンのような小型機器のみでなく，EV や HEV 用の駆動用電源としてリチウムイオン電池が多く用いられている。ソニーが初めて現行のリチウムイオン電池を発売してから，25 年以上が経過し，その間に電池メーカー各社は改良を加え，リチウムイオン電池のエネルギー密度は年々向上してきている。しかし，そろそろ現行のリチウムイオン電池の電池容量の向上は限界に達してきており，リチウムイオン電池を超える革新電池の開発が望まれている。特に EV をガソリンエンジン車並みの航続距離とするには，現行リチウムイオン電池の数倍のエネルギー密度を有する革新的な電池が必要である。

高容量化が期待できる革新電池としては，多価カチオン電池，全固体電池，金属空気電池，Li 硫黄などが挙げられ，各国の研究機関や企業にて研究が進められている。

安全性を重視するのであれば，可燃性の有機物を含有しない全固体電池に大きな期待がかかるが，液体を全く用いない全固体電池は良好な固固界面を形成する必要がある。電池の各部材そのものの低抵抗化だけでなく，固固体面の抵抗を下げる技術が必要であり，実用化にはまだ少し時間がかかると思われる。

電池のエネルギー密度を重視するのであれば，金属空気電池が期待され，特に金属リチウムを負極に用いた場合は，リチウムイオン電池より高容量化が可能であるため，多くの研究機関にて研究が進められている。ここでは，酸化物系固体電解質に分類されるリチウムイオン伝導性ガラスセラミックス（LICGC）の開発動向と，電池の電解質材料としての可能性を紹介する。

2. 酸化物系固体電解質

酸化物系の固体電解質の中で，リチウムイオン伝導性を示すものとして，LISICON（LI-ion SuperIonic CONductor：$Li_{14}ZnGe_4O_{16}$）や，ペロブスカイト構造を有する $Li_{0.35}La_{0.55}TiO_3$，リン酸リチウムの酸素の一部を窒素で置換した LIPON（$Li_3PO_{4-x}N_x$），NASICON 型構造を有する $Li_{1.3}Al_{0.3}Ti_{1.7}P_3O_{12}$，ガーネット構造を有する $Li_7La_3Zr_2O_{12}$ などがよく知られている。LISICON やペロブスカイト構造を有する $Li_{0.35}La_{0.55}TiO_3$ などのセラミックス系の固体電解質は，合成が難しいことや結晶粒界の抵抗が高いなどの課題が多く，これらの材料を用いた研究は続けられているが，実用化に近い開発には至っていない。

3. リチウムイオン伝導性ガラスセラミックス（LICGC™）

NASICON 型構造を有する $Li_{1.3}Al_{0.3}Ti_{1.7}P_3O_{12}$ の組成のセラミックスにおいて，単結晶では室温で $10^{-3}Scm^{-1}$ 以上の高いイオン伝導性が確認されているが，通常の合成で得られる多結晶体の場合，粒界抵抗が結晶内と比較してはるかに大きいため，実用化できるレベルには至っていない。しかし，ガラスマトリックス中に NASICON 型結晶を析出し，結晶粒子のサイズと量を制御することにより，粒界抵抗の小さい固体電解質の合成が可能である[1)-3)]。非晶質であるガラス中から結晶を析出する場合，結晶粒界にガラスマトリックスが形成され，結晶界面のイオン移動抵抗を低減することが可能である。この NASICON 型の結晶構造を**図１**に示す。$LiTi_2(PO_4)_3$ が基本構造であり，この４価の Ti サイトに３価の Al を，５価の P のサイトに４価の Si を置換することにより，Li の充填サイト，リチウムイオンの拡散係数，イオン伝導度を制御することができる[3)]。

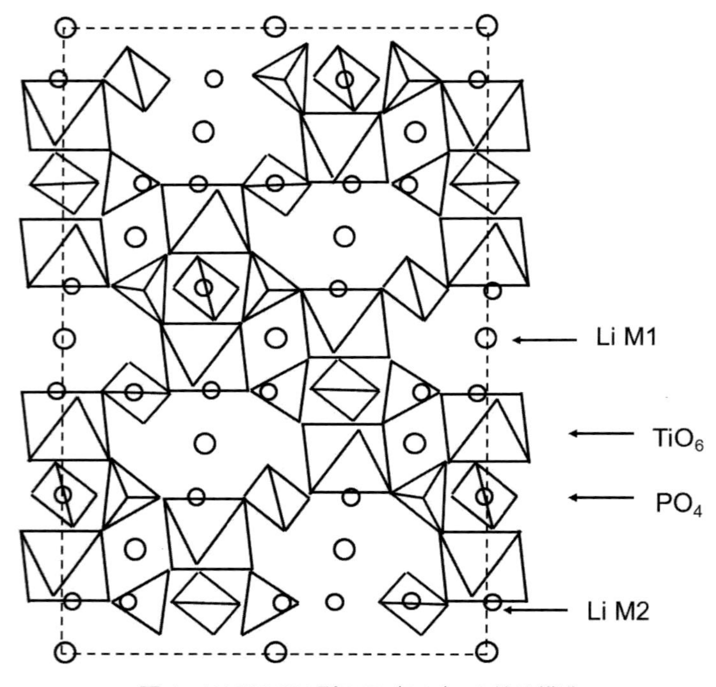

図１　NASICON 型 $LiTi_2(PO_4)_3$ の結晶構造

NASICON 型構造を有する Li-Al-Ti-Si-P-O 系ガラスセラミックスは，原料を電気炉中で 1,400℃以上の高温下で溶解し，急冷することにより母ガラスが得られ，この母ガラスを再度熱処理することによりガラスセラミックスが得られる。ガラスセラミックスの特性は，母ガラスの組成，熱処理温度，時間によって制御することが可能であり，組成を制御したガラスセラミックスのイオン伝導度の温度依存性の一例を**図２**に示す。25℃の室温で $10^{-3}Scm^{-1}$ の高いイオン伝導度が確認でき，固体であるため低温でもイオン伝導機構が変わらないのが特徴である[4)]。

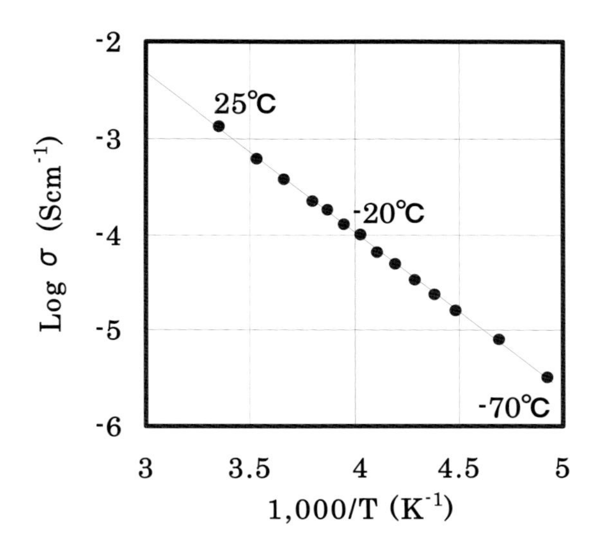

図２　リチウムイオン伝導性ガラスセラミックスのイオン伝導度の温度依存性

しかし，この組成のガラスセラミックスはガラス化範囲が狭いため，ガラス成形が難しく，またガラス相とガラス中から析出する結晶相との熱膨張係数が大きく異なるため，結晶化の際に割れやすく大きなサイズの電解質の製造は困難である。そこで，上記組成の一部をガラス化しやすい元素と置換することにより，イオン伝導性は少し下がるが，ある程度サイズの大きなガラスセラミックス基板が製造できることを見出した。Ti の一部を Ge に置換した Li–Al–Ti–Ge–Si–P–O 系の組成では，ブロック状のガラス成形が可能で，熱処理による結晶化後も元の形状を維持したガラスセラミックスの製造が可能である。このガラスセラミックス基板のイオン伝導度の温度依存性を**図３**に示す。Li–Al–Ti–Si–P–O 系ガラスセラミックスと比較すると１桁低いが，25℃の室温で 10^{-4}Scm^{-1} と高いイオン伝導度が確認できる。このガラスセラミックス基板は，緻密なガラスマトリックス中からイオン伝導性の結晶が析出しているため，ガラスセラミックス内に空孔がほとんど無く，空気や水を通さないといった特徴を有する。また，このガラスセラミックスは化学的耐久性も高く，大気中のみならず水溶液中でも安定した特性を維持することができる。この開発したリチウムイオン伝導性ガラスセラミックスは，LICGC^{TM}：AG–01 基板という商品名で販売している。

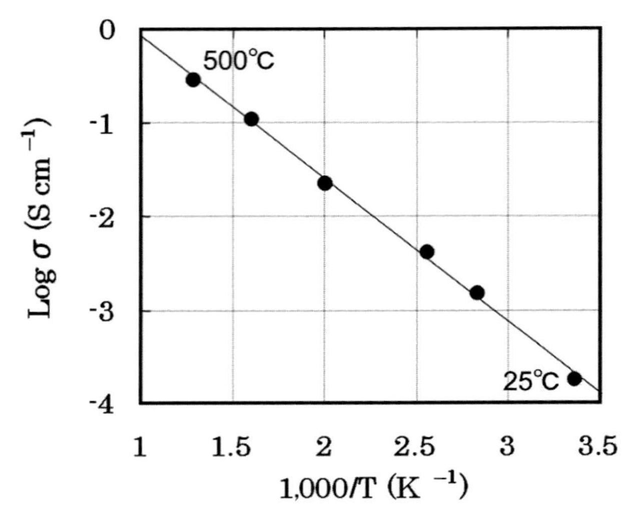

図３　リチウムイオン伝導性ガラスセラミックス（LICGC™：AG−01）のイオン伝導度の温度依存性

4. リチウムイオン伝導性ガラスセラミックスの空気電池用電解質としての応用

近年，次世代の自動車用電源として革新的電池の研究がなされているが，電気自動車用に望まれているエネルギー密度の実現は，現状のリチウムイオン二次電池では不可能な領域であり，全く新しい電源の創造が必要であると考えられる。

高容量な電池の候補として，リチウム金属を用いた空気電池が挙げられているが，従来の有機電解液系の電解質を用いた系では，正極側の水分が負極側のリチウム金属に達してしまい，実用性は低い。前項で述べたガラスセラミックス電解質は，耐水性が高く，透水性が無いため，リチウム金属と水溶液との反応が抑制でき，高容量で劣化の無い空気電池が実現できる。この空気電池の一般的な反応は以下の式となる。

正極：$1/2O_2 + H_2O + 2e^- \rightarrow 2\,(OH^-)$

負極：$Li \rightarrow Li^+ + e^-$

電池：$Li + 1/4O_2 + 1/2H_2O \rightarrow LiOH$

この電池における放電電位の理論値は，およそ3.45 V と比較的高く，正極の種類や構造制御により，1,000 Wh/kg 以上の電池容量が期待できる。

図４に，リチウム−空気電池の構成図と，ガラスセラミックス電解質を隔壁として用いたリチウム−空気電池の室温における放電曲線と充放電曲線を示す。この空気電池は，負極にリチウム金属，固体電解質との界面には，有機電解液を含浸させたポリエチレン製セパレータを配置した構造となっている。正極側には Pt 触媒を担持させた炭素膜と水溶液のリザーバーとして不織布を組み合わせた正極構造としている。固体電解質を透過して正極側に達した Li イオンが酸素と水と反応し，LiOH となって正極リザーバー内の水溶液中に溶解して蓄積される。負極側に Li 金属が存在する限り放電は可能であり，負極の Li 金属が無くなるまで放電は継続できる。図４の

放電曲線の電位低下時には，負極のLi金属がほぼ100％消費されている。Li金属を100％消費してしまうと充電することはできなくなってしまうが浅い充放電であれば，図4右下の充放電曲線のように，充放電することは可能である。

近年いくつかの研究機関や企業において，繰り返し充放電できるリチウム–空気二次電池を目指した研究が行われ，注目されている。今後，この分野の研究開発は急速に進むと考えられ，将来大きく注目される技術の一つであると期待される。

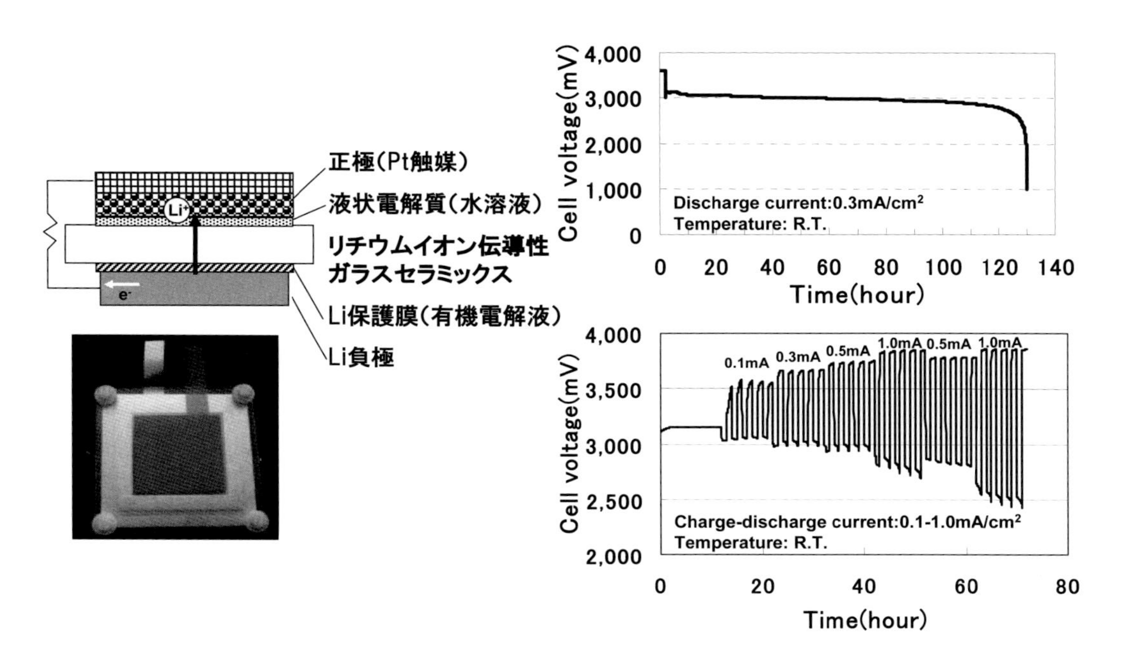

図4　リチウム–空気電池の構成図と放電曲線（右上）と充放電曲線（右下）(室温)

5. 新しいガラスセラミックス電解質（LICGC™：焼結体–01）

次世代電池と期待される固体電解質を用いた金属空気電池は，高出力化，高エネルギー密度化，低コスト化が要求される。出力を上げるためには材料のイオン伝導度を上げるか，または厚みを薄くする。コストを下げるためには，材料コストを減らす必要があり，かつ低コストで製造できる製法が必要とされる。そこで，高価な原料であるGeなどの成分を含まないガラスを超急冷法にてガラス化・粉末化し，グリーンシート製法にて連続的に塗工成膜し，その後結晶化・焼結させる量産対応できるガラスセラミックス電解質の開発を進め，2016年4月より新製品として販売を開始している。この焼結体は，25℃の室温において，3×10^{-4} Scm^{-1}と高いイオン伝導度を有しながら，空孔が無く，透水性の無い緻密なガラスセラミックス基板である（**図5**）。

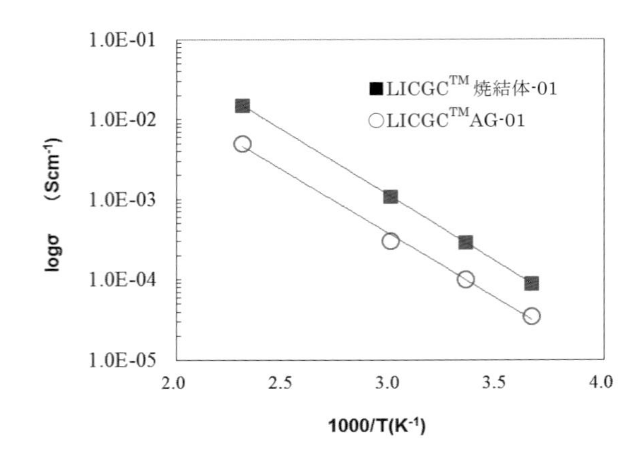

図５　LICGC™：AG−01 と焼結体−01 のイオン伝導度温度依存性比較

焼結法でありながら水を全く通さないことから，このガラスセラミックス固体電解質を電解質とした空気電池や Li 資源回収用の隔膜などの研究が進められている[5]。

空気電池の高出力化の要望を受け，大型化や薄い焼結基板の開発を進めている。**図６**に通常販売している LICGC™：焼結体−01 の標準品である厚さ 180 μm と，薄型の 45 μm 基板の外観写真を示す。薄型の方は下の文字が透けて見えるほど透光性があり，非常に緻密な固体電解質材料であることがわかる。

図６　LICGC™：焼結体−01 の外観写真（左：厚み 180μm，右：厚み 45μm）

文　献

1）J. Fu: *Am. Ceram. Soc.*, **80** [7] 1901–1903 (1997).
2）J. Fu: *Solid State Ionics*, **96**, 195–200 (1997).
3）J. Fu: *J. of Material Science.*, **33**, 1549–1553 (1998).
4）Y. Inda T. Katoh and M. Baba: *J. of Power Source*, **174**, 741–744 (2007).
5）T. Hoshino: *Desalination*, **359**, 59–63 (2015).

第3節 高速イオン伝導体の開発

国立研究開発法人物質・材料研究機構／北海道大学 吉尾 正史

1. はじめに

有機系液体電解質やポリマーゲル電解質を用いたリチウムイオン二次電池は，今日，モバイル機器やドローンの電源として広く利用されている。より安全性の高い電池の構築には，可燃性液体を含まない固体電解質の開発が極めて重要である[1)-4)]。また，容量の高い金属リチウム電池の実用化には，リチウム金属のデンドライト形成を抑制する機能をもった電解質やデンドライトによる電気的短絡を防ぐことができる力学的に丈夫な電解質が必要となっている[5)6)]。

固体電解質の中でも，高分子固体電解質は，軽量性，フレキシブル性，機械的安定性，成形加工性を有するため，将来の薄型大面積の二次電池を構築するための鍵をにぎる部材として，多くの関心を集めている[7)-16)]。このような高分子固体電解質に求められる技術的な要求性能には，液体電解質に匹敵する室温での 10^{-3} S cm^{-1} レベルの高イオン伝導度，無機固体電解質のような目的イオンのみが伝導するシングルイオン伝導性（輸率 1），5 V 級の広い電位における電気化学的な安定性，極寒から酷暑の幅広い温度範囲における熱安定性，圧縮や折り曲げに対する力学的安定性などがあげられる。中でも，高分子固体電解質は液体電解質と比べるとイオン伝導度が低いので，固体中のイオンの移動を高める材料設計の戦略をどのようにたてるかが重要である。イオン伝導度は，キャリアーイオン数と移動度の積で決まる。したがって，高いイオン伝導度を達成するには，系中にどれだけ多くのイオンを存在させるか，さらにそれらの移動度を高めるために系の粘性をどのように下げるかが基本的な設計指針となる。本稿では，リチウムイオン伝導に焦点を当て，高分子固体電解質の高速イオン伝導に向けた分子の化学構造からの機能設計および分子の自己組織化に基づく相分離構造形成による機能設計を中心に最新の技術を含めて概説する。

2. ポリエーテル系高分子電解質

エチレンオキシドの開環重合により得られるポリエチレンオキシド（polyethylene oxide：PEO）(1)は，ガラス転移温度が低い代表的な高分子である（**図 1**）。エーテル酸素のローンペアに由来するアルカリ金属イオンへの配位力と柔軟な主鎖の熱運動により，PEO は溶媒フリーの固体状態でイオンを輸送する能力を有している[8)-11)17)18)]。例えば，直鎖状の PEO（平均分子量 90 万）と $LiSO_3CF_3$ の錯体（CH_2CH_2O の繰り返し単位あたりの Li イオンのモル比が 0.05）は，100℃で 10^{-4} S cm^{-1} のイオン伝導度を示す[19)]。しかし，直鎖 PEO は結晶性ポリマー（融点 65℃）であるため，融点以下の温度ではイオン伝導度が劇的に下がり，室温では 10^{-8} S cm^{-1} と

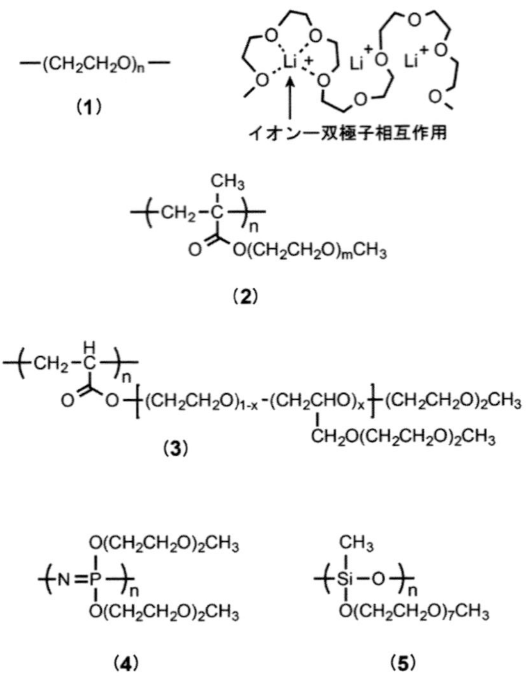

$-(CH_2CH_2O)_n-$

(1)

Li^+　Li^+　Li^+

イオン－双極子相互作用

CH_3

$-(CH_2-C)_n-$

O　$O(CH_2CH_2O)_mCH_3$

(2)

$-(CH_2-CH)_n-$

O　$O-[(CH_2CH_2O)_{1-x}-(CH_2CHO)_x]-(CH_2CH_2O)_2CH_3$

$CH_2O(CH_2CH_2O)_2CH_3$

(3)

$O(CH_2CH_2O)_2CH_3$

$-(N=P)_n-$

$O(CH_2CH_2O)_2CH_3$

(4)

CH_3

$-(Si-O)_n-$

$O(CH_2CH_2O)_7CH_3$

(5)

図１　ポリエーテル系高分子電解質

なる。このため，常温域での PEO の結晶性を抑制してガラス転移温度を低く保つためのさまざまな分子設計が検討されている。

高分子の運動では，側鎖の運動の方が主鎖よりも速く，温度依存性が小さいことが知られている。この点に着目して，側鎖にオリゴエチレングリコール鎖を多数有する分岐構造の高分子電解質が設計されている（図１）。例えば，CH_2CH_2O の繰り返し単位が９個のポリ（メトキシ ポリエチレングリコールメタクリレート）(2) と $LiSO_3CF_3$ の錯体は，-63℃にガラス転移を示す非晶性ポリマーであり，室温で 10^{-4} S cm^{-1} のイオン伝導度を示す[20]。また，2–(2–メトキシエトキシ)エチルグリシジルエーテルとエチレンオキシドのエポキシ開環共重合物にアクリレートを導入したマクロモノマーを光重合することにより，多分岐高分子(3)が合成されている[21]。さまざまなリチウム塩からなる複合体のイオン伝導性が系統的に調べられており，多分枝高分子(3)と $LiN(SO_2CF_3)_2$ の複合体（O に対する Li^+ のモル比 0.04）では，-54℃にガラス転移が見られ，30℃で 8.3×10^{-5} S cm^{-1} のイオン伝導度が得られている。主鎖に柔軟なポリホスファゼン鎖(4)[22] やポリシロキサン鎖(5)[23] を導入して，ガラス転移温度を低く保ったオリゴエチレングリコール鎖を有する高分子電解質も開発されており，室温で 10^{-4} S cm^{-1} のイオン伝導性が達成されている。

側鎖の分子運動を高めてイオン伝導度を上げようとすると高分子の力学物性が低下する問題が生じる。速い分子運動と力学強度を両立させる材料設計として，三次元的なネットワーク構造の導入が有効である（**図２**）。オリゴエチレングリコール鎖を有するアクリレートモノマー(6)とジアクリレート(7)とを共重合して架橋構造を形成させることにより，機械的に安定で，270℃まで

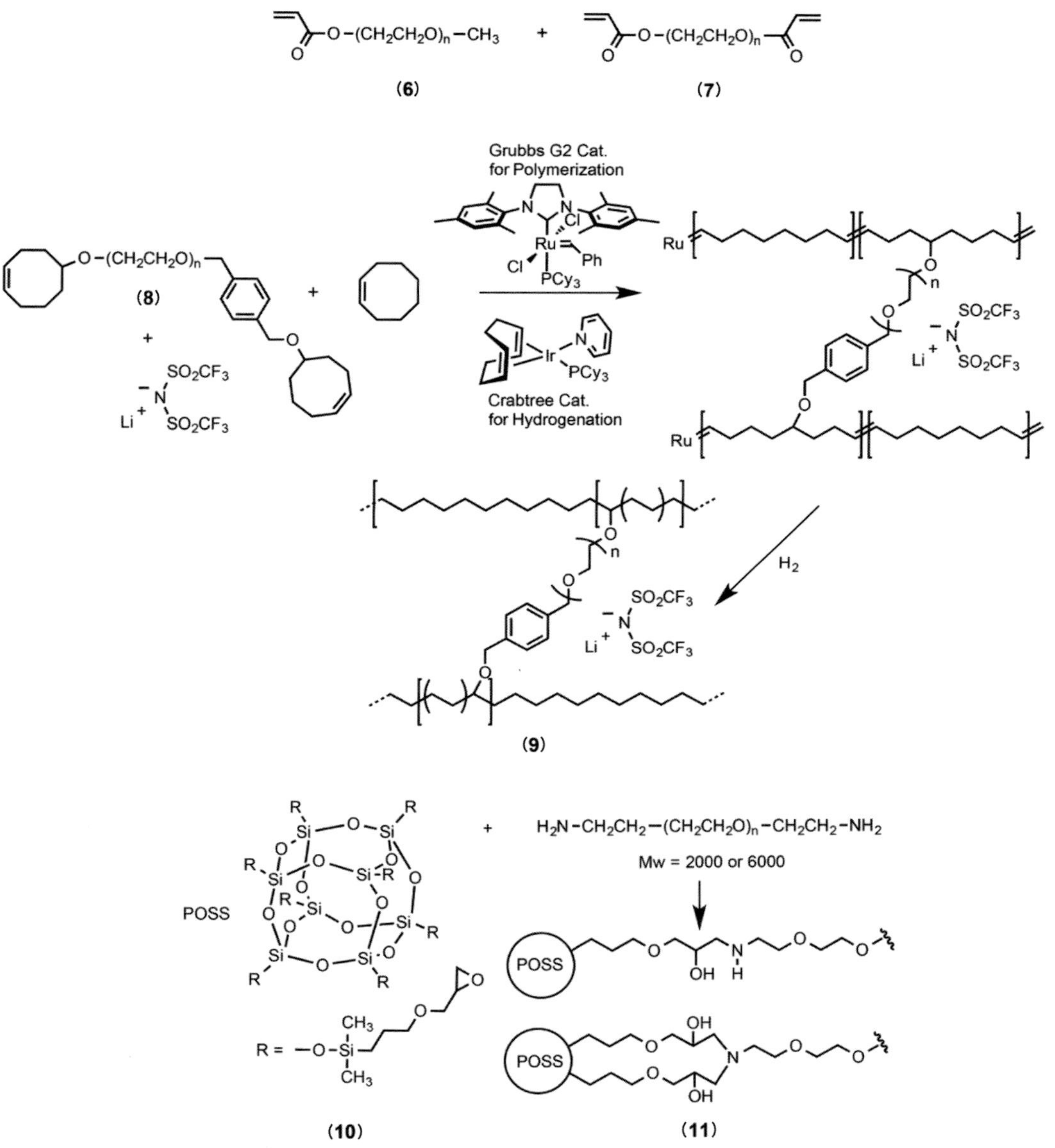

図２　ネットワーク型ポリエーテル系高分子電解質

熱分解せず，室温で 10^{-5} S cm^{-1} レベルの高イオン伝導性を示す高分子フィルムが得られている[24]。また，PEO の両末端にシクロオクテン環を導入した架橋剤(8)をシクロオクテン，リチウム塩とともに第二世代グラブス触媒を用いて開環メタセシス重合し，さらに水素添加することで，ポリエチレンを主鎖に有し，柔軟な PEO 鎖で架橋された高分子フィルム電解質(9)が合成されている[25]。−50℃付近にガラス転移を示すこの高分子電解質では，25℃で 10^{-5} S cm^{-1} の高イオン伝導度が達成されている。さらに，表面エポキシ官能基化された直径 1 nm のかご状ポリシルセスキオキサン（polysilsesquioxane：POSS）(10)と末端アミノ基を有する PEO のワンポット反応によって，容易に架橋構造が変えられる有機無機ハイブリッド型高分子フィルム電解質

(11)が開発されている[26]。この電解質においてもPEO部位の完全なアモルファス化が実現し，30℃で10^{-4} S cm^{-1}の高イオン伝導度が得られている。

上記のPEO/リチウム塩系電解質では，リチウムイオンおよびアニオンの両方がイオン伝導に寄与するため，リチウムイオン輸率は0.5を超えることはない。このような電解質をリチウム二次電池に用いた場合，充放電時にアニオンが電極に集まり，電解質中のイオンの濃度勾配が生じ，時間とともに電解質膜の抵抗値が増大し，電池性能の低下につながる[27]。したがって，カチオンのみが移動できる高分子電解質の開発が望まれている。

アニオンの移動を抑制するアプローチの一つとして，PEO系電解質にアニオンレセプターを導入する試みがある（**図3**）。例えば，ボロキシン環を有するPEO系電解質(12)[28]やホウ酸エステル構造を有するPEO系電解質(13)[29]，(14)[30)-32)]が開発されている。ルイス酸性の三級ホウ素化合物は，ホウ素の空のp軌道とアニオンとの間でルイス酸塩基対を形成する能力をもつので，電解質塩の解離促進とアニオンの移動度低下が期待できる[33)-35)]。ボロキシン誘導体(12)とリチウム塩（$LiSO_3CF_3$，$LiBF_4$，LiCl）の混合物の場合では，0.75～0.88の高いリチウムイオン輸率が達成されている[28]。また，アニオンとの超分子形成を利用したリチウムイオン輸率の向上も報告されている。例えば，アニオンと相互作用するウレア基を有するカリックスアレーン(15)[36]やアニオンを内包できるピロール系マクロサイクル(16)[37]をPEO/$LiSO_3CF_3$電解質に導入すると，リチウム輸率は0.2から0.8程度に上昇する。

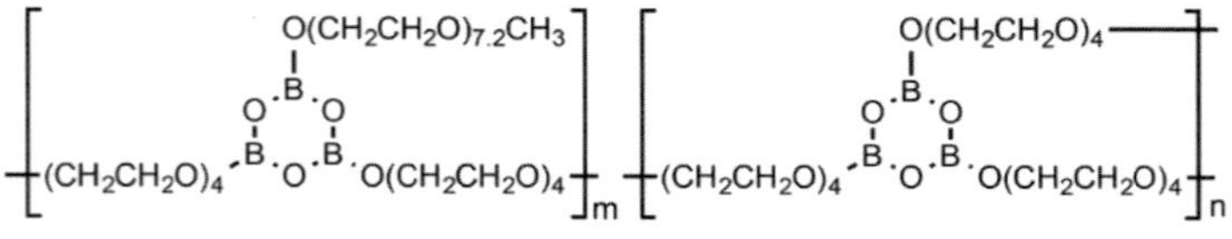

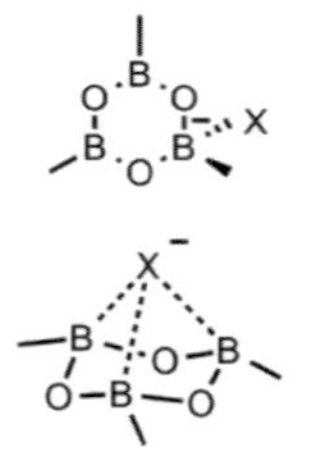

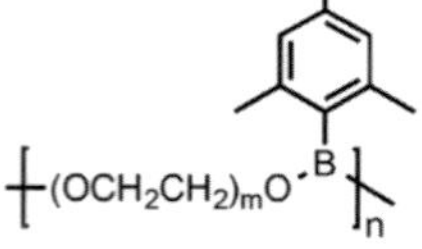

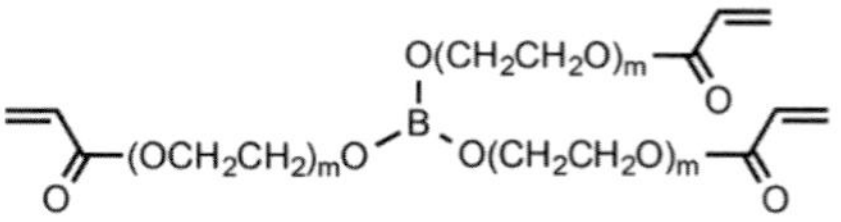

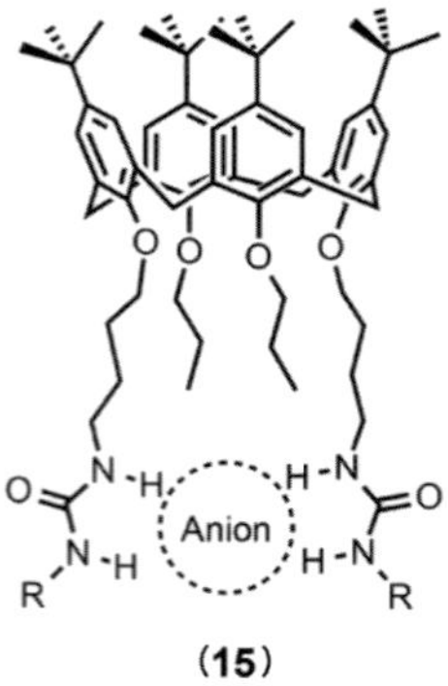

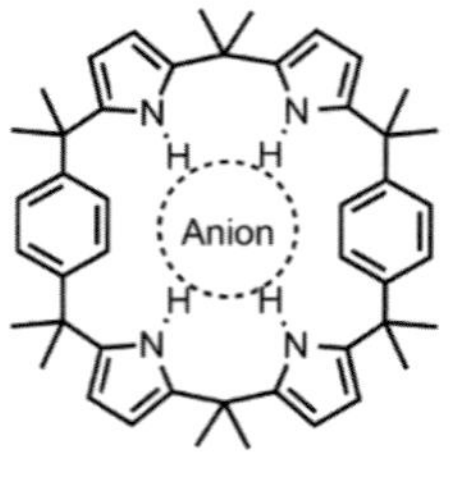

図3　ホウ素含有ポリエーテル系高分子電解質および超分子型アニオンレセプター

3. ポリアニオン型リチウム塩系高分子電解質

高分子鎖上にアニオン構造を固定化してリチウムイオンを選択的に輸送する試みも注目を集めている（**図４**）[12]。これには大きく分けて三つの材料設計がある。一つは，PEO などのイオン伝導体にリチウム塩構造を導入した系である（図４(a)）。例えば，ポリアニオン型リチウム塩の研究初期段階において，側鎖 PEO 末端にカルボン酸リチウム塩構造を有するポリメチルメタクリレート(17)が合成されている[38]。しかし，カルボキシレートアニオンは，リチウムイオンと強く静電相互作用するため，30℃ で 10^{-9} S cm^{-1} の低いイオン伝導性しか得られていない。一方，PEO の両端にカルボン酸塩よりも解離性の高いスルホン酸塩構造[39] やスルホンアミド塩構造[40] を導入した PEO–リチウム塩ハイブリッドでは，室温で 10^{-6}～10^{-5} S cm^{-1} のイオン伝導度が達

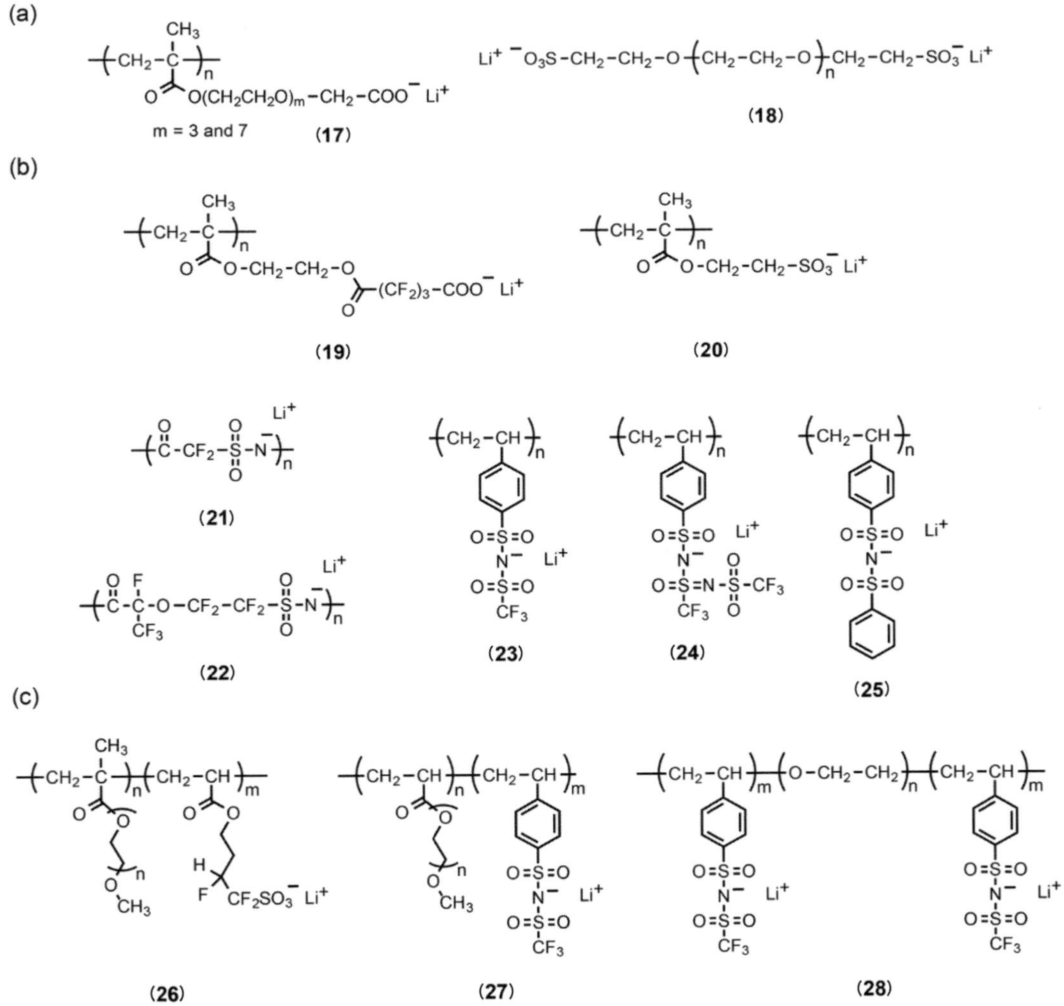

(a)リチウム塩構造を有するポリエーテル系高分子電解質，(b)高分子化リチウム塩，(c)リチウム塩系モノマーとエーテル系モノマーとの共重合による高分子電解質

図４　ポリアニオン型シングルリチウムイオン伝導性高分子電解質

成されている。さらに，PEO（分子量 350）の両端にスルホン酸リチウム塩構造を有する分子(18)[39] では，リチウムイオン輸率 0.75 を示すことが報告されている。

二つ目は，主鎖や側鎖にリチウム塩構造を導入した高分子リチウム塩と PEO などのイオン伝導性高分子とをブレンドした高分子電解質である（図 4(b)）。例えば，パーフルオロカルボキシレート基を有する高分子電解質(19)と分子量 4 万の PEO のブレンド体は，60℃で 10^{-6} S cm^{-1} のイオン伝導性を示す[41]。この値は，側鎖 PEO に脂肪族カルボン酸塩を有する高分子(17)[38] の伝導度（60℃で 10^{-8} S cm^{-1}）に比べて 2 桁上昇している。このことは，炭化水素鎖を電子吸引性のパールフオロ鎖に変えることにより，リチウムイオンの解離が促進することを意味している。また，脂肪族カルボキシレートに強ルイス酸である三フッ化ホウ素を添加して，ルイス酸塩基対を形成させることにより，伝導度が 2 桁上昇することも報告されている[42]。しかしながら，三フッ化ホウ素には毒性があり，また水分解性が高いため，実用的な電解質とは言い難い。一方，スルホン酸リチウム塩構造を有する高分子(20)と PEO のブレンドは，室温で 10^{-6} S cm^{-1} のシングルイオン伝導（リチウムイオン輸率 0.98）が達成されている[43]。パーフルオロスルホニルイミドアニオンでは，負電荷の非局在化によってリチウムイオンの解離が促進されるため，さらに高いイオン伝導度が期待できる。例えば，主鎖型高分子のパールフルオロスルホニルイミド塩(21)[44]，(22)[45] とエチレンオキシドとプロピレンオキシドの共重合体からなるネットワーク構造を有する高分子電解質とのブレンド体においては，室温で 10^{-8}～10^{-6} S cm^{-1} のシングルイオン伝導が報告されている。

また，トリフルオロメタンスルホニルイミドアニオンがベンゼン環と共役安定化したポリスチレン誘導体(23)と直鎖 PEO のブレンドでは，70℃で 10^{-5} S cm^{-1} のシングルリチウム伝導が達成されている[46]。さらに，スルホニルイミド基（$—SO_2N^-SO_2—$）の S＝O を電子吸引性のトリフルオロメタンスルホニルイミノ基（$S=NSO_2CF_3$）で置換した高分子(24)では，イオン伝導度が 10^{-4} S cm^{-1} まで向上することが報告されている[47]。これらの側鎖にスルホニルイミドリチウム塩構造を有する高分子では，結晶性の PEO とブレンドしているため，高イオン伝導度を得るには 70℃まで加熱する必要があるが，シングルリチウムイオン伝導体において，カーボネート系液体電解質を含んだ多孔質高分子セパレーターに匹敵するイオン伝導度が達成されており，次世代のポリマー型リチウムイオン電池の電解質として有望である。また，最近，ビス（フェニルスルホニル）イミドリチウム塩構造を有する高分子(25)とポリアクリロニトリルとのエレクトロスピニングにより，直径 40～100 nm のナノファイバーからなる多孔質膜が開発されている[48]。エチレンカーボネート/プロピレンカーボネート/ジエチルカーボネートの混合溶媒を含浸させた膜では，室温で 10^{-3} S cm^{-1} の高速シングルリチウム伝導（輸率 0.93）が達成されている。また，負極にリチウム，正極に $LiFePO_4$ を使った金属リチウム電池では，5C レートの高速充放電が実現している。

三つ目は，リチウム塩モノマーと PEO 側鎖を有するモノマーあるいはエチレンオキシドとのランダムおよびブロック共重合体の高分子電解質である（図 4(c)）。これらは，高分子リチウム塩と直鎖 PEO からなるブレンド電解質よりも高速なシングルリチウム伝導が達成されている。ランダム共重合高分子(26)[49] と(27)[50] では，室温で約 10^{-5} S cm^{-1} の高イオン伝導度が得られている。リチウム塩の濃度が 10–40 wt%のトリブロック共重合体(28)[51] では，リチウム塩が 20 wt%の高分子において最大のイオン伝導度（60℃で 10^{-5} S cm^{-1}，輸率 0.85）が得られており，負極にリチウム，正極に $LiFePO_4$ を用いた金属リチウム二次電池では，80℃において 0.5C レートまで安定した高出力が達成されている。

上記のポリアニオン型高分子電解質の他にも，電子吸引性のオキサレート基やマロネート基でキャップしたボレート塩構造を有するシングルイオン伝導性の主鎖型高分子電解質(29)[52]，(30)[52] や架橋高分子電解質(31)[53] が開発されている（**図５**）。例えば，主鎖型高分子(29)は，25℃で 10^{-5} S cm^{-1} のイオン伝導度を示す[52]。また，架橋高分子(31)では，25℃で 10^{-6} S cm^{-1} のイオン伝導度が得られており，85℃において金属リチウムセルで安定した充放電が確認されている[53]。

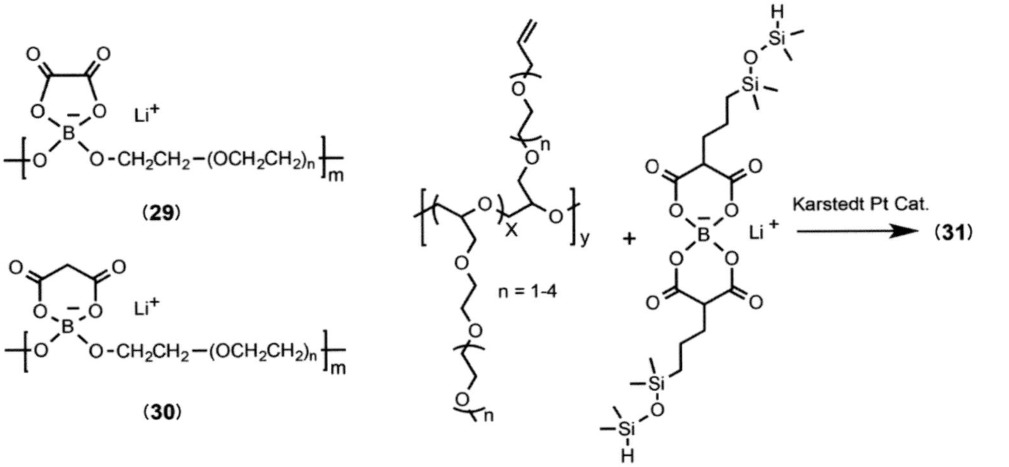

図５　ボレート塩構造を有するシングルリチウム伝導性高分子電解質

4. イオン液体系高分子電解質

常温で溶融した有機のイオン液体や柔軟性の結晶である有機イオン性プラスチッククリスタルは，イオンを輸送する新しいタイプの媒体として電気化学エネルギーデバイスやアクチュエーターなどへの応用が期待されている[13)54)55]。例えば，イオン液体の一つである 1–ブチル–3–メチルイミダゾリウム　ビス（トリフルオロメタンスルホニル）イミドは，不揮発性，大気中での安定性，高イオン伝導性，リチウム塩溶解性などを示す室温で液体の塩である。このようなイオン液体を高分子化して[14]，PEO 系に替わる高分子固体電解質として応用を目指す展開がある。例えば，アクリレート基を導入したイミダゾリウム塩(32)と架橋剤であるオリゴエーテル鎖を有するジメタクリレートとを重合することにより（**図６**），フレキシブルな高分子フィルムが開発されており，室温で 10^{-4} S cm^{-1} のイオン伝導度が得られている[56]。また，イオン液体モノマー(32)とリチウム塩モノマー(33)の共重合体が作製されており（図６），リチウム塩濃度が高くなるほどガラス転移温度が上昇して，イオン伝導度が低下することが報告されている[57]。例えば，等モ

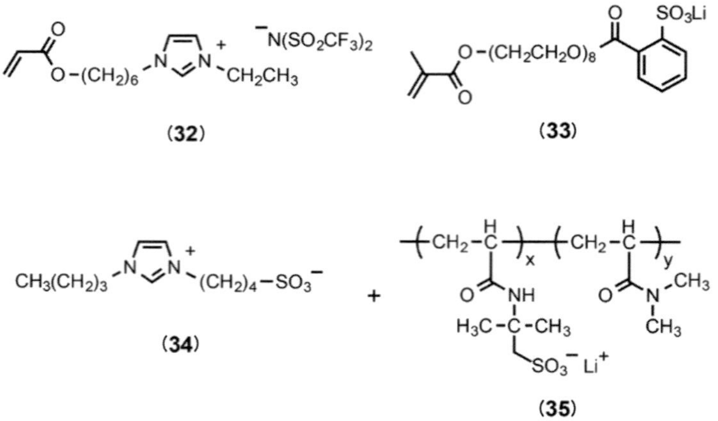

図６　イオン液体系高分子電解質を構成するモノマーの分子構造および双性イオン型イオン液体とポリアニオン型リチウム塩系高分子電解質の複合体

ル量のモノマーからなる共重合体は，30℃で 10^{-5} S cm^{-1} のイオン伝導度を示す。一方，リチウム塩モノマー(33)のホモポリマーでは，30℃で 10^{-9} S cm^{-1} の低いイオン伝導性しか示さないため，イオン液体モノマーと共重合することによって，リチウム塩の解離が促進したとも言える。より明確にイオン液体による塩解離の促進を示した例として，双性イオン型イオン液体(34)と高分子リチウム塩(35)との複合化に関する研究がある（図６）[58]。分子(34)と(35)は単独では，10^{-10} ～10^{-9} S cm^{-1} の低いイオン伝導度を示すが，両者を 25：75 の重量比で混合すると，伝導度が最大で４桁も上昇することが見出されている。

5. 分子自己組織化を活用するナノ構造高分子電解質

高速イオン伝導を目指す新しいアプローチとして，液晶やブロックポリマーの自己組織化を活用したナノ構造高分子電解質の開発が，近年精力的に進められている[15,16,59–61]。前述までの高分子電解質では，イオンを高速に動かすために力学物性を保持しながら，いかにして PEO の結晶性を低下させてアモルファス構造とするかが重要であった。一方で，液晶やブロックポリマーの異方性やナノスケールの相分離構造を積極的に利用して，イオンを連続的に効率よく運ぶチャンネル構造を有する電解質を設計しようとする試みがある。この場合は，イオンを流す液体的な相と力学物性を担う固体相からなるナノからサブミクロンスケールの相分離構造を設計することが重要である。互いに混ざり合わない親水性部位と疎水性部位を共有結合でつないだブロック構造の低分子や高分子では，分子の形状，二成分間の相互作用や体積分離により，ミセル状，シリンダー状，層状，ジャイロ状などの０次元から三次元のさまざまな相分離構造（**図７**左）が形成される[62,63]。特に，一次元や二次元のイオンチャンネル構造をもった電解質を電池へ応用する場合には，電極間を橋渡しするためにイオンチャンネルの配向が重要となる（図７右）。一方で，三次元に連続したチャンネルを形成するジャイロイド構造は，特別な配向制御をしなくてもイオ

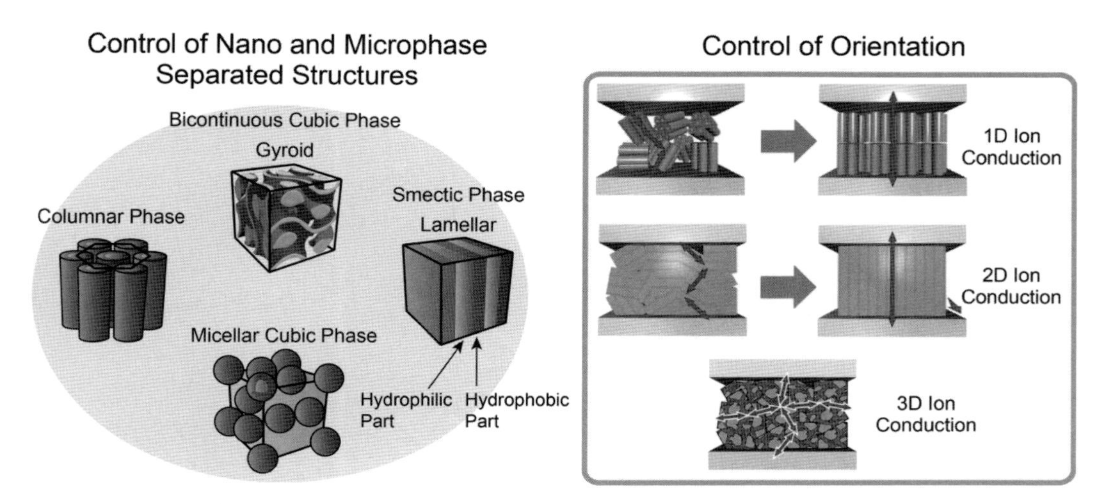

図７　液晶およびブロックポリマーの相分離構造形成およびイオン伝導チャンネルの配向制御による高速化の模式図

ンは電極まで到達することができるため，電池電解質をはじめとして多分野での応用が期待されている[64)65)]。

イオン伝導性液晶性高分子としては，**図８**に示すようなオリゴエーテル側鎖を有する側鎖型液晶高分子(36)[66)]や主鎖型液晶高分子(37)[67)]，主鎖にオリゴエーテル鎖を有する液晶性高分子(38)[68)69)]，オリゴエーテル側鎖を有する高分子主鎖を中心としてデンドロン側鎖が筒状に集合するカラムナー液晶性高分子(39)[70)]，層状・カラム状・ジャイロド状の液晶構造を形成する樹状構造のブロックポリマー(40)[71)]，直鎖 PEO と側鎖に液晶基を有するポリメタクリレートからなる液晶性ブロック高分子(41)[72)]，オリゴエーテル側鎖を有するメタクリレートと側鎖に液晶基を有するメタクリレートとの原子移動重合による三分岐構造を有する液晶高分子(42)[73)]などがある。例えば，高分子(36)と $LiSO_3CF_3$ との複合体では，室温での層状構造を有するスメクチック液晶相において 10^{-6} S cm^{-1} のイオン伝導度が得られている[66)]。また，三分岐の高分子主鎖を有する星型ブロック高分子(37)と $LiClO_4$ との複合体は，25℃のラメラ相で 10^{-4} S cm^{-1} の高イオン伝導度を示すことが報告されている[73)]。しかし，このような高分子液晶では，マクロスケールの配向を達成することは困難なため，ナノ構造形成に由来した異方的なイオン伝導性やイオン伝導の高速化などの新たな機能発現を実験的に明らかにすることは容易ではない。

異方的な二次元的イオン伝導を目指して，PEO 鎖の両端に棒状液晶基が導入されたロッド－コイル－ロッド型分子(43)[74)]（**図９**）が開発されている。液晶性分子(43)と $LiSO_3CF_3$ との複合体は，PEO 層と棒状分子の層からなる層状の相分離構造を有するスメクチック液晶相を示す。この複合体は，ガラス基板の上に形成した櫛形金電極間で自発的に垂直配向するため，層に平行な方向のイオン伝導度が測定されている。97℃のスメクチック相では 10^{-4} S cm^{-1} の高イオン伝導度が得られている。一方，加熱して液晶相から等方性液体相に転移すると伝導度が急激に低下することが示されており，この結果は液晶相において効率の良いイオン伝導パスが形成されていたことを裏付けている。異方的なイオン伝導性は，ジオール基を有する棒状分子とイオン液体か

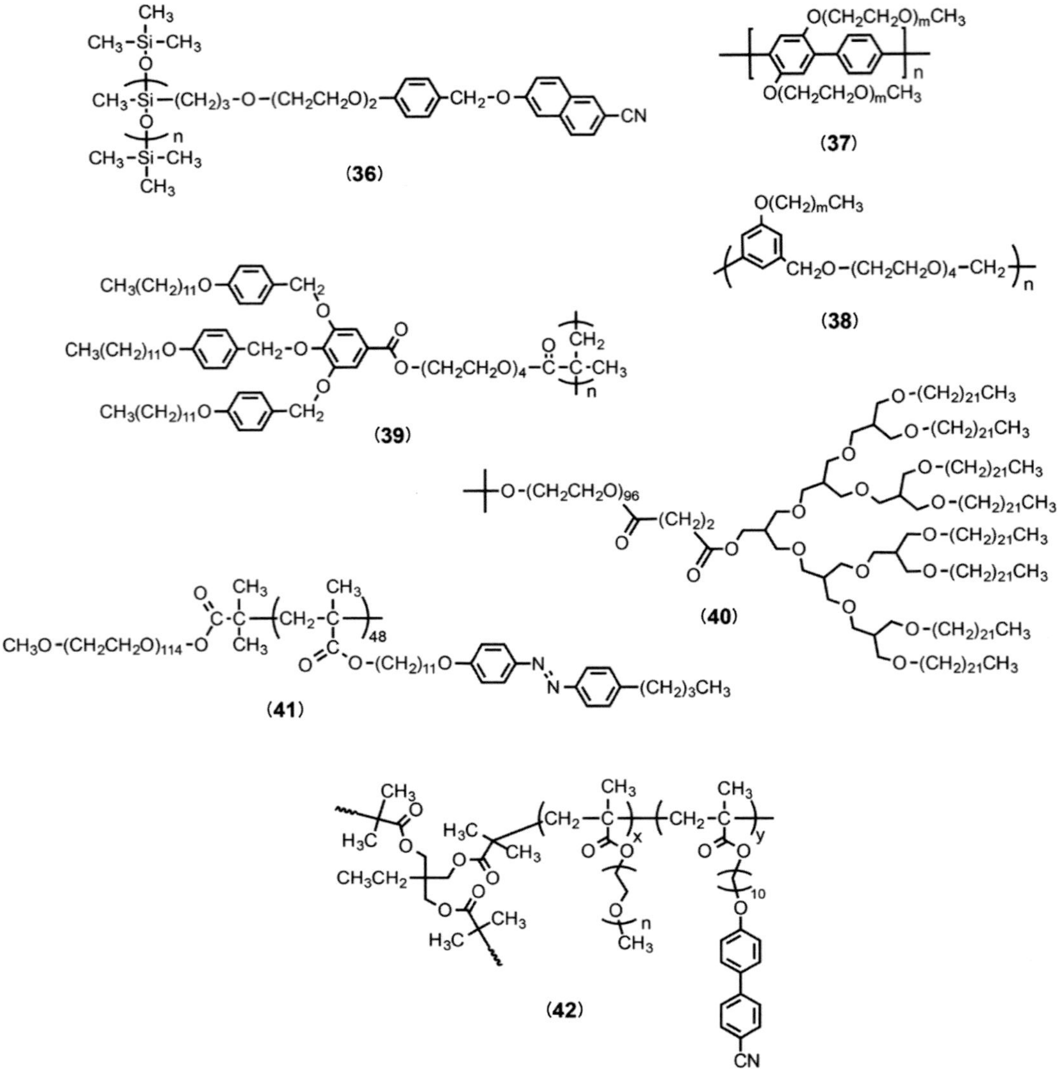

図８　液晶性高分子電解質

らなる水素結合を介した超分子型スメクチック液晶(44)(図９) において初めて明らかにされている[75]。等モル混合体のスメクチック液晶は，櫛形金電極セルおよび二枚のITO電極蒸着ガラスセルの間で自発的な垂直配向を形成するため，これらのセルを用いたインピーダンス測定により，層に並行な方向と垂直方向のイオン伝導度がそれぞれ測定される。例えば，192℃のスメクチックＡ相（棒状分子が層の面内で無秩序な配列をもつ相）において，層に並行な方向の伝導度は 10^{-3} S cm^{-1} であり，層に垂直な方向のイオン伝導度と比べると29倍の異方性を示す。低温の73℃におけるスメクチックＢ相（棒状分子が層面内で六方晶の配列を有する相）では，異方性が3,000倍に達している。この例のように低分子の液晶化合物は，高分子液晶と比べると配向制御しやすい。そこで，配向したナノ構造を有する高分子電解質を開発することを目指して，

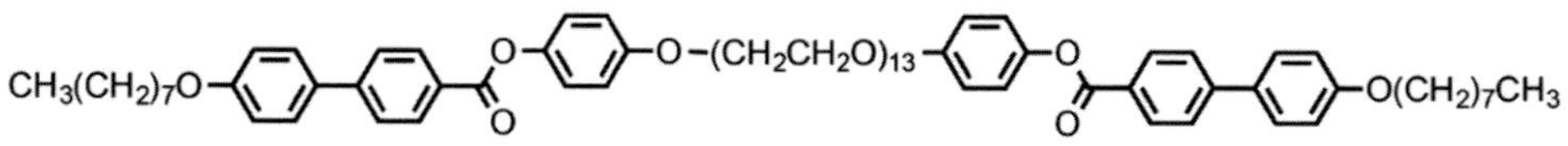

$CH_3(CH_2)_7O$　O　O　$O-(CH_2CH_2O)_{13}$　O　O　$O(CH_2)_7CH_3$

(**43**)

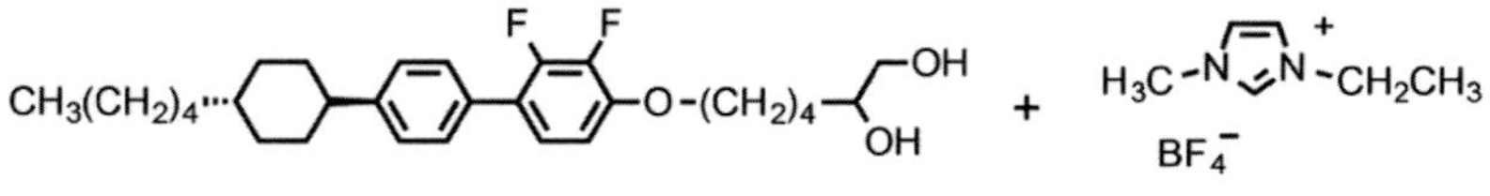

$CH_3(CH_2)_4$　F　F　$O-(CH_2)_4$　OH　OH　＋　H_3C-N　$N^+-CH_2CH_3$　BF_4^-

(**44**)

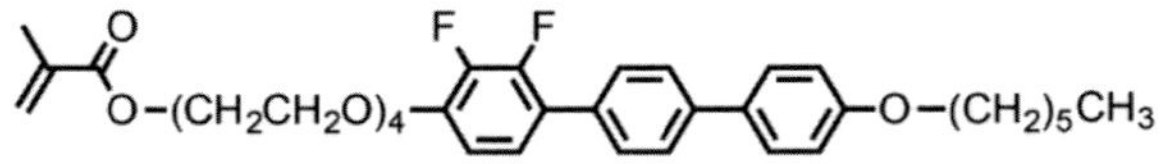

O　$O-(CH_2CH_2O)_4$　F　F　$O-(CH_2)_5CH_3$

(**45**)

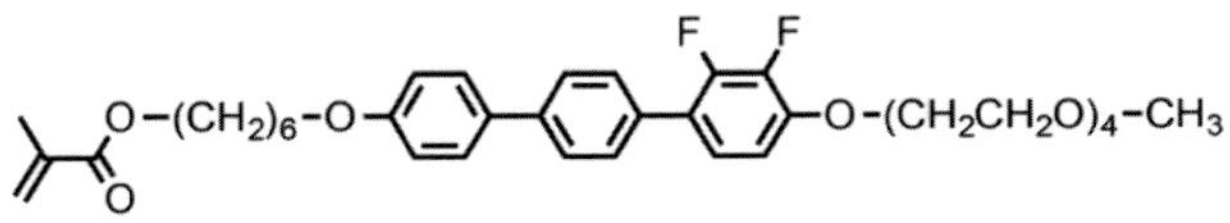

$O-(CH_2)_6-O$　F　F　$O-(CH_2CH_2O)_4-CH_3$　O

(**46**)

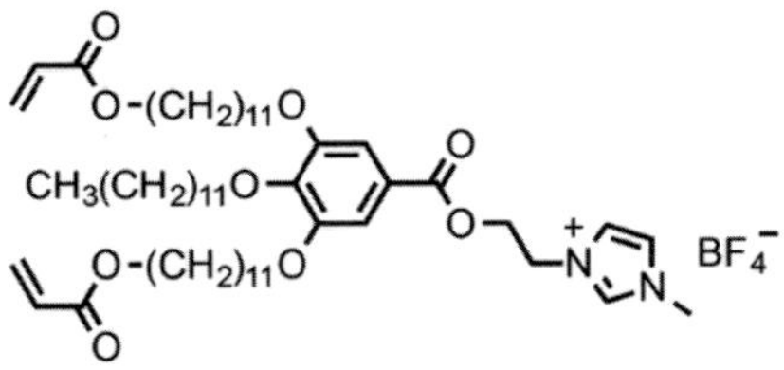

O　$O-(CH_2)_{11}O$　$CH_3(CH_2)_{11}O$　$O-(CH_2)_{11}O$　O　O　O　N^+　N　BF_4^-

(**47**)

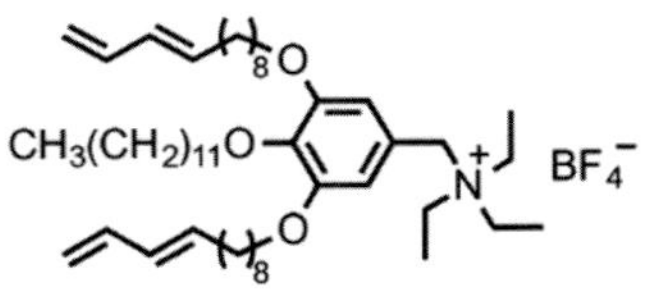

8　O　$CH_3(CH_2)_{11}O$　O　8　N^+　BF_4^-

(**48**)

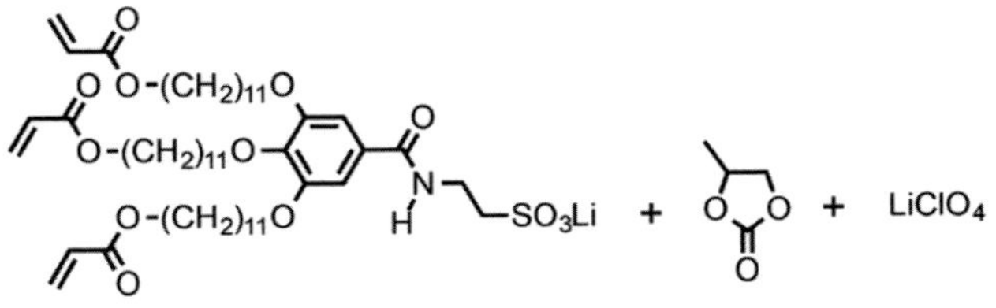

O　O　$O-(CH_2)_{11}O$　$O-(CH_2)_{11}O$　$O-(CH_2)_{11}O$　O　O　N　H　SO_3Li　＋　O　O　O　＋　$LiClO_4$

(**49**)

$CH_3(CH_2)_4$　$O-(CH_2)_4$　O　O　O

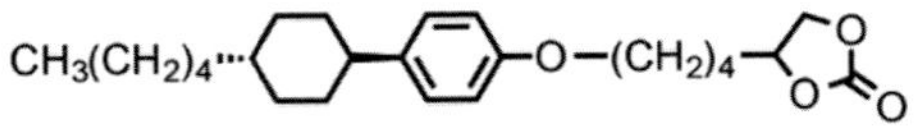

(**50**)

図９　液晶性イオン伝導体

重合基を導入した低分子液晶モノマーの設計と光重合による構造固定化が検討された。アクリレート基が導入されたオリゴエーテル鎖を有する単量体液晶(45)，(46)と $LiSO_3CF_3$ の複合体は（図９），室温でスメクチック液晶相を発現する[76]。ガラス基板上で垂直配向させたのち，光重合して基盤から剥離することにより，フレキシブルで異方的なイオン伝導性を示す高分子電解質が開発されている。液晶性モノマー(46)から得られる高分子フィルムは，室温で 10^{-3} S cm^{-1} の高イオン伝導性が達成されている。さらに，異方的な一次元イオン伝導性を示す高分子フィルムが，カラムナー液晶性を示す扇型構造のイミダゾリウム塩(47)の光重合によって開発されている（図９）[77]。また，光重合性基としてジエン構造を有するアンモニウム塩(48)と $LiBF_4$ との複合体では（図９），ジャイロイド型の双連続キュービック液晶構造が発現し，光架橋することによって三次元的なリチウム伝導性を有するフレキシブルな高分子フィルムが得られる[78]。また，重合性リチウム塩と液体電解質(49)（図９）からなる双連続キュービック液晶を重合することにより[79]，環状カーボネートが三次元に連続したナノイオンチャンネルに閉じ込めた液晶架橋高分子フィルムも開発されており，室温で 10^{-3} S cm^{-1} の高イオン伝導性が達成されている。近年では，末端に環状カーボネート基を有する棒状分子(50)と $LiN(SO_2CF_3)_2$ との複合体（図９）からなるスメクチック液晶性電解質を用いてリチウムイオン電池が開発されている[80]。

非相溶な高分子成分から構成されるブロック共重合体が形成する10～100 nm レベルのミクロ相分離構造を活用したイオン輸送に関する研究も活発に行われている[16]。ポリスチレン-ポリエチレンオキシドブロック共重合体（PS-*b*-PEO）は，ミクロ相分離構造を形成する代表的なポリマーの一つである。一般的には，ミクロ相分離構造が異なるブロックポリマーを得るには，モノマーの仕込み比を変えて，各々合成する必要がある。一方，ブロックポリマーの片末端を官能基化する簡単なアプローチにより，ナノ相分離構造の制御が達成されている[81)-83]。例えば，PS-*b*-PEO の PEO 末端へのカルボキシル基やジオール基などの官能基導入によるナノ構造形成とイオン伝導性が調べられている（**図 10**）[83]。PEO 末端が水酸基の場合は，長距離秩序をもたないミクロ相分離構造を形成する。一方，モノカルボキシル基が導入されたポリマー(51)はラメラ構造を示し，ジカルボキシル基やジオール基を有するポリマー(51)ではジャイロイド構造が形成され

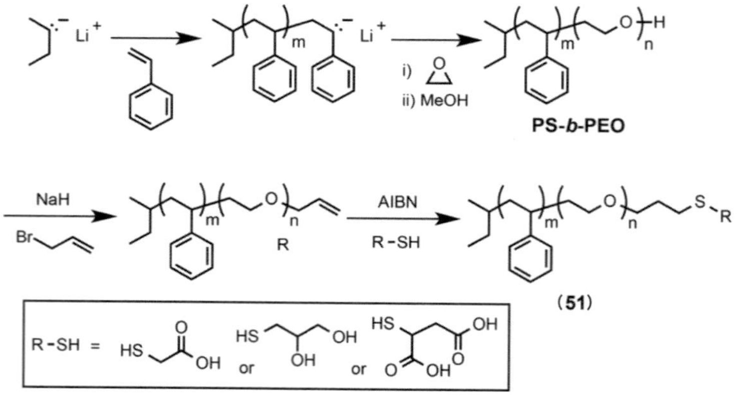

Li+ → m Li+ i) ii) MeOH → m n H
PS-*b*-PEO
NaH Br → m n R AIBN R-SH → m n S R
(51)
R-SH = HS OH O or HS OH OH or HS OH O O OH

図 10　ポリスチレン-ポリエチレンオキシドブロックポリマーの合成および末端官能基化の反応スキーム

る。また，PEO末端の官能基化は，PEOの結晶化度および融点を低下させるため，イオン伝導度を向上させる有効な手法になり得る。例えば，ジャイロイド構造を形成する末端ジカルボン酸基やジオール基を有するポリマー(51)と$LiN(SO_2CF_3)_2$の複合体（CH_2CH_2Oの繰り返し単位あたりのLiイオンのモル比が0.02）は，60℃で10^{-5} S cm^{-1}のイオン伝導性を示す。この値は，末端水酸基を有するPS-*b*-PEOとリチウム塩の複合体の伝導度に比べて30倍高い。さらに，リチウムイオン輸率についても，末端水酸基のブロックポリマーが0.25であるのに対し，末端にジオール基を有するブロックポリマー(51)では0.48に上昇している。これは，ジオール基とアニオンとの水素結合形成によりアニオンの移動度が低下することに由来すると考えられている。

6. おわりに

本稿では，リチウムイオン伝導性に焦点を絞った高分子固体電解質の高速化に向けた分子レベルから分子集合体レベルまでの材料設計について概説した。この他にも新しいイオン伝導体として有望な多孔性高分子や金属有機構造体の開発[84)-87)]，無機ナノ粒子やナノワイヤーと高分子電解質のコンポジット化による高速化[88)89)]，リチウムデンドライトの形成を抑制できる高性能な高分子ゲル電解質[90)-92)]など，新しい機能材料設計が近年数多く報告されている。有機化学，高分子化学，超分子化学，表面界面科学および電気化学の研究者が知を結集することで，従来のイメージを刷新する高性能かつ高耐久性を示す二次電池が開発されることを期待している。

文　献

1）J.-M. Tarascon and M. Armand: *Nature*, **414**, 359 (2001).
2）J. Hassoun, P. Reale and B. Scrosati: *J. Mater. Chem.*, **17**, 3668 (2007).
3）J. B. Goodenough and K.-S. Park: *J. Am. Chem. Soc.*, **135**, 1167 (2013).
4）J. Kalhoff, G. G. Eshetu, D. Bresser and S. Passerini: *ChemSusChem*, **8**, 2154 (2015).
5）H. Kim, G. Jeong, Y.-U. Kim, J.-H. Kim, C.-M. Park and H.-J. Sohn: *Chem. Soc. Rev.*, **42**, 9011 (2013).
6）C. Yang, K. Fu, Y. Zhang, E. Hitz and L. Hu: *Adv. Mater.*, **29**, 1701169 (2017).
7）W. H. Meyer: *Adv. Mater.*, **10**, 439 (1998).
8）徳田浩之，田畑誠一郎，関志朗，渡邉正義：高分子論文集，**63** (1), 1 (2006).
9）西村直美，大野弘幸：高分子論文集，**68** (9), 595 (2011).
10）Z. Xue, D. He and X. Xie: *J. Mater. Chem. A*, **3**, 19218 (2015).
11）D. Golodnitsky, E. Strauss, E. Peled and S. Greenbaum: *J. Electrochem. Soc.*, **162**, A2551 (2015).
12）H. Zhang, C. Li, M. Piszcz, E. Coya, T. Rojo, L. M. Rodriguez-Martinez, M. Armand and Z. Zhou: *Chem. Soc. Rev.*, **46**, 797 (2017).
13）D. R. MacFarlane, M. Forsyth, P. C. Howlett, M. Kar, S. Passerini, J. M. Pringle, H. Ohno, M. Watanabe, F. Yan, W. Zheng, S. Zhang and J. Zhang: *Nat. Rev. Mater.*, **1**, 150005 (2016).
14）N. Nishimura and H. Ohno: *Polymer*, **55**, 3289 (2014).
15）T. Kato, M. Yoshio, T. Ichikawa, B. Soberats, H. Ohno and M. Funahashi: *Nat. Rev. Mater.*, 2, 17001 (2017).
16）W.-S. Young, W.-F. Kuan and T. H. Epps, III: *J. Polym. Sci., Part B: Polym. Phys.*, **52**, 1 (2014).
17）P. V. *Polym. J.*, **7**, 319 (1975).
18）Z. Gadjourova, Y. G. Andreev, D. P. Tunstall and P. G. Bruce: *Nature*, **412**, 520 (2001).
19）C. D. Robitaille and D. Fauteux: *J. Electrochem. Soc.*, **133**, 315 (1986).
20）D. J. Bannister, G. R. Davis, I. M. Ward and J. E. McIntyre: *Polymer*, **25**, 1600 (1984).

21）A. Nishimoto, K. Agehara, N. Furuya, T. Watanabe and M. Watanabe: *Macromolecules*, **32**, 1541（1999）.
22）P. M. Blonsky, D. F. Shriver, P. Austin and H. R. Allcock: *Solid State Ionics*, **18** & **19**, 258（1986）.
23）D. Fish, I. M. Khan and J. Smid: *Makromol. Chem., Rapid Commun.*, **7**, 115（1986）.
24）W. Zhou, S. Wang, Y. Li, S. Xin, A. Manthiram and J. B. Goodenough: *J. Am. Chem. Soc.*, **138**, 9385（2016）.
25）R. Khurana, J. L. Schaefer, L. A. Archer and G. W. Coates: *J. Am. Chem. Soc.*, **136**, 7395（2014）.
26）Q. Pan, D. M. Smith, H. Qi, S. Wang and C. Y. Li: *Adv. Mater.*, **27**, 5995（2015）.
27）M. Doyle, T. F. Fuller and J. Newman: *Electrochim. Acta*, **39**, 2073（1994）.
28）M. A. Mehta and T. Fujinami: *Chem. Lett.*, **26**, 915（1997）.
29）N. Matsumi, K. Sugai and H. Ohno: *Macromolecules*, **35**, 5731（2002）.
30）Y. Aihara, J. Kuratomi, T. Bando, T. Iguchi, H. Yoshida, T. Ono and K. Kuwana: *J. Power Sources*, **114**, 96（2003）.
31）Y. Kato, S. Yokoyama, H. Ikuta, Y. Uchimoto and M. Wakihara: *Electro. Commun.*, **3**, 128（2001）.
32）M. Nakayama, S. Wada, S. Kuroki and M. Nogami: *Energy & Environ. Sci.*, **3**, 1995（2010）.
33）T. Hirakimoto, M. Nishiura and M. Watanabe: *Electrochim. Acta*, **46**, 1609（2001）.
34）S. Tabata, T. Hirakimoto, M. Nishiura and M. Watanabe: *Electrochim. Acta*, **48**, 2105（2003）.
35）S. Tabata, T. Hirakimoto, H. Tokuda, Md. A. B. H. Susan and M. Watanabe: *J. Phys. Chem. B*, **108**, 19518（2004）.
36）A. Blazejczyk, M. Szczupak, W. Wieczorek, P. Cmoch, G. B. Appetecchi, B. Scrosati, R. Kovarsky, D. Golodnitsky and E. Peled: *Chem. Mater.*, **17**, 1535（2005）.
37）A. M. Stephan, T. P. Kumar, N. Angulakshmi, P. S. Salini, R. Sabarinathan, A. Srinivasan and S. Thomas: *J. Appl. Polym. Sci.*, **120**, 2215（2011）.
38）E. Tsuchida, H. Ohno, N. Kobayashi and H. Ishizaka: *Macromolecules*, **22**, 1771（1989）.
39）N. Ito, N. Nishina and H. Ohno: *J. Mater. Chem.*, **7**, 1357（1997）.
40）Y. Tominaga, K. Ito and H. Ohno: *Polymer*, **38**, 1949（1997）.
41）D. J. Bannister, G. R. Davis, I. M. Ward and J. E. Mclntyre: *Polymer*, **25**, 1291（1984）.
42）P. E. Trapa, M. H. Acar, D. R. Sadoway and A. M. Mayes: *J. Electrochem. Soc.*, **152**, A2281（2005）.
43）H. Chen, Z. Deng, Y. Zheng, W. Xu and G. Wan: *J. Macromol. Sci., Part A, Pure and Appl. Chem.*, **33**, 1273（1996）.
44）M. Watanabe, Y. Suzuki and A. Nishimoto: *Electrochim. Acta*, **45**, 1187（2000）.
45）M. Watanabe, H. Tokuda and S. Muto: *Electrochim. Acta*, **46**, 1487（2001）.
46）R. Meziane, J.-P. Bonnet, M. Courty, K. Djellab and M. Armand: *Electrochim. Acta*, **57**, 14（2011）.
47）Q. Ma, H. Zhang, C. Zhou, L. Zheng, P. Cheng, J. Nie, W. Feng, Y.-S. Hu, H. Li, X. Huang, L. Chen, M. Armand and Z. Zhou: *Angew. Chem. Int. Ed.*, **55**, 2521（2016）.
48）R. Rohan, T.-C. Kuo, M.-W. Chen and J.-T. Lee: *ChemElectroChe*m, **4**, 2178（2017）.
49）J. M. G. Cowie and G. H. Spence: *Solid State Ionics*, **123**, 233（1999）.
50）S. Feng, D. Shi, F. Liu, L. Zheng, J. Nie, W. Feng, X. Huang, M. Armand and Z. Zhou: *Electrochim. Acta*, **93**, 254（2013）.
51）R. Bouchet, S. Maria, R. Meziane, A. Aboulaich, L. Lienafa, J.-P. Bonnet, T. N. T. Phan, D. Bertin, D. Gigmes, D. Devaux, R. Denoyel and M. Armand: *Nat. Mater.*, **12**, 452（2013）.
52）W. Xu, M. D. Williams and C. A. Angell: *Chem. Mater.*, **14**, 401（2002）.
53）X.-G. Sun, J. B. Kerr, C. L. Reeder, G. Liu and Y. Han: *Macromolecules*, **37**, 5133（2004）.
54）M. Watanabe, M. L. Thomas, S. Zhang, K. Ueno, T. Yasuda and K. Dokko: *Chem. Rev.*, **117**, 7190（2017）.
55）D. R. MacFarlane and M. Forsyth: *Adv. Mater.*, **13**, 958（2001）.
56）S. Washiro, M. Yoshizawa, H. Nakajima and H. Ohno: *Polymer*, **45**, 1577（2004）.
57）W. Ogihara, N. Suzuki, N. Nakamura and H. Ohno: *Polym. J.*, **38**, 117（2006）.
58）C. Tiyapiboonchaiya, J. M. Pringle, J. Sun, N. Byrne, P. C. Howlett, D. R. Macfarlane and M. Forsyth: *Nat. Mater.*, **3**, 29（2004）.
59）M. Yoshio and T. Kato: Handbook of Liquid Crystals 2nd Edition（Eds. John W. Goodby, Peter J. Collings, T. Kato, C. Tschierske, H. Gleeson, P. Raynes）, Vol. 8, 727-749, Wiley-VCH Verlag GmbH & Co. KGaA（2014）.
60）B.-K. Cho: *RSC Adv.*, **4**, 395（2014）.
61）M. Funahashi, H. Shimura, M. Yoshio, T. Kato: *Struct. Bond.*, **128**, 151（2008）.
62）T. Kato, N. Mizoshita and K. Kishimoto: *Angew. Chem. Int. Ed.*, **45**, 38（2006）.
63）C. Tschierske: *J. Mater. Chem.*, **11**, 2647（2001）.
64）T. Ichikawa, M. Yoshio, A. Hamasaki, T. Mukai, H. Ohno and T. Kato: *J. Am. Chem. Soc.*, **129**, 10662（2007）.

65) T. Ichikawa, M. Yoshio, A. Hamasaki, S. Taguchi, F. Liu, X. Zeng, G. Ungar, H. Ohno and T. Kato: *J. Am. Chem. Soc.*, **134**, 2634 (2012).
66) C.-J. Hsieh and G.-H. Hsiue: *Makromol. Chem.*, **191**, 2195 (1990).
67) U. Lauter, W. H. Meyer and G. Wegner: *Macromolecules*, **30**, 20921 (1997).
68) F. B. Dias, S. V. Batty, A. Gupta, G. Ungar, J. P. Voss and P. V. Wright: *Electrochim. Acta*, **43**, 1217 (1998).
69) Y. Zheng, J. Lui, G. Ungar and P. V. Wright: *Chem. Rec.*, **4**, 176-191 (2004).
70) V. Percec, J. Heck, D. Tomazos, F. Falkenberg, H. Blackwell and G. Ungar: *J. Chem. Soc. Perkin Trans.* 1, 2799 (1993).
71) B.-K. Cho, A. Jain, S. M. Gruner and U. Wiesner: *Science*, **305**, 1598 (2004).
72) J. Li, K. Kamata, M. Komura, T. Yamada, H. Yoshida and T. Iyoda: *Macromolecules*, **40**, 8125 (2007).
73) Y. Tong, L. Chen, X. He and Y. Chen: *J. Power Sources*, **247**, 786 (2014).
74) T. Ohtake, M. Ogasawara, K. Ito-Akita, N. Nishina, S. Ujiie, H. Ohno and T. Kato: *Chem. Mater.*, **12**, 782 (2000).
75) M. Yoshio, T. Mukai, K. Kanie, M. Yoshizawa, H. Ohno and T. Kato: *Adv. Mater.*, **14**, 351 (2002).
76) K. Kishimoto, T. Suzawa, T. Yokota, T. Mukai, H. Ohno and T. Kato: *J. Am. Chem. Soc.*, **127**, 15618 (2005).
77) M. Yoshio, T. Kagata, K. Hoshino, T. Mukai, H. Ohno and T. Kato: *J. Am. Chem. Soc.*, **128**, 5570 (2006).
78) T. Ichikawa, M. Yoshio, A. Hamasaki, J. Kagimoto, H. Ohno and T. Kato: *J. Am. Chem. Soc.*, **133**, 2163 (2011).
79) R. L. Kerr, S. A. Miller, R. K. Shoemaker, B. J. Elliot and D. L. Gin: *J. Am. Chem. Soc.*, **131**, 15972 (2009).
80) J. Sakuda, E. Hosono, M. Yoshio, T. Ichikawa, T. Matsumoto, H. Ohno, H. Zhou and T. Kato: *Adv. Funct. Mater.*, **25**, 1206 (2015).
81) G. Jo, O. Kim, H. Kim, U. H. Choi, S.-B. Lee and M. J. Park: *Polym. J.*, 48, 465 (2016).
82) G. Jo, H. Ahn and M. J. Park: *ACS Macro Lett.*, **2**, 990 (2013).
83) H. Y. Jung, P. Mandal, G. Jo, O. Kim, M. Kim, K. Kwak and M. J. Park: *Macromolecules*, **50**, 3224 (2017).
84) J.-K. Sun, M. Antonietti and J. Yuan: *Chem. Soc. Rev.*, 45, 6627 (2016).
85) S. Fischer, J. Schmidt, P. Strauch and A. Thomas: *Angew. Chem. Int. Ed.*, **52**, 12174 (2013).
86) J. F. Van Humbeck, M. L. Aubrey, A. Alsbaiee, R. Ameloot, G. W. Coates, W. R. Dichte land J. R. Long: *Chem. Sci.*, **6**, 5499 (2015).
87) M. L. Aubrey, R. Ameloot, B. M. Wiers and J. R. Long: *Energy Environ. Sci.*, **7**, 667 (2014).
88) W. Liu, N. Liu, J. Sun, P.-C. Hsu, Y. Li, H.-W. Lee and Y. Cui: *Nano Lett.*, **15**, 2740 (2015).
89) W. Liu, D. Lin, J. Sun, G. Zhou and Y. Cui: *ACS Nano*, **10**, 11407 (2016).
90) L. Porcarelli, A. S. Shaplov, F. Bella, J. R. Nair, D. Mecerreyes and C. Gerbaldi: *ACS Energy Lett.*, **1**, 678 (2016).
91) X.-X. Zeng, Y.-X. Yin, N.-W. Li, W.-C. Du, Y.-G. Guo and L.-J. Wan: *J. Am. Chem. Soc.*, **138**, 15825 (2016).
92) Q. Lu, Y.-B. He, Q. Yu, B. Li, Y. V. Kaneti, Y. Yao, F. Kang and Q.-H. Yang: *Adv. Mater.*, **29**, 1604460 (2017).

第6章

革新的二次電池の開発

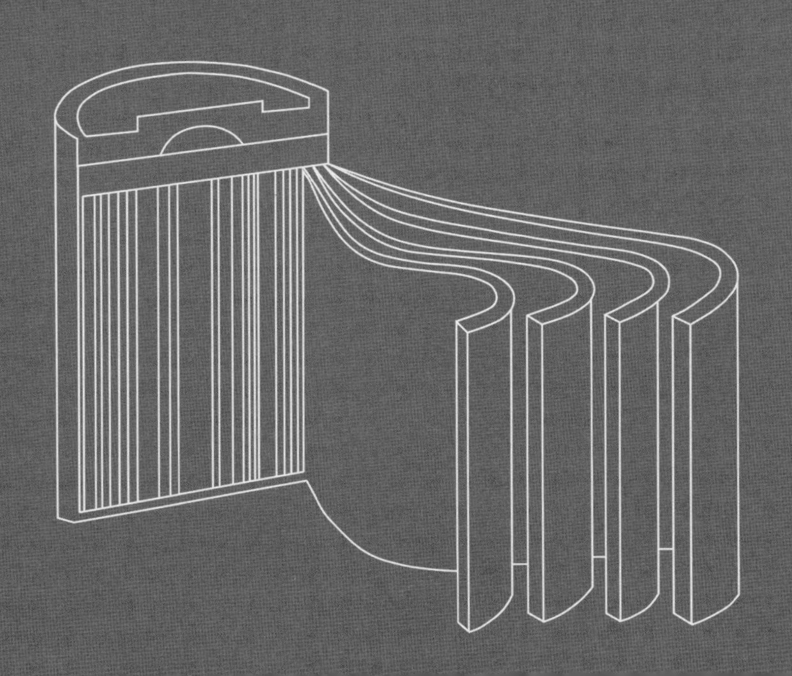

第1節　高エネルギー密度マグネシウム二次電池の開発

立命館大学　折笠　有基

1. はじめに

1.1 多価金属負極を用いた二次電池の優位性

ポストリチウムイオン電池として，高いエネルギー密度を有する電池系の開発が活発に行われている。その中で，リチウムイオン電池で用いられている黒鉛負極のエネルギー密度を大幅に上回ることが可能な金属負極は，古くから研究開発ターゲットであり，実用化への試みは数多くなされている。各種金属を二次電池用負極として用いた場合の特性の比較を**表1**に示す[1)]。理論重量容量，体積容量はそれぞれ，

$$M^{n+} + xe^{-} \rightleftharpoons M \qquad (1)$$

と仮定したときの値である。エネルギー密度は電池の放電電圧と容量の積分で表されるため，負極においては標準電極電位が低く，容量が大きいものが好ましい。リチウム金属は標準電極電位が単体で最も低い金属であり，単位重量あたり，単位体積あたりの理論容量も大きい。もし負極として使用できれば，非常に高いエネルギー密度を有する電池が実現できるが，充電時におけるリチウム金属のデンドライト析出を長年解決できていない状況である[2)]。また，地殻中の存在度が低く，安定供給とコストの面からの問題もある。1価のカチオンであるナトリウムやカリウムは存在量が豊富であるため，コスト低減は期待されるものの，負極自体の理論容量はむしろ低下し，融点も低いことから金属負極としてのメリットは大きくない。一方，多価カチオンを用いた

表1　金属負極の特性（文献1)のデータをもとに作成）

金属	原子量	電荷	負極容量 [mAhg^{-1}，mAhcm^{-3}]	電極電位 [V vs. SHE]	地殻中の元素の存在度	融点（℃）
Li	6.94	1	3862，2062	−3.05	0.006	180.5
LiC_6			372，855	約−2.9		
K	39.1	1	685，587	−2.925	2.40	63.7
Na	22.99	1	1166，1132	−2.71	2.64	97.7
Ca	40.08	2	1337，2073	−2.866	3.39	842.0
Mg	24.31	2	2205，3837	−2.38	1.94	650.0
Al	26.98	3	2980，8043	−1.662	7.56	660.3
Zn	65.38	2	820，5847	−0.76	0.012	419.5

場合，多電子反応を利用できることから，理論容量は大きくなり，電極電位が比較的低いため，リチウム金属と遜色ないエネルギー密度が期待できる。マグネシウム金属[3]，カルシウム金属[4]やアルミニウム金属[5)6)]などの金属負極を用いた二次電池や，亜鉛空気二次電池[7]，アルミニウム空気電池[8]も注目されている。

1.2　マグネシウム二次電池

マグネシウム金属は高い理論容量，体積容量を有し，比較的卑な標準電極電位を示すため，マグネシウム金属を負極に用いた二次電池は高エネルギー密度を有することが期待される。特に理論体積容量ではリチウム金属を超える値であり，電気自動車用二次電池などの限られたスペースに大容量を詰め込める点で有利である。エネルギー密度だけでなく，リチウムイオン電池で課題となる資源的節約，安全性についても有利である。マグネシウムはリチウムより埋蔵量が豊富であり，今後さらに加速する蓄電池の需要から懸念される資源枯渇の問題がクリアできる。また，マグネシウム金属は融点が650℃であり，リチウム金属（180℃），ナトリウム金属（98℃）などと比べて非常に高い。融点は金属の安定性の指標であり，マグネシウム金属を用いた二次電池は高い安全性も期待できる。さらにリチウム金属，ナトリウム金属は空気中の水分と激しく反応するため，取り扱いが困難であるが，マグネシウム金属は被膜生成により，空気中で安定であり，取り扱いも容易である。これからますます増える大型二次電池用途に対応するには，より安全な材料を使用することは非常に重要であると考えられる。

これまでに報告されているマグネシウム二次電池で，高いサイクル特性を有するのは2000年にAurbachらにより報告された$R_xMgCl_{2-x}+R'_yAlCl_{3-y}$(R,R'＝n–butyl and/or ethyl, $x=0-2$, $y=0-3$)/THFで表される電解液とMo_6S_8シェブレル化合物を正極に用いた電池である[3]。**図１**に示すように，この組み合わせでは，放電電圧が約1.1 V，放電容量が75 mAh/gであり，500サイクルを超える可逆な充放電反応が達成されている。しかしながら，商用リチウムイオン電池のエネルギー密度，サイクル特性には大きく及ばない。

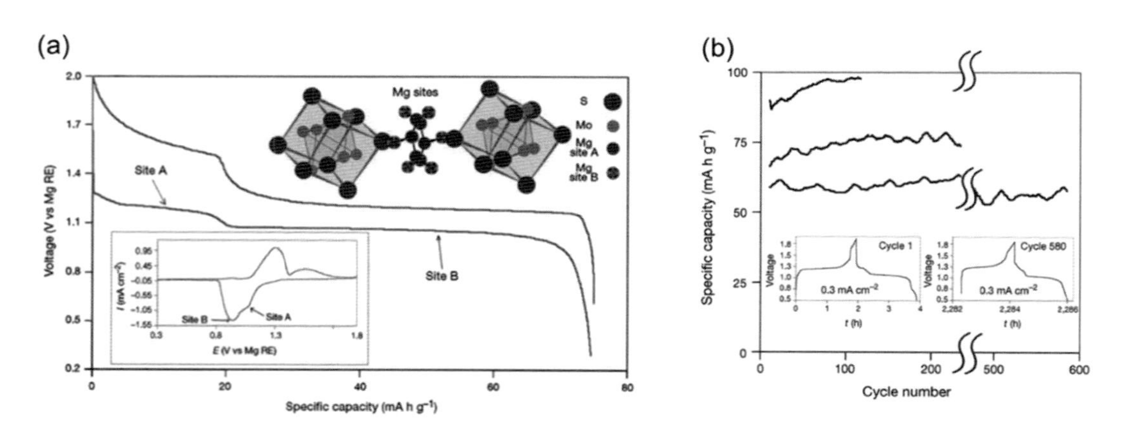

図１　Mo_6S_8正極–マグネシウム金属負極を用いた二次電池の(a)充放電曲線と(b)サイクル特性[3]

1.3　マグネシウム二次電池電解質

リチウムイオン電池用の電解質として，各種リチウム塩をエーテルやエステルなどの有機溶媒に溶解したものが用いられている。しかし，マグネシウム塩を有機溶媒に溶解させた電解液中でMg溶解・析出反応は起こらないことが報告されている[9)-11)]。この原因として，Mg負極表面における不動態被膜形成が挙げられている。リチウムやマグネシウムのような強力な還元能を有する金属界面で電解液の分解が起こり，SEI（Solid-Electrolyte-Interface）と呼ばれる被膜が形成される。リチウムとマグネシウムの被膜形成に関する相違点は，リチウム電解液中で形成されるSEIはリチウムイオン拡散が可能であるのに対し，マグネシウム電解液中で形成される被膜は2価であるマグネシウムイオンを通さない点にある。このSEI形成のため，マグネシウムの溶解・析出反応が妨げられると言われている[9)]。そのため，マグネシウム二次電池に関する研究の多くは，マグネシウム金属の溶解・析出が可能な電解液の開発に費やされてきた。

Aurbachらによって開発された，$R_xMgCl_{2-x}+R'_yAlCl_{3-y}$(R,R' = n-butyl and/or ethyl, $x=0-2$, $y=0-3$)/THFで表される電解液[3)12)]は，酸化分解電位が従来のグリニャール試薬系よりも広く，導電率もリチウムイオン電池用電解液と同程度，さらにほぼ100%のクーロン効率でマグネシウムの溶解・析出反応が進行するなど飛躍的な性能向上が見られた。さらに，Liebenow らはN-methylanilylmagnesium bromide, pyrrylmagnesium bromideや，Si-N-Si結合によって電子対の非局在化を促し酸化耐性を向上させた分子のhexamethyldisilazide(HMDS) MgClをTHFに溶解し，マグネシウムの溶解・析出について検討した[13)]。アミドマグネシウムハライド系はグリニャール試薬系のR-Mg結合より分極性の高いN-Mg結合を有しており，グリニャール系とは異なる挙動を示す。2011年になりKimらがHMDSMgClに$AlCl_3$を添加した電解液を作製し，Mgの溶解析出に関する報告を行った[14)]。これにより，Mg溶解析出に起因する電流密度は約7倍向上し，また酸化分解電位も約0.8 V上昇することが明らかになった。本系における酸化分解電位は約3.3 V vs.Mg^{2+}/Mgであり，これはグリニャール試薬系で最も耐酸化安定性の高い$PhMgCl-AlCl_3$系と同等の値である。また，この電解液は非求核性の電解液であり，グリニャール試薬系に比べ正極との適合性が良い。国内では和光純薬工業がマグネシウム二次電池用電解液として，ホウ素系マグネシウム塩を用いたものを商用化させている。

リチウムイオン電池では，リチウムイオン拡散が可能なSEIを利用して，速度論的に電解液の分解を抑制して，広い電位窓を実現しているのに対し，マグネシウムの可逆なレドックスは，還元安定性が高い電解液を用いて，被膜生成自体を抑制しているため，本質的に酸化安定性が弱く，電池電圧の向上に大きな課題がある。また，空気中の安定性に問題があり，安全面に問題を抱えている。近年では，$Mg(TFSI)_2$無機塩[15)-18)]や$Mg(CB_{11}H_{12})_2$[19)]とエーテル系溶媒の組み合わせによるマグネシウム金属の溶解析出反応が報告されているが，溶解・析出反応のクーロン効率や，安定性が十分とは言えない。一方で，ビスマス・マグネシウム合金負極を用いることにより[20)]，電解液の選択肢を広げる試みも始まっている。

1.4　マグネシウム二次電池正極活物質

マグネシウムイオンは2価のカチオンでイオン半径はリチウムイオンと同等である。この高い電荷密度により，正極材料中のアニオンとの間で強い静電引力が，また，カチオンとの間で斥力が働き，構造中でのマグネシウムイオン拡散が阻害される。さらに，2価のカチオンであるマグネシウムイオンが挿入する際，周囲の遷移金属元素が2価の価数変化を起こす必要がある。これは局所構造の劇的な変化をもたらし，リチウム系と比較して電価補償に困難さが伴う。このような性質から，マグネシウム挿入脱離反応は同じ材料を用いた場合のリチウム挿入脱離反応に比べて，総じて起こりにくい。これまで上記課題の解決に向け，無機遷移金属硫化物，酸化物に代表されるさまざまな正極材料の検討が行われてきたが[21]，可逆で安定なサイクルが報告されているのは，シェブレル化合物に代表されるカルコゲン化物がほとんどである。スピネルなどの酸化物では不均化反応などの反応が進行するために，可逆性に問題がある[22][23]。

シェブレル構造は6個のMoで形成される八面体をSの擬立方体で取り囲んだクラスター構造が骨格となっており，クラスター間に空サイトが存在している。シェブレル構造へのマグネシウムイオンの挿入脱離は1,000サイクル行っても容量劣化せず，他の正極材料と比べると比較的高速でマグネシウムイオンの挿入脱離が可能であるという結果が報告されている[3][12][24][25]。このシェブレル構造内においては，マグネシウムイオン挿入に伴いMoクラスター中のMo 6個で電荷補償を担うため電荷補償が容易である。また，電子伝導性も比較的高く，マグネシウムイオン挿入が比較的高速で進行することが報告されている。このようにシェブレル化合物はレート特性，サイクル特性という点で優れた特性を示すが，理論容量が小さく（約120 $mAhg^{-1}$），電位も1.1 V vs.Mg^{2+}/Mgと低いため，エネルギー密度の向上が見込めないという大きな欠点を抱えている。この欠点の解決策として，クラスター構成元素を硫黄から酸素に変えること（Mo_4O_6など），クラスターの凝集化（$Mo_{15}T_{19}$, Mo_6T_6）などが考案されているが，特性の大幅な向上は望めない[26]。

シェブレル構造以外にも，V_2O_5化合物[27]，MnO_2ホランダイト構造[28]，チタン系硫化物[29][30]，ポリアニオン化合物[31][32]，硫黄正極[14]などが報告されているものの，サイクル特性とエネルギー密度を両立し，マグネシウム金属負極と組み合わせることが可能な化合物は見つかっていない。特に高電圧作動が可能な正極材料は，実験が可能な電解液がほとんどないことから，研究例が少ない。本項では，マグネシウム二次電池用正極材料の設計に対する考え方について解説する。

● マグネシウム二次電池正極材料設計の考え方

マグネシウムイオンはイオン半径がリチウムイオンとほぼ同じであるが（六配位環境ではマグネシウムイオン：72 pm, リチウムイオン：76 pm[33]），マグネシウムイオンは2価であるためリチウムイオンより電荷密度が大きい。そのため，マグネシウムイオンが正極ホスト構造に挿入されたとき，マグネシウムイオンとホスト構造を形成するイオンとの静電相互作用がリチウムイオンに比べて大きい。以下に2つのイオンA，B間のクーロンポテンシャルエネルギーV_{AB}を表す式を示す。

$$V_{AB}=\frac{(Z_Ae)(Z_Be)}{(4\pi\varepsilon_0 r_{AB})} \qquad (2)$$

・Z_A, Z_B：イオン A, B の価数　・e：電気素量　・ε_0：真空の誘電率　・r_{AB}：イオン間距離

この式から同じ遷移金属酸化物にリチウムイオン，マグネシウムイオンをそれぞれ挿入した場合，マグネシウムイオンとホスト構造を形成するアニオンや遷移金属カチオンとの相互作用がリチウムイオンの場合に比べて約2倍となることがわかる。

Levi らは遷移金属層状酸化物 M_xCoO_2（M＝Li, Mg）を例にマグネシウムイオンの拡散について考察している[34]。キャリアーイオンが安定なサイト（MO_6）に位置するとき，クーロン相互作用が大きいマグネシウムイオンの方がより欠陥生成エネルギーが大きくなる。**図2**に M_xCoO_2 中の八面体サイトに存在する M が隣接する八面体サイトに移動する過程を示す。はじめは最も安定なサイトである八面体サイトに位置する。イオンが四面体サイトに到達したとき，ホストカチオンと遷移金属カチオンとの原子間距離は約2 Å程度になり，八面体サイトに位置する場合の2.8 Åより距離が近くなる。このとき，これらのカチオン間の静電反発が強まり，四面体サイトのポテンシャルエネルギーが高くなる。このように電荷密度の高いマグネシウムイオンはリチウムイオンよりホスト構造との相互作用が大きく，拡散障壁が大きくなると考えられる。

Rong らは典型的なリチウムイオン電池活物質の構造を用いて第一原理計算を行い，リチウムイオンとさまざまな多価イオン（マグネシウムイオン，亜鉛イオン，カルシウムイオン，アルミニウムイオン）の拡散障壁を求めた[35]。**図3**に示すように，典型的な酸化物ホスト構造中でマグネシウムイオン拡散の活性化エネルギーは500 meV を大きく上回ることがわかる。

高い活性化エネルギーが実際の活物質設計にどのような影響を与えるかを大まかに検討した Ceder らの報告がある。彼らは活性化エネルギーとジャンプ頻度，距離を用いて，拡散係数を算出して，時間ごとの拡散長を見積もった[21]。ここからある充放電レート，作動温度における十分に固体内拡散が可能となる活物質の粒径を計算した結果が**図4**である。横軸は活性化エネルギー，縦軸は活物質の粒径（この値以下であることが望ましい）である。典型的なリチウムイオン電池正極材料 $LiFePO_4$ 中のリチウムイオン固体内拡散の活性化エネルギーは400 meV 以下であり，この場合，室温20C レートでは100 nm 以下の粒径であることが望ましく，実際の材料設計に反映されている。一方で，マグネシウムイオンの $FePO_4$ 中での活性化エネルギーは700 か

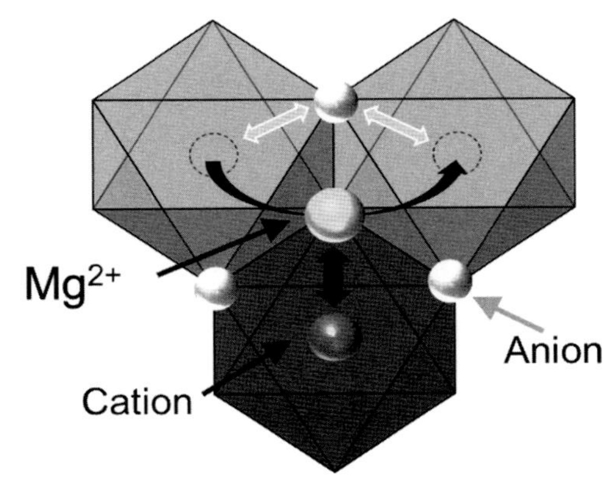

図2　キャリアーイオンのホッピング過程を図示したもの

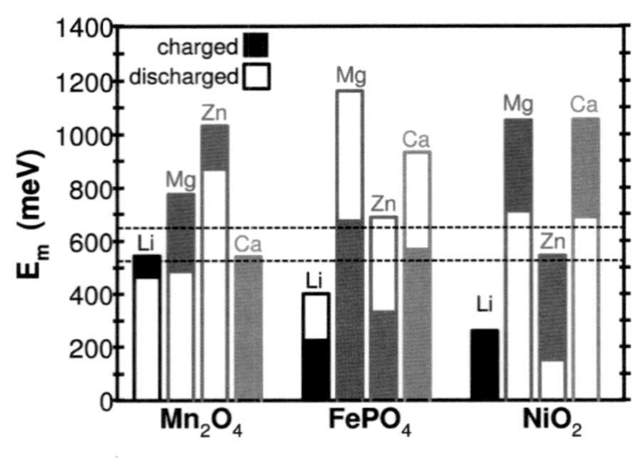

図３　第一原理計算により求めたホスト構造中でのキャリアーイオン（Li^+, Mg^{2+}, Zn^{2+}, Ca^{2+}, Al^{3+}）の活性化エネルギー[35]

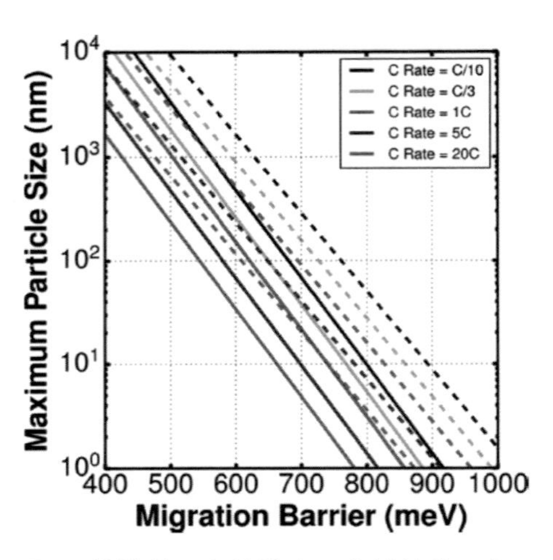

図４　拡散長から見積もった活性化エネルギーと可能な活物質の粒径の関係（実線は 25℃下，点線は 60℃下での値）[21]

ら 1,100 meV 程度と見積もられ，1 nm 前後の正極活物質が必要となる。つまり，動作可能なマグネシウム二次電池の正極材料を設計するには，①1 nm 程度の粒径が極端に小さな活物質を合成するか，②構造中のマグネシウム固体内拡散を制御して，活性化エネルギーを劇的に低減する必要がある。

2.　ポリアニオン化合物を用いた正極材料の設計

2.1　ポリアニオン化合物のマグネシウム二次電池正極適用例

筆者らは，高い安定性・低コストを担保しつつ，高容量・高電位を実現する多価イオン正極材料の開発を行った。特に，強固なポリアニオン骨格を有し，多価イオンが挿入可能な正極材料に着目した。このポリアニオン化合物は，リン，シリコン，硫黄といったカチオン種と４個の酸素が共有結合によって結合したポリアニオンが骨格となり，結晶構造を形成しているため，化学的，熱的な安定性を有している。そのため，多価イオンの挿入脱離に由来する構造変化を系全体として抑えることが可能であり，良好なサイクル特性が期待できる。多価イオンが挿入脱離する際の電荷補償は遷移金属のレドックスを用いることで実現する。これら遷移金属は埋蔵量が豊富であり，低コスト化が見込める。また，ポリアニオン化合物は，構成するカチオン種，遷移金属，もしくは合成条件によって，結晶構造が異なる多系が報告されていることから，多価イオンの最適な拡散パスを設計することが可能である。本研究では多価イオンの挿入脱離が可能なポリアニオン化合物の探索を行い，その候補材料を検討した。その上で多価イオン拡散経路の最適化を行い，理論容量を最大限引き出すことを目指した。

新規マグネシウム二次電池正極材料の材料探索を行い，ポリアニオン化合物の中でも，**図５**に示すようなオリビン構造を有する $MgMSiO_4$（M＝Mn, Fe, Co, Ni）が有望であるという報告がある[36)37)]。$MgMSiO_4$ 系は１モル分の Mg を充放電反応に利用できれば，既存のリチウムイオン

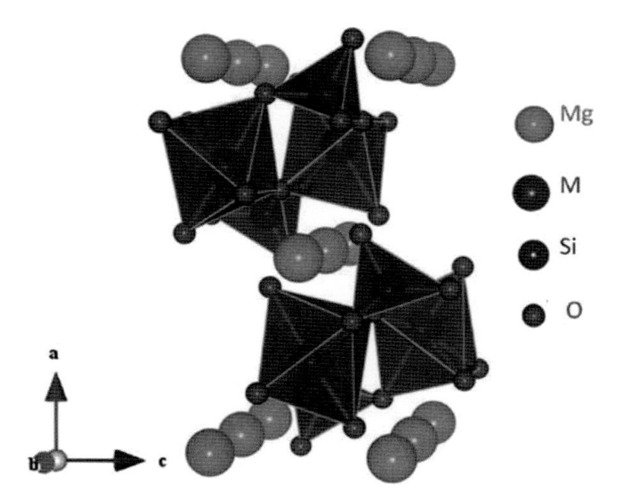

Mg イオンが拡散パスを有する M1 サイトを占有しているとして描いた。

図5　オリビン型 $MgMSiO_4$（M＝Mn, Fe, Co, Ni）の結晶構造

電池正極材料に比べ，約2倍の容量が実現可能となる。実際に2009年にNuLiらにより$MgMnSiO_4$のマグネシウム系電解液を用いた充放電反応が報告され，1.6 Vで約250 mAh/gの放電容量が得られている[37]。その後$MgFeSiO_4$の充放電反応にも成功したと報告がなされているが[36]，その電圧は$MgMnSiO_4$の報告とほぼ同等であり，第一原理計算から求めた値とも大きく乖離している[38]。実際にこの条件での充放電反応はマンガンの価数変化は確認できず[31]，近年では，$Mg(AlCl_2BuEt)_2$/THF中で集電体として用いられている銅が不安定であることが共通の認識となっている[39]。つまり，充放電プロファイルだけを頼りに，マグネシウムイオンの挿入脱離が進行しているとは言えず，副反応の可能性を検証することが重要である。筆者らは正極材料の特性評価を正確に行うために，酸化耐性のアセトニトリル溶媒に$Mg(TFSI)_2$を溶解させた電解液を用いて，Ag参照極をダブルジャンクション接続により配置した三極式測定セルを用いた。

2.2　オリビン構造中のサイト交換率の制御

オリビン構造の場合，リチウム系で報告されているように一次元の拡散パスを有していると考えられる。そのため，Mgイオンは拡散経路を有するM1サイト，遷移金属イオンはこれとは別のM2サイトにオーダーして配置していることが望ましい。Mgイオンと遷移金属イオンがサイト交換した場合，その拡散経路が阻害され，理想的な充放電反応を実現できないことが推測される。実際に，$MgMSiO_4$系では上記サイト交換が起こりやすく，Feの場合はほぼ50%でサイト交換が[40]，Coを用いると，遷移金属がM1サイトに配置されることが報告されている[41]。また，Mnの場合はM1サイトに優先してMgイオンが配置されるものの，温度により，サイト交換率が変化することが報告されている[42]。この影響を調べるために，$MgMnSiO_4$をモデル化合物として，サイト交換と充放電容量の関係について実験を行った。**図6**(a)は焼成温度を変えて合成した$MgMnSiO_4$のリートベルト解析の結果から得られたM1サイト中のMgイオンの割合（角印），ピーク幅から算出した結晶子サイズ（丸印）をプロットしたものである。700℃以下の低温合成

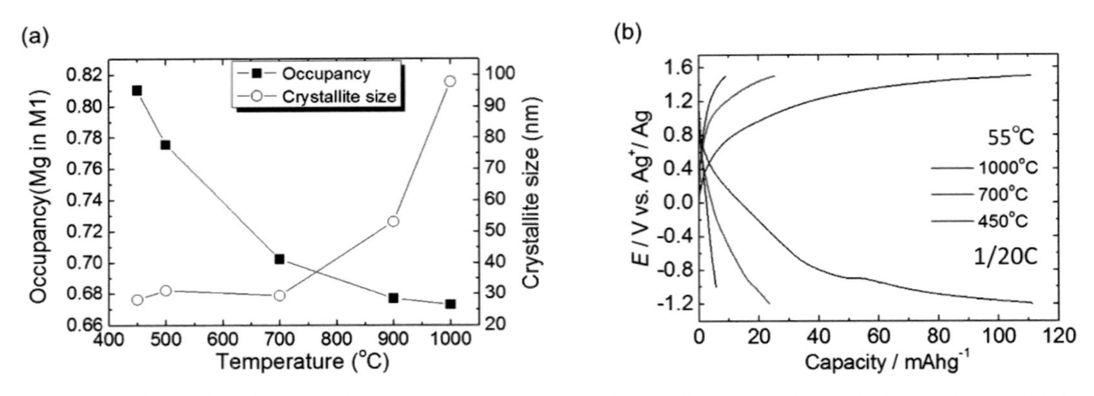

図６　(a)焼成温度を変化させて合成した $MgMnSiO_4$ におけるマグネシウムイオンの M1 サイト占有率と結晶子サイズ　(b)焼成温度を変えて合成した $MgMnSiO_4$ の充放電曲線[31]

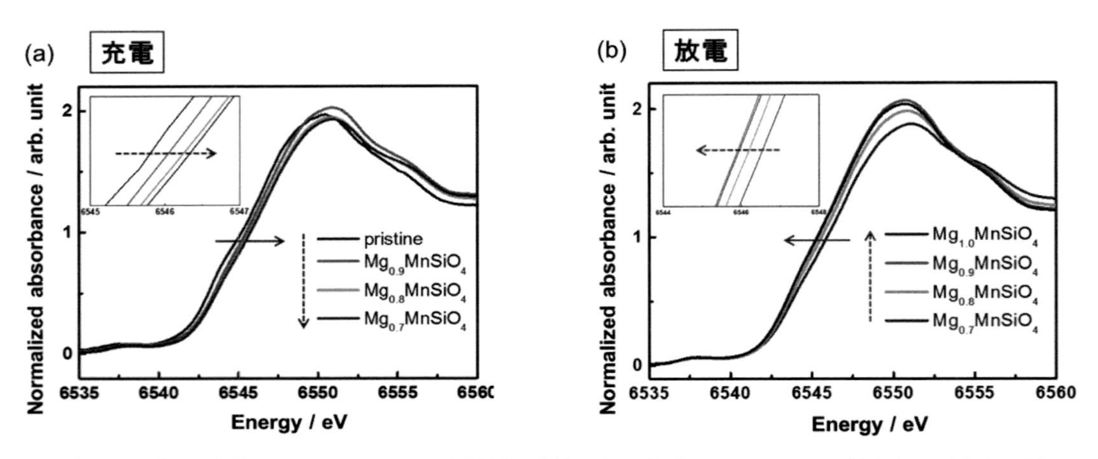

図７　450℃で焼成した $MgMnSiO_4$ の充放電反応後に計測した Mn K-edge X 線吸収スペクトル[31]
（充放電電気量がすべて Mg の挿入脱離に寄与したとして組成を表記）

により，より優先的に Mg イオンが M1 サイトを占有し，サイトミキシングが抑制されていることがわかる。一般に低温合成は結晶子サイズも小さくなるが，焼成温度 700℃以下ではその値はほぼ変化しないことがわかる。これら試料の充放電特性を測定した結果，サイト交換率を抑えた低温合成試料ほど容量が増加し，55℃下では 100 mAh/g を超える充放電容量が得られた（図6(b))。

$MgMnSiO_4$ の充放電反応機構を X 線回折および X 線吸収法により解明を試みた。各充放電状態で測定した Mn K-edge の X 線吸収スペクトルを**図７**に示す。充電時には吸収端が高エネルギー側へシフトし，放電時には低エネルギー側へシフトした。吸収端エネルギーは Mn の形式価数に対応していることから，Mg の脱離・挿入に伴う Mn イオンの酸化還元挙動を確認し，電荷補償が Mn の酸化数変化により進んでいることが示された。各充放電状態での XRD パターンを測定した結果，充電・放電反応に伴い，回折ピークがそれぞれ高角・低角へシフトしていることが示された。これより，$MgMnSiO_4$ における Mg 挿入脱離は単相型の機構で進行していることが明らかとなった。以上から，ポリアニオン化合物を用いた正極活物質はマグネシウム二次電池正極として有望であることを実証するとともに，結晶学的サイトを制御することにより，マグネシウムイオン二次電池正極の充放電容量を向上させることが示され，理想的な系内のMg拡散パスを確保する必要性が示された。

2.3　イオン交換法を用いた高容量ポリアニオン化合物正極の開発

Mgの拡散パスを確保する設計指針に基づき，サイト交換による拡散が阻害されない，多次元の拡散パスを有するポリアニオン化合物の構造設計を検討した。Li_2FeSiO_4は二次元のLi拡散パスを有していると考えられている[43]。この構造を保ちつつキャリアーイオンをLiからMgイオンに置き換えることによって，オリビン型構造で生じている低いMg拡散性の課題を克服できる可能性がある。そのため，Li_2FeSiO_4を母体材料として，LiとMgのイオン交換を行い，$MgFeSiO_4$の合成，その充放電特性を検討した。まず，リチウム塩を含むPC系電解液を用いて55℃下で，リチウムイオンを完全に脱離させ$FeSiO_4$を合成した[44]。その後，マグネシウム電池系の電池構成によりMgイオンを挿入させ，$MgFeSiO_4$を合成し，その後充放電サイクル試験を行った[17]。このときの充放電曲線を**図8**に示す。Li_2FeSiO_4の理論容量は2リチウムの脱離で331 mAh/gであり，電気化学的に2リチウムの脱離が進行したことがわかる。その後のMg挿入でも理論容量分の反応が進行していることから$MgFeSiO_4$へのイオン交換が完了していることがわかった。その後の充放電反応からはほぼ可逆な充放電曲線が得られており，高サイクル特性を有する活物質系であることが明らかとなった。また，換算したMgに対する電位は2V程度であり，比較的高い放電電位が得られている。以上からイオン交換型ポリアニオン化合物$MgFeSiO_4$は既存のリチウムイオン電池系と比較して，2倍の放電容量が実現可能であり，希少元素を全く含まないことから，高性能かつ低コストのマグネシウム二次電池正極の候補材料として有望であると考えられる[17]。

イオン交換型$MgFeSiO_4$のMg挿入脱離に伴う反応機構を解明するため，電子構造・結晶構造変化を追跡した。Li_2FeSiO_4を母体とし，2Li脱離過程およびMg挿入脱離過程におけるFe K-edgeのX線吸収スペクトルを**図9**(a)～(c)に示す。イオン交換によるLiの脱離，Mgの挿入過程においては吸収端が高エネルギー側，低エネルギー側へそれぞれシフトしており，Feイオン

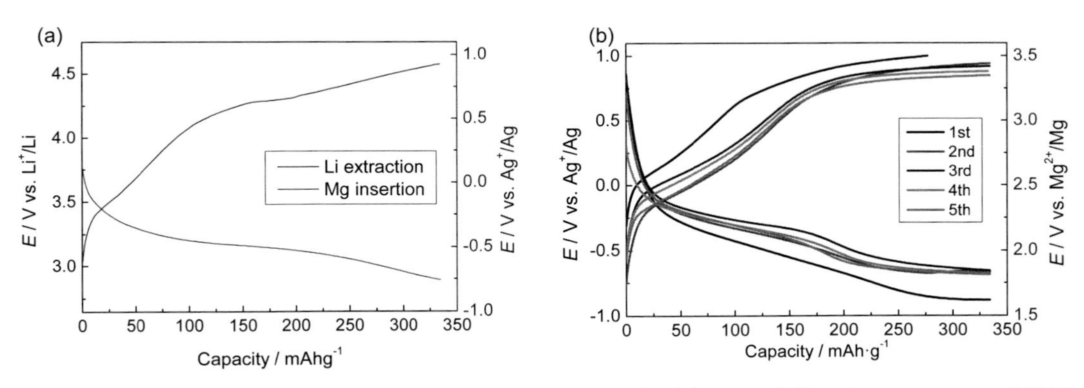

図8　(a) Li_2FeSiO_4の電気化学的イオン交換過程の充放電曲線　(b)イオン交換した$MgFeSiO_4$の充放電曲線[17]

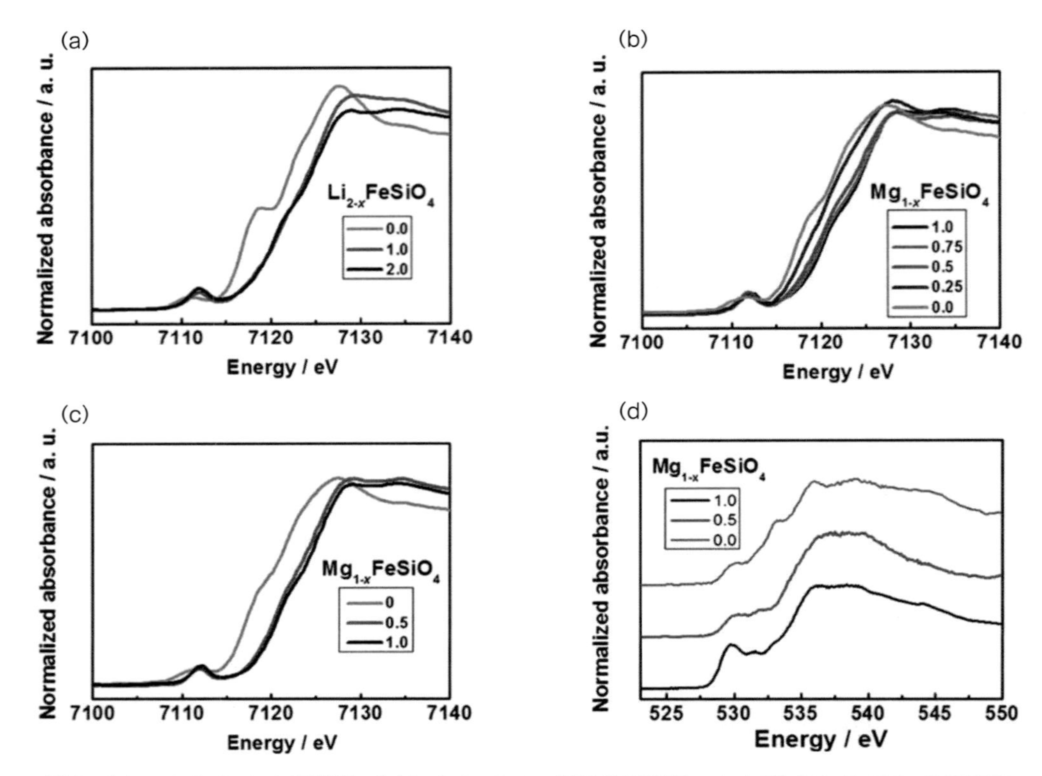

図９　(a) Li_2FeSiO_4 の充電過程，(b) $FeSiO_4$ の Mg 電池放電過程，および(c) $MgFeSiO_4$ の充電過程における Fe K-edge X 線吸収スペクトル，(d) $FeSiO_4$ の Mg 電池放電過程における O K-edge X 線吸収スペクトル[17]

の酸化還元挙動を確認した。特に Li_2FeSiO_4 から $LiFeSiO_4$，または，$MgFeSiO_4$ と $Mg_{0.5}FeSiO_4$ の領域，つまり Fe の形式価数で２価–3 価の変化領域では吸収端のシフトが顕著であった。価数変化による吸収端シフトは内殻エネルギー準位の変化に起因しており，Fe の２価から３価の領域では Fe の最外殻軌道である Fe–3d 軌道が主として電荷の補償を担っていることを示している。一方，$LiFeSiO_4$ から $FeSiO_4$ および $Mg_{0.5}FeSiO_4$ と $FeSiO_4$ の領域では顕著な吸収端シフトが見られていない。これは Fe–3d 軌道の寄与以外の電荷補償メカニズムが起きていることを示している。

これを示すため，O K–edge の X 線吸収スペクトルを比較した（図９(d)）。吸収端付近の 530 eV プリエッジピークは Fe–3d 軌道と O–2p 軌道の混成に由来する。Mg の挿入に伴いこのピーク強度が減少していることから，混成の強い酸素 2p 軌道によるリガンドホールが電荷補償を担っていることが示された。以上により，$MgFeSiO_4$–$Mg_{0.5}FeSiO_4$ の領域では Fe–3d 軌道が主に電荷補償を担い，$Mg_{0.5}FeSiO_4$–$FeSiO_4$ の領域ではリガンドホールによる電荷補償が進行していることがわかる。

次に，Mg 挿入脱離時の結晶構造変化を検討した。**表２**に $Mg_{1-x}FeSiO_4$ の XRD 解析から得られた空間群，格子定数を示している。初期状態の Li_2FeSiO_4 は Monoclinic 相であり，2Li 脱離過程で Orthorhombic 相へ転移する。その後の Mg 挿入脱離過程においてはその空間群を保ったま

表2　Li_2FeSiO_4 を母体とした Mg イオン交換プロセスにおける結晶構造変化[17]

	Lattice	Space group	*a* (Å)	*b* (Å)	*c* (Å)	*V* (Å³)
*Li_2FeSiO_4 (as-prepared)	Monoclinic	$P2_1/n$	8.2433(4)	5.0226(1)	8.2373(3)	336.31
*$FeSiO_4$ (delithiated)	Orthorhombic	*Pnma*	10.3969(20)	6.5618(16)	5.0334(8)	343.39
†$Mg_{0.5}FeSiO_4$ (magnesiated)	Orthorhombic	*Pnma*	10.2829(6)	6.5767(5)	5.0019(3)	338.27
†$MgFeSiO_4$ (magnesiated)	Orthorhombic	*Pnma*	10.2464(21)	6.5038(12)	4.9427(9)	329.38
†$Mg_{0.5}FeSiO_4$ (demagnesiated)	Orthorhombic	*Pnma*	10.2526(7)	6.5582(7)	4.9985(3)	335.42
*$FeSiO_4$ (demagnesiated)	Orthorhombic	*Pnma*	10.3434(19)	6.5779(13)	5.0185(8)	341.45

* Values from Rietveld refinement of powder XRD data.
† Values from indexing powder XRD data. Merging/overlapping of peaks in the pattern prevented convergence of a satisfactory Rietveld refinement.

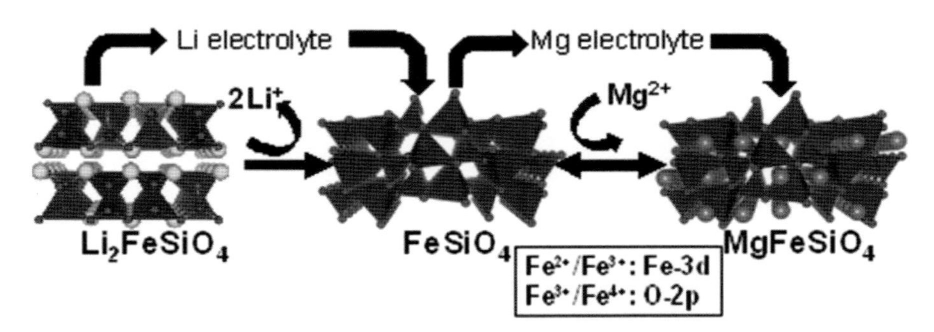

図10　イオン交換 $MgFeSiO_4$ 合成時の結晶構造・電子構造変化の模式図

ま，格子定数のみが変化する単相反応によって反応が進行していることが判明した。また，格子の体積は Mg の挿入時に減少，脱離時に増加する傾向がみられ，可逆に変化した。これは高い形式酸化数の Fe が隣接カチオンと強い静電反発を引き起こし，格子体積が増大していると考えられる。

イオン交換型 $MgFeSiO_4$ による Mg 充放電メカニズムをまとめたものを**図10**に示す。初期の Li 脱離過程では Monoclinic 相の Li_2FeSiO_4 から Orthorhmbic 相 $FeSiO_4$ へと相転移する。続く Mg の挿入脱離過程では Orthorhmbic 相を保ったままの単相反応が可逆的に進行する。形式価数で Fe の2価－3価の領域では Fe-3d 軌道が主に電荷補償を担い，3価－4価の領域ではリガンドホールによる電荷補償が優位である。続く Mg の充電反応でも吸収端シフトが確認され，これらが可逆に変化していることが示された。イオン交換反応過程での X 線回折測定の結果，リチウムイオンを換算に脱離させた際に構造転移が起き，これが母体構造となって Mg イオンの挿入脱離反応が可逆に進行していることが示された。以上から2次元拡散の母体材料を持つ $MgFeSiO_4$ は，高容量，高い可逆性を維持し Mg 挿入・脱離反応が進行することが示され，拡散

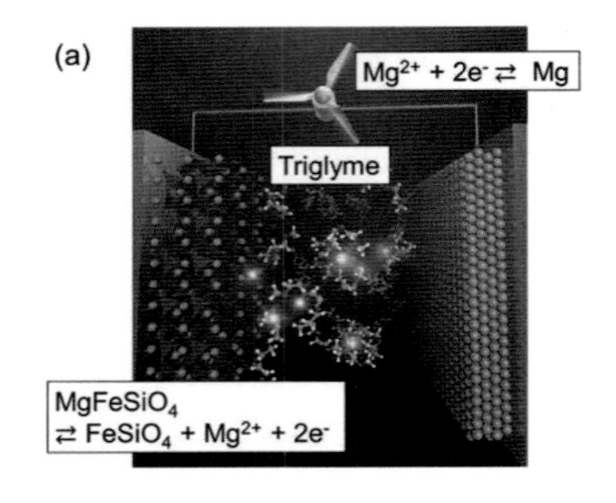

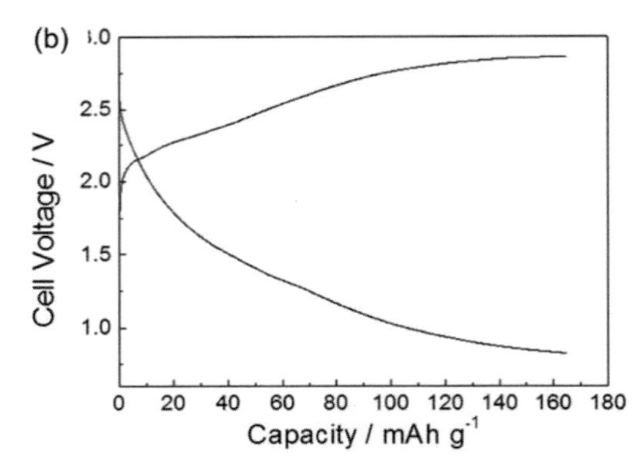

図 11　イオン交換型 $MgFeSiO_4$―マグネシウム金属負極の充放電曲線[17]

パスの多次元化が可逆な Mg 挿入脱離に有効であることが示された。

全電池系を構成するために，正極にイオン交換した $MgFeSiO_4$，負極にマグネシウム金属，電解液に 1.1 M $Mg(TFSI)_2$/Triglyme を用いた。レート 1/50 C，測定温度 100℃の充放電特性を**図 11** に示す。本研究で開発されたポリアニオン化合物正極を用いたマグネシウム二次電池は，作動温度が高いことや，大きな分極を有するなど解決すべき問題点は多いが，これまでのシェブレル化合物正極と Grignard 系電解質を用いたマグネシウム二次電池 に比べ，理論重量エネルギー密度で約７倍であり，化学的に不安定な Grignard 試薬や，腐食性のハロゲンイオンを用いていないなど，数多くの利点を有している[17]。

3. まとめ

高エネルギー密度マグネシウム二次電池の開発にとって重要な，正極材料の設計に関する考え方について解説した。特に，マグネシウムイオンの固体内拡散を制御することにより，これまでは困難と思われていたポリアニオン化合物中のマグネシウムイオン挿入脱離反応を実現した。マグネシウム二次電池を実用化するには，各反応の詳細な理解を基にした材料設計が重要であり，まだまだ基礎的な知見が不足している。研究開発のプレーヤー増加と，新たなブレークスルーが生まれ，ポストリチウムイオン電池としてのマグネシウム二次電池が実現することを願っている。

文　献

1) J. O. Besenhard and M. Winter: *Chemphyschem*, **3**, 155 (2002).
2) W. Xu, J. Wang, F. Ding, X. Chen, E. Nasybulin, Y. Zhang and J.-G. Zhang: *Energy Environ. Sci.*, **7**, 513 (2014).
3) D. Aurbach, Z. Lu, A. Schechter, Y. Gofer, H. Gizbar, R. Turgeman, Y. Cohen, M. Moshkovich and E. Levi: *Nature*, **407**, 724 (2000).
4) A. Ponrouch, C. Frontera, F. Barde and M. R. Palacin: *Nat Mater*, **15**, 169 (2016).
5) N. Jayaprakash, S. K. Das and L. A. Archer: *Chem. Commun.*, **47**, 12610 (2011).
6) M.-C. Lin, M. Gong, B. Lu, Y. Wu, D.-Y. Wang, M. Guan, M. Angell, C. Chen, J. Yang, B.-J. Hwang and H. Dai: *Nature*, **520**, 324 (2015).
7) P. Gu, M. Zheng, Q. Zhao, X. Xiao, H. Xue and H.

Pang: *J. Mater. Chem. A*, **5**, 7651 (2017).
8) Y. Liu, Q. Sun, W. Li, K. R. Adair, J. Li and X. Sun: *Green Energy & Environment*, **2**, 246 (2017).
9) Z. Lu, A. Schechter, M. Moshkovich and D. Aurbach: *J. Electroanal. Chem.*, **466**, 203 (1999).
10) J. H. Connor, W. E. Reid and G. B. Wood: *J. Electrochem. Soc.*, **104**, 38 (1957).
11) D. M. Overcash and F. C. Mathers: *Transactions of The Electrochemical Society*, **64**, 305 (1933).
12) D. Aurbach, H. Gizbar, A. Schechter, O. Chusid, H. E. Gottlieb, Y. Gofer and I. Goldberg: *J. Electrochem. Soc.*, **149**, A115 (2002).
13) C. Liebenow, Z. Yang and P. Lobitz: *Electrochem Commun*, **2**, 641 (2000).
14) H. S. Kim, T. S. Arthur, G. D. Allred, J. Zajicek, J. G. Newman, A. E. Rodnyansky, A. G. Oliver, W. C. Boggess and J. Muldoon: *Nature Comm.*, **2**, 427 (2011).
15) I. Shterenberg, M. Salama, H. D. Yoo, Y. Gofer, J.-B. Park, Y.-K. Sun and D. Aurbach: *J. Electrochem. Soc.*, **162**, A7118 (2015).
16) F. Tomokazu, A. Keisuke, I. Akane, Y. Ryohei, M. Kohei, A. Takeshi, N. Koji and U. Yoshiharu: *Chem. Lett.*, **43**, 1788 (2014).
17) Y. Orikasa, T. Masese, Y. Koyama, T. Mori, M. Hattori, K. Yamamoto, T. Okado, Z. D. Huang, T. Minato, C. Tassel, J. Kim, Y. Kobayashi, T. Abe, H. Kageyama and Y. Uchimoto: *Sci. Rep.*, **4**, 5622 (2014).
18) S.-Y. Ha, Y.-W. Lee, S. W. Woo, B. Koo, J.-S. Kim, J. Cho, K. T. Lee and N.-S. Choi: *ACS Appl. Mater. Interfaces*, **6**, 4063 (2014).
19) O. Tutusaus, R. Mohtadi, T. S. Arthur, F. Mizuno, E. G. Nelson and Y. V. Sevryugina: *Angew. Chem.*, **127**, 8011 (2015).
20) T. S. Arthur, N. Singh and M. Matsui: *Electrochem Commun*, **16**, 103 (2012).
21) P. Canepa, G. Sai Gautam, D. C. Hannah, R. Malik, M. Liu, K. G. Gallagher, K. A. Persson and G. Ceder: *Chem. Rev.*, **117**, 4287 (2017).
22) L. Sanchez and J.-P. Pereira-Ramos: *J. Mater. Chem.*, **7**, 471 (1997).
23) T. D. Gregory, R. J. Hoffman and R. C. Winterton: *J. Electrochem. Soc.*, **137**, 775 (1990).
24) E. Levi, E. Lancry, A. Mitelman, D. Aurbach, G. Ceder, D. Morgan and O. Isnard: *Chem. Mater.*, **18**, 5492 (2006).
25) D. Aurbach, I. Weissman, Y. Gofer and E. Levi: *The Chemical Record*, **3**, 61 (2003).
26) E. Levi, Y. Gofer and D. Aurbach: *Chem. Mater.*, **22**, 860 (2010).
27) D. B. Le, S. Passerini, F. Coustier, J. Guo, T. Soderstrom, B. B. Owens and W. H. Smyrl: *Chem. Mater.*, **10**, 682 (1998).
28) R. Zhang, X. Yu, K.-W. Nam, C. Ling, T. S. Arthur, W. Song, A. M. Knapp, S. N. Ehrlich, X.-Q. Yang and M. Matsui: *Electrochem Commun*, **23**, 110 (2012).
29) X. Sun, P. Bonnick and L. F. Nazar: *ACS Energy Lett.*, **1**, 297 (2016).
30) X. Sun, P. Bonnick, V. Duffort, M. Liu, Z. Rong, K. A. Persson, G. Ceder and L. F. Nazar: *Energy Environ. Sci.*, **9**, 2273 (2016).
31) T. Mori, T. Masese, Y. Orikasa, Z. D. Huang, T. Okado, J. Kim and Y. Uchimoto: *Phys. Chem. Chem. Phys.*, **18**, 13524 (2016).
32) Y. Orikasa, T. Maeda, Y. Koyama, H. Murayama, K. Fukuda, H. Tanida, H. Arai, E. Matsubara, Y. Uchimoto and Z. Ogumi: *Chem. Mater.*, **25**, 1032 (2013).
33) R. D. Shannon: *Acta Crystallogr. Sect. A*, **32**, 751 (1976).
34) E. Levi, M. D. Levi, O. Chasid and D. Aurbach: *J. Electroceram.*, **22**, 13 (2009).
35) Z. Rong, R. Malik, P. Canepa, G. Sai Gautam, M. Liu, A. Jain, K. Persson and G. Ceder: *Chem. Mater.*, **27**, 6016 (2015).
36) Y. N. NuLi, Y. P. Zheng, Y. Wang, J. Yang and J. L. Wang: *J. Mater. Chem.*, **21**, 12437 (2011).
37) Y. N. Nuli, J. Yang, J. L. Wang and Y. Li: *J. Phys. Chem. C*, **113**, 12594 (2009).
38) C. Ling, D. Banerjee, W. Song, M. Zhang and M. Matsui: *J. Mater. Chem.*, **22**, 13517 (2012).
39) D. Lv, T. Xu, P. Saha, M. K. Datta, M. L. Gordin, A. Manivannan, P. N. Kumta and D. Wang: *J. Electrochem. Soc.*, **160**, A351 (2013).
40) S. A. T. Redfern, G. Artioli, R. Rinaldi, C. M. B. Henderson, K. S. Knight and B. J. Wood: *Phys. Chem. Miner.*, **27**, 630 (2000).
41) R. Rinaldi, G. D. Gatta, G. Artioli, K. S. Knight and C. A. Geiger: *Phys. Chem. Miner.*, **32**, 655 (2005).
42) C. M. B. Henderson, K. S. Knight, S. A. T. Redfern and B. J. Wood: *Science*, **271**, 1713 (1996).
43) A. Saracibar, A. Van der Ven and M. E. Arroyo-de Dompablo: *Chem. Mater.*, **24**, 495 (2012).
44) T. Masese, C. Tassel, Y. Orikasa, Y. Koyama, H. Arai, N. Hayashi, J. Kim, T. Mori, K. Yamamoto, Y. Kobayashi, H. Kageyama, Z. Ogumi and Y. Uchimoto: *J. Phys. Chem. C*, **119**, 10206 (2015).

第2節　カルシウムイオン二次電池の開発

豊橋技術科学大学　櫻井　庸司　豊橋技術科学大学　東城　友都
豊橋技術科学大学　稲田　亮史

1. はじめに

現行のリチウムイオン電池を超える特性が期待されているポストリチウムイオン電池として，多くの電池系が提案されている。分類の仕方はいくつか考えられるが，最もわかり易い電池系は，リチウムイオン電池と同様なイオンの挿入・脱離反応を基本的な電池反応様式とするイオン電池系であろう。この場合のイオン種としては，リチウムよりも資源量が豊富で化学的な安定性も高い元素から選択される。その一つの新型電池として，イオン価数が＋2以上の多価イオン（Mg^{2+}，Ca^{2+}，Al^{3+}などのカチオン）をキャリアイオンに用いた多価イオン電池があり，本稿のカルシウムイオン電池はこの範疇に属する。

リチウムイオン電池を基準とした場合に，多価イオン電池に共通する利点として挙げることができるのは，同量のイオンが電池反応に関与した場合には，電荷量（電気容量）は価数倍となり，電池の高容量化を達成できることである。特に電極材料の有する結晶構造によっては，可逆的な結晶構造変化を担保できるゲストカチオン受入サイトの量に制限がある場合が多い。この量を超えるイオンに対しては，大きな結晶構造変化を伴って反応可逆性が低下する例が多く見られるが，多価イオンの場合にはこの制約が緩和されて高容量を得ることが可能となる。電圧について考えた場合，元素ごとに酸化還元電位が異なっていることから，負極電位が最も卑電位となる各金属の酸化還元電位を一つの指標として相互比較することはできよう。例えば，ある電極電位の正極に対して各種多価金属を負極として組み合わせた電池を考えた場合，酸化還元電位の観点からカルシウムの優位性が浮上してくる（Mg，Alを負極に用いた場合に比べて，電池電圧として各々＋0.484 V，＋1.164 V優位）。一方で，Ca^{2+}イオンはMg^{2+}，Al^{3+}イオンに比してイオン半径が大きいため，電極材料の結晶構造内挿入サイトにサイズ制約があり材料選択の自由度が低くなり得るが，これと裏返しで，他の多価イオンに比べて電荷密度が低いためイオンの挿入脱離反応がよりスムーズに行われる可能性も高い。

上記のような特長を有しているものの，他の多価イオンをキャリアイオンとする電池系に比してカルシウムイオン電池に関する研究開発はなかなか進んでいない。その理由は，電池構成に必須な三つの電池材料，すなわち負極・電解液・正極について，現状ではそれぞれ解決すべき多くの課題を抱えており，未だ材料探索のフェーズに止まっているためである。紙面の制約もあるため，本稿では電池電圧・容量に対する影響の大きい正極材料に絞って，筆者らの取組みを中心に概説する。

2. カルシウムイオン電池用正極材料の設計指針

カルシウムイオンの挿入・脱離を反応様式として考えた場合，材料設計の基本はリチウムイオン電池の場合と概ね同様であり，①構成元素に遷移金属を含み，②結晶構造の次元性に留意した結晶骨格を選択することにある。前者については，Ca^{2+}イオンの挿入（放電）・脱離（充電）に伴う正極活物質の還元・酸化反応を可能としつつその電気的中性を保つために，価数変化による電荷補償が可能な遷移金属元素を構成元素として含む必要がある。なお，例外的に結晶骨格の酸素・窒素などのアニオンが電極反応時の価数変化を担う正極材料もリチウムイオン電池系でいくつか報告されているものの，現時点ではその種類は限定的である。後者については，ゲストイオンとしてのCa^{2+}イオンを構造内に収納するスペースがあるホスト構造である必要がある。結晶構造的には，ゲストイオンがホスト材料の結晶構造内を容易に移動できる方向に特異性がある事から，一次元トンネル構造，二次元層状構造，三次元フレームワーク構造，の３種類に大別できる。

以下ではこの次元性の観点を踏まえて，これまで筆者らが検討してきたいくつかの正極材料に関して，それらの結晶構造や電気化学特性の評価例について紹介する。

3. 一次元トンネル構造材料の評価例（FeF_3・$0.33H_2O$）[1)]

3.1 FeF_3・$0.33H_2O$の結晶構造

フッ化鉄水和物：FeF_3・nH_2Oは，結晶構造中の水和水の量に応じていくつかの結晶構造をとることが知られている。その構造は，ペロブスカイト構造のFeF_3，パイロクロア構造のFeF_3・$0.5H_2O$，正方晶構造のFeF_3・$3H_2O$，そして六方晶タングステンブロンズ型（HTB）構造のFeF_3・$0.33H_2O$に大別される。

このうちFeF_3・$0.33H_2O$の結晶構造は，Fe元素の周りを６個のFが取り囲んだ配位八面体を基本骨格要素として描画した場合，**図１**の様に表される。図１から明らかなように，FeF_3・$0.33H_2O$はc軸方向に幅約6 Åの六角形状空孔からなる一次元チャネルを有し，リチウムイオン

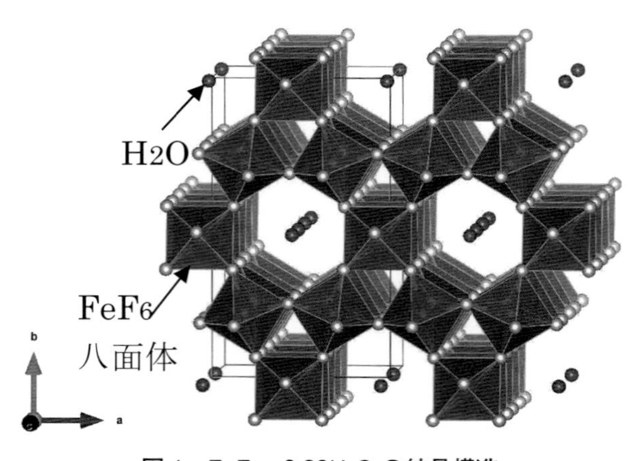

図１　FeF_3・$0.33H_2O$の結晶構造

（イオン半径＝0.90 Å[2)]）に比して大きなイオン半径を持つカルシウムイオン（イオン半径＝1.14 Å[2)]）も収納可能であると考えられたため，評価対象とした。なお，カルシウムイオンと同等のイオン半径を持つナトリウムイオンの挿入・脱離も報告されており[3)]，充放電容量特性，サイクル特性共に良好な結果が得られていることからも，カルシウムイオン電池用正極としての可能性が予見された。

3.2　FeF_3・0.33H_2O の合成および FeF_3・0.33H_2O/C コンポジットの電気化学特性

FeF_3・0.33H_2O は，市販 FeF_3・3H_2O 試薬を Ar ガス流通下 180℃で熱処理することにより得た。熱処理時間依存性を検討したところ，12 h までの熱処理で所望の脱水がなされ，FeF_3・0.33H_2O が合成できることがわかった。

FeF_3・0.33H_2O は電子伝導性が極めて低いため，遊星ボールミルによりカーボンとのコンポジット化を図った。コンポジット化は，FeF_3・3H_2O の脱水による重量減少を勘案したうえで FeF_3・3H_2O とアセチレンブラック（AB）を所定量混合して遊星ボールミル処理した後に脱水熱処理し，その後更にカーボンを加えて最終的に FeF_3・0.33H_2O：AB＝70：20 の重量比になるように遊星ボールミルを行うことにより行った。また，電気化学特性評価のための電極は，バインダーとしてのテフロン（PTFE）粉末を 10 重量部加えて混合・ロール成形した後に真空乾燥することによって作製した。

電気化学特性は，上記の電極（FeF_3・0.33H_2O/C コンポジット）を作用極とし，対極に活性炭電極（活性炭：AB：PTFE＝80：10：10 in wt.），参照極に非水溶媒系 Ag/Ag^+電極，電解液に 0.5 mol L^{-1} $Ca[N(SO_2CF_3)_2]_2$/EC＋DMC（1：1 in vol.）を用いた三電極セルを使用し，30℃の恒温槽内で 50 μA cm^{-2}で定電流充放電を行うことによって評価した。**図２**に示すように，脱水処理した FeF_3・0.33H_2O をそのまま AB，PTFE と混合して合剤電極を作製した場合には十分な活物質利用率を得ることができず，加えてカルシウムイオン挿入過程で触媒活性によると思われる電解液還元分解反応が認められ，クーロン効率は著しく低かった。一方カーボンとのコンポジット化を図った FeF_3・0.33H_2O/C コンポジットでは，活物質の細粒化およびカーボンによるコンポジット化・表面被覆により，可逆容量・クーロン効率の大幅な向上が見られた。

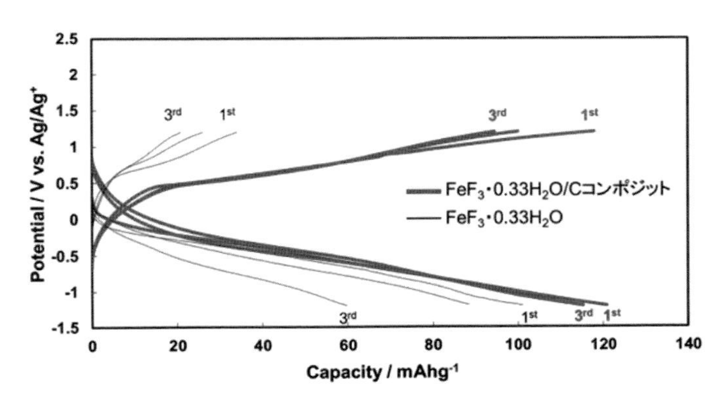

図２　FeF_3・0.33H_2O 正極および FeF_3・0.33H_2O/C コンポジット正極の充放電特性

3.3　充放電に伴う FeF_3・$0.33H_2O/C$ コンポジット正極の反応機構

FeF_3・$0.33H_2O/C$ コンポジット正極に対して放電および充放電を行った後，グローブボックス中でセルを解体して電極を取り出し，ジメチルカーボネートで繰り返し洗浄・真空脱気を行った電極ペレットの XPS 測定を行った。Ca^{2+} イオン挿入（放電）・脱離（充電）の過程で，正極中の電荷補償を担う鉄元素の価数変化に着目して，Fe 2 $p_{3/2}$ ピークの充放電に伴う変化を測定した結果を**図３**に示す。図から明らかなように，放電時には Ca^{2+} イオン挿入に伴って鉄の価数が下がることで電気的中性が保たれ，充電により元の状態近くまで鉄の価数が戻っており，この材料の充放電は基本的に鉄の酸化還元に基づいてなされていることがわかる。この際，Ca^{2+} イオンの材料中への挿入・脱離は，EDX 測定における Ca ピークの増大・減少からも確認された。**図４**に EDX 定量結果をまとめたが，充放電に伴う Ca 量の変化は予想通りの傾向を示したものの，通電電気量から計算された理論値と EDX 定量値とを比較すると，放電後の値に若干の差異が見

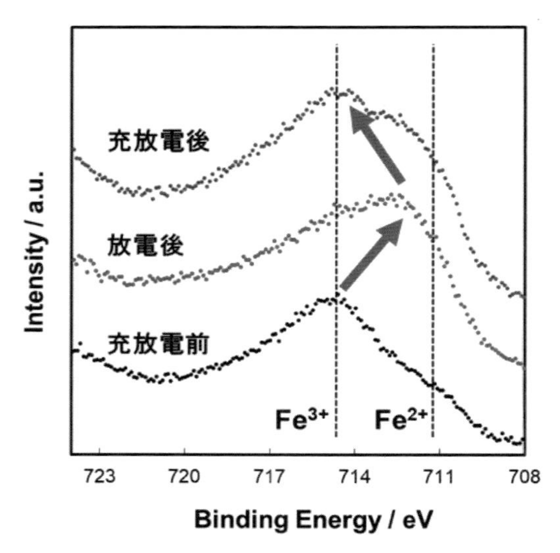

図３　充放電前後の FeF_3・$0.33H_2O/C$ コンポジット正極の XPS スペクトル

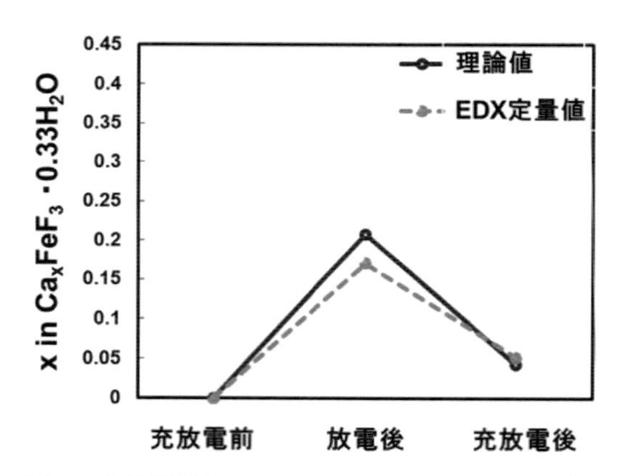

図４　充放電前後の FeF_3・$0.33H_2O/C$ コンポジット正極の EDX 定量結果

られた。この現象は，放電反応に一部電解液の還元分解反応が副反応として含まれていることの証左と考えられるが，基本的にこの材料はCa^{2+}イオン挿入・脱離に対して可逆的に動作し，この材料に適した電解液が見つかればより可逆性の高い充放電特性が得られるものと思われる。

4. 二次元層状構造材料の評価例（$Ca_{0.5}CoO_2$）[4]

4.1 $Ca_{0.5}CoO_2$の結晶構造

図５に示すように$Ca_{0.5}CoO_2$の結晶構造は層状岩塩型構造であり，CoO_6八面体同士が稜を共有した層状構造の層間にCa^{2+}イオンが存在する構造である。そのため，現行のリチウムイオン電池正極に使用されている層状岩塩型構造$LiCoO_2$と同様に，$Ca_{0.5}CoO_2$中のCa^{2+}イオンは層間の*ab*平面内での移動が可能であり，結晶構造の可逆的変化によりCa^{2+}イオンの可逆的な脱離・挿入が期待される。

4.2 $NaCoO_2$を母材料に用いたイオン交換反応による$Ca_{0.5}CoO_2$の合成

化学量論組成に対して10 mol％過剰の$Ca(NO_3)_2 \cdot 4H_2O$と固相法で合成した$NaCoO_2$をAr雰囲気下で混合後，300℃，48 h大気中で熱処理を行ってイオン交換反応を進行させ[5]，蒸留水でリンス後乾燥することにより目的物を得た。その結果**図６**に示す通り，イオン交換後のピークは粉末Ｘ線回折データファイルの$Ca_{0.5}CoO_2$のピークにほぼ一致し，ほぼ単相の$Ca_{0.5}CoO_2$が

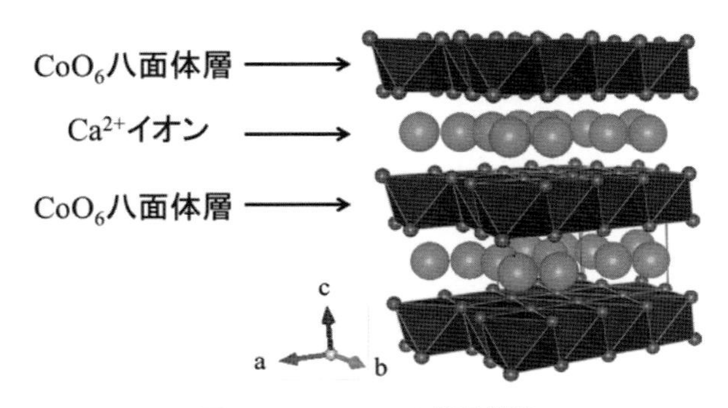

図５　$Ca_{0.5}CoO_2$の結晶構造

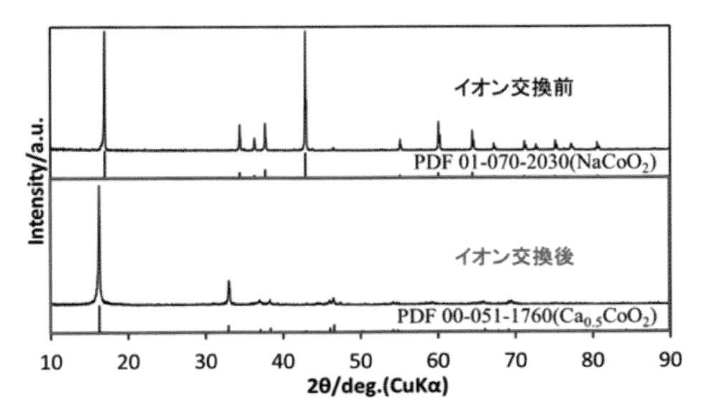

図６　イオン交換反応法により合成した$Ca_{0.5}CoO_2$のXRDパターン

合成されたことを確認した。

イオン交換前後の試料の粒子形態および構成元素について，FE-SEM および EDX を用いて観察・測定した結果を，**図７**に示す。イオン交換前後で粒子形態に大きな変化は見られなかったが，イオン交換後の試料には Na のピークがほとんど検出されない一方で Ca のピークが明瞭に観測された。このことから，イオン交換反応によって Na^{+}イオンが Ca^{2+}イオンにイオン交換されていることが明らかになった。

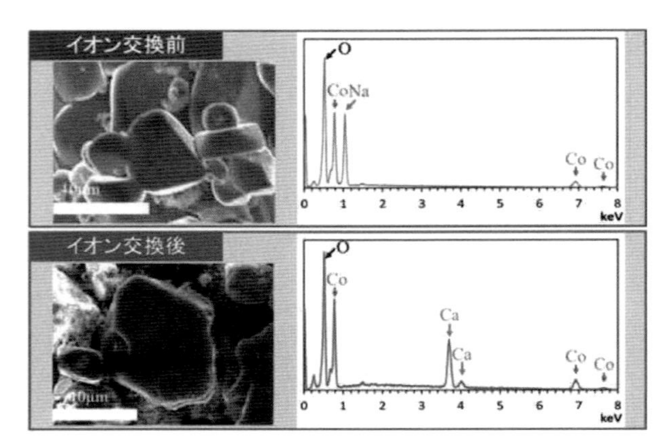

図７　イオン交換前後の試料の粒子形態および EDX スペクトル

4.3　$Ca_{0.5}CoO_2$ の電気化学特性評価

電極としては，正極活物質に $Ca_{0.5}CoO_2$，負極活物質に V_2O_5 を用い，各々の活物質に導電助剤として AB，バインダーとして PTFE 粉末を 70：25：5 の重量比率で混合し，ロール成形したテフロン結着ペレット電極を作製した。その後各電極を 80℃，12 h 真空乾燥したものをそれぞれ作用極，対極とした。参照極には非水溶媒系 Ag/Ag^{+}参照極を用いた。また電解液には 0.5 mol L^{-1} $Ca[N(SO_2CF_3)_2]_2$/AN を使用し，三電極ビーカーセルを構成した。

正極活物質として $Ca_{0.5}CoO_2$ の充放電特性を評価するにあたり，初期検討で決定された電位窓の電位範囲内で定電流充放電試験を行った。なお，予備実験の結果，活物質中の Ca^{2+}イオンがすべて反応に寄与すると仮定した場合の容量で充電を行うと電解液の酸化分解反応を生じることが判明したため，上限容量を 80 $mAhg^{-1}$（$Ca_{0.5}CoO_2$ あたり）に制限して，環境温度 30℃，電流密度 50 $\mu A\ cm^{-2}$ にて定電流充放電試験を行った。

図８に $Ca_{0.5}CoO_2$ 正極の充放電試験結果を示す。上限容量までの充電・放電を行うことができており，Ca^{2+}イオンの脱離・挿入反応が示唆された。この結果より，$Ca_{0.5}CoO_2$ はカルシウムイオン電池用正極として充放電可能であることが明らかとなった。一方，充電・放電の電位プロファイルに大きな開きがあることから，この条件下では反応に伴う過電圧が高いことがわかった。

4.4　充放電に伴う $Ca_{0.5}CoO_2$ 正極の反応機構

$Ca_{0.5}CoO_2$ に対して 80 $mAhg^{-1}$ の充電および充放電を行った後，グローブボックス中でセルを解体して電極を取り出し，ジメチルカーボネートで繰り返し洗浄・真空脱気を行った電極ペレッ

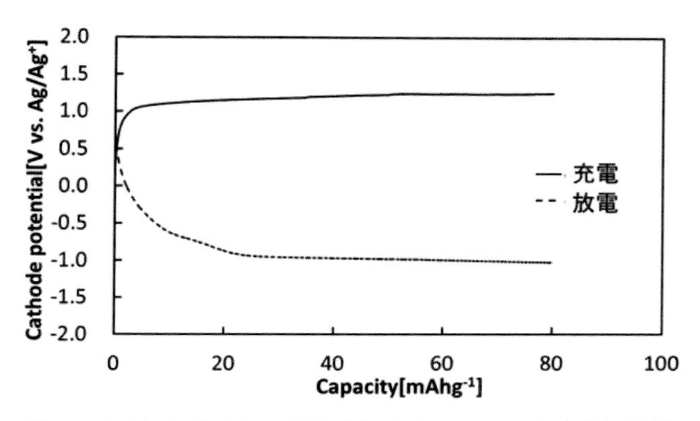

図８　イオン交換法により合成した $Ca_{0.5}CoO_2$ の充放電特性

トのＸ線回折測定を行った。充放電の過程で，XRD パターンには顕著な変化は見られなかったが，内部標準として Si を添加して詳細に回折ピークを解析したところ，**図９**に示す通り，CoO_6 八面体層方向に対応する（001），（002）ピークが充電に伴って低角度側にピークシフトしており，Ca^{2+} イオン脱離に伴い結晶格子が膨張していることがわかった。その後の放電では，ピーク位置が初期状態まで戻っており，反応の可逆性を示すものと考えられる。いずれにしても，大きな構造変化を伴わずに Ca^{2+} イオンの脱離・挿入反応が進んでいると考えられるが，ピークシフトはわずかであり，今後詳細な構造解析が必要である。

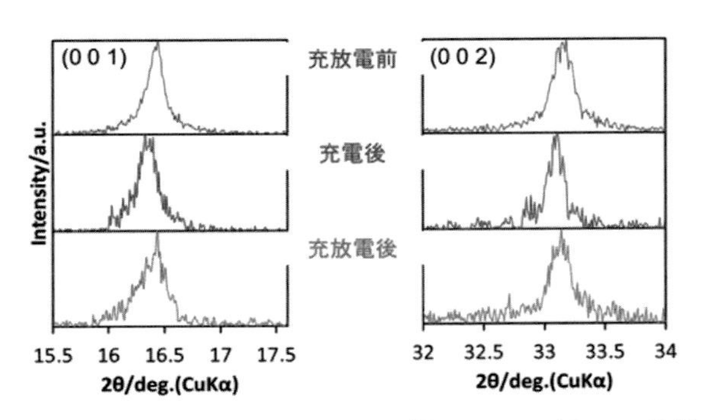

図９　充放電前後の $Ca_{0.5}CoO_2$ 正極の XRD パターン比較

Ca^{2+} イオンの脱離・挿入反応をさらに理解する目的で，充電後および充放電後の電極中のカルシウムとコバルトの比率変化を，EDX により分析した。Co のスペクトル強度で規格化した結果を**図 10** に示す。図 10 より，Ca のピーク強度が充電により低下し，その後の放電で充放電前の状態に復帰していることから，充電により $Ca_{0.5}CoO_2$ 正極から Ca^{2+} イオンが脱離し，放電により Ca^{2+} イオンが再び結晶格子中に挿入されていることがわかった。

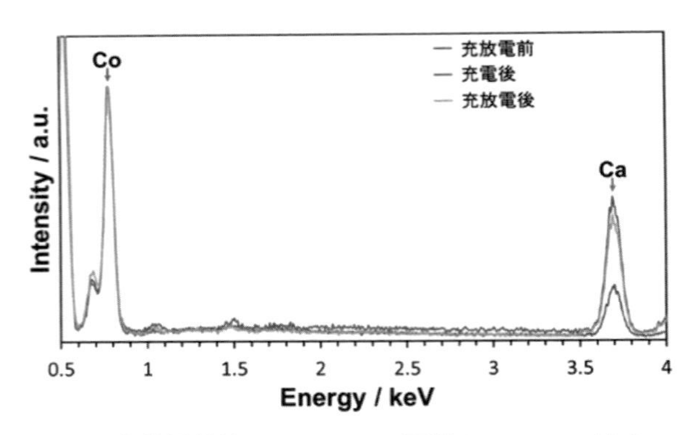

図 10　充放電前後の $Ca_{0.5}CoO_2$ 正極の EDX スペクトル

5. 三次元フレームワーク構造材料の評価例（プルシアンブルー類似体；PBA）[6]

5.1　プルシアンブルー類似体（PBA）の結晶構造

図 11 に示すように PBA の結晶構造は立方晶構造であり，遷移金属とヘキサシアノ基から構成される八面体が三次元的に連なったフレームワーク構造を有する。その構造中空隙径は 5～6 Å と大きく，遷移金属イオンや水分子などが構造中空隙内で安定に存在可能であることが知られている。またイオン交換処理や熱処理によりそれらの除去が可能であることや，三次元フレームワーク構造に起因して強固な結合であることからも，カルシウムイオンの三次元的な挿入・脱離が予想される。

PBA の組成は，$A_xM[M'(CN)_6]\cdot nH_2O$ と表され，略称としては MM'-PBA と表される。従来のプルシアンブルーは A_x がカリウム（K)、M と M' がともに鉄（Fe）であるのに対し，プルシアンブルー類似体（PBA）は A_x がアルカリ金属，M と M' が Fe，Co，Ni，Mn などの遷移金属となる。

筆者らは，電荷補償が報告されている M'＝Fe とした MFe-PBA に着目し，種々の遷移金属 M＝Co，Ni，Mn を構造内に有する MFe-PBA の合成を行うと共に，Ca^{2+} イオンを用いた MFe-PBA の電気化学特性を評価した。

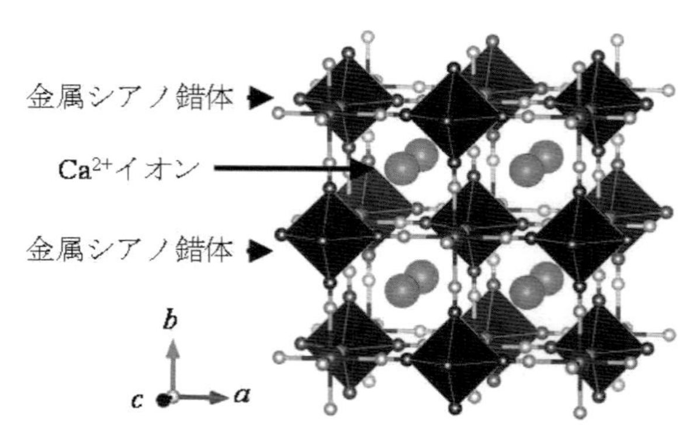

図 11　プルシアンブルー類似体の結晶構造（Ca^{2+}イオン挿入状態)

5.2　液相反応法によるプルシアンブルー類似体（MFe-PBA）の合成

既報に従って，0.5 mol L^{-1} $K_3[Fe(CN)_6]$ 水溶液に 0.1 mol L^{-1} MCl_2 水溶液を滴下し室温で 2 h 撹拌後，蒸留水でリンスを行い，80℃，24 h の条件で真空乾燥を行った。ただし，M には Ni，Mn，Co を用い，M＝Ni の場合のみ撹拌も 80℃で行った[7]。X 線回折によって合成試料の結晶構造を調べた結果，いずれの試料も PBA 骨格が反映された既報に準じた特徴的な X 線回折パターンを示し，ほぼ単相の MFe-PBA（M＝Ni，Mn，Co）が合成されたことを確認した。EDX 元素分析の結果より，いずれも MFe-PBA を構成する遷移金属のピークが確認されたが，合成材料に含有される K のピークも確認され，K が MFe-PBA 構造内に幾分残留することが明らかとなった。

5.3　NiFe-PBA の電気化学特性評価

リチウム系非水電解液を用いた予備実験により、MFe-PBA 正極の中でも NiFe-PBA が最も高い充放電容量を示したことから，以降 NiFe-PBA に検討対象を絞ってカルシウム系非水電解液中での電気化学特性評価を行った結果について述べる。

正極活物質として NiFe-PBA，導電助剤としてケッチェンブラック，バインダーとして PTFE 粉末を 70：20：10 の重量比率で混合し，ロール成形したテフロン結着ペレット電極を作製した。なお，キャリアイオンが内包される PBA のサイトに水分の存在が予備実験で示唆されたため，脱水処理として 150℃，6 h，Ar 雰囲気下で熱処理を施し，これを作用極とした。対極として 3.2 項記載の活性炭電極を使用した以外は 4.3 項と同様にして電池作製を行った。

図 12 に，環境温度 30℃，電流密度 25 μAcm^{-2} にて測定した NiFe-PBA の充放電試験結果を示す。放電時は 0.2～－0.1 V vs. Ag/Ag^+ に，充電時は 0.4 V vs. Ag/Ag^+ 近傍に電位プラトーが観測され，その後も 10 サイクル以上安定に充放電が行えたことから，NiFe-PBA はカルシウムイオン電池用正極として良好な充放電特性を示すことが明らかとなった。

5.4　充放電に伴う NiFe-PBA 正極の反応機構

NiFe-PBA 正極に対して放電および充放電を行った後，グローブボックス中でセルを解体し

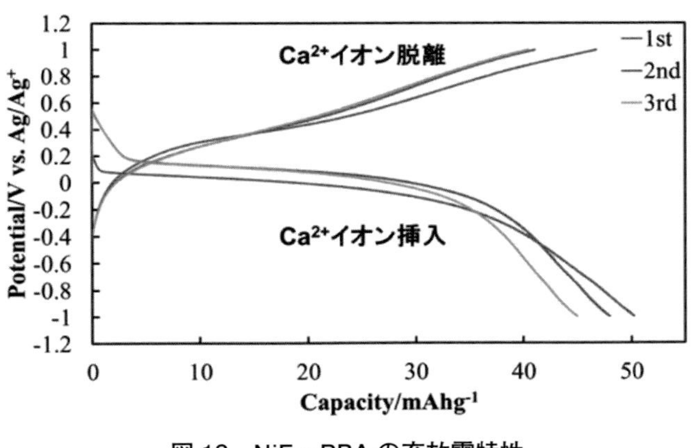

図 12　NiFe-PBA の充放電特性

て電極を取り出し，ジメチルカーボネートで繰り返し洗浄・真空脱気を行った電極ペレットのX線回折測定を行った。**図 13** に得られた XRD パターンを示す。なお，内部標準として添加した Si に起因するピークを基準としている。図 13 において，NiFe–PBA の骨格格子に対応する（200），（220）ピークは，放電に伴い若干ではあるが高角度側にシフトし，Ca^{2+} イオン挿入により結晶構造中空隙部の骨格格子が収縮していることがわかった。その後の充電では，ピーク位置が初期状態まで復帰しており，Ca^{2+} イオンの挿入・脱離反応の可逆性を示すものと考えられる。

Ca^{2+} イオンの挿入・脱離反応をさらに理解する目的で，放電後および充放電後の電極中のカルシウムと鉄の比率変化を，EDX により分析した。Fe のスペクトル強度で規格化した結果を**図 14** に示す。図 14 より，Ca のピーク強度が放電により増大し，PBA 構造中空隙部に Ca^{2+} イオンが挿入されたことがわかる。その後の充電により Ca のピーク強度の低下が見られ，NiFe–PBA 正極から Ca^{2+} イオンが脱離していることが確認された。しかし，放電前・放電後に K のピークが検出されていることから，PBA 構造中空隙部に K^+ イオンが残存していることが明らかとなった。またその後の充電により K のピーク強度は低下しているため，PBA 構造中空隙部に残留した K^+ イオンが Ca^{2+} イオンと共に NiFe–PBA 正極から脱離していることが判明した。

なお，Ca^{2+} イオンの挿入・脱離反応に伴う NiFe–PBA 内の遷移金属の価数変化を X 線光電子

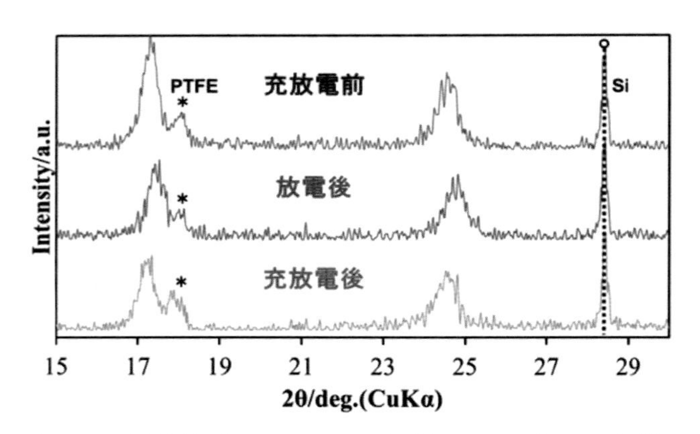

図 13　充放電前後の NiFe–PBA 正極の XRD パターン比較

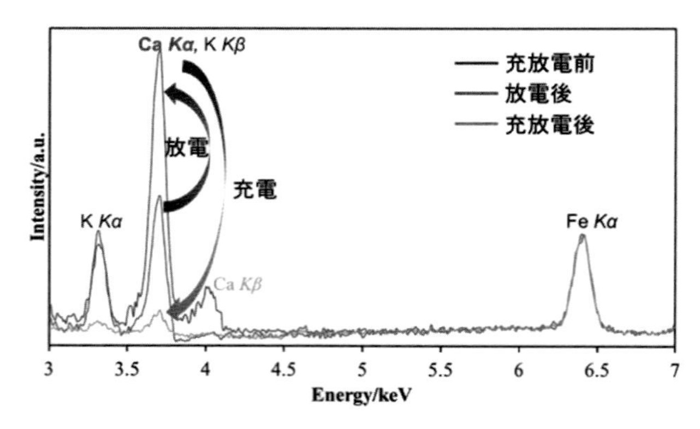

図 14　充放電前後の NiFe–PBA 正極の EDX スペクトル

分光（XPS）を用いて評価した結果，Niの価数変化は不明瞭であったが，Feに関しては明瞭なFe^{3+}/Fe^{2+}のレドックス反応が充放電に伴って生じていることが明らかとなった。

6. おわりに

本稿で概説したように，カルシウムイオン電池の研究は未だ材料探索のステージにあり，今後のさらなる研究進展が待たれる。特に電極材料に関しては検討事例が少ないものの，これまで蓄積されてきたLi，Na，Mg-ion電池材料に関する結晶化学的ないし電気化学的知見が大いに参考になり，新たな高性能材料が開発される可能性は十分にあると考えている。いずれにしても，多価イオンならではの高容量性を訴求できる電極材料を見出せるか否かが，カルシウムイオン電池実現の鍵を握っている。

なお，Ca金属の室温下可逆充放電を可能とする電解質材料が見つかっていない現状では，本稿で紹介したような工夫（① V_2O_5や可逆アニオン脱離・吸着現象を利用した活性炭電極の対極としての利用、②寸法の大きな非水溶媒系Ag/Ag^+参照極の使用）によるガラスセルによる評価が必須となっており、研究効率が極めて低い。金属負極を対極・参照極に用いて容易に電極特性評価が可能なLi系と比較すると、Ca系は大きなハンディを抱えていると言える。今後特に、Ca金属の室温下可逆充放電を可能とする電解質材料（電解液、固体電解質）の開発が望まれる。

文　献

1）Y. Murata, R. Minami, S. Takada, K. Aoyanagi, T. Tojo, R. Inada and Y. Sakurai: *AIP Conf. Proc.*, **1807**, 020005（2017）.
2）R.D. Shannon: *Acta Cryst.*, **A32**, 751（1976）.
3）C. Li, C. Yin, X. Mu and J. Maier: *Chem. Mater.*, **25**, 962（2013）.
4）杉浦洋介，前田伸明，吉岡雄太郎，TOULEE YANGXAISY，稲田亮史，辻川知伸，櫻井庸司：第54回電池討論会，3C13（2013）.
5）B.L. Cushing and J.B. Wiley: *J. Solid State Chem.*, **141**, 385（1998）.
6）T. Tojo, Y. Sugiura, R. Inada and Y. Sakurai: *Electrochim. Acta*, **207**, 22（2016）.
7）R.Y. Wang, C.D. Wessells, R.A. Huggins and Y. Cui: *Nano Lett.*, **13**, 5748（2013）.

第3節　アルミニウム金属二次電池の開発

大阪大学　津田　哲哉　　大阪大学　陳　致堯　　大阪大学／国立研究開発法人産業技術総合研究所　桑畑　進

1. はじめに

二次電池に対する社会の多様なニーズを鑑みると，現行のリチウムイオン二次電池系でそのすべてを補うことは現実的ではない。そのため，次世代を担うであろうさまざまなタイプの二次電池が提案されている。なかでも，マグネシウムやアルミニウムなどを負極に用いた多価金属二次電池は，リチウム金属負極を超える高い体積エネルギー密度を汎用元素で達成することが可能であるため，近年，研究例が急増している電池系である（**図1**）[1)-3)]。これら金属種の標準電極電位はアルカリ金属よりも貴であるものの，水素発生電位より卑であるため，二次電池用負極として

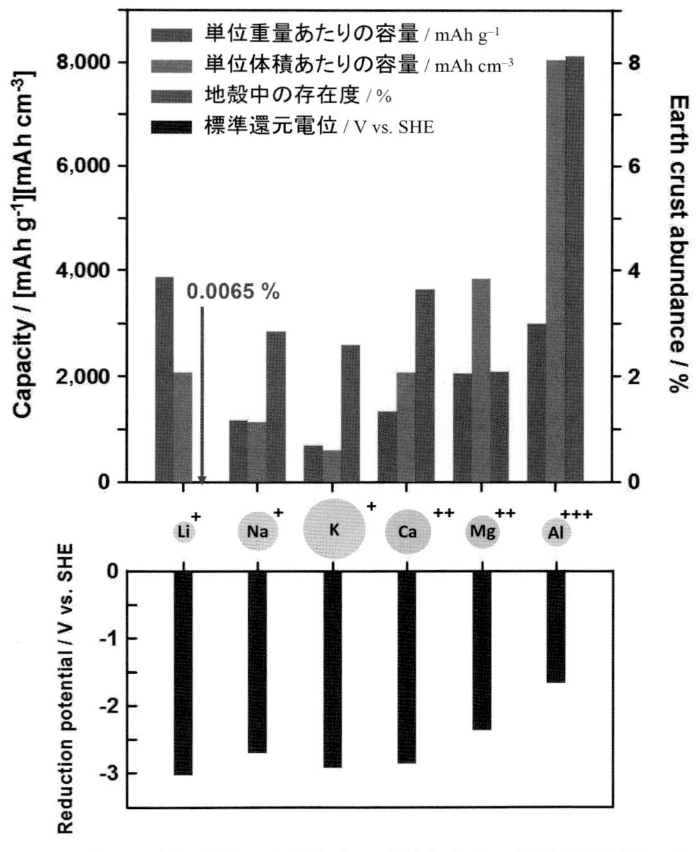

図1　アルカリ金属，多価金属の容量密度，地殻存在度，標準電極電位のまとめ[1)-3)]

利用するには非水系電解液の使用が必須となる。また，その電解液で使用できる正極がなければ，電池を構成することはできない。本稿では，アルミニウム金属二次電池に関するこれまでの研究開発状況について，電解液，アルミニウム金属負極，正極といった重要な要素技術にターゲットを絞って紹介する。

2. 電解液

アルミニウム二次電池の電解液には，アルミニウム金属の析出溶解が高いクーロン効率で可逆的に進行するアルミニウム電気めっき用電解液をそのまま利用することが多い[4)]。アルミニウム電気めっきの電解液は，有機アルミニウム化合物やアルカリ水素化物などを添加した有機溶媒系とアルミニウムハライド溶融塩・イオン液体系の2つに分類することができる。前者については，すでにSigalプロセスに代表される商用アルミニウム電気めっきプロセスの電解液として利用されているが，安全性や環境調和性に問題を抱えている。これにとって代わる電解液として，アルミニウムハライド溶融塩・イオン液体が挙げられるが，室温での利用が可能なイオン液体をアルミニウム二次電池用電解液として利用することが多い。アルミニウムハライド系イオン液体は任意の割合で第4級有機ハライド塩と $AlBr_3$ や $AlCl_3$ などのアルミニウムハライド塩を混合することで得られる。そのため，このイオン液体系の物性は，その混合比によって大きく変化する。例えば，$AlCl_3$-1-エチル-3-メチルイミダゾリウムクロライド（$AlCl_3$-[C_2mim]Cl）の場合，以下の平衡反応(1)，(2)が進行するため，アニオン種とその濃度は**図2**のように連続的に変化し[5)]，物性も大きく変わってゆく[6)]。$AlCl_3$ のモル分率（N）が0.5を超えるイオン液体は，ルイス酸性の塩化アルミニウム系イオン液体と呼ばれ（N=0.5のものはルイス中性，N<0.5のものはルイス塩基性と呼ばれる），アルミニウムの析出・溶解はこの組成域のみで観察される。つまり，この

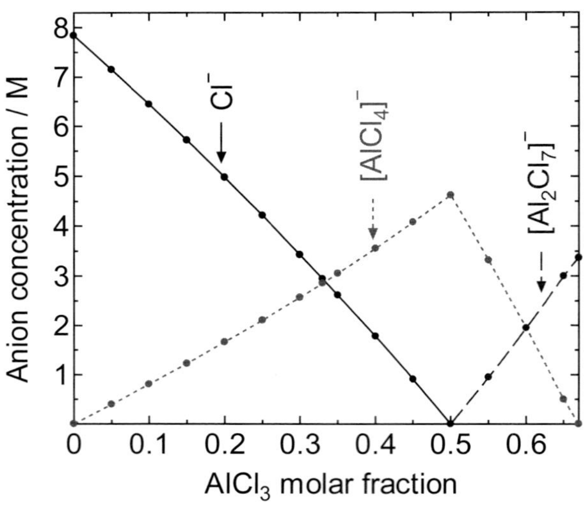

図2　$AlCl_3$-[C_2mim]Clに含まれるアニオン種の $AlCl_3$ モル分率に対する濃度変化[5)]

イオン液体系でアルミニウム金属二次電池を構成するには，電解液はルイス酸性でなければならない。この条件下では，アニオン性アルミニウム錯イオンが負極反応，正極反応の両方に関与するため，リチウムイオン電池のようなカチオンを利用した二次電池系とは異なる電極設計指針が必要となる。

$$AlCl_3 + [C_2mim]Cl \rightleftarrows [AlCl_4]^- + [C_2mim]^+ \quad (1)$$

$$[AlCl_4]^- + AlCl_3 \rightleftarrows [Al_2Cl_7]^- \quad (2)$$

（ルイス酸性の領域でのみ進行する）

$AlCl_3$–$[C_2mim]Cl$ の電位窓は，**図３**で示されているようにモル分率が $N=0.5$，つまり，ルイス中性のときに 4.4 V と最大となるが，この組成にはアルミニウムの析出に必要な $[Al_2Cl_7]^-$ が存在しないため（図２参照），残念ながらアルミニウム電池の電解液として使用できない。アルミニウムの析出が可能なルイス酸性の組成域では，電位窓はおよそ 2.5 V であることから，アルミニウム金属二次電池の熱力学的な最大電圧は 2.5 V と見積もることができる。ルイス酸性のアルミニウムハライド系イオン液体は，水と容易に反応するといった弱点を有するが，1–エチル–3–メチルイミダゾリウムテトラフルオロボラート（$[C_2mim][BF_4]$）などのイオン液体研究で用いられることの多い非アルミニウムハライド系イオン液体よりも優れた物理化学的性質を示すため，電池電解液として，より好ましい系と考えることができる。ハライドイオンを塩化物イオン

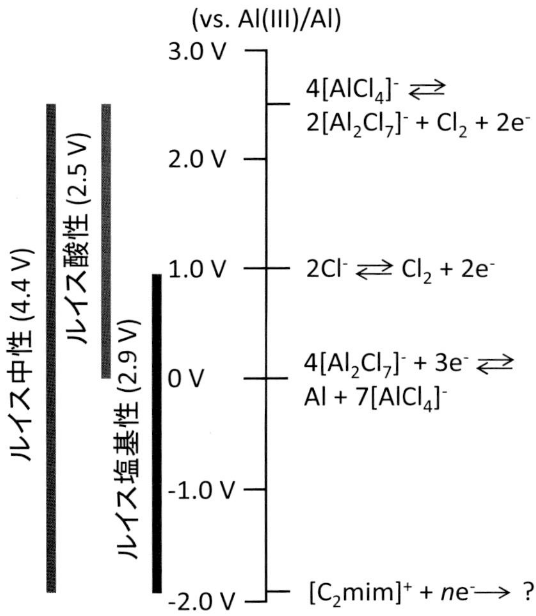

ルイス中性：N($AlCl_3$ モル分率)＝0.5，ルイス酸性：0.5 ＜N，ルイス塩基性：N＜0.5

図３　$AlCl_3$–$[C_2mim]Cl$ の電位窓とそれぞれの限界電位における電気化学反応

から臭化物イオンに変えても同様の傾向を示すため，有機塩の合成が塩化物塩よりも容易な臭化物系を電解液としてもよいが，臭化物系は光分解が進行する，酸化電位が塩化物系よりも卑である，アルミニウム金属への還元に寄与する二量体アニオン種のイオン濃度が減少する（$Al_2Cl_7^-$ が 3.27 mol L^{-1} であるのに対し，$Al_2Br_7^-$ は 3.06 mol L^{-1} である）などの短所があるため，通常は塩化アルミニウム系イオン液体が利用される。塩化アルミニウム系イオン液体の物性は言うまでもなく，有機塩の種類によっても変化する。1-(1-ブチル) ピリジニウムクロライド（$[C_4py]Cl$）や$[C_2mim]Cl$ を用いた塩化アルミニウム系イオン液体は，電池電解液として適切な物性や液相温度を有しているように思える。物性的にはやや劣るものの合成が容易であるため，1-ブチル-3-メチルイミダゾリウムクロライド（$[C_4mim]Cl$）を有機塩として用いる例も散見される。

アルミニウムハライド系イオン液体の中には，近年，報告例が増加する傾向にあるアルミニウムハライドと極性有機化合物との混合によって生じる溶媒和イオン液体（solvate ionic liquid または deep eutectic solvent）も含まれるべきであろう[4)7)8)]。例えば，$AlCl_3$ の場合，極性有機化合物（ここでは B とする）は $AlCl_3$ と次のように反応すると考えられている。

$$2AlCl_3 + nB \rightleftarrows [AlCl_2 \cdot nB]^+ + [AlCl_4]^- \tag{3}$$

アルミニウムハライド系イオン液体との最も大きな差異は，カチオン性のアルミニウム錯イオンがその系中に存在することである。ただし，$AlCl_3$ が過剰量添加されると，$[AlCl_4]^-$ は式(2)によって，$[Al_2Cl_7]^-$ を形成するため，ルイス酸性のアルミニウムハライド系イオン液体で得られる電池反応と同様の反応が期待できる。溶媒和イオン液体を形成する極性有機化合物には尿素やジメチルスルホン，グライム，メチルピリジンなど有機ハライド塩よりも安価な汎用化合物が多くあるため[4)]，価格的な魅力は大いにあるが，アルミニウムハライド系イオン液体よりもイオン伝導度が 1～2 桁低いことも珍しくなく，これを補うような電池設計が必要となりそうである。

3. アルミニウム金属負極

大変興味深いことに，上記電解液中でのアルミニウム金属負極反応に関する研究はほとんど存在しない。これは，アルミニウム金属二次電池の電解液の多くがアルミニウム電気めっき用として開発されてきた背景があるためである。つまり，アルミニウム電気めっきで得られた知見がそのままアルミニウム金属電池用負極の開発に利用されていると言っても過言ではない。アルミニウムハライド系イオン液体中におけるアルミニウムの電気化学的析出・溶解反応は次のように進行すると考えられている。

$$4[Al_2X_7]^- + 3e^- \rightleftarrows Al + 7[AlX_4]^- \quad (X : Cl \text{ or } Br) \tag{4}$$

通常の金属析出・溶解プロセスではカチオン種がレドックス反応に関与しているのに対し，この反応ではアニオン種がその役割を担っている点に大きな特徴がある。また，イオン液体を構成する有機カチオンを適切に選択することで，析出したアルミニウムが電解液と反応することで生じる被膜（SEI）の形成を抑制することができる。よって，リチウム金属負極やマグネシウム金

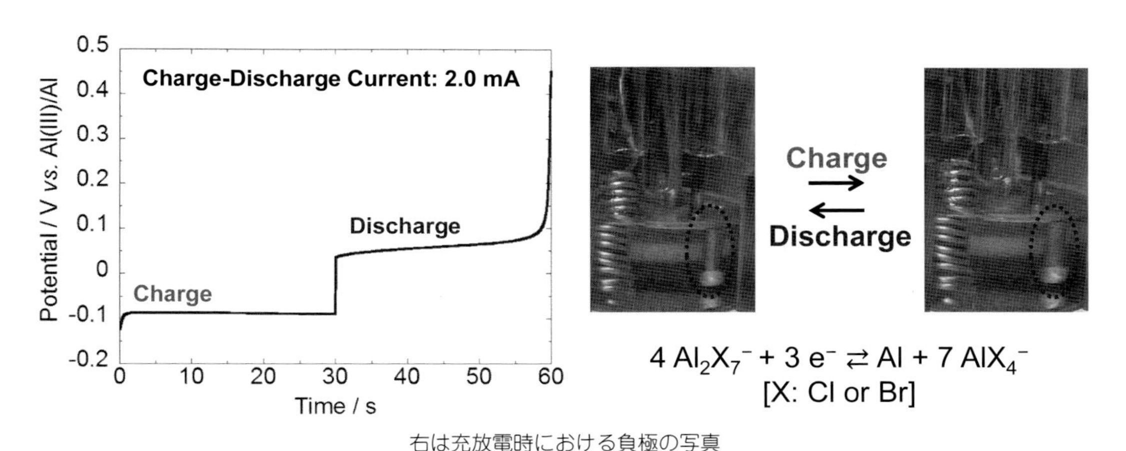

右は充放電時における負極の写真

図４　60.0–40.0 mol %　$AlCl_3$–[C_2mim]Cl 中におけるアルミニウム金属負極の充放電挙動

属負極よりも高い負極充放電効率（100%に極めて近い値）を達成することができ，電解浴の劣化も最小限に抑えることができる。アルミニウム金属負極反応の過電圧が小さい点も特筆すべき点の１つであろう。**図４**に 60.0–40.0 mol %　$AlCl_3$–[C_2mim]Cl 中におけるアルミニウム金属負極の充放電挙動の例を示している。ビーカーセルでの測定であるため，0.1 V 程度の IR 損が観測されているが，電極挙動自体は良好であることがわかる。

アルミニウム電気めっきでは，めっき速度の高速化と厚膜化が求められることが多く，その析出電流密度は 100 mA cm^{-2} を超える値，膜厚は 10 μm 以上を期待されることも珍しくない。この条件をクリアするには，電解浴の撹拌やデンドライト析出を抑制するための添加剤の使用が必須となるが，現状ではアルミニウム金属負極に流れる電流密度は最大でも数 10 mA cm^{-2} 程度，その際に析出溶解するアルミニウムの膜厚は nm スケールであるため，$AlCl_3$–[C_2mim]Cl のような比較的良好な物性を有する電解液において，負極上でのデンドライト析出が問題になることはあまりない。仮にデンドライトの問題が生じても，アルミニウム電気めっきで得られた知見や電池設計の工夫によって克服できると考えられる。

塩化アルミニウムを用いた溶媒和イオン液体については，$[Al_2Cl_7]^-$が存在しない条件下でも，$[AlCl_2 \cdot nB]^+$の還元によるアルミニウム析出が可能である[4)7)]。しかしながら，この条件下で金属光沢を帯びた良好なアルミニウム析出物を得ることは難しく，電流効率も良くない。$AlCl_3$ の過剰添加による$[Al_2Cl_7]^-$アニオンの形成は，式(4)によるアルミニウムの析出を可能とするため，良好な析出物を得る手段として有効である。しかし，電流効率は塩化アルミニウム系イオン液体を用いた場合よりも低く，98%を下回ることも珍しくない。この原因として，Al の析出とともに極性有機化合物の電気分解が進行する，析出した Al が極性有機化合物を還元分解する，Al 析出物の電極上への密着性が低いなどの可能性が考えられるが，詳細については更なる検討が必要である。

4. さまざまな正極活物質

アルミニウムハライド系イオン液体を電解液に用いると，その正極反応は必然的にアニオンが担うことになる。これはカチオンがその役割をするリチウムイオン電池などとは全く異なる正極反応が必要となることを意味している。1980～1990 年代前半にかけて，アルミニウムハライド系イオン液体や溶融塩を利用したアルミニウム金属二次電池が小浦[9,10]，Gifford[11] らによって提案され，正極活物質も幾つか報告されている。しかしながら，電解液の反応性が高く，使用できる電極構成材料が限られるうえに，可逆性に優れた正極活物質が少なかったため，アルミニウム金属二次電池の研究は最近まであまり進展がなかった。ところが，2015 年に Lin らによって，アルミニウム金属二次電池用のグラファイト発泡体正極が報告されると[12]，その優れた正極性能に着目した同様の研究が数多く報告され，アルミニウム金属二次電池に関する研究は再び活発化する傾向にある。電池を構成する重要部材である電解液やアルミニウム負極についてはすでに目途が立っていることも，それに拍車をかけている一因と考えられる。

最近報告された代表的な正極活物質とその正極性能を**表１**にまとめているが，その種類は大きく 4 つに分類することができる。アルミニウム金属二次電池が再び注目を浴びる発端となったのは，上述したように Lin らによるグラファイト発泡体正極の開発である[12]。通常，60.0–40.0 mol %　$AlCl_3$–[C_2mim]Cl 中でグラファイトロッドを正極として，サイクリックボルタモグラムを測定すると，**図５**(a)のように，電解液中に存在する$[AlCl_4]^-$や$[Al_2Cl_7]^-$の挿入脱離に起因すると考えられる酸化・還元波が得られる。しかし，充放電を数回繰り返したり，2.1 V を超える電位域で電解したりすると電極表面は崩壊してしまう（図５(b)）。また，レート特性も良くない。その弱点は活性炭繊維布を正極にすることで克服できるが，その電極挙動は電気二重層キャパシタで観測されるものに酷似しており[24]，一定の電圧を得ることは難しい。グラファイト

表１　アルミニウム金属二次電池用正極材料研究の現状

	正極材料	放電電圧（V）	放電容量（mAh g^{-1}）	レート特性*	サイクル特性*
グラファイト系	Graphene–activated carbon fiber cloth[13]	1.6	50	○	◎
	Graphene nanoplatelet[14]	1.8	70	◎	◎
	Expanded natural graphite[15]	1.8	84	○	◎
	Graphitic foam[12]	1.8	60	◎	◎
	Carbon paper[16]	1.8	85	△	◎
	Natural graphite flake[17]	1.8	110	○	◎
コンバージョン系	FeS_2[18]	0.5	380	—	—
	NiS[19]	0.9	105	△	○
	Ni_3S_2–graphene[20]	1.0	350	△	△
硫黄系	S[21]	1.1	1,600	×	×
	S–activated carbon cloth[22]	0.7	1,320	△	○
高分子系	Polypyrrole[23]	1.4	65	—	△
	Polythiophene[23]	1.5	80	○	○

*◎：特に優れている；　○：良好；　△：やや劣る；　×：悪い

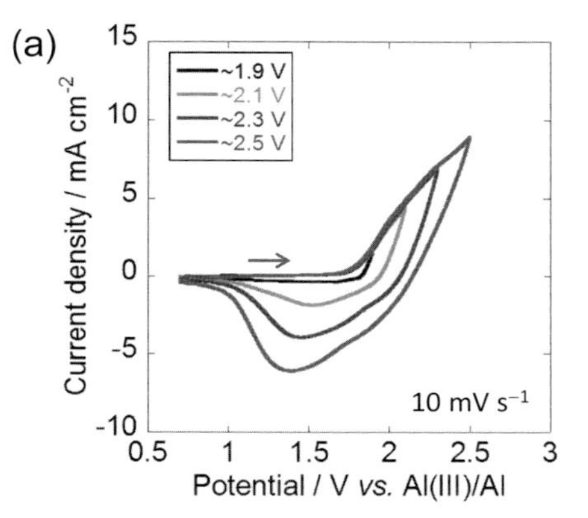

図５　(a)グラファイトロッド電極によって，60.0–40.0 mol％　$AlCl_3$–[C_2mim]Cl 中で得られたサイクリックボルタモグラム　(b)定電位電解（2.15 V *vs.* Al(III)/Al）前後におけるグラファイトロッド電極の変化

発泡体正極は，このような問題点を一気に解決することができるため，アルミニウム金属二次電池用正極として，一躍注目の的となった。その形状はニッケル水素電池の正極に用いられる多孔質ニッケル（モノリス構造のニッケル）と酷似している（**図６**(a)）。この正極は図６(b)，(c)で示すように，60 mAh g^{-1} 程度の放電容量と 7,000 回以上の優れたサイクル安定性を両立させることができる。驚くべきはそのレート特性であり，5,000 mA g^{-1} での充放電においても，その放電容量は低レートの値とほとんど変わらない（図６(d)）。グラファイト系正極の電気化学挙動自体はグラファイトの形態によらず，ほぼ同じであるため，電極性能はその形状に強く依存するようである。このような背景から，最近ではグラファイトの形状を精緻に制御することで，放電容量の改善を目指した研究が数多く報告されており，100 mAh g^{-1} を超えるものも報告されている。しかし，放電容量の増加はレート特性を悪化させる傾向にあり，その両立を可能とする新たな材料設計指針が必要である。例えば，炭素系正極表面へのグラフェンの直接形成はそのモデルケースの１つになるかもしれない。**図７**は，グラフェンをコーティングする前後の活性炭繊維布正極の放電容量とレート特性の関係である。グラフェンコーティングによって，放電容量やレート特性が改善される傾向にあることが示唆されており，1,000 mA g^{-1} でも高い容量維持率を示す。なお，サイクル特性も良好で 800 サイクル後においても容量の低下は認められない[13]。

コンバージョン系はグラファイト系を超える放電容量が期待できるため，アルミニウム金属電池用正極として期待されているが，研究例はあまり多くない[18)-20)]。これまでのところ，初期容量については，炭素系を大きく上回る値が得られるものの，レート特性やサイクル特性に問題を抱えている。分析化学的手法を駆使することによって，電極反応メカニズムに関する調査は着実に進んでおり，近い将来，これらの知見を利用した正極設計がなされていくものと考えられる。硫黄系については，次世代 Li イオン電池用正極としての利用が期待されており，数多くの Li–S 二次電池に関する報告が存在する。アルミニウム金属二次電池への展開については，ほとんどなされていないが，Li イオン電池の場合と同じ課題を抱えている。つまり，放電時に生じるアルミニウムポリスルフィドが Li_2S_6 ほどではないが，アルミニウムハライド系イオン液体に溶解することである。このため，硫黄をそのまま活物質に用いても，良好なサイクル特性を得ることは困

(a)

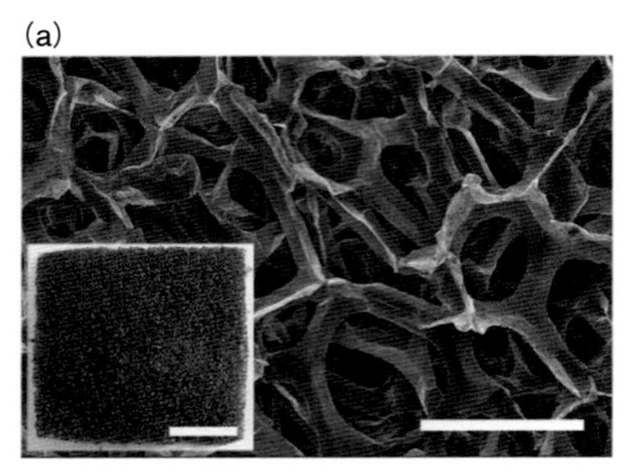

スケールバー：300μm（内挿図）グラファイト発泡体正極の全体写真。スケールバー：1 cm

(b)

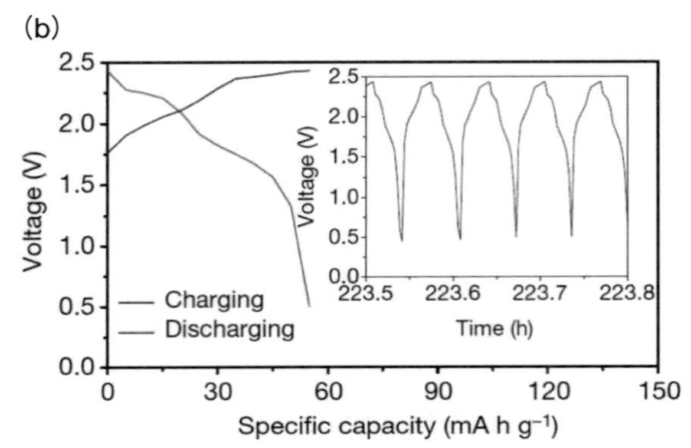

充放電速度は 4,000 mA g^{-1}

(c)

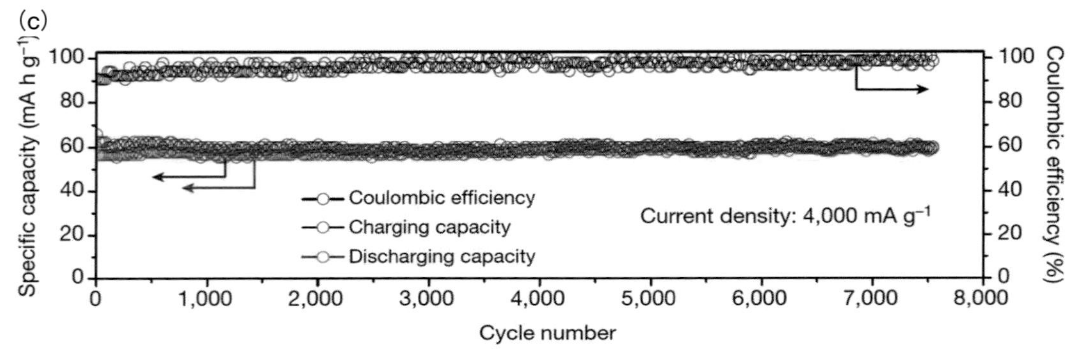

充放電速度は 4,000 mA g^{-1}

(d)

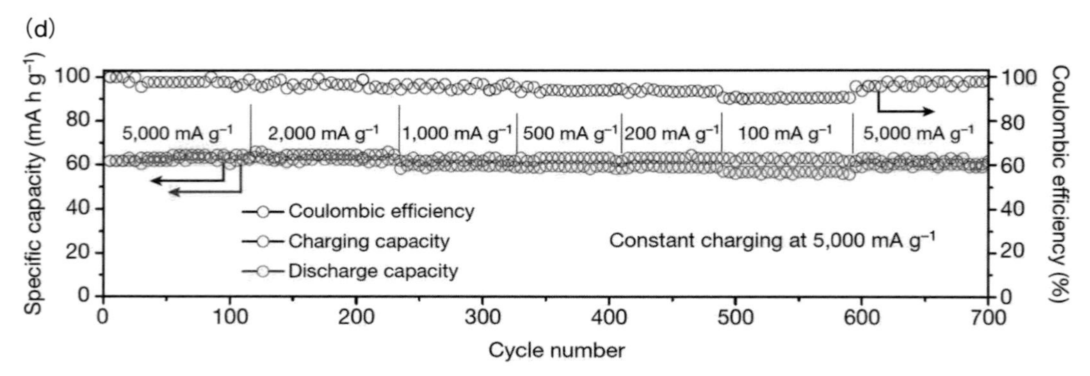

電解質は 56.5–43.5 mol %　$AlCl_3$–[C_2mim]Cl。詳細については文献 12）を参照のこと。Images and graphs reproduced by permission of the Nature Publishing Group

図６ (a)グラファイト発泡体正極の SEM 像
(b)アルミニウム金属負極–グラファイト発泡体正極ラミネートセルで得られた充放電曲線
(c)アルミニウム金属負極–グラファイト発泡体正極ラミネートセルの長期サイクル特性
(d)アルミニウム金属負極–グラファイト発泡体正極ラミネートセルを 5,000 mA g^{-1} で充電後，100～5,000 mA g^{-1} の速度で放電した時の電池特性

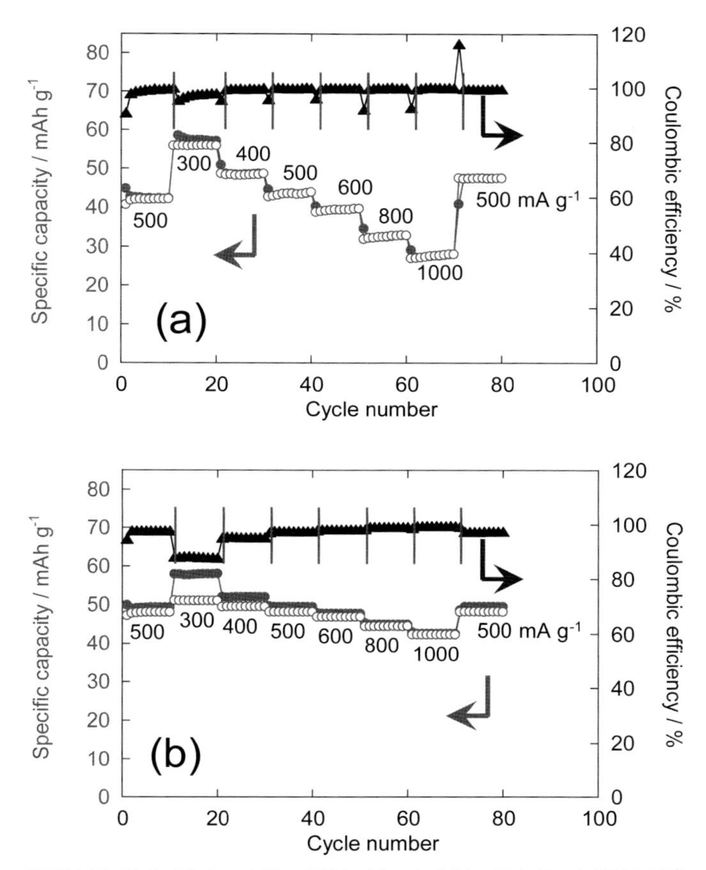

電解液は 60.0–40.0 mol %　$AlCl_3$–[C_2mim]Cl。正極は，(a)活性炭繊維布，(b)グラフェンを十分にコートした活性炭繊維布。(●) 充電容量，(○) 放電容量，(▲) クーロン効率。詳細については文献 13）を参照のこと

図７　さまざまな充放電速度での容量とクーロン効率。

難である[21)]。これを克服するため，活性炭繊維布と元素状硫黄を組み合わせたコンポジット正極が Gao らによって提案され，20 サイクル後において，1,000 mAh g^{-1}（sulfur）程度の容量を示すことが報告されている[22)]。過電圧が大きい点については改善の余地があるが，非常に興味深い正極材料である。ポリマー（導電性高分子）正極は，小浦らが 1980 年代から精力的に研究を行っており，グラファイト系正極に匹敵する放電容量と放電電圧が得られている[25)-29)]。レート特性やサイクル特性に課題を有するが，合成化学的手法によるポリマー構造の設計・制御が可能である点は魅力的である。

表１に示した正極材料以外で報告の多いものに，硫化モリブデン（Chevrel phase Mo_6S_8）[30)31)]や酸化バナジウム系（crystalline V_2O_5[32)-34)]，amorphous V_2O_5[35)]，VO_2[36)]）がある。この系の正極反応は，以下のような Al^{3+} の挿入脱離反応であると述べられていることが多い。

$$xAl^{3+} + V_2O_5(\text{or } VO_2,\ Mo_6S_8) + 3xe^- \rightleftarrows Al_xV_2O_5(\text{or } Al_xVO_2,\ Al_xMo_6S_8) \quad (5)$$

しかし，実際にはアルミニウムハライド系イオン液体中に存在するアルミニウムイオンは$[AlCl_4]^-$や$[Al_2Cl_7]^-$などの比較的安定なアニオン性錯イオンを形成しており，これを考慮した電極反応はあまり提案されていないように思える。また，Al^{3+}のような高価数イオンがこれらの活物質内へ容易に出入りする理由についても，十分な議論がなされておらず，さらなる調査が必要であろう。最近では，リチウムイオン電池用正極をアルミニウム金属電池の正極にそのまま転用する試みも検討されている[37]。充放電時に電解液の組成が大きく変化する，レート特性が炭素系よりも劣る，などの問題点があるものの，アルミニウム金属電池用正極材料の選択肢が飛躍的に増加するため，今後の展開が期待されるアプローチである。

5. まとめ

本稿では，アルミニウム金属二次電池の研究開発状況について，電池を構成する最重要部材である電解液，アルミニウム金属負極，正極に着目して紹介した。電解液とアルミニウム金属負極については実用レベルに達しており，アルミニウム金属二次電池の研究は正極活物質一辺倒の様相となっている。世界各国の研究機関から新規な正極に関する論文が次々と報告されており，アルミニウム金属二次電池の熾烈な研究開発競争がついに幕を開けたようである。産学官連携による研究開発によって競争に勝ち抜き，アルミニウム金属二次電池が世界に先んじて日本で社会実装されることを期待したい。

文　献

1）G. A. Elia, S. Passerini, R. Hahn et al.: *Adv. Mater.*, **28**, 7564（2016）.
2）J. Muldoon, C. B. Bucur and T. Gregory: *Chem. Rev.*, **114**, 11683（2014）.
3）U. S. Department of the Interior, U. S. Geological Survey, Mineral Commodity Summaries（2016）.
4）T. Tsuda, G. R. Stafford and C. L. Hussey: *J. Electrochem. Soc.*, **164**, H5007（2017）, and references therein.
5）A. A. Fannin, Jr., L. A. King, J. A. Levisky and J. S. Wilkes: *J. Phys. Chem.*, **88**, 2609（1984）.
6）A. A. Fannin, Jr., D. A Floreani, L. A. King, J. S. Landers, B. J. Piersma, D. J. Stech, R. L. Vaughn, J. S. Wilkes and J. L. Williams: *J. Phys. Chem.*, **88**, 2614（1984）.
7）H. M. A. Abood, A. P. Abbott, A. D. Ballantyne and K. S. Ryder: *Chem. Commun.*, **47**, 3523（2011）.
8）Y. Fang, K. Yoshii, X. Jiang, X.-G. Sun, T. Tsuda, N. Mehio and S. Dai: *Electrochim. Acta*, **160**, 82（2015）.
9）N. Koura, H. Ejiri and K. Takeishi: *Denki Kagaku*（*Presently Electrochemistry*）, **59**, 74（1991）.
10）N. Takami and N. Koura: *J. Electrochem. Soc.*, **140**, 928（1993）.
11）P. R. Gifford and J. B. Palmisano: *J. Electrochem. Soc.*, **135**, 650（1988）.
12）M.-C. Lin, M. Gong, B. Lu, Y. Wu, D.-Y. Wang, M. Guan, M. Angell, C. Chen, J. Yang, B.-J. Hwang and H. Dai: *Nature*, **520**, 324（2015）.
13）T. Tsuda, Y. Uemura, C. Y. Chen, Y. Hashimoto, I. Kokubo, K. Sutani, K. Muramatsu and S. Kuwabata: *J. Electrochem. Soc.*, **164**, A2468（2017）.
14）上村祐也，陳致堯，津田哲哉，桑畑進：電気化学会第83回大会，2T11（2016）.
15）上村祐也，陳致堯，津田哲哉，桑畑進：電気化学会第84回大会，3O11（2017）.
16）H. B. Sun, W. Wang, Z. J. Yu, Y. Yuan, S. Wang and S. Q. Jiao: *Chem. Commun.*, **51**, 11892（2015）.
17）D. Y. Wang et al.: *Nat. Commun.*, **8**, 14283（2017）.
18）T. Mori, Y. Orikasa, K. Nakanishi, K. Z. Chen, M.

Hattori, T. Ohta and Y. Uchimoto: *J. Power Sources,* **313**, 9 (2016).
19) Z. J. Yu, Z. P. Kang, Z. Q. Hu, J. H. Lu, Z. Zhou and S. Q. Jiao: *Chem. Commun.,* **52**, 10427 (2016).
20) S. Wang, Z. J. Yu, J. G. Tu, J. X. Wang, D. H. Tian, Y. J. Liu and S. Q. Jiao: *Adv. Energy Mater.,* **6**, 1600137 (2016).
21) G. Cohn, L. Ma and L. A. Archer: *J. Power Sources,* **283**, 416 (2015).
22) T. Gao et al.: *Anew. Chem. Int. Ed.,* **55**, 9898 (2016).
23) N. S. Hudak: *J. Phys. Chem. C,* **118**, 5203 (2014).
24) T. Tsuda, I. Kokubo, M. Kawabata, M. Yamagata, M. Ishikawa, S. Kusumoto, A. Imanishi and S. Kuwabata: *J. Electrochem. Soc.,* **161**, A908 (2014).
25) 小浦延幸，木島健，江尻洋一：*Denki Kagaku,* **56**, 1024 (1988).
26) 小浦延幸，江尻洋一：*Denki Kagaku,* **58**, 923 (1990).
27) N. Koura, H. Ejiri and K. Takeishi: *J. Electrochem. Soc.,* **140**, 602 (1993).
28) 武石和之，小浦延幸：*Denki Kagaku,* **63**, 947 (1995).
29) 宇井幸一，久間義文，小浦延幸：*Electrochemistry,* **74**, 536 (2006).
30) L. Geng, G. Lv, X. Xing and J. Guo: *Chem. Mater.,* **27**, 4926 (2015).
31) B. Lee et al.: *J. Electrochem. Soc.,* **163**, A1070 (2016).
32) N. Jayaprakash, S. K. Das and L. A. Archer: *Chem. Commun.,* **47**, 12610 (2011).
33) L. D. Reed and E. Menke: *J. Electrochem. Soc.,* **160**, A915 (2013).
34) H. Wang, Y. Bai, S. Chen, X. Luo, C. Wu, F. Wu, J. Lu and K. Amine: *ACS Appl. Mater. Interfaces,* **7**, 80 (2015).
35) M. Chiku, H. Takeda, S. Matsumura, E. Higuchi and H. Inoue: *ACS Appl. Mater. Interfaces,* **7**, 24385 (2015).
36) W. Wang, B. Jiang, W. Xiong, H. Sun, Z. Lin, L. Hu, J. Tu, J. Hou, H. Zhu and S. Jiao: *Sci. Rep.,* **3**, 3383 (2013).
37) X.-G. Sun, Z. Bi, H. Liu, Y. Fang, C. A. Bridges, M. P. Paranthaman, S. Dai and G. M. Brown: *Chem. Commun.,* **52**, 1713 (2016).

第4節　アルミニウム–空気二次電池の開発

富士色素株式会社　森　良平

1. はじめに

近年，昔に比べて夏は異常に暑くなり冬も暖かくなってきており，現在の地球は過去1400年で最も暖かくなっている。この地球規模で気温や海水温が上昇し氷河や氷床が縮小する現象，すなわち地球温暖化は，平均的な気温の上昇のみならず，異常高温，熱波，大雨や早い春の訪れによる生物活動の変化や，水資源や農作物への影響など自然生態系や人間社会にすでに現れている。将来，地球の気温はさらに上昇すると予想され，水，生態系，食糧，沿岸域，健康などでより深刻な影響が生じると考えられている。地球温暖化の最大の問題は，水や食料が世界的に不足してくることである。2025年には世界人口の大半にあたる約50億人が水不足になると予測されている。また，今後100年以内に，中国で米の収穫は8割減，ブラジルやインドでは小麦などの収穫が大幅に減少するなど，深刻な食糧不足が警告されている。さらに植物への影響も大きく，森林の消滅や生物種の絶滅や，50年後にはアマゾンの森林は砂漠化するなどの予測もある。地球温暖化の原因はメタンや二酸化炭素（CO_2）など温暖化ガスの急増である。このような事実から今後はエネルギーを石油などの化石燃料に依存することが難しく，例えば自動車のCO_2排出を抑制すべく自動車のエコロジー化が加速度的に進んでいる。現在主流のハイブリッドカーを含め，自動車会社を含めたさまざまな企業が電気自動車用蓄電池，燃料電池の開発生産に乗り出している。また，スマートホームにおける電気エネルギーの二次電池能力の向上なども開発のターゲットとなっている。環境問題への関心の高まりに伴い，地球環境にやさしいリチウムイオン二次電池は，今後急速な普及が見込まれている電気自動車やハイブリッド自動車用途のほか，風力や太陽光発電システムの電力貯蔵用としても注目され開発が進められている。エネルギーの有効利用，低炭素社会に向けて，大容量二次電池は，小型機器から大型機器まで幅広い分野での適用が可能である。

2. 研究背景

しかしながら今後の電気自動車用の蓄電池，スマートグリッドに対応することが可能になるにはどうしてもさらなる蓄電池の大容量化が必要となってくる。最近研究開発が進んできているマグネシウム，カルシウムなどを用いた多価イオン電池や金属–空気電池，金属硫黄電池がその次世代電池の最有力候補とならざるを得ないが，その二次電池化には解決すべき課題が山積みしている。例えば金属–空気電池の場合，負極に用いられる金属には亜鉛，ナトリウム，アルミニウム，マグネシウム，リチウム，鉄などが検討されているが，負極において酸化された金属が還元されて元の金属に戻る反応は非常に化学的に困難であるし，また反応によって生じる副産物が電池内に蓄積されていき，円滑な電気化学的充放電反応の妨げになってしまうなど問題点が山積みしている。最高の二次電池としての容量を持つと言われるリチウム–空気電池の理論容量は11,400 Wh/Kg であり，この電池では正極で空気中の酸素を活物質として用いるため，理論的には正極の容量が無限となり大容量を実現することができる。しかしながら，前述したようにリチウムは空気中で極度に不安定であることも含め，さまざまな観点から材料として扱いにくくあまりにも実用化するには困難である[1)-3)]。

そこで我々は金属–空気電池の中でも最も材料として安全で扱いやすく，安価で資源の面からも安心なアルミニウムに注目して研究を鋭意進めてきた。他の二次電池の金属材料と比較しても本件で使用しているアルミニウムは何と言っても安価であり，最も地球上でリサイクルされている金属であり資源量の観点からも安心である。また，アルミニウム–空気電池の理論容量は8,100 Wh/Kg であり金属空気電池の中ではリチウムに次いで２番目の理論容量を持っており，リチウムイオン電池の約 40 倍程度の最大理論容量を有する。しかしながら，従来のアルミニウム–空気電池は使い切りの一次電池であった。つまり充電できない形式であり，負極活物質であるアルミニウムは正極の酸素雰囲気下で反応して酸化アルミニウムや水酸化アルミニウムとして沈殿する。こうなると電池はもはや電気を発生しないという大きな実用化への問題点があった。これらの問題点に対する検討としてアルミニウムを他金属と混合してアルミニウム合金とし，副産物の沈殿の抑制，またはアルミニウム金属の腐食を抑制するなどの研究が行われてきた。

弊社では新しい概念を基に，負極，空気極と水系電解液との間にアルミニウムイオン導電体，多孔性酸化物，炭素系材料などを挟み込む構造にすることにより，電解液を補充すると電池容量が復活するなど準二次電池化の検討を進めてきた[4)-9)]。一方で，電解液に有機物系，イオン液体系のものを使用すると負極で用いられているアルミニウムが一度電解液中にイオン化しても，アルミニウム金属として析出することが知られていた。よって最近の弊社の研究としては，水系電解液の検討に加えて，イオン液体系の電解液を用いてアルミニウム–空気電池の実用化を進めており，世界初の完全二次電池化のアルミニウム–空気電池もデータとして出始めているので以下に紹介する[10)-12)]。

3. 結果と考察

3.1 水系電解質を用いたアルミニウム–空気電池（準二次電池）

本研究は，金属アルミニウムである負極側，正極の空気極側と電解液との間に酸化物からなるアルミニウムイオン伝導体，もしくは多孔性の酸化物セラミック体を位置するという発想を基にしている。最初の発想としては，負極，正極と電解液の間に，アルミニウムイオンを伝導する酸化物である固体電解質を挟む構造にすることにより空気極側からの電解液の蒸発を防ぐことができ，かつ電極上に直接副生成物が生成することを抑制し電池反応を進めることができると可能性を検討したところから研究が始まった。まず，通常のアルミニウムに空気極を直接セパレーター

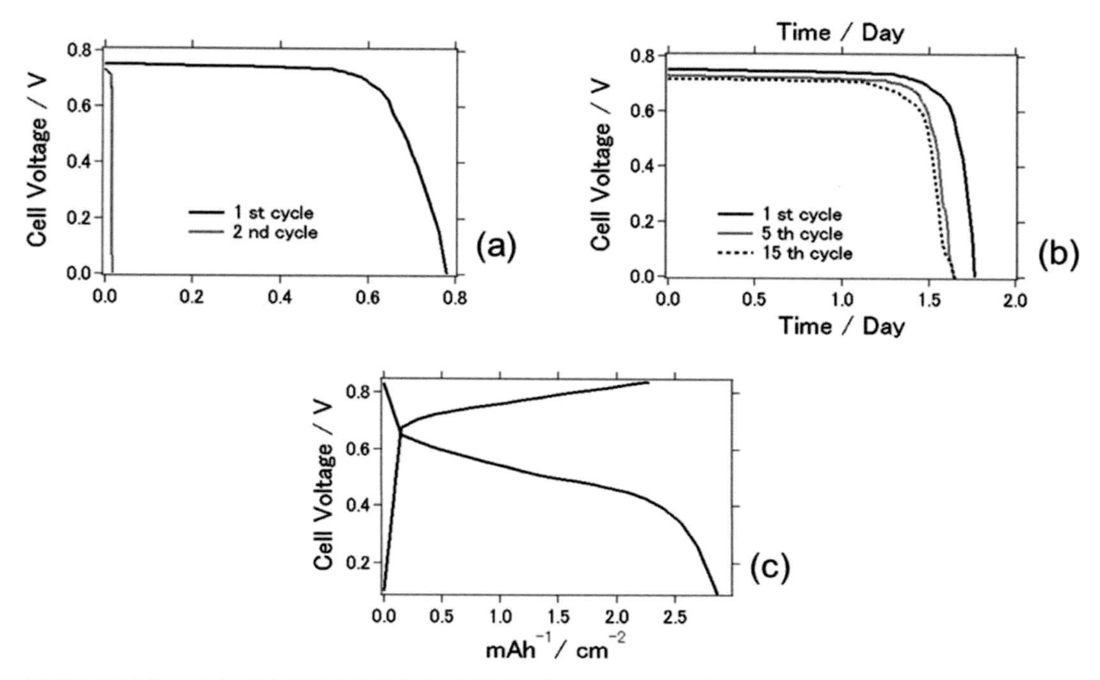

(a)従来のアルミニウム–空気電池の放電曲線，(b)開発したアルミニウム–空気電池の放電曲線，(c)開発したアルミニウム–空気電池の充放電曲線

図１　アルミニウム–空気電池の電気化学特性

を挟んで作成した結果，２回目以降の電池容量が著しく劣化することがわかった（**図１**(a)）。これはつまり従来の実験結果と同様に，電気化学反応による結果蓄積した酸化アルミニウム，水酸化アルミニウムなどの副生成物がさらなる電気化学反応を阻害するために放電が抑制されるのである。次に，中間層として酸化物からなるアルミニウムイオン伝導体，もしくは多孔性の酸化物セラミック体を挟んだ構造にすると，初期放電容量は約 5.3 mAh/cm^{-2} となった。また，15 回目の放電容量も約 4.4 mAh/cm^{-2} となり，放電容量が８割以上維持されている結果となった。よって，塩水を追加することにより放電流が維持されることが可能な準二次電池的なアルミニウム–空気電池を作成することができた（図１(b)）。図１(c)に充放電カーブを示す。リチウムイオン電池と異なり，明確な充電カーブが飽和されていく様子は観察されず，この充放電カーブは図１(a)(b)の実験と比較して大きな充放電流を用いた時に観察される。つまり，図１(a)(b)の実験と同じ電流で実験を行うと放電時間が長く塩水が蒸発してしまうので，大きな充放電流を印可することにより，充放電カーブを 30 回観察することができた。ただ，リチウムイオン電池とは異なり充電が正確な意味で起こっているかは現時点ではまだわかっていない。何故ならば充電反応が起こっているとしたら，酸化されたアルミニウムが還元されてアルミニウム金属に戻っているかどうかを確かめる必要があるがまだ確認できてないからである。これに関しては以下のイオン液体系の電解質を用いた項で説明する。**図２**にナイキスト線図を示す。結果，開発したアルミニウム–空気電池の内部抵抗は主に空気極側の中間層に由来するものであることがわかった。また**図３**に1ヵ月の充放電カーブを示す。このように非常に簡易な安価な方法で安全に作成でき大気中でも

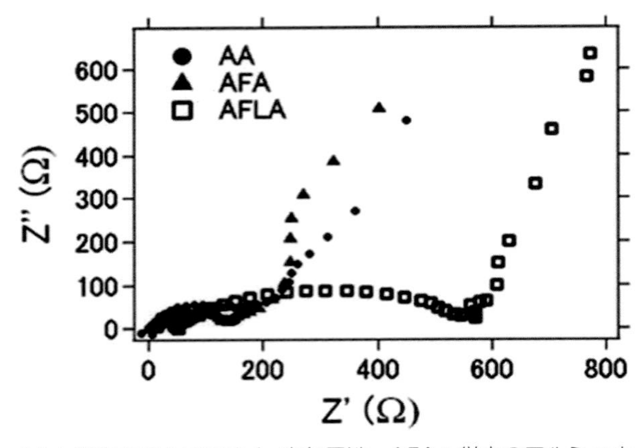

AA：従来のアルミニウム–空気電池，AFA：従来のアルミニウム–空気電池の負極側にアルミニウムイオン伝導体を位置させた構造のアルミニウム–空気電池，AFLA：従来のアルミニウム–空気電池の負極，正極側両方にアルミニウムイオン伝導体を位置させた構造のアルミニウム–空気電池

図２　アルミニウム–空気電池のナイキスト線図

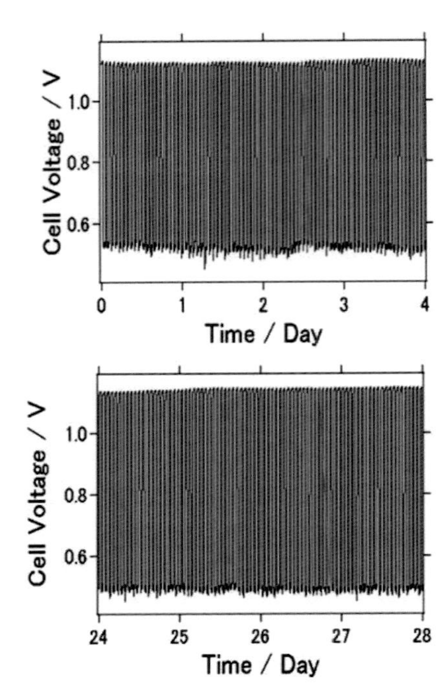

図３　開発したアルミニウム–空気電池の１ヵ月間の充放電曲線

作動するアルミニウム–空気電池を作ることができた。

ところで放電時の負極における反応は次のようになる。

$$Al + 4OH^- \rightarrow Al(OH)_4^- + 3e$$

一方，正極である空気極では水が空気中の酸素と反応して以下の式の反応が起こる。

$$O_2 + 2H_2O + 4e^- \rightarrow 4OH^-$$

つまり全体として，

$$4Al + 3O_2 + 6H_2O + 4OH^- \rightarrow 4Al(OH)_4^-$$

となる。この反応により約 1.3〜1.4 ボルトの電位差がこれらの反応で形成される。これは電解質を水酸化カリウム，水酸化ナトリウム水溶液とした場合である。塩化ナトリウムの場合，ほぼ 0.8–0.9 ボルトとなる[4)5)]。

ところで，本来なら 600℃などの高温で顕著なアルミニウムイオン伝導を示すような固体電解質を用いて上述したように室温においても電池が作動していたという結果から，筆者はイオン伝導物性による結果よりはむしろ構造が関与しているのではないかと推測して，アルミニウムイオン伝導体の代わりに絶縁体である酸化アルミニウムを用いても電池が作動することを確認した。また電子顕微鏡観察により，作成した酸化アルミニウム中間層は多孔性であることを確認した（**図４**）。つまりアルミニウムイオン伝導体のバルク部分そのものに電荷担体が伝導するのではな

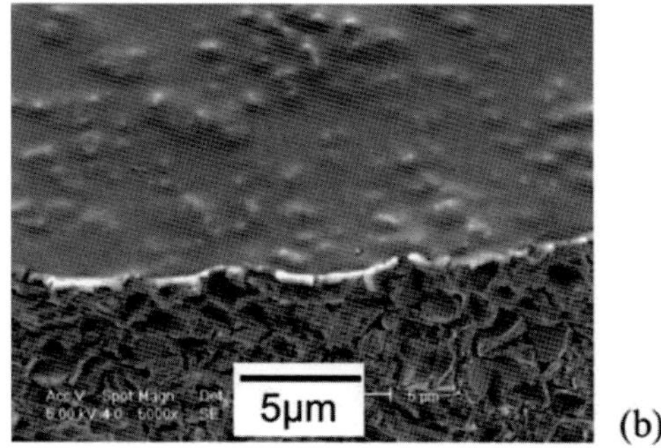

(a)上面，(b)斜め 45 度

図４　開発したアルミニウム–空気電池の負極側塗布材料の SEM 写真

く，多孔性である中間層のすきまに電解液が浸透していき，そこを電荷担体が流れていくと推測できた。つまり，電極上にではなく，中間層が緩衝剤的な役目をして電池寿命を延ばしていると推測された。次にインピーダンス測定を行うことにより，副産物の中間層上への析出反応により，電池抵抗が経時的に増加していくことも明らかになった（**図５**）[6]。また電解液に NaOH，KOH を用いると X 線回折法により，電気化学反応後，電極上に $Na_2Al_{22}O_{34}\cdot 2H_2O$ や $K_2Al_{22}O_{34}$ などの $Al(OH)_3$ や Al_2O_3 以外の副生成物が析出していることがわかった（**図６**）。これはつまり，筆者らのアルミニウム–空気電池においては，アルミニウムイオンだけではなく，電解液中のナトリウムイオンやカリウムイオンが電荷担体として電気化学反応に寄与している可能性も示唆された。次に，塩水などの水性電解液の蒸発を抑制させるために，電解液へグリセリンを混合させ電力発生時間を長くする検討を行った。結果，放電流は小さくなったものの放電時間は長くなった。これは，グリセリンが混合することにより電解液が電池内に長く留まったおかげである。しかしながら，電流値は小さくなり結果として電池容量は小さくなった。これらの結果は，グリセリンの粘度の高さ，またグリセリンの３つの OH 基が電気化学反応を抑制していることが原因で電気化学反応，及び電池容量が低下したものが原因と思われる[7]。

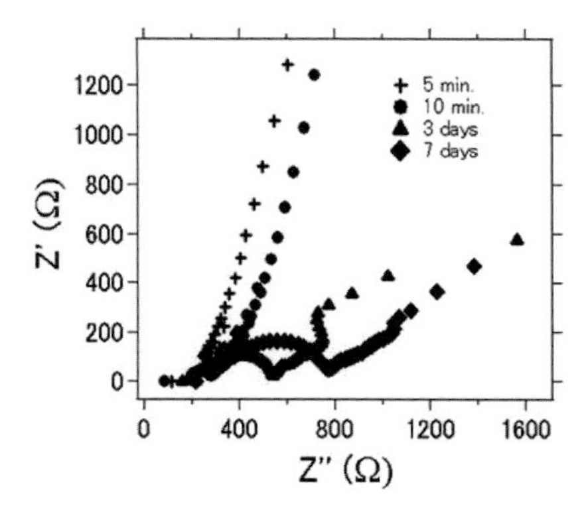

図５　開発したアルミニウム–空気電池のナイキスト線図の経時的変化

次にアルミニウム負極側に塗布する材料を他のセラミック材料や炭素系の材料に置き換えて電池挙動に影響があるか試みを行った。活性炭をアルミニウム負極上に塗布して電池を作成すると電流値が大きく向上した。また炭素系の材料を中間層として用いた場合においても電気化学反応を起こした後の X 線回折の結果から，アルミニウムイオンだけではなく，ナトリウムイオンも電荷担体として電気化学反応に寄与している可能性が示唆された。よって，活性炭の大きな比表面積が電流に寄与しているのではないかと推測した。いわば構造的にも電気二重層キャパシタに類似しており，ファラデー電流だけではなく，電気化学キャパシタ的な挙動も観察されるという

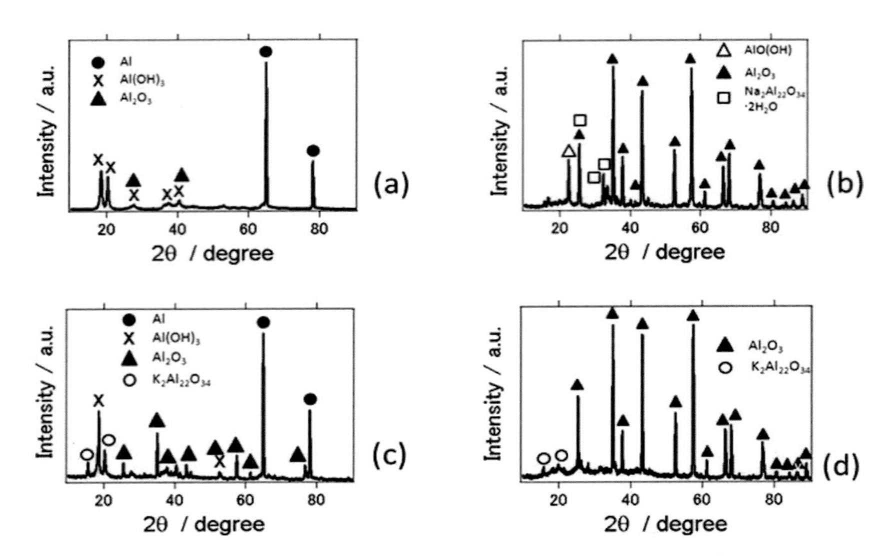

(a)電解液に NaOH を用いた時の負極側塗布材料の X 線回折図，(b)電解液に NaOH を用いた時の正極側中間層材料の X 線回折図，(c)電解液に KOH を用いた時の負極側塗布材料の X 線回折図，(d)電解液に KOH を用いた時の正極側中間層材料の X 線回折図

図６　開発したアルミニウム–空気電池の電気化学的反応後の X 線回折図

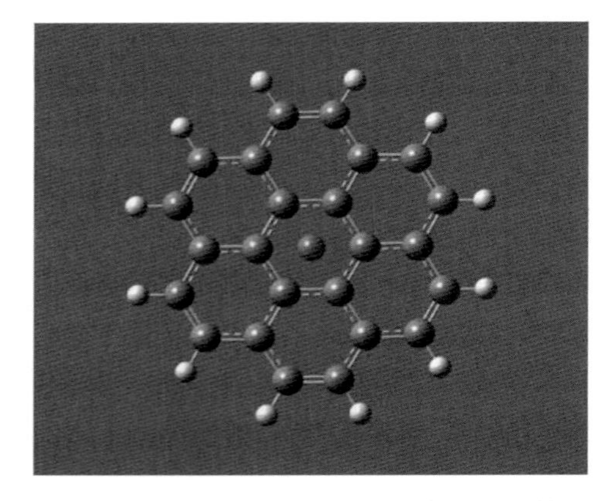

図７　開発したアルミニウム–空気電池の第一原理計算に用いたモデル

表１　開発したアルミニウム–空気電池の第一原理計算で算出した吸着エネルギー

sample	peak	binding energy (eV)	compounds bonding	peak area (%)
AC	peak 1	74.3	$Al_2O_3/Al_x(OH)_y$	100
TiC	peak 1	74.4	$Al_2O_3/Al_x(OH)_y$	100
AC	peak 2	284.7	carbon	83.9
	peak 3	286.6	alcohol/C with Cl	5.5
	peak 4	290.2	Carbonates	10.6
TiC	peak 2	284.6	carbon	87.8
	peak 3	286.4	alcohol/C with Cl	4.1
	peak 5	288.5	carboxyl	8.1

推測である。第一原理計算手法により，炭素系の材料にアルミニウムイオンが脱吸着した時の吸着エネルギーの変化を見積もった。結果，リチウムイオン電池において炭素系材料負極，つまりグラファイトが使用できるように，電気化学的反応において，アルミニウムイオンが脱吸着する可能性がありえる計算結果となった（**図７**，**表１**）。XPS 測定により，Al2p 軌道（**図８**(a)），Na1s 軌道（図８(b)）の検出を充放電前後のサンプルで行った。結果，電気化学反応後はアルミニウム負極上の活性炭薄膜上にアルミニウム，ナトリウム系の化合物が，XRD 測定の結果と同様析出していることが明らかとなった。ナトリウムは電解液，つまり塩水に由来するイオンである。よって電池，そしてキャパシタ的挙動の２つの効果により電流値，電池容量が大きくなった

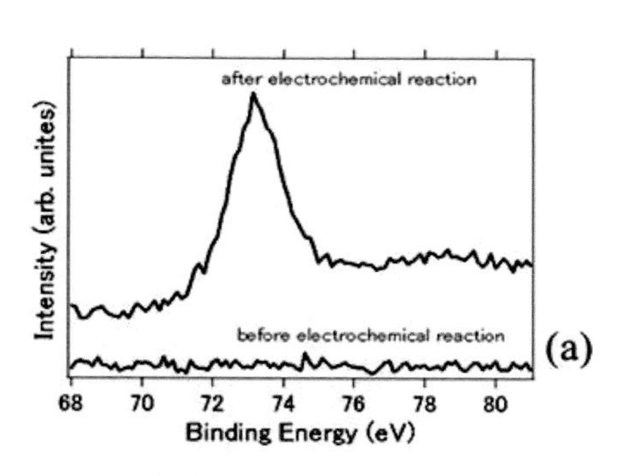

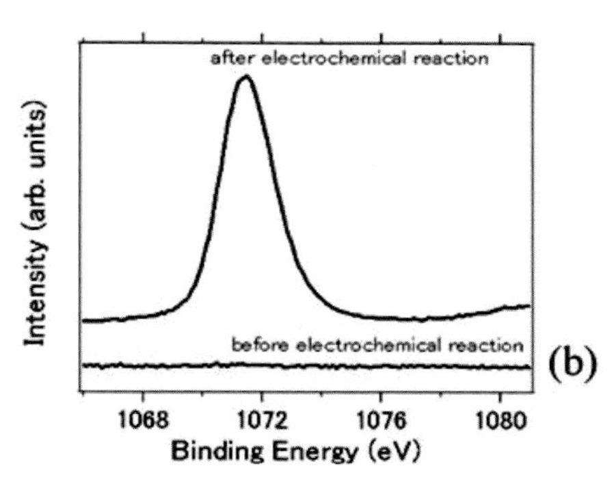

(a)負極側塗布材料の XPS スペクトル，(b)正極側中間層材料の XPS スペクトル

図８　開発したアルミニウム–空気電池の電気化学的反応後の XPS 測定結果

のではないかと推測している[8]。さらに，アルミニウム負極側に塗布される材料にさまざまなセラミック材料を検討してみた。結果，塗布されるセラミック材料のうち TiO_2 や ZrO_2 などがサイクリックボルタンメトリーにおいて明らかな酸化還元電流を示した。これは，水の電気分解の反応が観察されているとも考えられるのであるが，塗布材料として Al_2O_3 や炭素系の材料を用いているときは観察されない。つまり，塗布材料により何らかのイオン種の酸化還元反応が強くなっていると推測できる[9]。

ただこれらの結果，水溶液系の電解質を用いてアルミニウム–空気電池を二次電池化することは困難であると感じた。なぜならば，アルミニウムが酸化される反応は容易に起こっても，その酸化物をアルミニウム金属に還元して戻す反応は非常にエネルギーを費やすからである。しかしながら，３価の酸化アルミニウムが０価のアルミニウム金属に還元されるのではなくて，1，２価あたりの酸化数のアルミニウムが弊社の開発したアルミニウム–空気電池内の電荷担体として充放電に関与させることが可能になっているとすれば，ある意味二次電池化させる可能性は出てくるのではないかと考えている。つまり，金属アルミニウムに還元されているとは言い難いが，電池内の何らかのイオン種，イオン化価数を持つイオン種が充放電され，二次電池化している可能性があるということである。

3.2　イオン液体系電解質を用いたアルミニウム–空気電池（二次電池）

より二次電池化の可能性が高いと言われている，イオン液体系の電解質を用いたアルミニウム–空気電池の二次電池化の検討を紹介する。イオン液体に塩化アルミニウムを混合した電解液を用いるとアルミニウム金属が酸化されずに金属の状態で維持できることが報告されている。弊社の研究ではイオン液体は1–エチル–3–メチルイミダゾリウムクロリド，もしくは1–ブチル–3–メチルイミダゾリウムクロリドを用いた。これに塩化アルミニウムを重量比でイオン液体：塩化アルミニウム＝1：2の割合で混合したものを電解液とした。イオン液体系の電解液を用いたときの負極での反応は以下のように示され，アルミニウムの副生成物が観察されないことが報告されている。基本的に電解質中の塩素の濃度によって電気化学特性は変化し，ルイス酸からルイス塩基の特徴を示すようになる。クロロアルミネートアニオンを含んだ反応は以下の式によって表わされる。

$Cl^-(l) + AlCl_3(s) \leftrightarrow AlCl_4^-(l)\ k = 1.6 \times 10^{19}$

$AlCl_4^-(l) + AlCl_3(s) \leftrightarrow Al_2Cl_7^-(l)\ k = 1.6 \times 10^3$

$Al_2Cl_7^-(l) + AlCl_3(s) \leftrightarrow Al_3Cl_{10}^-(l)\ k = 1.0 \times 10$

塩化アルミニウムである $AlCl_3$ のモル比がイオン液体に対して0.5以下の時はアニオン種が主な電解液中の成分となっており，Cl^- と $AlCl_4^-$ がルイス塩基となっており電解質は塩基性である。モル比が0.5以上の時は（つまり本研究の場合），主な成分は $AlCl_4^-$ や $Al_2Cl_7^-$ となっており，これが必要条件となっている。なぜならばAl金属は次式に表されるように $Al_2Cl_7^-$ からのみ生じることができるからである。

$4Al_2Cl_7^- + 3e^- \rightarrow Al + 7AlCl_4^-$

図９にこのタイプの電池の概念図を示す。アルミニウム負極でのこの反応を基にして，負極としてアルミニウムを，電解質にこのイオン液体系の電解液，空気極に活性炭（AC），ペロブスカイト型セラミック（LSCF：Lanthanum Strontium Cobalt Ferrite），カーボンアロイ（CA），金属有機構造体（MOF），炭化物，窒化物などを用いてアルミニウム–空気電池の特性を評価した。

空気極の活物質に活性炭を用いた時と比較して，LSCFなどのペロブスカイト型セラミック材料を用いると充放電を繰り返しても比較的劣化の少ないアルミニウム二次空気電池で作成できた。またカーボンアロイを空気極として用いると，電流値が向上した。酸素を還元する能力が高い触媒材料であることに起因すると推測される（**図10**）。ペロブスカイト型セラミック材料は燃料電池や他の空気電池のカソードとしても研究されており，基本的に酸素の還元反応は次の４電子反応で進行すると言われている。

$O_2 + 4H^+ + 4e^- \rightarrow 2H_2O$

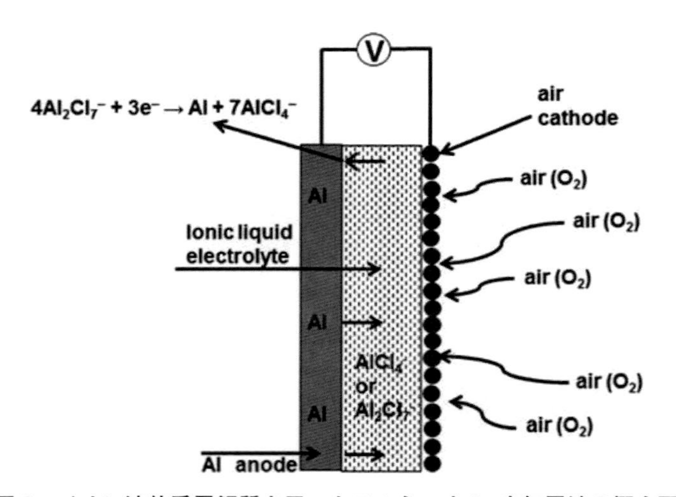

図９　イオン液体系電解質を用いたアルミニウム–空気電池の概念図

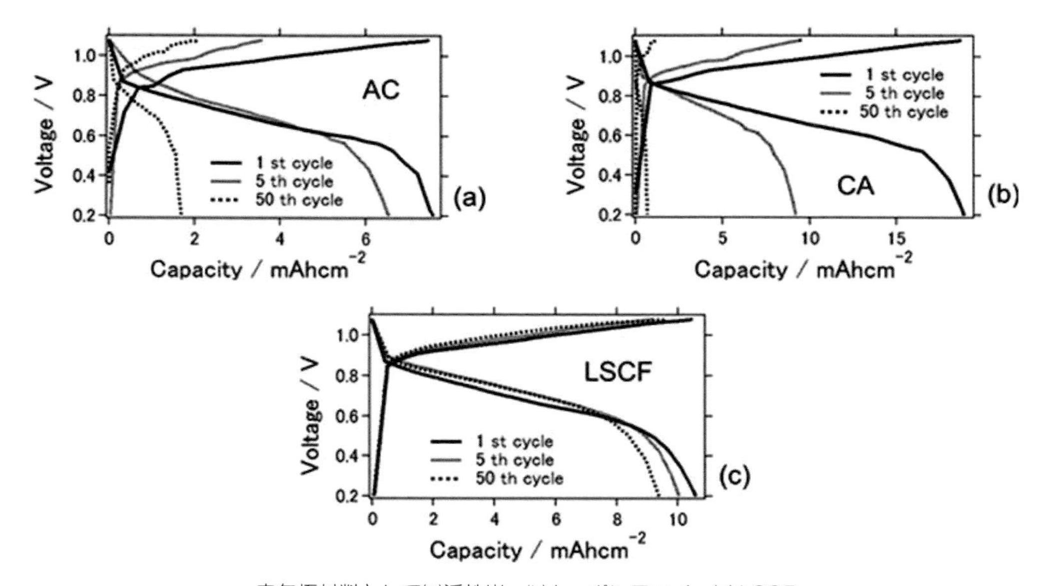

空気極材料として(a)活性炭，(b)カーボンアロイ，(c) LSCF

図 10　イオン液体系電解質を用いたアルミニウム-空気電池の充放電特性。

一方，炭素系の材料は次式の２電子反応が主な反応であるとされており，

$$O_2 + 2H^+ + 2e^- \rightarrow 2H_2O_2$$
$$2H_2O_2 + 2H^+ + 2e^- \rightarrow 2H_2O$$

そうなると有害な過酸化水素などの中間体が生じ，それが電極自身にダメージを与えることになり，劣化しやすいなどの報告もある。これらの現象がペロブスカイトの安定性，またカーボンアロイ材料の初期の高電池容量からの劣化に影響を及ぼしているのではないかと推測される[10)]。

次に近年の最先端材料である金属有機構造体（MOF：Metal Organic Framework）を空気極として用いて研究を進めた。具体的な材料としては Aluminium Terephthalate を用いた。結果，電池容量は大きくはないが安定な充放電カーブが得られた。空気極の反応は，

$$3AT(MOF) + xAl^{3+} + 3xe^- \rightarrow 3Al + AT(MOF)$$
$$4Al + 3O_2 \rightarrow 2Al_2O_3$$

と推測される。**図 11** にボードプロットを示す。イオン液体系電解液を電解質に用いて MOF を空気極に用いると，水溶液系の電解質を用いたときと異なり界面のインピーダンスは電気化学反応が進行しても大幅には増加しなかった。これは電極上において，酸化アルミニウムや水酸化アルミニウムなどの副生成物が生成されないことに起因すると推測された。またこのインピーダンス，電池抵抗の増加の抑制が安定した電池容量を示すことができた要因ではないかとも推測された[11)]。

しかしながら，空気極にペロブスカイト型セラミックス，カーボンアロイ，MOF などの材料を用いても，負極においては副生成物の抑制が観察されたものの，空気極においては常に水酸化

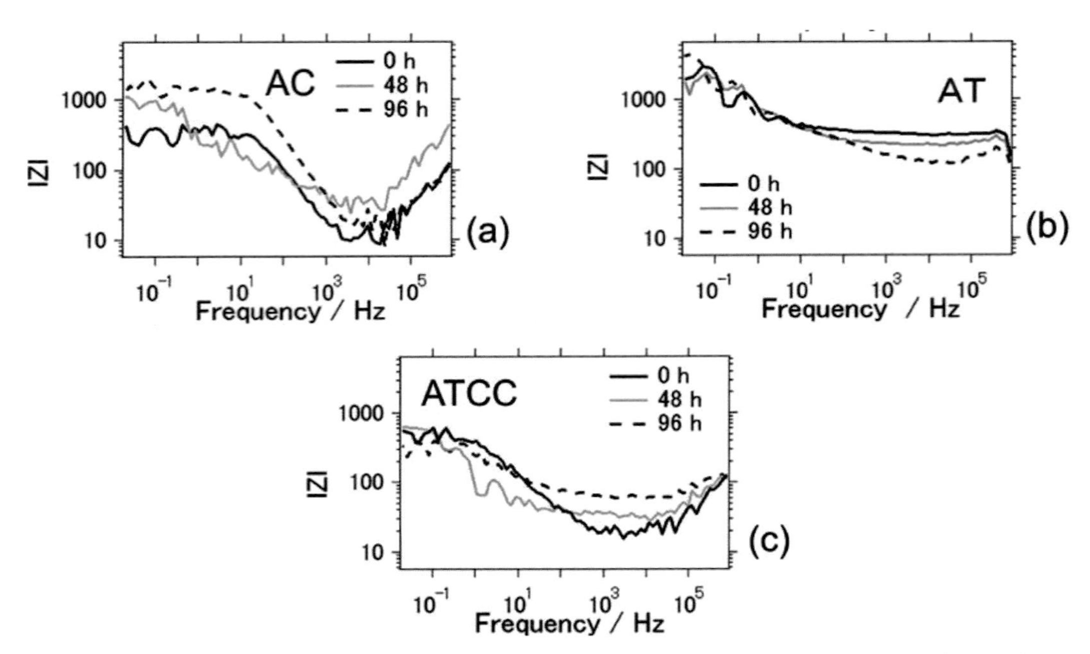

空気極材料として(a) AC：活性炭，(b) MOF：AT：Aluminium Terephthalate，(c) MOF＋導電性カーボン

図 11　イオン液体系電解質を用いたアルミニウム–空気電池のボードプロット

アルミニウムや酸化アルミニウムなどの副生成物が観察されていた。これは他の研究でも同様の現象である。ところで，空気極に炭化物や窒化物を用いるとリチウム空気電池や亜鉛空気電池で副生成物の生成が抑制される報告があった。そこで筆者は，弊社のアルミニウム–空気電池においても，同様な効果が期待されるのではないかという推測を基に，空気極に窒化チタンや炭化チタンを用いて実験を進めた。**図 12** にサイクリックボルタンメトリーを示す。基本，25 サイクルの電気化学反応を進行させても，非常に安定な酸化還元反応を示すことがわかった。**図 13** に電気化学反応後の空気極の X 線回折図を示す。特に TiC を空気極として用いたときに副生成物生成の抑制効果が観察された。これにより，アルミニウム–空気電池において，負極，空気極，つまり電池内部全体で副生成物の生成を抑制したことになり，これは世界初の成果であると思われる。この結果，より安定なアルミニウム–空気電池の二次電池を作ることの実現が可能となる。

図 14 に空気極の電気化学反応後の XPS スペクトルを示す。空気極に活性炭（AC），炭化チタン（TiC）を用いたときの Al 2p 軌道と C1 軌道の XPS スペクトルを表す。また**表 2** に図 14 から算出したそれぞれのスペクトル位置と面積を示す。結果，活性炭においては炭素はカーボネート，あるいはアルミニウムカーボネートとして存在してこれが副生成物の生成の原因となっているかもしれないことが示唆される。一方 TiC においては炭素はカルボキシル基として存在しており，この事実がその後の副生成物の生成を何らかの機構で抑制しているのかもしれない。ただ，これらはあくまで現時点での推測であり，今後の詳細研究が必要とされる。

また，TiC 空気極では以下のような反応が起こっていることが推測された。

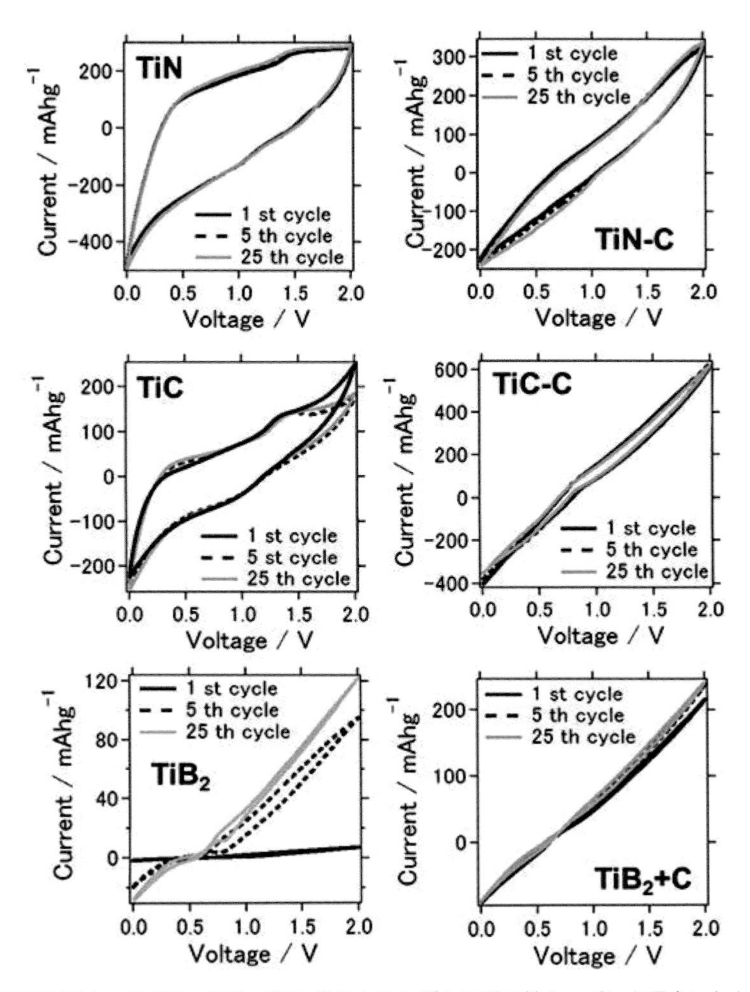

空気極材料として TiN，TiC，TiB_2 単独とそれぞれに導電性カーボンを混合したもの

図 12　イオン液体系電解質を用いたアルミニウム–空気電池のサイクリックボルタンメトリー

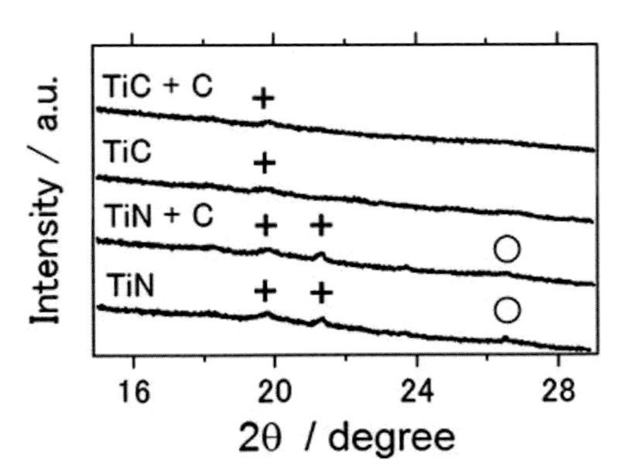

C は導電性カーボンをそれぞれの材料に混合していることを表す

図 13　空気極に TiC，TiN を用いた時の電気化学反応後の X 線回折図

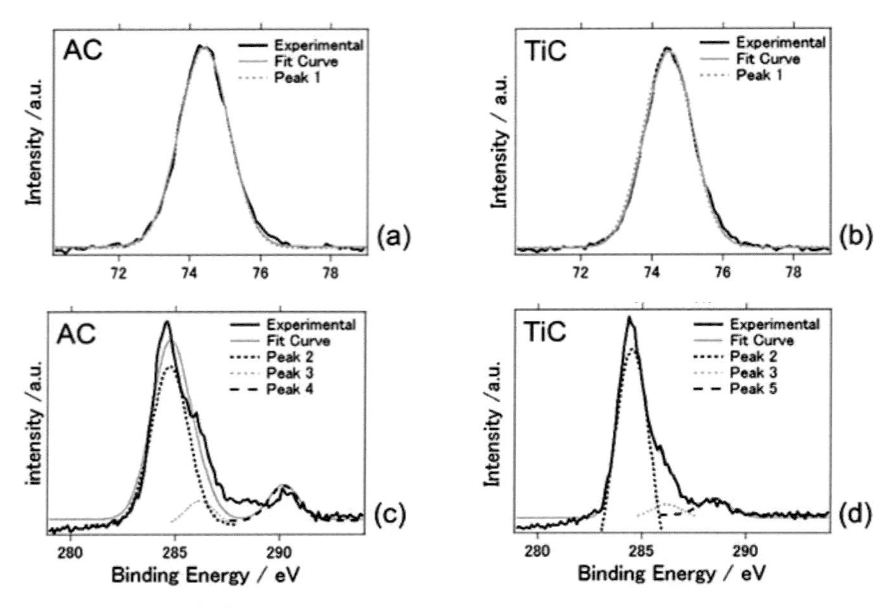

(a) Al 2p 軌道 AC，(b) Al 2p 軌道 TiC，(c) C1 軌道 AC，(d) C1 軌道 TiC

図 14　電気化学反応後の空気極の Al 2p 軌道と C1 軌道の XPS スペクトル

表 2　図 14 から算出した Al 2p と C1 軌道のピーク位置と面積

sample	peak	binding energy (eV)	compounds bonding	peak area (%)
AC	peak 1	74.3	$Al_2O_3/Al_x(OH)_y$	100
TiC	peak 1	74.4	$Al_2O_3/Al_x(OH)_y$	100
AC	peak 2	284.7	carbon	83.9
	peak 3	286.6	alcohol/C with Cl	5.5
	peak 4	290.2	Carbonates	10.6
TiC	peak 2	284.6	carbon	87.8
	peak 3	286.4	alcohol/C with Cl	4.1
	peak 5	288.5	carboxyl	8.1

$$TiC + 5H_2O \rightarrow TiO_2 + CO_3^{2-} + 10H^+ + 8e^-$$

このように，特に表面において安定な酸化物である TiO_2 になることになり，空気極での反応が安定することが原因であるとも推測された[12]。

4. まとめ

以上，水溶液系，イオン液体系の電解質を用いて，また電極と電解質の間の緩衝層，空気極の材料などをいろいろと検討し，結果として負極，空気極，電池内部全体で副生成物の生成を抑制したアルミニウム-二次空気電池を完成することができた。電池容量としては少なくとも 1,100 m Ah/g の電池容量が観察されており，今後この電池容量をさらに向上させる検討を継続する（理論容量は 8,100 m Ah/g）。**図 15** に示すようにデモ試作品としてリチウム電池の RC2032 型のアルミニウム-空気電池を作成した。このように実用化を急いでいる。ただ弊社は化学会社なので，今後実際の電池の封入，量産化できる企業，研究機関との協力を模索している。

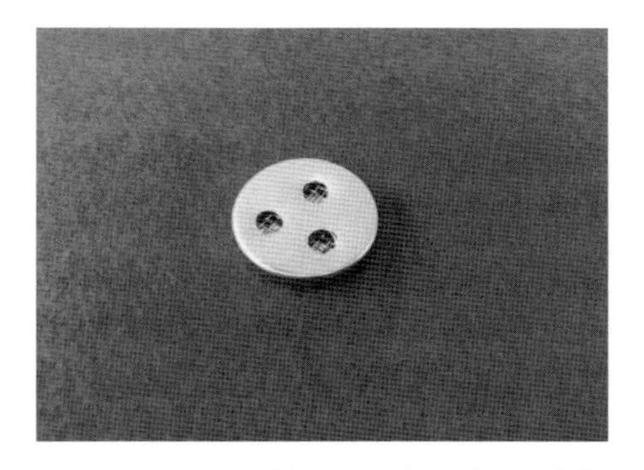

図 15　RC2032 型のアルミニウム-空気電池試作品

文　献

1) M. Kar, T. J. Simons, M. Forsythac and D. R. Macfarlane: *Phys. Chem. Chem. Phys.,* **16**, 18658-18674 (2014).
2) R. D. McKerracher, C. Ponce de Leon, R. G. A. Wills, A. A. Shah and F. C. A. Walsh: *ChemPlusChem,* **80**, 323-335 (2015).
3) F. Kitaura, H. Li and H. Zhou: *Energy Environ. Sci.,* **6**, 2302-2311 (2013).
4) R. Mori: *RSC Adv.,* **3**, 11547-11551 (2013).
5) R. Mori: *RSC Adv.,* **4**, 1982-1987 (2014).
6) R. Mori: *RSC Adv.,* **4**, 30346-30351 (2014).
7) R. Mori: *J. Electrochem. Soc.,* **162**, A288-A294 (2015).
8) R. Mori: *J. Appl. Electrochem.,* **45**, 821-829 (2015).
9) R. Mori: *J. Electron, Materials,* **45**, 3375-3382 (2016).
10) R. Mori: *submitted to ECS Transaction.*
11) R. Mori: *RSC Advances,* **7**, 6389-6395 (2017).
12) R. Mori: *Sustainable Energy & Fuels,* **1**, 1082-1089 (2017).

第5節　高温型金属–空気二次電池 SHUTTLE Battery™ の開発

CONNEXX SYSTEMS株式会社　紺野　昭生
CONNEXX SYSTEMS株式会社　中原　康雄
CONNEXX SYSTEMS株式会社　的場　智彦
CONNEXX SYSTEMS株式会社　可知　直芳
CONNEXX SYSTEMS株式会社　塚本　壽

1. はじめに

再生可能エネルギー，特に出力変動が大きい太陽光発電や風力発電の急速な普及に伴い，電力の需給バランスを保ち系統電力を安定化するための大容量で低コストな二次電池の開発が望まれている[1)]。現在，さまざまなタイプの二次電池の研究開発[2)]が進められているが，資源的制約，安全性を含めた総合的な要求性能を満足するものは登場していない。

次世代二次電池の候補のひとつである金属–空気二次電池は，空気を正極活物質として用いているため本質的に安価で高エネルギー密度である。しかし現状では，充放電効率（Round-trip efficiency；RTE）が低くサイクル寿命も短いという課題がある。これらの原因として，充電時の正極反応の過電圧が非常に高いこと，充電時（還元過程）に負極に析出する金属がデンドライト状に成長し可逆利用が困難になることがそれぞれ挙げられている[3)]。

そこで，CONNEXX SYSTEMS㈱などから従来の金属–空気二次電池に比較して充放電効率が高く長寿命な新しいタイプの金属–空気二次電池が提案されている[4)-9)]。この電池の特徴は，作動温度を高温化することにより過電圧を減少させること，電気化学反応を燃料電池によって行い金属の酸化還元反応を気相界面での化学反応とすることによりデンドライト生成を根本的に防止することである。この新しい電池は，リチウムイオン電池の約5倍の体積エネルギー密度が期待できる高エネルギー密度電池である。金属として例えば鉄を用いることで，鉄と空気という安価，豊富で安全な活物質を利用できるため大容量化や低コストが容易になる。CONNEXX SYSTEMS㈱ではこの新しいタイプの金属–空気二次電池を，水素ガスが空気中の酸素を鉄に繰り返し運ぶ（Shuttle）物質として機能していることに着目し，SHUTTLE Battery™と命名した[9)]。

2. SHUTTLE Battery™ とは

2.1 動作原理

SHUTTLE Batteryは固体酸化物形燃料電池（Solid Oxide Fuel Cell；SOFC，以下SOFCとよぶ）を備えた気密容器と，容器内部に配置された反応に関与する金属で構成される。以下ではこの金属に鉄を用いた場合について述べる。SOFCは外部から電気エネルギーを加え水蒸気を電気分解する場合には固体酸化物形電解セル（Solid Oxide Electrolyzer Cell；SOEC）と呼ばれるが，本稿では発電と電解のどちらに用いる場合もSOFCと呼ぶこととする。

図１に(a)放電時と(b)充電時のそれぞれのSHUTTLE Batteryの動作状態を示す。放電時は，水蒸気による鉄の酸化反応で酸化鉄（四三酸化鉄，Fe_3O_4）と水素が生じる。水素は容器中を拡散しSOFC燃料極へ到達，空気極側から電解質中を移動してきた酸化物イオンと反応し水蒸気と電子を生じる。生じた電子は外部負荷をとおり空気極へ輸送され電力を生じる。水蒸気は燃料極から鉄へ拡散し，再度鉄の水蒸気酸化反応に利用される。これら一連の反応を繰り返すことで鉄の反応により水素を，水素の電気化学反応により電気を取り出すことができる。

充電時は，図１(b)に示すように放電時と逆の反応が進行する。酸化鉄は水素によって還元され鉄に戻り，その過程で水蒸気を放出する。放出された水蒸気は燃料極側で電子と反応し水素と酸化物イオンを生じる。水素は再び酸化鉄の還元に利用され，酸化物イオンは電解質を通り空気極へ移動し酸素と電子を生じる。

$$\frac{1}{2}O_2 + 2e^- \leftrightarrow O^{2-} \tag{1}$$

$$H_2 + O^{2-} \leftrightarrow H_2O + 2e^- \tag{2}$$

$$\frac{3}{4}Fe + H_2O \leftrightarrow \frac{1}{4}Fe_3O_4 + H_2 \tag{3}$$

$$\frac{3}{4}Fe + \frac{1}{2}O_2 \leftrightarrow \frac{1}{4}Fe_3O_4 \tag{4}$$

SOFCでは水素–水蒸気と酸素の電気化学反応（式(1)(2)）が，鉄では水素–水蒸気による酸化還

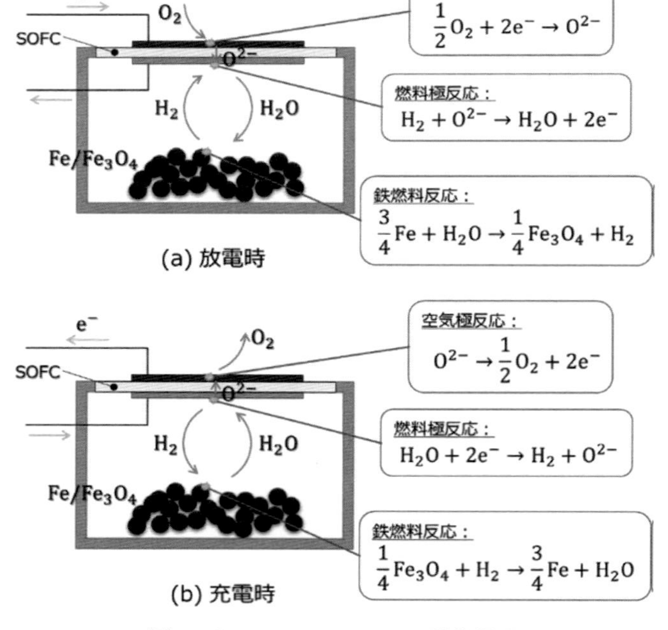

図１　SHUTTLE Batteryの動作原理

元反応（式(3)）が起っており，SHUTTLE Battery 全体では酸素による鉄の酸化還元反応（式(4)）が起っていることになる。このことから SHUTTLE Battery は広義の金属−空気二次電池ととらえることができる。従来の金属−空気二次電池との根本的な違いは「鉄（金属）電極」は存在せず，電気化学反応は水素と酸素が反応する SOFC でのみ起ることにある。「燃料」として使われるのは水素であるが，間接的に鉄も水素を通じ燃料のような役割を果していることから，以下では鉄/酸化鉄を「鉄燃料」と呼ぶこととする。

SHUTTLE Battery の動作温度域は，SOFC の電解質において高い酸化物イオン伝導性が発現するなどの理由から 600～800℃である。放電時は SOFC の電気化学反応による発熱と鉄の酸化反応による発熱，電流を取り出す際のオーム発熱が存在し，十分に断熱することで熱自立が可能となる。取り出す電流が大きいほどこれらの発熱は飛躍的に増大するため，放電時はむしろ空気による除熱が必要になると考えられる。一方，充電時はオーム発熱があるものの SOFC の電気化学反応と酸化鉄の還元反応が吸熱反応となるため，動作温度に保持して連続的に動作させるには外部から熱を供給しなければならない。充電時も，放電時の余分な熱を蓄熱し充電時に用いることで連続的に動作することが可能である。SHUTTLE Battery では，充放電時のこれら熱のやり取りが電池のエネルギー効率と密接な関係にある。これについては本稿［2.3節］で詳しく述べる。

SHUTTLE Battery とリチウムイオン電池およびリチウム−空気電池（有機電解液型）の理論エネルギー密度の比較を**表１**に示す。なお，これらの数値は反応活物質のみを考慮し，電解質やセパレータ，容器によるエネルギー密度の低下を無視した理論限界値であることに注意されたい。SHUTTLE Battery の理論エネルギー密度は重量基準ではリチウムイオン電池の約 2.4 倍であり，体積基準では約 4.7 倍に達する。リチウム−空気電池はすぐれた理論エネルギー密度を有するが，「**1．はじめに**」で述べたような課題により実用電池の実現が現状非常に困難である。

表１　各二次電池の理論エネルギー密度

	セル電圧（V）	重量エネルギー密度（Wh/kg）	体積エネルギー密度（Wh/L）
リチウムイオン電池[3]	3.8	387	1,015
リチウム−空気電池[3]	3.0	3,505	3,436
SHUTTLE Battery	1	926	4,790

2.2　システム構成

SHUTTLE Battery には大きく分けて一体型とフロー型の２種類の構成が考えられる。**図２**は SHUTTLE Battery の構成概念図である。一体型（図２(a)）は SOFC と鉄燃料を一体化する構成であり，燃料極側に鉄燃料を封じ込め，空気極側に空気を流す。フロー型（図２(b)）は SOFC 部と鉄燃料部を独立させ，SOFC 燃料極と鉄燃料部の間の水素/水蒸気ガスを循環させることで SHUTTLE Battery として動作させる。

一体型はシステム構成が簡易になるためコンパクト化が可能であり，システム全体のエネルギー密度を大きくすることができる。SOFC と鉄燃料の間の熱のやり取りも内部で直接行われる

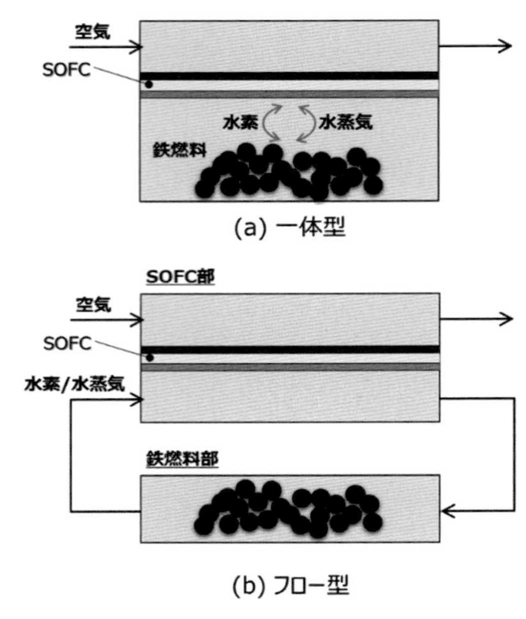

図２　一体型とフロー型

表２　SHUTTLE Battery 一体型とフロー型のメリット・デメリット

	メリット	デメリット
一体型	・エネルギー効率が高い ・システム構成が簡易でコンパクト	・熱管理が困難 ・ガス拡散による律速の可能性あり
フロー型	・SOFC スタックが利用可能 ・SOFC と鉄の反応温度を変えることが可能 ・反応性が高い ・鉄の交換が容易	・システム構成が複雑 ・循環ポンプが必要 ・エネルギー効率の低下

ため，熱損失によるエネルギー効率の低下が起りにくい。一方で，一体化しているため SOFC と鉄の温度管理を別々にすることは困難で，内部の熱管理は SOFC 以上に複雑になる。SOFC への水素/水蒸気供給，鉄燃料への水素/水蒸気供給は基本的にガス拡散に頼るため，拡散律速により全体の反応が制限される可能性もある。

フロー型は，現状の SOFC スタックが利用可能で，SOFC と鉄燃料の反応温度を別々に管理できるといったメリットがある。一方で，循環ポンプや再加熱ヒータなど循環機構によってシステム全体が複雑になり，各部位でのエネルギー損失によってシステム全体のエネルギー効率も低下してしまう。システムの複雑化は SHUTTLE Battery の長所である高エネルギー密度のメリットが失われてしまう上に，コストの増加にもつながる。

一体型はフロー型に比べエネルギー効率やエネルギー密度，コストという蓄電池にとって本質的に重要な点でメリットを有するため，CONNEXX SYSTEMS ㈱では一体型 SHUTTLE Battery を採用し開発を進めている（**表２**）。

2.3　エネルギー効率

SHUTTLE Battery のエネルギー効率を評価するため，蓄電池のエネルギー効率の評価に一般的に用いられる充放電効率を用いて考察する。通常の蓄電池では放電電力量を充電電力量で割った商が充放電効率（式(4)）として定義されるが，SHUTTLE Battery の場合には式(5)のように充放電時の熱のやり取りも考慮しなければならない。

$$\eta_b = \frac{W_d}{W_c} \tag{4}$$

$$\eta_{sb} = \frac{W_d}{W_c + Q_c + Q_{ph}} \tag{5}$$

ここで，W_c と W_d はそれぞれ充電と放電の電力量，Q_c は充電時に必要な加熱量，Q_{ph} は空気の予熱量を表わしている。

SHUTTLE Battery では放電時の熱をいかに有効活用し，充電時の加熱量を減らすかによって充放電効率は大きく変化する。そこでいくつかの仮定のもと SHUTTLE Battery の理論充放電効率を見積もり評価する。充放電の電力量は充放電の過電圧によって変化するが，ここでは充電時と放電時の過電圧をともに 0.05 V として計算を行う。また，充電時と放電時の作動温度は同一であると仮定し，以下の３種類の条件における充放電効率を計算した。

①　充電時の加熱量 Q_c を SOFC の電気化学反応と酸化鉄の還元反応に必要な熱量，空気の予熱量 Q_{ph} を必要空気量の２倍を動作温度まで加熱する場合の顕熱として充放電効率（充電時＋空気加熱）を計算

②　空気の予熱は理想的に空気の排気と給気を熱交換したとして $Q_{ph}=0$ とし，充電時の加熱量 Q_c のみを考慮して充放電効率（充電時加熱）を計算

③　空気の排気と給気を理想的に熱交換し，放電時の余分な熱量を蓄熱し充電時の加熱に用いた場合の充放電効率（理論充放電効率）を計算

図３は上述の仮定に基づき計算した SHUTTLE Battery の充放電効率の作動温度依存性を表わしている。充電時と空気予熱に必要な熱量を別途投入した場合，充放電効率は約 34～40％にとどまるが，空気の熱交換を行うと充放電効率は向上し約 64～71％となる。さらに放電時の余分な熱を蓄熱し，充電時に利用することで充放電効率は上昇し 90％以上の効率を実現することも可能となる。

3.　ボタン型 SOFC を用いた SHUTTLE Battery の充放電サイクル試験

3.1　ボタン型 SOFC-SHUTTLE Battery 試験装置

ボタン型 SOFC（φ 20 mm）を用いて SHUTTLE Battery を構築し充放電サイクル試験を実施した。試験装置の概念図を**図４**に，実際の試験装置外観を**図５**に示す。水素ガスの供給バル

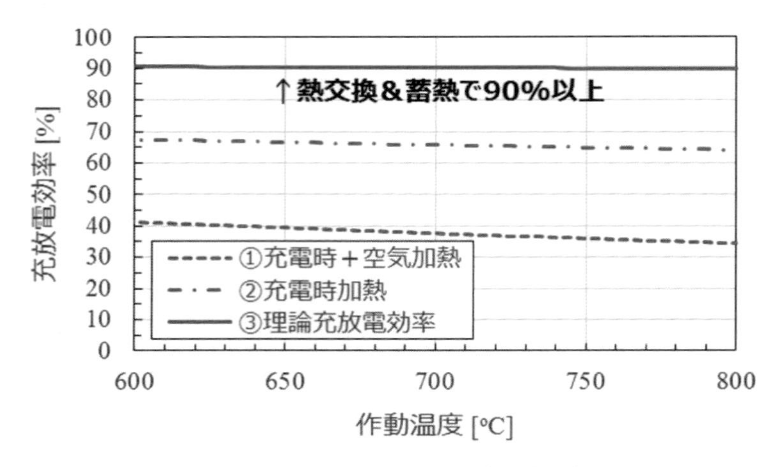

図 3　SHUTTLE Battery の充放電効率

ブと排気バルブは，起動初期の SOFC 燃料極と酸化鉄の還元時のみ開栓し，以降の充放電試験中は閉栓した。試験中のテストセクションは管状炉によって設定温度 700℃に保持した。ボタン型 SOFC はガラスシールを用いて SUS430 製の燃料保持管上部に接着封止した。

鉄燃料はサイクル性能向上のため耐熱被覆処理[10]を行い，電池容量が約 300 mAh になるように計量したうえで燃料保持管内に配置した。実際の鉄燃料の質量は鉄換算で 0.24 g，電池容量は 303 mAh である。SOFC の集電は 4 端子法を用い，燃料極は Ag 線，空気極は Ag メッシュをそれぞれ Ag ペーストで接着させて行った。充放電時の電流密度は通常サイクル時には 81 mA/cm^2 とし，初回および約 20 サイクル毎の容量確認放電時のみ 41 mA/cm^2 とした。

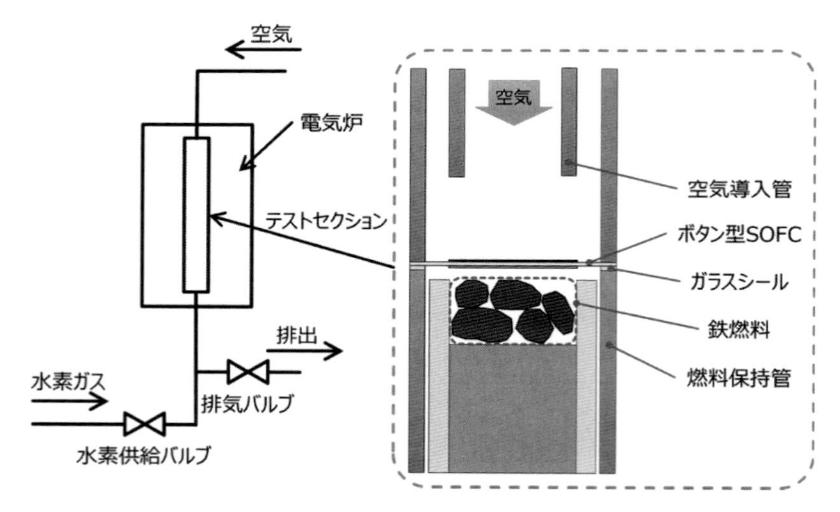

図 4　ボタン型 SOFC–SHUTTLE Battery 装置概念図

図５　ボタン型 SOFC-SHUTTLE Battery 試験装置外観

3.2　試験結果

充放電試験の結果より初期の放電容量は 284 mAh となり，投入した鉄燃料から計算される理論容量 303 mAh の 94％であった。これにより投入した大部分の鉄燃料が放電に寄与していることが確認できた。

図６は平均 50％程度の鉄燃料の利用率（放電容量と理論容量の比で定義する）でサイクルを行ったときの，約 20 サイクルごとの容量確認放電時の容量維持率を表わしている。容量維持率は初期の放電容量との比で定義している。CONNEXX SYSTEMS㈱では鉄燃料の焼結による反応比表面積低下を抑制するために鉄燃料に耐熱被覆を施す技術を開発した[10]。図６には耐熱被覆なしの鉄燃料を用いた場合の試験結果も同時に示している。耐熱被覆がない場合の容量維持率はサイクル初期から急激に減少し，100 サイクル付近では 40％を下回る。一方，鉄燃料に耐熱被覆がある場合の容量維持率は約 160 サイクルまで約 99％を維持し，その後徐々に低下し最終的には約 400 サイクルで 64％となった。160 サイクルまではほぼ容量低下が見られず非常に良いサイクル性能を示している。その後容量が低下しているのは，鉄燃料の焼結による反応性の低下に起因していると推測される。今後，さらなる耐熱被覆技術の最適化が必要と思われる。

図７に充放電開始前の開回路電圧（Open Circuit Voltage；OCV，以下 OCV）を示す。図から OCV は１V 付近の値を示し続けており，内部の気密が保たれていることがわかる。SOFC の OCV は燃料極/電解質界面での水素，水蒸気濃度によって決まるため，もしも水素漏れや空気混

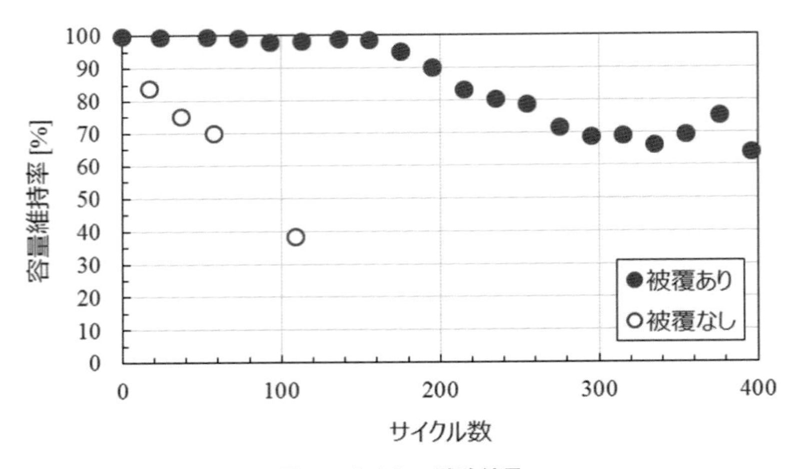

図６　サイクル試験結果

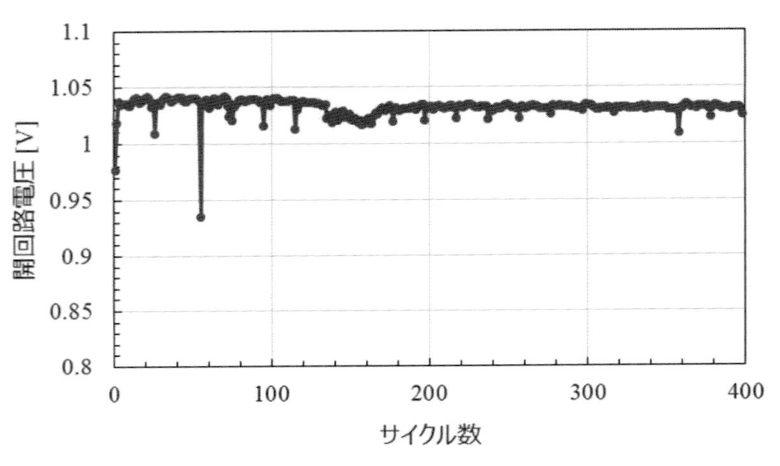

図７　OCV の推移

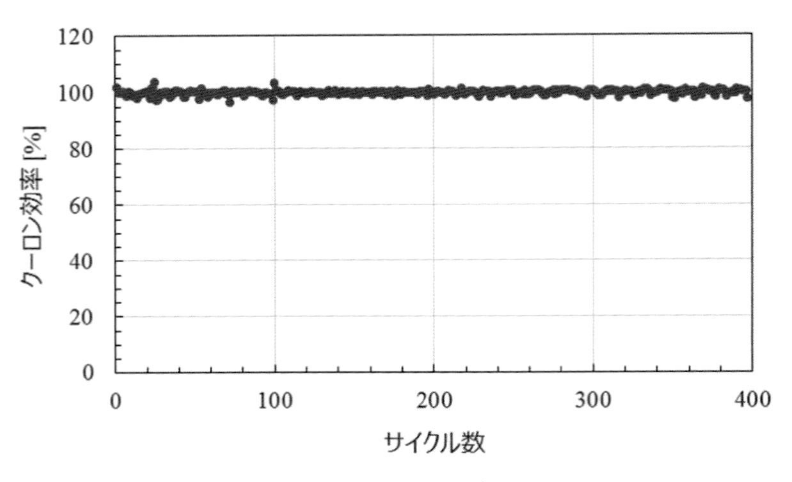

図８　クーロン効率

入があると水素濃度の低下，水蒸気濃度の上昇が起り，OCV の低下を招くと考えられる。

図８にサイクルごとのクーロン効率をしめす。ここでクーロン効率はあるサイクルの放電容量と次のサイクルの充電容量の比で定義する。クーロン効率は試験期間中ほぼ100％付近の値を示しており，放電により酸化鉄に変化した鉄燃料は充電時に鉄に戻っていることがわかる。すなわち SHUTTLE Battery のすぐれた可逆性が示されている。

4. SHUTTLE Battery を用いた大型蓄電設備

CONNEXX SYSTEMS ㈱では，SHUTTLE Battery の長寿命化と大型化の開発を行っている。現在は 50 kWh モジュール（**図９**）の開発を進めている。モジュール開発後，モジュールを積層した大型システムを構成し，再生可能エネルギー発電の蓄電用の MW 級大型 SHUTTLE Battery 蓄電システム（**図 10**）を実現する予定である。

5. SHUTTLE Battery と「水素社会」

2014 年４月に策定された国の「エネルギー基本計画」[11] では，安定供給と地球温暖化対策に貢

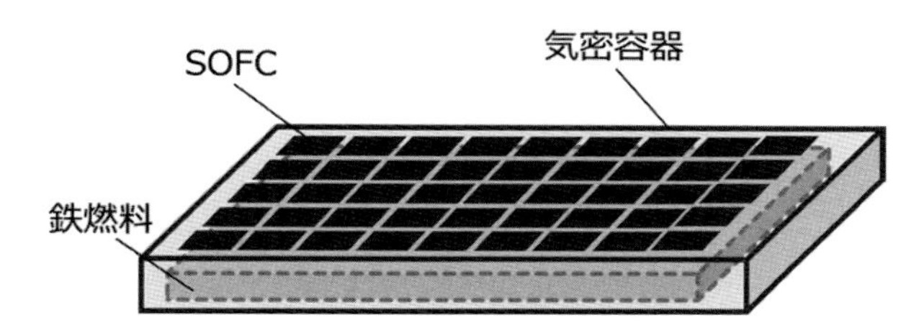

図９　50 kWh SHUTTLE Battery モジュール

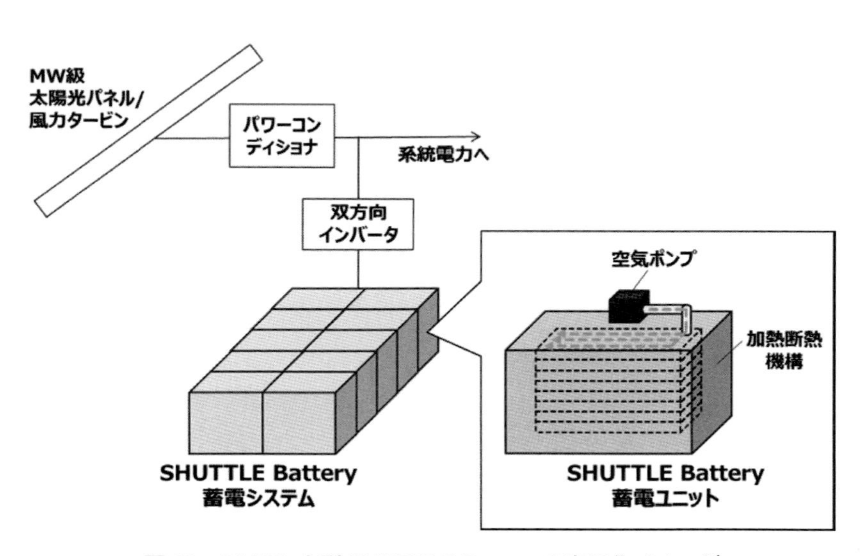

図 10　5 MWh 大型 SHUTTLE Battery の実用化イメージ

献する二次エネルギー構造への変革のひとつとして，水素を日常生活や産業活動で利活用する「水素社会」の実現にむけた取り組みの加速が挙げられ，「水素・燃料電池戦略ロードマップ」[12]が同年に策定された。

2016年３月に改定された「水素・燃料電池戦略ロードマップ」では水素ステーション数を2020年度までに160ヵ所程度にするとしているが[13]，現在，国内の水素ステーションの数は約90ヵ所にとどまる[14]。1ヵ所あたりの整備費用が４億～6億円と一般的なガソリンスタンドの整備費（1億円以下）と比べて高コスト[14]であることに加え，燃料電池車の国内累計販売台数も約1800台であり[15]，費用対効果の面でも課題がある。また，水素のコストは水素ステーションの稼働率に大きく依存することから，都市部以外では水素ステーションの整備が進まない可能性がある。

水素パイプラインのないサイトに水素を直接利用する燃料電池を設置するためには，サイトに併設された水素貯蔵施設へ何らかの手段で水素を運搬する必要がある。現在は，水素を高圧ガス（一般的な20 MPaで常圧のガスの約200分の１の体積に圧縮可能）や液化水素（常圧のガスの約800分の１の体積に圧縮可能）の形で運搬・貯蔵する方法が一般的であるが，高圧ガス保安法等の法規への対応が必要となる。有機ハイドライド（水素をトルエンと反応させメチルシクロヘキサン（MCH）に転換，常圧のガスの約500分の１の体積）として運搬・貯蔵することも検討されているが，実用化にあたっては脱水素装置の小型化・高効率化や，各種規制についての対応が必要となる。

SHUTTLE Batteryでは，鉄燃料をエネルギーキャリアとして用いている。鉄燃料は，同一体積あたり液化水素の約1.5倍の水素を運搬・貯蔵することが可能である。また，鉄燃料は小粒径でなければ防法上の危険物に該当しない。

SHUTTLE BatteryをSOFCと併設する，あるいは単独で導入することで，災害時などの非常用電源としての機能に加え，太陽光発電や風力発電等の余剰電力の蓄電，出力安定化・負荷平準化の機能をオンサイト発電システムに持たせることができる。また，SHUTTLE Batteryは，鉄燃料を補充することで外部電力による充電なしで発電を続けることもできる（メカニカルチャージ）。再生可能エネルギーを用いて水を電気分解することによる水素製造（Power to Gas）とSOFCの組み合わせでも同様の機能を実現することができるが，製造した水素を貯蔵する設備を併設する必要がある。

燃料電池自動車ではPEFCが主流であるが，一部ではSOFCも検討されている[16]。SOFCの代わりにSHUTTLE Batteryを搭載することで，水素スタンドがないところでも充電によって使用可能な燃料電池車を実現できる。SHUTTLE Batteryを用いた燃料電池自動車では，外部電源による充電以外にメカニカルチャージによる短時間充電が可能となる。このようにSHUTTLE Batteryは従来型SOFCの発展型ととらえることもできる。

以上のようにSHUTTLE Batteryを用いることにより安全で低コストな水素社会を実現できると考える。

6. 結　言

ボタン型 SOFC を用いた SHUTTLE Battery の試験により，従来の金属–空気電池よりすぐれたサイクル寿命が確認された。SHUTTLE Battery は，低コスト・安全・コンパクトな蓄電システムを可能とすることから，再生可能エネルギーのさらなる普及と電力を地産地消する分散型電源への移行を支える技術として普及していくことが期待される。

〈謝辞〉

本開発の一部は国立研究開発法人科学技術振興機構（JST）の研究成果最適展開支援プログラム（A–STEP）の支援によって行われた。

文　献

1）経済産業省 省エネルギー・新エネルギー部：再生可能エネルギーの大量導入時代における政策課題について（2017）．〈http://www.meti.go.jp/committee/kenkyukai/energy_environment/saisei_dounyu/pdf/001_03_00.pdf〉，（参照日 2017/08/29）．
2）独立行政法人 新エネルギー・産業技術総合開発機構（NEDO）：NEDO 二次電池技術開発ロードマップ 2013（Battery RM2013）（2013）．
3）P. G. Bruce, S. A. Freunberger, L. J. Hardwick and J.-M. Tarascon: *nature materials*, **11**, 19,（2012）．
4）A. O. Isenberg and R. J. Ruka: Electrochemical energy conversion and storage system（米国特許 US5492777（A））（1996）．
5）N. Xu, X. Li, X. Zhao, J. B. Goodenough and K. Huang: *Energy Environ. Sci.*, **4**, 4942（2011）．
6）H. Ohmori, S. Uratani and H. Iwai: *Journal of Power Sources*: **208**, 383（2012）．
7）A. Inoishi, S. Ida, S. Uratani, T. Okano and T. Ishihara: *Phys. Chem. Chem. Phys.*, **14**, 12818（2012）．
8）W. Drenckhahn, H. Greiner, M. Kühne, H. Landes, A. Leonide, K. Litzinger, C. Lu, C. Schuh, J. Shull and T. Soller: *ECS Transactions*, **50**（45），125（2013）．
9）R. Tamaki, T. Matoba, N. Kachi and H. Tsukamoto: *Evolutionary and Institutional Economics Review*, **14**（1），207（2017）．
10）可知直芳：燃料電池および燃料電池システム（特許第 5210450）（2013）．
11）経済産業省・資源エネルギー庁：エネルギー基本計画（2014）．
12）経済産業省・資源エネルギー庁：水素・燃料電池戦略ロードマップ（2014）．
13）経済産業省・資源エネルギー庁：水素・燃料電池ロードマップ［改訂版］（2016）．
14）経済産業省・資源エネルギー庁：燃料電池推進室：水素社会の実現に向けた取組について，燃料電池自動車等の普及促進に係る自治体連携会議（第１回）配布資料（2015）．〈http://www.meti.go.jp/committee/kenkyukai/energy/nenryodenchi_fukyu/pdf/001_04_01.pdf〉，（参照日 2017/08/29）．
15）一般社団法人水素供給利用技術協会：燃料電池自動車及び水素スタンドを取り巻く状況について，水素スタンドの多様化に対応した給油取扱所等に係る安全対策のあり方に関する検討会（第１回）配布資料（2017）．〈http://www.fdma.go.jp/neuter/about/shingi_kento/h29/suiso_anzen/01/shiryo1-2-1.pdf〉，（参照日 2017/08/29）．
16）日産自動車株式会社：日産自動車，バイオエタノールから発電した電気で走行する新しい燃料電池システム「e-Bio Fuel-Cell」の技術を発表（プレスリリース）（2016）．〈https://newsroom.nissan-global.com/releases/160614-01-j〉，（参照日 2017/08/29）．

第6節　亜鉛-空気二次電池の開発

京都大学　宮崎　晃平　　京都大学　宮原　雄人
京都大学　福塚　友和　　京都大学　安部　武志

1．亜鉛金属負極

金属-空気電池は負極反応に金属の溶解析出反応を，正極反応に酸素の還元と発生の反応を用いる電池系である。負極金属には鉄，マグネシウム，アルミニウム，リチウムなどさまざまな金属が検討されている。その中でも特に亜鉛金属は毒性がほとんどなく，水溶液を電解質として用いるために爆発の恐れがなく，また豊富な資源であり，環境負荷が比較的小さい電池を構築できる。加えて，アルカリ溶液中（pH＝14）で酸化還元電位が低い（－1.266 V vs. SHE）ものの，水素過電圧が高く，水溶液中で水素発生をともなわない析出（充電）が可能であるという特徴を有する。

アルカリ水溶液中での亜鉛負極の反応式を次式に示す。

$$Zn + 4OH^- \leftrightarrow [Zn(OH)_4]^{2-} + 2e^- \quad (1)$$

$$[Zn(OH)_4]^{2-} \leftrightarrow ZnO + H_2O + 2OH^- \quad (2)$$

放電反応を考えると，まず，亜鉛金属は酸化され，アルカリ水溶液中ではテトラヒドロキソ亜鉛（II）酸イオン（zincate ion）$[Zn(OH)_4]^{2-}$として存在していると考えられている（式(1)）。しかし，$[Zn(OH)_4]^{2-}$の溶解度が低く，酸化亜鉛が析出する後続反応が起こることが知られている（式(2)）。酸化亜鉛は絶縁性の化合物であり，実際の電気化学反応は電解液中に溶解している亜鉛イオンを介して進行する。そのため，亜鉛金属の不均一な析出や，樹枝状析出（いわゆるデンドライト析出）などの問題が引き起こされる。

デンドライトの析出は，拡散律速条件下で形成されることが知られている。電極表面に，凸凹がある場合，突起部の先端では球状拡散層が生じ，突起の先端に電流集中が起こる。これにより突起部が急激に成長し，また拡散層の変化がこれに追いつかない場合は，突起の先端での濃度勾配がフラットな部分に比べて急峻になる。この効果によって物質の拡散がさらに突起の先端に集中し，突起の先端における成長が一層速くなる。このようなメカニズムにより，フラットな部分に比べて格段に速い結晶成長が起き，尖った部位がデンドライト析出として成長する。

本稿ではデンドライト析出を抑制し亜鉛負極の充放電効率を向上させるために，アニオン伝導性材料で被覆する手法を概説する。そのなかでもアニオン伝導性イオノマーである四級アンモニウムカチオンを有する炭化水素系ポリマー，無機イオン伝導性材料である層状複水酸化物を取り上げる。これらアニオン伝導性材料で酸化亜鉛を被覆した電極を作製し，電気化学的な充放電挙動を調べるとともに，形態変化に対する効果の評価を行った[1)-3)]。

●　被覆酸化亜鉛電極の電気化学特性変化と電極表面構造変化

アニオン伝導性イオノマー（トクヤマ製 AS-4）で被覆した酸化亜鉛電極の結果を紹介する。作製した電極を用いて測定した定電流充放電測定の結果を**図1**に示す[1]。充放電は1時間で充放電が完了する電流値（658 mA g^{-1}）で行った。イオノマーを添加しなかった酸化亜鉛電極を作用極として用いた場合（図1(a)），1サイクル目から10サイクル目までの容量を見ると徐々に増加していることがわかる。これは電極の電解質に対する濡れ性が向上したことによると考えられる。しかし，さらにサイクルを重ねるとデンドライトは成長がより顕著になり，亜鉛電極の集電体からの滑落などにより30サイクル目以降は放電容量が減少したと考えられる。続いて，イオノマー被覆した酸化亜鉛電極を作用極として用いた場合（図1(b)）の初回および30サイクル目

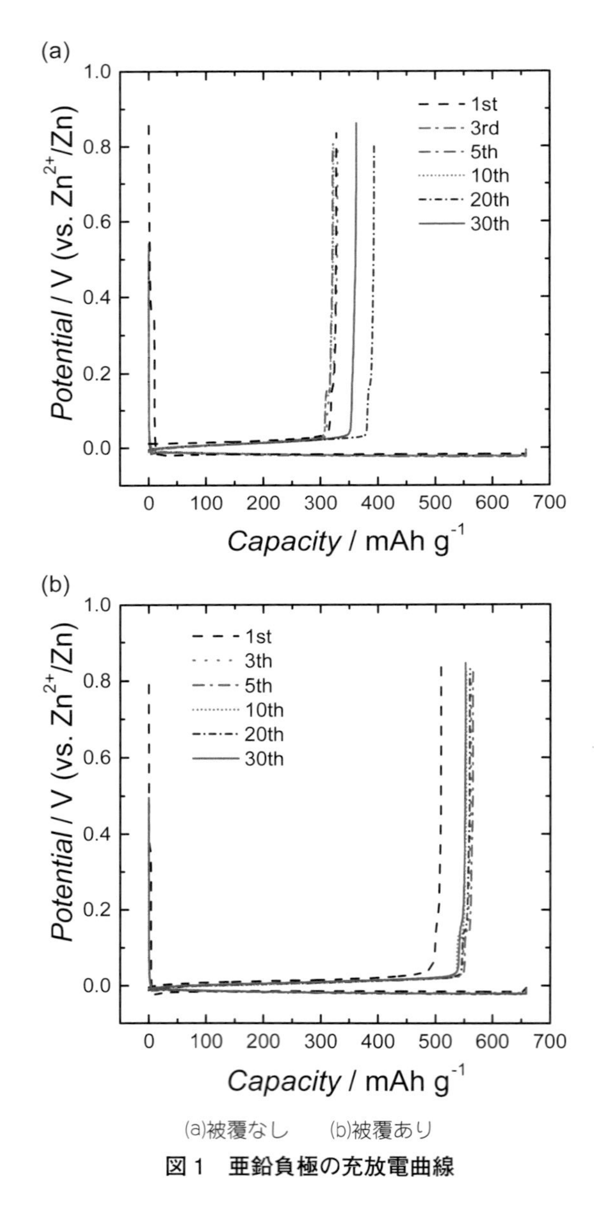

(a)被覆なし　　(b)被覆あり

図1　亜鉛負極の充放電曲線

の放電容量を比較すると，イオノマーを被覆した酸化亜鉛電極を用いた場合の充放電効率がより高くなることがわかった。

サイクルに伴う電極の形態変化を調べるため，定電流充放電測定後の電極表面を走査電子顕微鏡（SEM）により観察を行った。イオノマー被覆を行っていない酸化亜鉛電極の結果を**図２**(a)に示すが，10サイクル後というサイクル初期の段階であっても，針状の亜鉛金属の析出が認められた。不均一な析出から凸凹の程度が激しくなり，さらにその上に亜鉛金属が析出することを繰り返したために，針状の析出が形成されたと考えられる。また，図２(b)にイオノマー被覆電極の10サイクル目の充電後の電極表面を観察した結果を示す。電極表面を比較すると，析出物の形態変化が少なく，サイクルを重ねても均一な析出を維持することを確認した。これは，イオノマーの被覆によって電解質からの亜鉛イオンの析出を抑制することで拡散律速の状況が起こりにくくなったためであると考えられる。これにより，電極の酸化亜鉛の反応が優先的に行うことから均一な析出が見られると考えられる。

(a)

(b)

(a)被覆なし　(b)被覆あり

図２　10サイクル充放電後の電極表面形態（充電後）

続いて，イオノマーの代わりに無機イオン伝導体である層状複水酸化物（Layered double hydroxide, LDH）で被覆することを検討した。高分子材料であるイオノマーは，高い濃度のアルカリ水溶液では長期間の安定性が保持できないことから，より安定性の高い無機イオン伝導体が被覆材料として好ましい。まず，Mg および Al を構成カチオンに含む LDH（Mg-Al LDH）を水熱合成法を用いて合成した後，分散媒に分散させた溶液を作製し，酸化亜鉛電極の表面に塗布した[2]。Mg-Al LDH の X 線回折測定結果と透過電子顕微鏡像から，単相の六角形板状の析出物が得られ，既報のとおり LDH の合成が確認された。次に，LDH 被覆の有無による酸化亜鉛電極の充放電挙動の変化を**図 3** に示す。LDH を未被覆の場合は，先述のイオノマーの場合と

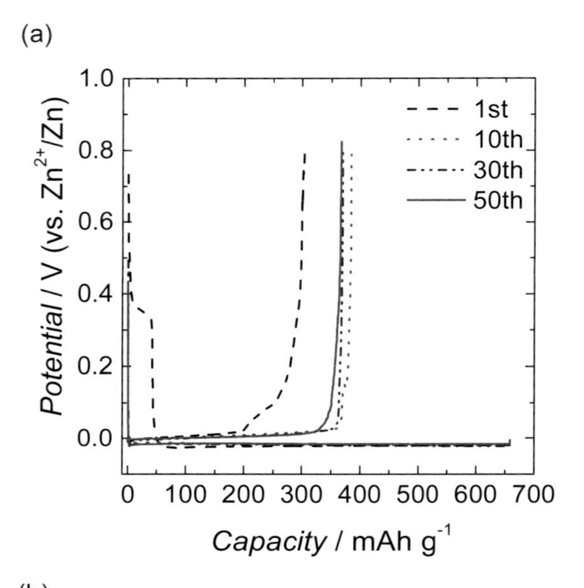

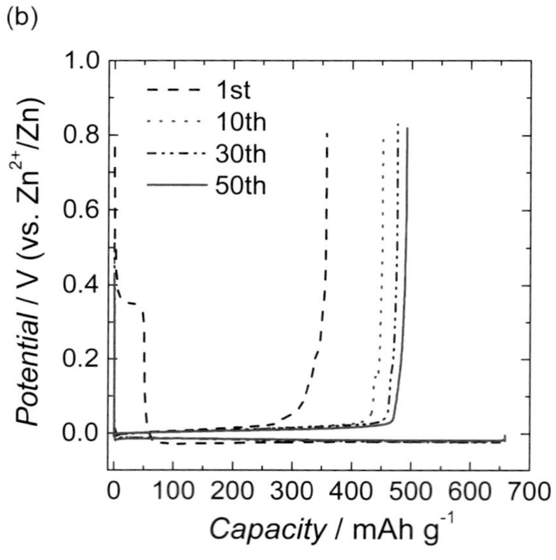

(a)被覆なし　　(b)LDH 被覆あり

図 3　亜鉛負極の充放電曲線

同様に，サイクルを重ねるにつれて放電容量が減少したのに対して，LDHで被覆することによって放電容量の減少を抑えることができた。また，サイクル前後における電極のXRDを比較すると，LDHの回折線はほとんど変化を示さなかったことから，LDHはサイクルによって分解などの変化を受けることなく電極表面に存在することがわかった。LDHは剛直な無機材料であるので，柔軟なイオノマーと比べて，電極表面を完全に被覆することは難しいと考えられる。しかし，LDHの表面被覆においてもデンドライト抑制効果が認められることから，LDHがより効果的なイオンの選択透過を実現していることが示唆された。

以上のことから，アニオン伝導性材料（イオノマーおよびLDH）で被覆することにより酸化亜鉛電極はデンドライト析出を抑制することが確認され，金属-空気二次電池の性能向上につながることを見出した。

2．空気極

亜鉛-空気二次電池の正極と負極の過電圧を比較すると，亜鉛金属負極の充放電に伴う過電圧は数十mVであり，一方で空気極では数百mVもの過電圧が必要である。正極の充・放電電位が標準水素電極基準でそれぞれ0.7 Vと0.3 Vとし，亜鉛負極が過電圧なく－1.25 Vで充放電が進行すると仮定すると，セル全体のエネルギー利用効率は80％程度にとどまる。揚水発電のように夜間電力などの余剰電力を蓄電し，昼間のピークシフトのために利用することを想定するとエネルギー利用効率に対する要求はそれほど高くはないが，再生可能エネルギーを蓄電することへの利用を考えた場合は，可能な限りエネルギー利用効率を高める必要がある。そのため，空気極の充電および放電に伴う過電圧の低減は重要な課題である。空気極の過電圧は大きく分けて二種類に分類される。ひとつは反応過電圧であり，所望の電流（反応速度）で酸素還元および酸素発生反応が進行するのに必要な過電圧である。反応過電圧は主に使用される触媒によって決められる。固体高分子形燃料電池の正極で主に使用される白金担持カーボン触媒は高い酸素還元触媒活性を有するが，充電時の高い電極電位に曝されることにより白金が酸化白金に変化し，酸素発生活性が乏しいという問題がある。そのため，一般に酸化耐性の高い白金合金触媒か酸化物触媒が使用される。酸素還元および酸素発生の両方に対して活性な酸化物触媒として，パイロクロアやペロブスカイト，スピネルなどが知られているが，ペロブスカイト酸化物の触媒活性に関する報告が種類も豊富であり数も多い。これはペロブスカイト酸化物ABO_3の電子伝導性や電子構造などの物性がA，Bサイトの金属カチオンの種類と割合によって変化し，比較的容易に置換が可能であるためだと考えられる。本節では，そのようなペロブスカイト酸化物を中心に，酸素還元および酸素発生電極反応の反応メカニズムの解明および活性向上のための設計指針を見出すことを目指して検討を行った結果を概説する[4)-6)]。

2.1　モデル電極を用いた酸素電極反応解析

アルカリ雰囲気でのORRは複数の反応経路が存在することが知られている。酸素から4電子還元によって水酸化物イオン（OH^-）が生成する反応（4電子反応）と，酸素の2電子還元によって過酸化水素イオン（HO_2^-）が生成する反応（2電子反応）の二種類に大別される。過酸化水素イオンは電極被毒種や腐食の原因となることから，後続反応として電気化学的に還元されるか，もしくは化学的な不均化反応によって酸素と水酸化物イオンに分解される必要がある。種々のペロブスカイト酸化物に関して，これらの反応の速度定数（k_1，k_2，k_3，k_4）が調べられている。しかし，報告者によって異なる種類の導電助剤カーボンを用いたり，混合割合が異なっていたりするため，統一的な速度定数の評価が行われていないのが現状である。また，回転（リング）ディスク電極などを用いても，カーボンと酸化物触媒の上で起こる反応過程を分けて解析するのは容易ではない。そこで，我々はペロブスカイト酸化物の薄膜電極をパルスレーザー堆積（PLD）法を用いて作製し，酸化物単体の触媒活性評価を行った。薄膜電極を回転ディスク電極として用い，**図4**に示すようにORR電流の回転数依存性を測定した。同図中に白金ディスク電極の場合を例示したが，一般的には回転数を増加させるにつれて，電極に到達する溶存酸素量が増加するので限界電流の絶対値が大きくなる。しかし，ペロブスカイト酸化物薄膜電極はほとんど電流値の回転数依存性を示さず，また電流値の絶対値が小さいことがわかった。また別の実験から，薄膜電極は十分な電子伝導性を有し，電気抵抗がORRの阻害要因ではないことを確認している。そのため，ここで検討したペロブスカイト酸化物は電気化学的な電極触媒ではなく，カーボンの上で生成した過酸化水素イオンを接触分解するための触媒として主に機能することがわかった。一方でOERに対しては，ペロブスカイト酸化物は触媒活性を有することも明らかにした。以上のように，酸化物薄膜電極を用いて空気極触媒を構成する酸化物とカーボンの機能を分離して評価することが可能となった。今後，さらに評価対象を広げて電極触媒活性を決定する因子に関して，より統一的な理解が必要であると考えている。

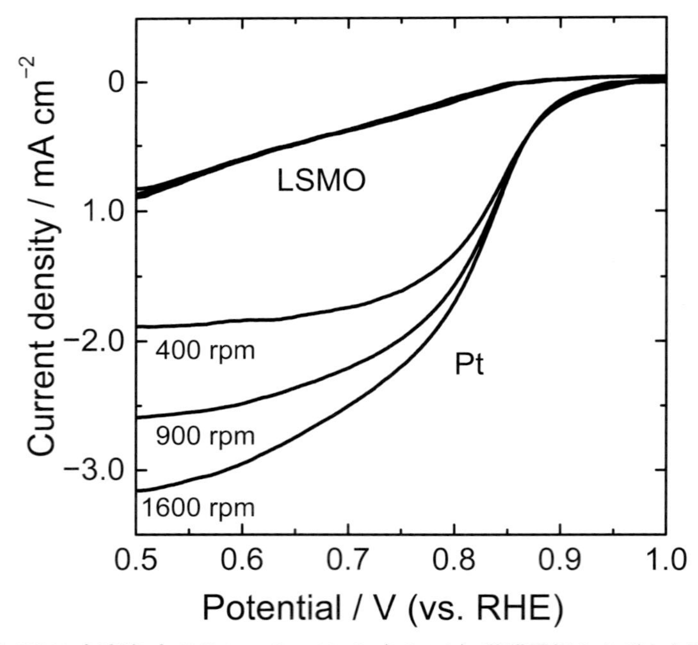

図4　酸素飽和KOH水溶液中での$La_{0.8}Sr_{0.2}MnO_3$（LSMO）薄膜電極および白金電極の分極曲線

2.2　複合アニオン化合物の触媒活性

空気極触媒活性を飛躍的に向上させるために，従来までの酸化物イオンに縛られることなく，酸化物以外のさまざまなアニオンから構成される複合アニオン化合物の触媒活性を探索することが必要であると考えられる。ここでは，酸化物イオンと塩化物イオンからなる複合アニオン化合物に着目し，検討を行った例を紹介する。所定の前駆体を用いて，固相反応法により層状ペロブスカイト酸塩化物である Sr_2CoO_3Cl および $Sr_3Co_2O_5Cl_2$ を合成した。作製した酸塩化物は XRD および高周波誘導結合プラズマ発光分光分析法（ICP–AES）を用いて，キャラクタリゼーションを行った結果，目的とした酸塩化物が単相で得られたことがわかった。続いて，空気極触媒活性を合剤電極により調べた。遷移金属カチオンの価数が活性に大きな影響を与えることから，同じ結晶構造およびコバルト価数（Co（III））を有する $LaSrCoO_4$ と活性の比較を行った結果，いずれの酸塩化物も ORR・OER 活性が大きく向上した。この活性向上は，コバルト価数はそれぞれの触媒で統一されていることから，アニオンの違いに起因しており，すなわち，ペロブスカイト酸化物の塩化物イオン置換が空気極触媒活性の向上に効果的であることが初めて明らかとなった。活性評価の中で特に注目すべき点は，酸塩化物の OER 活性は高活性 OER 触媒である $Ba_{0.5}Sr_{0.5}Co_{0.8}Fe_{0.2}O_{3-\delta}$（BSCF）と同程度であったことである（**図５**）。これは，カチオンの種類および組成の最適化といった従来のアプローチとは異なる，新たな活性向上の手法が見出されたことを意味しており，大きな可能性を秘めた結果であると考えている。

また，同時に明らかになった特徴は，酸塩化物の OER 活性は炭素の有無にほぼ影響されないことから，導電助剤の炭素を含まない場合でも利用可能である点である。このことは，高電位に晒される二元機能性空気極において問題視される炭素酸化劣化を解決できる糸口となりうると考えられる。続いて，塩化物イオン置換の効果を明らかにするため密度汎関数理論に基づく第一原理計算を行った。その結果，酸素 p バンド中心が $LaSrCoO_4$ と比較してフェルミ準位に近く，遷

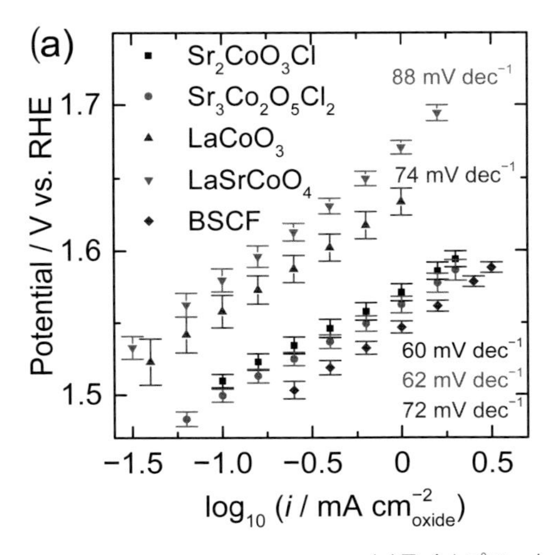

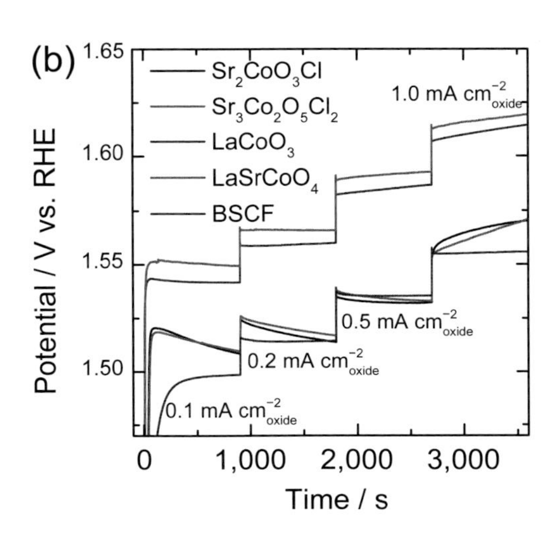

(a)Tafel プロット　　(b) 定電流分極曲線

図５　各種触媒を用いた電極の酸素発生触媒活性の比較

移金属−酸素の軌道の重なりが大きくなり，活性が向上したことが明らかとなった。酸塩化物の電子構造が触媒活性向上にどのように寄与したかは自明ではなく，今後，他の複合アニオン化合物の検討を通じて，明らかにする必要があると考えられる。

３．まとめ

金属−空気二次電池の金属負極の中でも亜鉛金属に着目し，充放電サイクルに伴って形成されるデンドライト析出の問題を解決するために，アニオン伝導性イオノマーを用いて析出形態の制御を試みた。また，空気極の過電圧を低減するために，電極反応解析をモデル電極を用いて行い，新たな触媒として複合アニオン化合物の探索を行った。上述の通り，亜鉛−空気電池の二次電池化が実現できれば，希少元素を用いない材料で高エネルギー密度の蓄電デバイスの構築が可能となる。しかし，亜鉛−空気二次電池は研究開発の途上にあり，エネルギー利用効率の向上と高耐久性の実現のためには，さらなる触媒やイオン伝導体などの電池構成材料の開発が不可欠であると考えている。近年では，デンドライトフリーな亜鉛金属負極の構造[7]や，高活性な空気極触媒[8]に関する研究成果が相次いで報告されている。今後も新たな材料研究や開発によって，亜鉛−空気二次電池の実用化がより一層前進することを期待したい。

文　献

1）K. Miyazaki, Y. Lee, T. Fukutsuka and T. Abe: *Electrochemistry*, **80**, 725-727（2012）.

2）Y-S. Lee, K. Miyazaki, T. Fukutsuka and T. Abe: *Chem. Lett.*, **44**, 1359-1361（2015）.

3）K. Miyazaki, A. Nakata, Y-S. Lee, T. Fukutsuka and T. Abe: *J. Appl. Electrochem.*, **46**, 1067-1073（2016）.

4）Y. Miyahara, K. Miyazaki, T. Fukutsuka and T. Abe: *J. Electrochem. Soc.*, **161**, F694-F697（2014）.

5）Y. Miyahara, K. Miyazaki, T. Fukutsuka and T. Abe: *ChemElectroChem*, **3**, 214-217（2016）.

6）Y. Miyahara, K. Miyazaki, T. Fukutsuka and T. Abe: *Chem. Comm.*, **53**, 2713-2716（2017）.

7）J. F. Parker, C. N. Chervin, I. R. Pala, M. Machler, M. F. Burz, J. W. Long and D. R. Rolison: *Science*, **356**, 415-418（2017）.

8）D. Chen, C. Chen, Z. M. Baiyee, Z. Shao and F. Ciucci: *Chem. Rev.*, **115**, 9869-9921（2015）.

第7節　リチウム空気電池用のカーボンナノチューブ空気極の開発

国立研究開発法人物質・材料研究機構　野村　晃敬
国立研究開発法人物質・材料研究機構　久保　佳実

1. はじめに

再生可能エネルギーの利用促進や自動車の電動化に対する世界的な要請から，蓄電池にはこれまでになく圧倒的な高容量化と低コスト化が求められている。それに対応しうる蓄電池を実現する有望な手段として，リチウム空気電池の開発が注目されている。

リチウム空気電池は，リチウム金属の空気酸化により電気エネルギーを得る，充放電可能な電池のことを指す。負極活物質となるリチウム金属は，すべての金属の中で最も低い比重と酸化還元電位をもつ。また，正極活物質には酸素を利用するが，これは大気から取り込んで利用するため，セルに組み込む必要はない。このためリチウム空気電池は極めて軽くすることができ，理論上はあらゆる蓄電池の中でも最高のエネルギー密度（～3,500 Wh/kg）をもつ。現在，比較的高容量な蓄電池として広く普及しているリチウムイオン電池では，現状のエネルギー密度は200 Wh/kg 程度まで，理論上の限界も 300 Wh/kg 程度までとされる。それと比べると，リチウム空気電池からはリチウムイオン電池をはるかに超える極めて高エネルギー密度な蓄電池を開発しうることがわかる[1)]。

リチウム空気電池のセル構造を**図1**に示す。リチウム空気電池セルは，リチウム金属箔（負極），セパレータ，多孔質カーボン電極（正極）の順に重ねて，電解液を浸み込ませただけの簡易な構造をしており，製造コストを低く抑えることも期待できる。正極には，主に多孔質カーボンが用いられるが，この正極は空気中の酸素を取り込み，負極から溶出したリチウムイオンと電

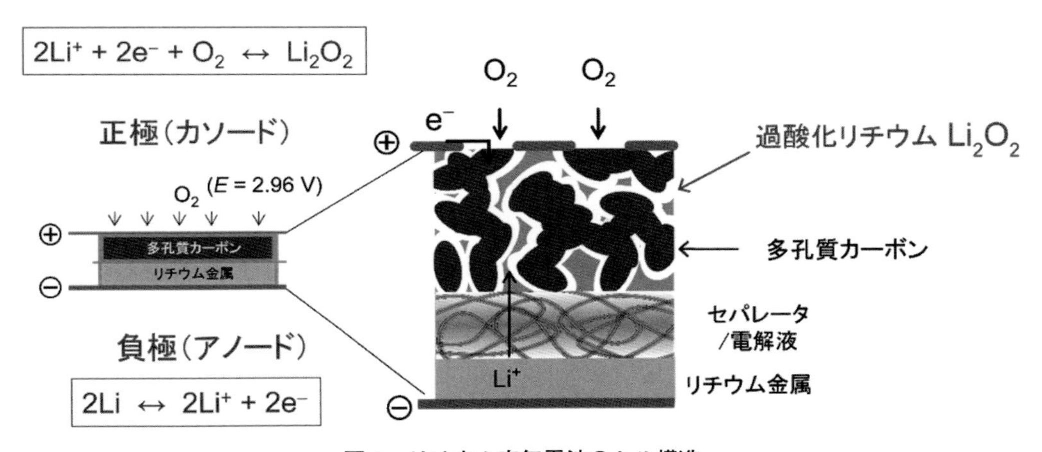

図1　リチウム空気電池のセル構造

気化学反応をする場としてはたらくことから，空気極とも呼ばれる。カーボン空気極，リチウム金属負極ともに，希少元素を使う必要はなく，原材料費としても圧倒的な低コスト化を見込むことができる。

これらのことから，リチウム空気電池はリチウムイオン電池に代わる次世代蓄電池として，その開発が期待される。しかし，それには克服すべき課題も多い。例えば，現状のリチウム空気電池セルには，充電時における比較的高い過電圧や，リチウム金属負極におけるリチウム金属の異常析出（デンドライトの発生）などの問題がある。これらは，充放電中に電解液の分解やエネルギー効率の極端な低下をもたらし，セルを急速に劣化させる。特にセル容量については，その理論エネルギー密度を反映した極めて高い容量が期待されるが，しかし現状のセルから実際に得られる容量は限定的である。リチウム空気電池から蓄電技術のブレークスルーにつながる蓄電池が開発されるには，少なくとも現在のリチウムイオン電池の10倍超の容量をもつセルが実証される必要がある。

筆者らは，カーボン空気極，リチウム金属負極，電解液それぞれの材料から複合的にこれらの課題に取り組み，実用に耐えるリチウム空気電池を創出するべく研究を行っている。その中でもカーボン空気極は，リチウム金属の空気酸化という，リチウム空気電池の本質的な電池反応が進行する場として，セルの電池特性に与える影響は大きい。本稿では，リチウム空気電池の開発におけるカーボン空気極の設計戦略の概要を紹介したのち，適切な材料選択と緻密な設計によりリチウム空気電池から巨大なセル容量の取り出しに成功した事例[2]について紹介する。

2. リチウム空気電池の空気極

リチウム空気電池の空気極では，通常，放電時には負極から溶出したリチウムイオン（Li^+）と大気から取り込んだ酸素（O_2）が電気化学反応し，過酸化リチウム（Li_2O_2）が析出する（$2Li^+ + O_2 + 2e^- \leftrightarrow Li_2O_2$）。充電中は逆に，空気極に析出した$Li_2O_2$が分解され，$O_2$を大気中に放出すると同時に，$Li^+$は負極で還元されてリチウム金属に戻る。リチウム空気電池では，空気極に析出し，空気極で分解されるLi_2O_2の量が，そのセルの容量（放電量および充電量）ということができる。

実用に耐える電池特性（容量，レート，サイクル耐性など）を引き出すのに必要な空気極を設計するため，その材料条件としては，電極として十分な導電性があること，電池反応をスムーズに進めるのに十分な表面積があること，またその表面へLi^+とO_2を十分に拡散させ供給できる空孔があること，などが挙げられる。同時に，電極への作成プロセスが容易であり，経済的な見込みのある原料という条件が加わると，現状ではナノスケールの構造をもつカーボン材料，例えば多孔質カーボン，グラフェン，カーボンナノチューブ（CNT）などに限られてくる。

ナノカーボン材料は，リチウムイオン電池の負極材料としても用いられるが，リチウム空気電池の空気極としては，放電生成物であるLi_2O_2が固体の絶縁体であることにも気を配る必要がある。すなわちリチウム空気電池では，放電中に絶縁性の放電生成物が空気極の表面を覆うと同時に細孔を塞いでしまい，それ以降の放電の継続が難しくなる問題がある。これが，現状のリチウム空気電池セルにおいて十分な容量を引き出すのが難しい主な要因となっている。セル容量を稼ぐには，絶縁性固体（Li_2O_2）の析出進行にもかかわらず，細孔を通じた電池反応物（Li^+ と O_2）の拡散経路と導電性を保持し，多量の Li_2O_2 を蓄えることのできる構造や仕組みを工夫する必要がある。

これまでのところ，主に多孔質カーボンが空気極材料として検討されてきている。細孔などの制御により，カーボン重量あたりで見ればある程度の容量，具体的には～10,000 mAh/g_{carbon} 程度まで出せるようになってきている。カーボンの表面積や空孔率に加え，析出する放電生成物の大きさに順応した細孔のサイズや分布が放電量の引き出しに重要なパラメータになっているようである[3)]。一方で固体の微粒粉末である多孔質カーボン材料は，電極へ加工するために多量の結着材（バインダー）と混錬させ，カーボンどうしを強固に塗り固める必要がある。多孔質カーボンを電極として有効に担持できるのは，電極面積あたり～1 mg/cm^2 程度までに限られる。このため，電極面積あたりのセル容量は，今のところ最大で～10 mAh/cm^2 程度にとどまる。この容量は現在のリチウムイオン電池セル（～2 mAh/cm^2）と比べて５倍程度大きいが，数サイクル程度の充放電しか耐えることができず，実用に耐えるセル設計へとつなげていくにはまだ不十分である。電極として有効にはたらくカーボンを，機械的な強度を保ちつつ，より大量に固定する。そして，より多量の Li_2O_2 析出・分解の繰り返しに対しても，細孔のつぶれやカーボンの剥離による電極劣化を抑える。そのような工夫が多孔質カーボン空気極に必要であるが，さらなる研究が必要である。

多孔質カーボンに続いて，グラフェンや CNT の空気極材料への適用についても検討されるようになってきている。これらのカーボン材料は，多孔質カーボンと比較して柔軟性がある。そのため，折り曲げや多量の Li_2O_2 析出に対してカーボンどうしの接触が失われる可能性は比較的小さい。特に CNT は，チューブの太さや長さによっては，バインダー不要で CNT のみで柔軟なシート状の電極に加工できる。そのようなカーボンを空気極に用いることで，電極全体で多量の Li_2O_2 の折出を可能にさせ，高いセル容量を狙うことができる。その一方でグラフェンや CNT は，分散性の制御，すなわちグラフェン層のはがれ度合いや CNT バンドル（凝集した CNT の束）のほぐれ具合を調整することが難しく，電極へ加工した際に電池特性を引き出すために必要なナノ構造を担保することが困難な面もある。空気極として有効にはたらく表面積や空孔などを，どのように調整し電極へと加工していくのか，調べていく必要がある。以下に CNT を取り上げ，その緻密な設計によるセル容量引き出しの取り組みを述べる。

3. 巨大なセル容量を可能にする CNT シート空気極

3.1 リチウム空気電池における CNT シート空気極の挙動

CNT は繊維状のナノカーボンであり，一般的にチューブ径が細く長いものほど CNT のみで柔軟かつ強靭で扱いやすいシート状の電極に加工できる。CNT シートは CNT バンドルが不織布状に重なっており，厚さや CNT 担持量はいかようにも調整できる。これらの特徴を利用すれば，CNT シート全体で多量の Li_2O_2 を析出を可能とする空気極，すなわち多孔質カーボン空気極と比較してより高いセル容量やサイクル耐性を引き出せる空気極を作成しうる。これまでにも，CNTを空気極に用いたリチウム空気電池セルは作成されてきたが[4]，少量のCNTを用いた電池反応に関する基礎研究が中心で，リチウムイオン電池を凌駕するようなセル容量は実証されてこなかった。そこでCNTシートの特徴を利用し，リチウム空気電池から今後の実用開発に十分なレベルで高いセル容量を引き出すことを試みた。

まず単層CNT（直径2 nm）を溶媒中に超音波分散させ，これを吸引ろ過することで，CNTシートを作成した。単層CNTを用いたのは，細めのCNTによる高い表面積を期待したためである。得られたCNTシートは，単層CNTが直径50 nm程度に凝集したCNTの束（CNTバンドル）が不織布状に重なった構造をしている。このCNTシートを空気極としてリチウム空気電池コインセル（CR2032型，**図２**）を組み立て，充放電試験を行った。作成したコインセルは，比較的小さく制限した充放電容量（0.5 mAh/cm^2）において，平衡電位（2.96 V）にほど近い放電電圧（2.65 V）と，4.5 V以下の充電電圧で繰り返し充放電させることが可能で，作成したCNTシートが空気極として機能していることが確認できた。ちなみにCNTシート作成時のCNT分散が不十分な場合，セル容量やサイクル可能な充放電回数が極端に低下したりする。CNTシートを構成するCNTバンドルの太さや重なり方は，セルの安定性に大きな影響を与える。

充放電させたセルを解体し，CNTシート空気極を取り出して観察した。すると，放電後は**図３**(a)のようにCNTシートがコインセルケースの空気孔から突き出るように出っ張り，膨らんでいる様子が確認された。膨らんだ部分の断面（図３(b)）を電子顕微鏡（SEM）で観察すると，確かに空気孔から外気（酸素）に接していた部分(ii)は分厚く膨張している。膨張した部分は充電すると収縮し，完全に元の膜厚へと戻った。

充放電によるCNTシート空気極の様子を電子顕微鏡で詳しく観察してみた。**図４**（左）は1，2，5 mAh/cm^2放電後，および5 mAh/cm^2放電後からフル充電させたセルから取り出したCNTシート空気極のSEM像である。放電が進むにつれて，CNTシート空気極へ直径100 nm程度の円盤状の析出物が発生し，充電するときれいになくなった。これらCNTシートのX線回折（XRD）を調べると（図４右），放電が進むにつれてLi_2O_2の結晶構造に由来する反射ピークのみが現れ，充電すると消失した。Li_2O_2の生成と分解は，理想的なリチウム空気電池反応（$2Li^+ + O_2 + 2e^- \leftrightarrow Li_2O_2$）が起こっていることを示唆している。これらのことから，CNTシート空気

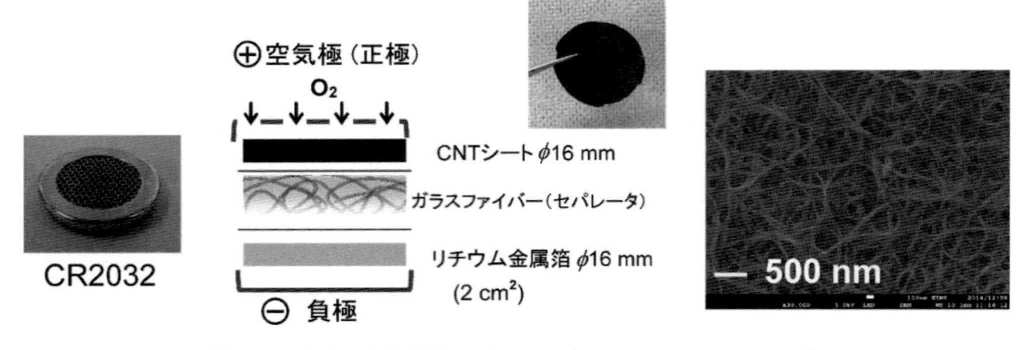

図２　リチウム空気電池コインセルとCNTシートのSEM像

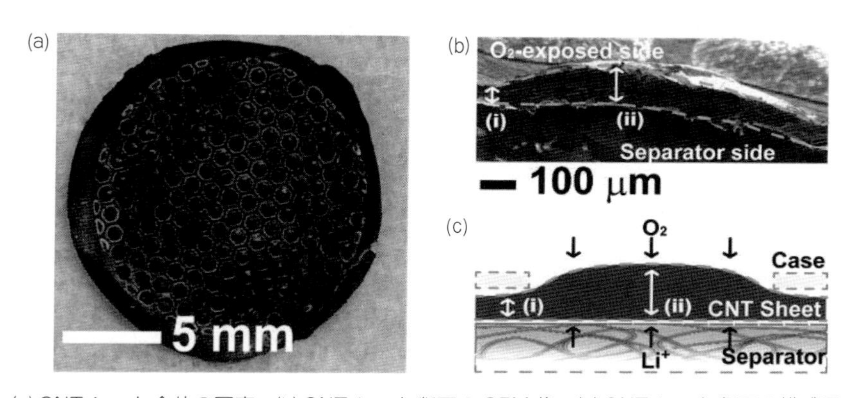

(a) CNT シート全体の写真，(b) CNT シート断面の SEM 像，(c) CNT シート断面の模式図

図３　放電後のリチウム空気電池コインセルから取り出した CNT シートの様子

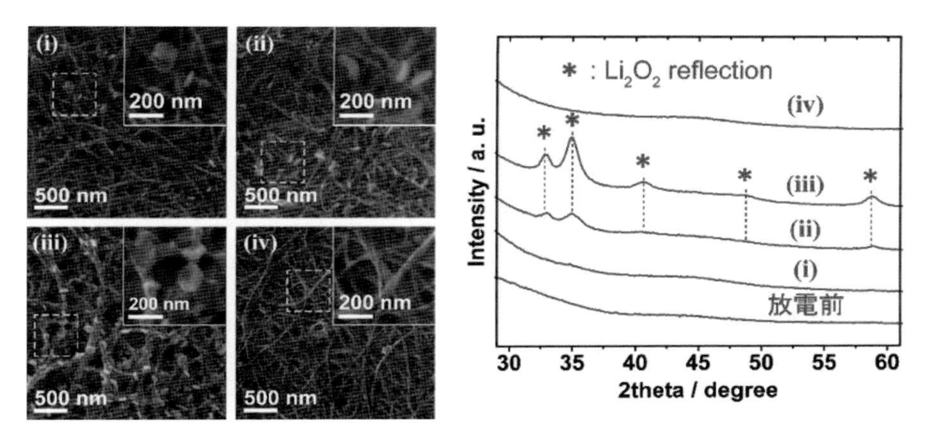

(i) 1 mAh/cm², (ii) 2 mAh/cm², (iii) 5 mAh/cm² 放電後，および(iv) 5 mAh/cm² 放電後にフル充電したもの

図４　放電後のリチウム空気電池から取り出した CNT シートの SEM 像（左）と XRD スペクトル（右）

極は放電中に円盤状の Li_2O_2 が析出することで CNT バンドルが押し広げられ，膨張する。充電すると析出した Li_2O_2 は分解され，CNT シートは収縮し，また元に戻ると考えられる。

3.2　CNT シート空気極によるリチウム空気電池セルの高容量化

放電生成物の析出–分解に合わせて膨張–収縮する挙動は，不織布状かつ柔軟な CNT シート空気極こそに見られる特徴と考えられる。多孔質カーボン空気極では，多量の放電生成物の析出により一旦膨張してしまうと，カーボンどうしのコンタクトが破れてしまい，それ以降は電極として機能できなくなる。一方で CNT バンドルが不織布状に重なりシート全体に電気接触している CNT シート空気極では，そのような膨張による電極劣化の影響は小さい。このような CNT シートの特徴は，リチウム空気電池のセル容量を引き出すうえで極めて有用である。すなわち，うまく膨張させる仕組みを取り入れることで，放電生成物が析出できる空孔はいくらでも稼ぐことができ，Li^+ と O_2 の拡散経路も保つことができる。また，膨張することによって，凝集している

CNT バンドルから新たに電池反応に使える電極表面が発生する可能性も考えられる。このような特徴をうまく使うことができれば，これまでになく高容量なセルを作成しうる。

CNT シートの膨張–収縮挙動を充放電に積極利用するため，CNT シート両面をガス拡散層（Gas diffusion layer, GDL）ではさみ，これを空気極に用いてセルを組み立てた。**図５**（左）にその模式図を示す。GDL は直径 10 μm 程度の剛直な導電性カーボンファイバーがスカスカに重ねられたたもので（空孔率～80%），燃料電池の電極に用いられる。その GDL で CNT シートをはさみ，CNT シートが GDL 層内に進入し膨張することで，放電量の増加を見込んだ。カーボンファイバーは CNT シートを構成する CNT バンドルより数百倍太く，ほとんど比表面積を持たないため，GDL 自体にセル容量を引き出すはたらきはほとんどない。

図５（右）にその充放電結果を示す。放電電圧は次第に不安定になり降下していくが，最終的には 30 mAh/cm^2 の放電量が得られ，充電により元に戻すことができた。このセル容量は現在のリチウムイオン電池セル（～2 mAh/cm^2）よりも 15 倍ほど高く，また，これまで報告されているリチウム空気電池セル（～10 mAh/cm^2）より３倍ほど大きい，世界初の巨大容量といえる。

30 mAh/cm^2 のセル容量発現にあたっては，厚さおよそ 150 μm のリチウム金属負極が消費され，バルクの厚みとして 120 μm の Li_2O_2 が空気極に析出する計算になる。これまで高々厚さ数十μm のリチウム金属負極しか使用できなかった従来のセルと比較して，図５のセルでは極めて多量の放電生成物が空気極に析出–分解することになる。巨大容量の充放電後のセルを解体し，空気極を取り出してみると，放電前は CNT シートと GDL 合わせて厚さ 0.5 mm 程度だった空気極は，放電後に 1 mm 程度にまで膨れあがっていた。しかし充電後は，やはり元の厚さへと戻った。

CNT シートの SEM 像を観察すると，放電後，CNT バンドルの周りは析出物でぎっしりと覆われていたが，これらは充電によって完全に分解され，CNT バンドルのみに戻る（**図６**左の(i), (ii)）。また GDL のカーボンファイバー間にも大量の析出物が見られた。充電によってその析出物も消失したが，カーボンファイバー間に CNT バンドルの一部がわずかに残っている様子が観察された（図６左の(iii), (iv)）。このことから，CNT シートは，放電中，GDL 内に進入して膨張し，大量の放電生成物を析出させているものと考えられる。XRD およびラマン分光による析出物の

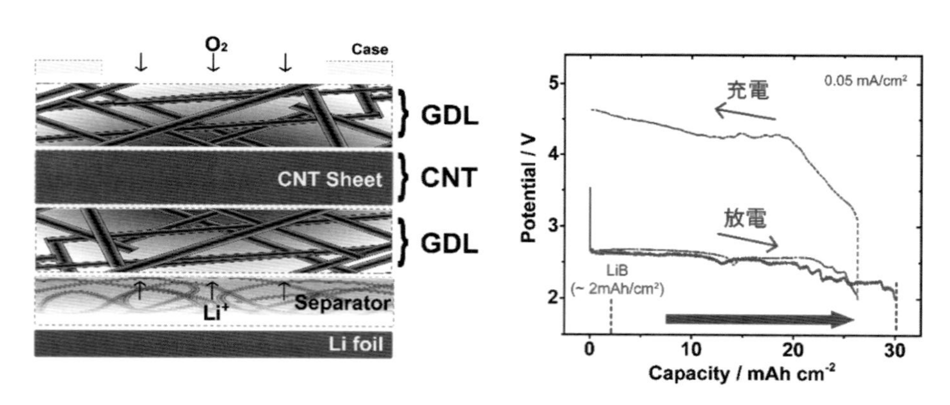

図５　CNT/GDL 空気極の構造（左）と CNT/GDL 空気極を用いたリチウム空気電池コインセルの充放電特性（右）

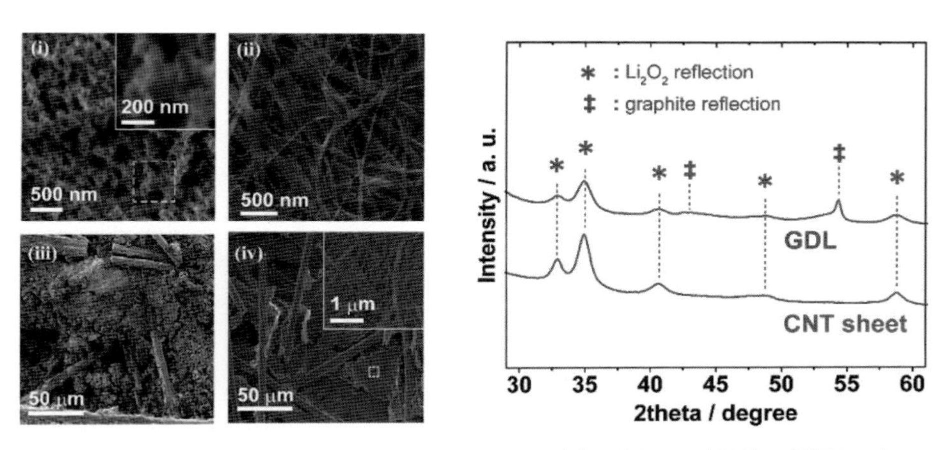

(i) 20 mAh/cm² 放電後の CNT シート，(ii) 15 mAh/cm² 放電からフル充電後の CNT シート
(iii) 20 mAh/cm² 放電後の GDL，および(iv) 15 mAh/cm² 放電からフル充電後の GDL

図６　高容量充放電後のコインセルから取り出した CNT/GDL の SEM 像（左）と 20 mAh/cm² 放電後の CNT シートおよび GDL の XRD スペクトル（右）

解析でも，Li_2O_2 のみの生成と分解が確認され，その他の不純物の発生は確認できなかった。つまり，巨大容量の充放電においてもリチウム空気電池の反応式どおりの電池反応が進行していることが示唆される。

このような CNT シート空気極の膨張による大量の放電生成物（Li_2O_2）の析出，それによる超高容量セルの実現は，CNT に特有の柔軟さと強靭さによるものと考えられる。その一方で，なぜこれほど高いセル容量が得られたのか，現段階ではわかっていない点が多い。例えば，絶縁体の Li_2O_2 が析出できるのは，本来は電極表面から数 nm 程度の距離に限られる。しかし，今回観察された析出物の粒径は～100 nm 程度と，絶縁性の析出物としては極めて大きい。確証はないが，CNT に析出した放電生成物には何らかの電子伝導パスが発生している可能性がある。このような析出機構の理解は CNT シート空気極の高性能化，例えばセル電圧の安定化や過電圧の抑制のために必要であり，研究の進展が急がれる。

4. 今後の展望

柔軟で強靭な不織布状の CNT シートをリチウム空気電池空気極に用いることで，リチウム空気電池から巨大なセル容量を引き出せることがわかった。これは，リチウムイオン電池に代わる超高容量な蓄電池を開発するうえで，重要な一歩である。今のところは，充電電圧が 4 V 以上と高く，充電中に電解液が分解する，リチウム金属負極においてデンドライトが発生するなどの問題のため，初回の充放電容量を飛躍的に高くすることができても，それ以降のサイクル特性を十分に評価できる段階に至っていない。しかし，電解液に少量の添加剤を加えることで充電電圧を 3.5 V 以下に保ち，電解液の分解を極限まで抑えたり，デンドライト発生を抑制したりすることも可能になりつつある[5)]。また，正負極で大量のリチウムおよびリチウム酸化物が溶解・析出することによる，電極の体積的な形状変化を吸収する電極設計の工夫も行われるようになってきている[6]。これらの研究の進展と合わせて，CNT シート空気極から真に超高容量なリチウム空気電池セルを作成することは十分に可能となるだろう。

さらにそれらの成果を活用し，実用レベルで高容量な蓄電池を開発していくには，セルを積層（スタック）させることによる高エネルギー密度化，さらには空気から不純物（とくにリチウム空気電池の運転上障害となる水分や二酸化炭素など）を除去するシステムの開発が必要になってくる。これらの検討は始まったばかりであり，今後さらなる研究が必要である。

文　献

1）G. Girishkumar, B. McCloskey, A. C. Luntz, S. Swanson and W. Wilcke: *Journal of Physical Chemistry Letters,* **1**, 2193-2203（2010）.

2）A. Nomura, K. Ito and Y. Kubo: *Scientific Reports,* **7**, 45596（2017）.

3）(a) J. Xiao et al.: *J. Electrochem. Soc.,* **157**, A487-A492（2010）, (b) Y. Li et al.: *Carbon,* **64**, 170-177（2013）, (c) N. Matsuhashi, T. Takeguchi, M. Kojima and K. Ui: *ECS Transactions,* **75**, 77-87（2017）. (d) S. Sakamoto, T. Takeguchi, M. Kojima and K. Ui: *ECS Transactions,* **75**, 67-73（2017）.

4）(a) T. Zhang and H. S. Zhou: *Angew. Chem. Int. Edit.,* **51**, 11062-11067（2012）, (b) H. D. Lim et al.: *Adv. Mater.,* **25**, 1348-1352（2013）, (c) Y. Chen et al.: *J. Mater. Chem. A,* **1**, 13076-13081（2013）, (d) R. R. Mitchell, B. M. Gallant, Y. Shao-Horn and C. V. Thompson: *Journal of Physical Chemistry Letters,* **4**, 1060-1064（2013）, (e) E. N. Nasybulin et al.: *ACS Appl. Mater. Interfaces,* **6**, 14141-14151（2014）.

5）X. Xin, K. Ito and Y. Kubo: *ACS Appl. Mater. Interfaces,* **9**, 25976-25984（2017）.

6）(a) S. Matsuda, Y. Kubo, K Uosaki and S. Nakanishi: *Carbon,* **119**, 119-123（2017）, (b) S. Matsuda, Y. Kubo, K. Uosaki and S. Nakanishi: *ACS Energy Letters,* **2**, 924-929（2017）.

第8節　デュアルカーボン電池の開発

九州大学　石原　達己

1. はじめに

リチウムイオン電池は携帯機器の電源として広く普及しており，今後は自動車の環境性能向上や分散型エネルギー社会実現に向けての活用が拡大していくと予想されている[1)-7)]。このような分野においては，複数の電池セルからなる大型の組電池として使用されるとともに，高温雰囲気での使用や急速な充放電といった過酷な環境での作動が求められる。そのため，従来からの性能指標であるエネルギー密度，出力密度の向上に加えて，安全性の向上やコストの低減，資源制約のないことなどの因子がより重要となる。しかしながら，現状のリチウムイオン電池の正極活物質には，レアメタルであるコバルトなどの元素が使用されており，非常に高価で価格変動が大きいことに加えて環境にとっては有害な材料でもある。また，充放電を制御するシステムの不良などにより過充電に至った際には，正極から酸素を放出して，発火や破裂などの危険な状態を招く要因となることから，代替材料の開発が望まれている。

そこで，新たな正極の活物質材料として着目されるのが黒鉛である。黒鉛は，資源的に豊富で低コスト化のポテンシャルが高く，黒鉛自身が酸化物材料のように酸素を含んでおらず，高温での酸素放出がないため，安全性に優れる電池を構築できる。正極に黒鉛を使用した場合，電極反応としてアニオンのインターカレーション反応を利用することができる。電解液中において，アニオンは溶媒和していないので，炭素中へのインターカレーション反応には，脱溶媒和がないことから従来の正極反応よりも速く，出力密度の向上が期待できる。このような黒鉛電極へのアニオンのインターカレーションを正極反応とし，負極には従来のLiイオン電池と同じように黒鉛へのLiイオンのインターカレーションを用いた電池が“デュアルカーボン電池”である（**図1**）。本稿ではデュアルカーボン電池について，現在までの報告例をまとめるとともに，作動原理や作動特性について紹介する。

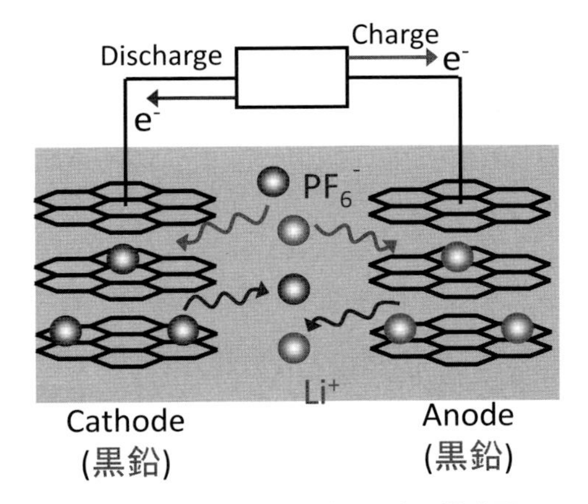

図1　デュアルカーボン電池の模式図

2. 黒鉛にインターカレートするアニオン種と電子状態

黒鉛内では，平面的に広がったグラフェンシートが，π–π 相互作用による電子的なネットワークによって積層（スタッキング）している。平面上に広がった π 電子は，容易に酸化，あるいは還元することができる。そのため，負の電荷を有するものからは電子を受け取り，金属原子には電子を与え，黒鉛層間化合物（GIC）を形成する。前者がアクセプター型のGIC，後者がドナー型のGICと呼ばれている[8]。それぞれの反応は以下のように表される。

アクセプター型GIC　$C_x + A \rightarrow C_x^+ \cdot A^-$　(1)

ドナー型GIC　$C_x + M \rightarrow C_x^- \cdot M^+$　(2)

この２つの反応を組み合わせることで，デュアル炭素電池は成立する。負極に用いられるのは Li^+ のインターカレーションが一般的であるが，Li^+ に限らず，アルカリ，またはアルカリ土類など，多くのカチオンの挿入を利用することが可能である。一方で，アニオンの挿入に関しても，多様性があり，電池としては多くの組み合わせが可能であると考えられる。以下に炭素層間へのアニオンの挿入に関して説明する。

アニオンのインターカレーション反応に関する最初の報告は，1841年の $H_2SO_4^-$ グラファイト化合物で，GICの中ではカチオンよりもアニオンの報告のほうが早い[8]（**表１**）。インターカレーションするアニオンの種類はカチオンよりも多く[9]，六フッ化物の PF_6^-，AsF_6^-，四フッ化物の BF_4^-，四塩化物の $AlCl_4^-$，$GaCl_4^-$，六塩化物の $TaCl_6^-$，酸化物の SO_4^-，NO_3^-，ClO_4^-[9] などが報告されている。比較的大きなイオン半径のアニオンもインターカレーションすることが可能であり，トリフルオロ酢酸塩（CF_3COO^-），パーフルオロオクタン（$C_8F_{17}SO_3^-$），トリス（トリフルオロメタンスルホニル）メチド（$(CF_3SO_2)_3C^-$），ビス（トリフルオロメタンスルホニル）イミド（$((CF_3SO_2)_2N^-)_2$[9] などがある。また，ビス（トリフルオロメタンスルホニル）イミド（TFSI）[9]，ビス（フルオロスルホニル）アミド（FSA^-），ビス（トリフルオロメタンスルホニル）アミド（$TFSA^-$）[10][11] などのインターカレーションも報告されている。

表１　黒鉛層間化合物（GIC）の歴史[8]

Year	Topics
1841	H_2SO_4–GIC (Schafhaut 1)
1926	K–GIC (Cadenbach)
1930	Graphite fluorides (Ruff, Keim)
1932	$FeCl_3$–GIC (Thiele)
1964	K–H–GIC (Saeher)
1969	Daumas–Herold model (Daumas)
1972	High conductivity of GICs (Ubbelohde)
1974	Li/$(CF)_n$ primary battery (Fukuda)
1976	High conductivity of MF_5–GICs (Vogel)
1981	$Ni(OH)_2$–GIC secondary cell (Flandrois)
	Ionic fluorine–GICs (Nakajima)
1987	Metal chloride–GICs by molten salts (Inagaki)
1991	Alkali metals–GIC (Maeda)
1992	Rocking–chair type intercalation (Guyomard)
1994	Dual intercalation–molten salt (Carlin)
1995	Dual intercalation–non–aqueous medium (Santhanam, Noel)

電池としての報告は1968年，Yaoらが$LiClO_4$–dimetyl sulfiteが二次電池の正極として適用可能なことを示したことに始まる[12]。1971年，DunningらはClO_4^-のインターカレーションの可逆性について調査するとともに，Li/グラファイトセルを構築して$LiBF_4$，$LiCF_3SO_3$などの塩を用いた検討も行っている[13]。Beckらは，酸（$HClO_4$，H_2SO_4，HBF_4）について，天然黒鉛へのアニオンのインターカレーション反応をサイクリックボルタンメトリーで確認している[14]。

一方，Alliataらは，ClO_4^-の高配向熱分解黒鉛（HOPG）へのインターカレーションに関して，原子間力顕微鏡（AFM）による観察結果を報告している[15]。**図2**に示すように，反応前は黒鉛の2地点間の距離がグラフェン3層分（層間が2つ）に相当する6.8 Åであるのに対して，920 mVまで掃引させてステージ4構造にすると11.3 Åまで大きくなっており，これは理論的に求められる変化量とよく一致すると報告している。また，電圧を初期の状態まで下げてデインターカレーション反応をさせると，初期と同等の6.7 Åまで小さくなることを示している。

SeelおよびDahnは，電解質に$LiPF_6$，溶媒にエチルメチルスルホン（EMS）を用いたときのPF_6^-の黒鉛へのインターカレーション反応をin-situ XRDで解析した[16]。PF_6^-をインターカレーションさせる過程では26°付近の黒鉛の（002）面の回折ピークが2つのピークに分裂し，対称性が変化した。PF_6^-をデインターカレーションさせるとピークが1つに戻っており，PF_6^-のインターカレーション反応が可逆的に起こることを報告している。

Hardwickらは，1–エチル–3–メチルイミダゾリウム–ビス（トリフルオロメチルスルホニル)–イミド（EMI–TFSI）を用いて，黒鉛（TIMCAL社製KS–44）への$TFSI^-$の初回充放電におけるインターカレーションの解析結果を報告している[17]。この報告の中で，グラフェンシートの

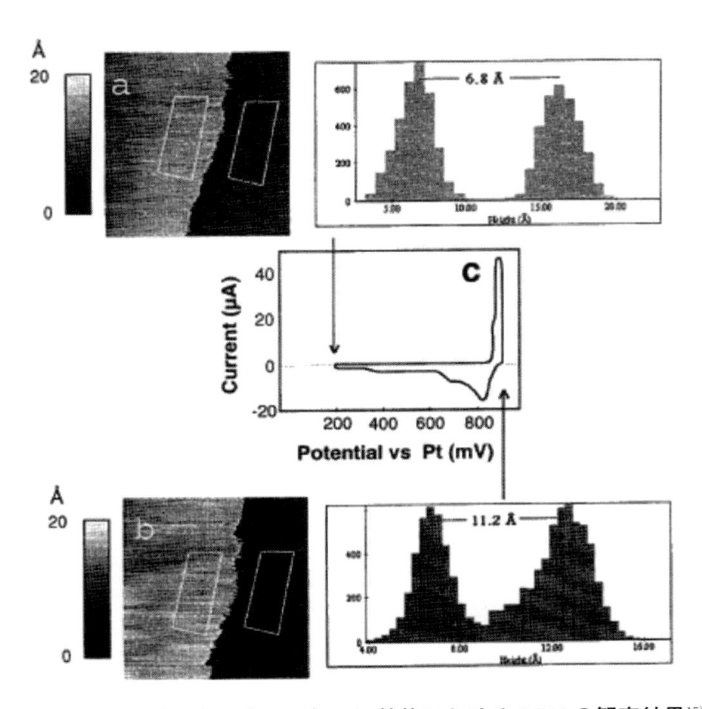

図2　ClO_4^-のインターカレーション前後におけるAFMの観察結果[15]

面内振動に由来するGバンドのピークがイオンのインターカレーション反応に従って分離し，デインターカレーション後には欠陥由来のDバンドのピーク強度が大きくなっており，インターカレーションによってグラファイトの構造が破壊される可能性があると述べている。

Lernerらは，分子量の大きなアニオンとしてペルフルオロオクタンスルホン酸のアニオン（$C_{10}F_{21}SO_3^-$，$C_2F_5OC_2F_4SO_3^-$，$C_2F_5(C_6F_{10})SO_3^-$），パーフルオロアルキルホウ酸のアニオン（($B[OC(CF_3)_2C(CF_3)_2$–$O]_2^-$，$B[OC(CF_3)_2C(O)O]_2^-$）のインターカレーションについて検討を行っている[18)19)]。**図3**は，Lernerがまとめたもので，Stage 2構造をとるときの層間距離と電位は，概ね相関する傾向が認められたと報告している[18)19)]。特に，サイズの大きい$B[OC(CF_3)_2C(CF_3)_2$–$O]_2^-$，$B[OC(CF_3)_2C(O)O]_2^-$をStage 2までインターカレーションさせるためには，5V以上の非常に高い電位が必要と報告している。

以上のように，黒鉛（グラファイト）には，種々のアニオンがインターカレーションすることが報告されている。**表2**は，各種アニオンを黒鉛にインターカレーションさせた際の放電容量に関する報告をまとめたものである。PF_6^-が100 mAh/g～110 mAh/g程度の高い放電容量を示し，次いでFSI^-，$FFSI^-$，$TFSI^-$において比較的高い値が報告[20)]されており，デュアルカーボン電池の正極としては，これらのアニオンの活用が有効と考えられる。

表2に示すように，黒鉛についても各種の材料を用いた報告がなされている。筆者らは，**図4**に示すように，黒鉛やカーボンナノチューブ，ピッチコークスなどのさまざまな炭素材料へのPF_6^-のインターカレーション特性を検討した結果，炭素材料の結晶性がPF_6^-のインターカレーションの容量を決める重要な因子となっているとしている[22)]。また，高結晶性のグラファイトを用いることで，4V～5V（vs. Li^+/Li）領域において85 mAh/gという高い正極放電容量が得られることを見出している[22)]。

研究例は少ないものの，黒鉛–電解液界面における反応についても報告がある。Abeらは，インピーダンス測定により，カーボネート系電解液（EC/DEC＝1/1）中のアニオン（FSA，TFSA）が高配行熱分解黒鉛（HOPG）に挿入脱離する際の活性化エネルギーについて報告して

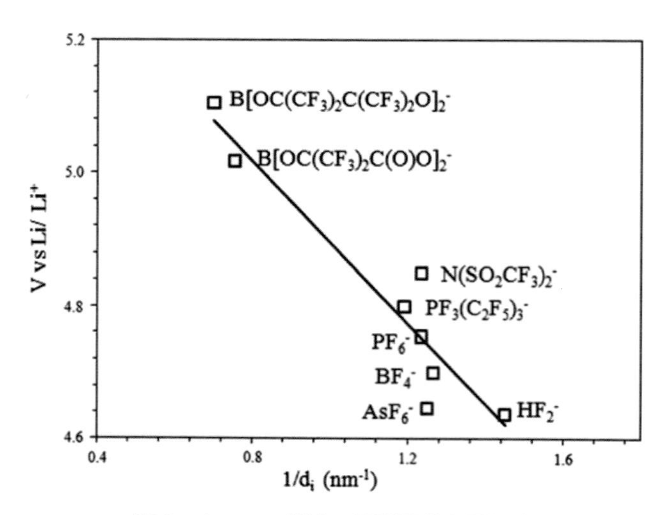

図3　Stage 2構造の層間距離と電位[18)]

表２　各種アニオンを黒鉛にインターカレーションさせた際の放電容量

アニオン	電解液	放電容量/mAh g−1 (@Upper cut-off potential vs. Li/Li+/V)	Carbon
PF_6^-	1 M $LiPF_6$ in EMS [21]	~95-96 (@ 5.4)	KS6 graphite
	2 M $LiPF_6$ in EMS [16]	~100 (@ 5.6)	Graphite
	1 M $LiPF_6$ in EC/DMC (1:2) [22]	~85 (@ 5.5)	Graphitic carbon
	1 M $LiPF_6$ in EC/DMC (1:1) [23]	~100 (@ 5.5)	SFG6/SFG44 graphite
	1 M n-BPPF6 in PC/EMC (1:2) [24]	~80-140 (@ 2 vs. AC-QRE)	KS6 graphite
	1 M LiPF6 in sulfolane/EMC mixtures [25]	~100-110 (@ 5.4)	Natural graphite
	1.7 M LiPF6 in EMC/FEC (1:1) [26]	~110 (@ 5.2)	HOPG
	1.7 M LiPF6 FEC/EMC (4:6) + 5 mM HFP [27]	~80 (@ 5.2)	MCMB
	0.5 M NaPF6 in EC/DEC (1:1) [28]	53 (@ 5 vs. Na/Na+)	KS6 graphite
FSI^-	1 M LiFSI in EC/DEC (1:1) [10]	~60 (@ 5.1)	HOPG
$FTFSI^-$	1 M LiFTFSI in Pyr14FTFSI [29]	~87 (@ 5.0); ~99 (@ 5.2)	KS6 graphite
$TFSI^-$	1 M LiTFSI in EC/DEC (1:1) [10]	~60 (@ 5.1)	HOPG
	1 M LiTFSI in EMS [21]	~49-53 (@ 5.4)	KS6 graphite
	1 M LiTFSI in Pyr14TFSI [9] and [30]	50 (@ 5.0); ~85-89 (@ 5.2)	KS6 graphite
	1 M LiTFSI in Pyr14TFSI + 2 wt.% ES [31]	97 (@ 5.0); 116 (@ 5.2)	KS6 graphite
$BETI^-$	1 M LiBETI in EMS [21]	13 (@ 5.4)	KS6 graphite
ClO_4^-	2 M $LiCO_4$ in PC [32]	24 (@4.75)	Graphite
	1.5 M $SBPClO_4$ in PC [33]	~33 (@ 2 vs. AC-QRE)	Natural graphite
	1.5 M $SBPClO_4$ in GBL [33]	~25 (@ 2 vs. AC-QRE)	Natural graphite
	1.5 M $SBPClO_4$ in EC [33]	~5 (@ 2 vs. AC-QRE)	Natural graphite
BF_4^-	1.5 M $SBPBF_4$ in PC [34]	~32 (@ 1.91 vs. AC-QRE)	Natural graphite
	1.5 M $SBPBF_4$ in GBL [34]	~27 (@ 1.84 vs. AC-QRE)	Natural graphite
	1.5 M $SBPBF_4$ in EC [34]	~20 (@ 2 vs. AC-QRE)	Natural graphite
	0.1 M $NaBF_4$ in EC/DEC (1:1) [28]	~18 (@ 5 vs. Na/Na+)	KS6 graphite

いる[10]。その結果，FSA が 12 kJ/mol，TFSA が 15 kJ/mol で，Li イオンが挿入脱離する際の活性化エネルギーに比べて小さいと報告している[10]。これは，Li イオンは，電解液中で溶媒和しているため脱溶媒和するためのエネルギーが必要なのに対して，アニオンは溶媒和していないためであると報告している[10]。

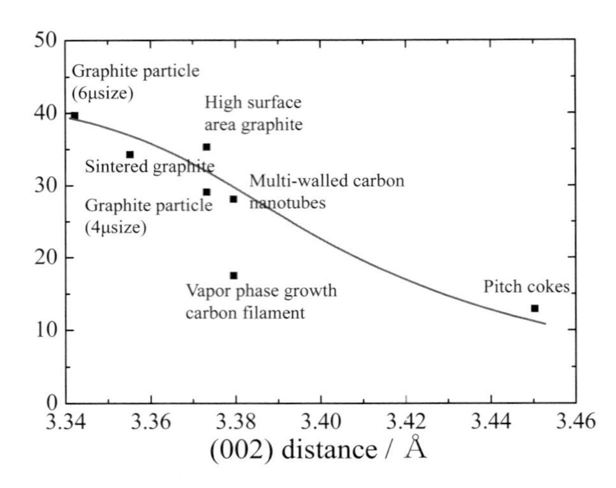

図４　炭素材料の（002）面の距離と初回放電容量の関係[22)]

3. アニオンのインターカレーション反応を用いた電池

Carline らが，正極と負極にグラファイト，電解質として常温溶融塩を使用し，アニオンとカチオンのインターカレーション反応を利用した新しい電池として“Dual Intercalating Molten Electrolyte battery”を報告している[35)]。1,2–ジメチル–3–プロピルイミダゾリウムクロロアルミネート（$(DMPI)(AlCl_4^-)$）を用いたセルの充放電カーブでは，作動電圧が約３V，放電効率は84％と報告している。

Santhanam と Noel も“Dual intercalation battery”としてテトラブチルアンモニウムイオン（TBA^+）と ClO_4^- のインターカレーション反応を利用した電池を報告している[36)]。しかし，どちらの反応も充放電効率が30％程度と低いものであった。さらに，Santhanam と Noel は，このコンセプトを拡張したものとして，Li^+ のインターカレーション反応を用いた電池も報告している[37)]。この電池は，溶媒としてプロピレンカーボネート（PC）を用いたことから，負極で Li^+ と PC との共挿入による劣化が生じ，クーロン効率が低くなったと考えられる[10)]。筆者らは，一般的なリチウムイオン電池に使用される $LiPF_6$ を支持塩とした電解液（1 M $LiPF_6$ EC/DMC＝1/2）を用い，Li^+ と PF_6^- イオンのインターカレーション反応を利用したデュアルカーボン電池を報告した[22)]。**図５**に代表的なデュアル炭素電池の充放電曲線を示す。初回に，やや不可逆容量は大きいものの，５サイクル目以降は良好なクーロン効率が得られる。電位が４V 以上と高いのが特徴で，Li イオン電池よりやや高い，平均放電電位 4.5 V で放電が可能である。一方，**図６**には繰り返し充放電特性を示したが，図に示すように，100 サイクルにわたり，良好な充放電の繰り返し特性を示し，100 サイクルでの劣化はほぼ認められなかった。そこで，$LiPF_6$ を用いるデュアル炭素電池は，高電位で繰り返し特性に優れた電池として，開発が期待される。

一方，この電池ではキャパシターのように正極，負極へのアニオンとカチオンのインターカレーションを用いるので，優れた繰り返し特性が得られ，**図７**に示すように，4 mA/cm^2（10 C 相当）という高い電流密度においても 80 mAh/g の容量を示しており，10 mA/cm^2 において，

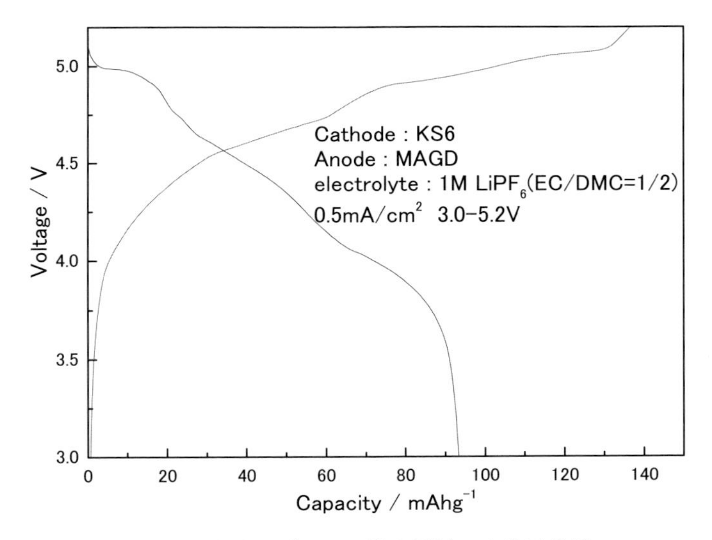

図５　代表的なデュアル炭素電池の充放電曲線

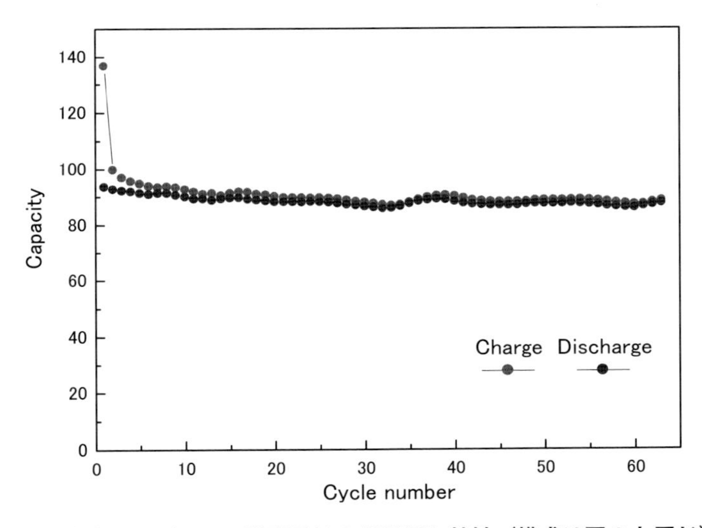

図６　代表的なデュアル炭素電池の繰り返し特性（構成は図９と同じ）

PF_6^- のインターカレーションを利用したデュアルカーボン電池はレート特性に非常に優れた電池といえる。負極に関してはLiのインターカレーションの代わりにテトラメチルアンモニウムのような有機カチオンの炭素への吸着を利用するハイブリッドキャパシターの展開もあり，炭素へのアニオンインターカレーションは蓄電デバイスとして幅広い組み合わせが可能である[24]。

近年，Winterらは“Dual-ion cell”というコンセプトでイオン液体を用いた電池について報告している。電解液としてN-butyl-N-methylpyrrolidinium bis-(trifluoromethanesulfonyl) imide（Pyr_{14}TFSI）とLithium bis-(trifluoromethanesulfonyl)imide（LiTFSI）の混合溶液を使用し，正極に$TFSI^-$，負極にLi^+のインターカレーションを用いた電池である[9]。この中で，正極活物質としてKS-6（TIMCAL社製），負極活物質としてLiメタル，あるいはチタン酸リチウ

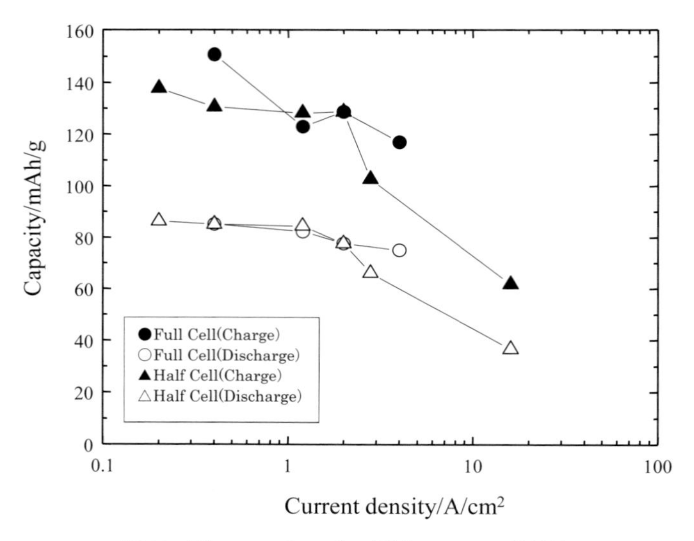

図７　デュアルカーボン電池のレート特性[22)]

ム（LTO）を用いた電池において，クーロン効率99％以上を達成したと報告している[9)]。この電池の容量は，室温で約50 mA/g，60℃で110 mAh/gと報告[9)]しており，室温での容量はPF_6^-に比べると低い値となっている。また，サイクル特性に関する検討も行っており，室温，60℃ともに安定したサイクル特性が得られると報告している[9)]。In-situ XRDによるTFSIのGICの形成メカニズム解明を行い，充電容量が最大（115 mAh/g）を示すときの組成はC_{19}TFSI～C_{20}TFSIでStage1構造をとると考えている[38)]。さらに，負極の活物質としてグラファイトを適用可能にするために，負極へのSolid Electrolyte Interphase（SEI）生成を行うために，Pyr_{14}TFSI＋LiTFSIの混合溶液にエチレンサルファイト（ES）を2％添加した電解液（1 M LiTFSI in Pyr14TFSI＋2 wt.％ ES）を検討し，126 mAh/g（C_{18}TFSI相当）の放電容量が得られることを見出している[31)]。なお，ES添加による放電容量の増加については，再現性を含めてさらに検討が必要と考えられる[31)]。

これまで述べてきた研究は，そのほとんどが電極の活物質あたりの充放電容量で議論されている。これに対して，DahnとSeelは，電池セルとしての体積，及び重量エネルギー密度について試算し，報告している[39)]。**図８**は，Dahnらによる集電体とケースを含まない場合(a)と含む場合(b)の体積エネルギー密度の試算結果を示した。デュアルカーボン電池では電池活物質は電解液中に溶解した$LiPF_6$などの支持電解質であり，高エネルギー密度を実現するためには，市販のリチウムイオン電池に使用される１M程度の濃度よりも高濃度の電解液を用いる必要がある[39)]。１Mではエネルギー密度は，現状のLiイオン電池よりかなり低くなるが，仮に４Mという電解液を用いることが可能なら，図８に示すように，Liイオン電池の1/2程度のエネルギー密度に到達できる。Liイオン電池では充放電の深度を20－80％程度で用いることが多いが，デュアル炭素電池では0－100％の深度で充放電しても，繰り返し特性の低下はほとんどないので，充放電の深度を考慮すると，Liイオン電池並みのエネルギー密度を達成できる可能性がある。筆者らはDMCが$LiPF_6$を４M近くまで溶解が可能なことを見出しており，**図９**に示すように，４M

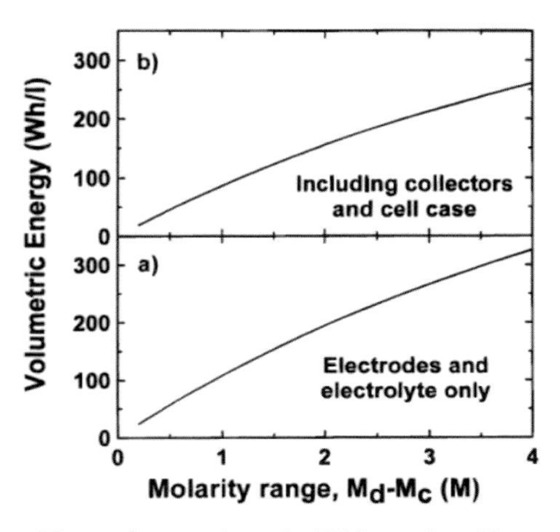

図８　デュアルカーボン電池のエネルギー密度の電解液濃度依存性[38]

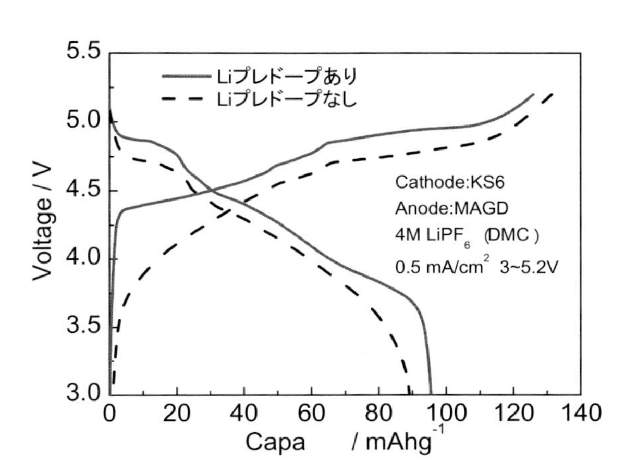

図９　高濃度 $LiPF_6$ 電解液を用いたデュアル炭素電池の充放電極性に及ぼす負極への Li プレドープの効果

程度の高濃度でも，充放電が可能なことを報告している[40]。高濃度化により，電解質の耐酸化性が向上できるので，高電位でのセルの安定性が向上でき，本来，高い電位に到達できることが特徴のデュアル炭素電池の特長がさらに高まると考えている。今後，電解液の高濃度化をさらに進めることができると，エネルギー密度としても Li イオン電池に匹敵できるようになる可能性があると考えている。

4. おわりに

本稿ではアニオンの炭素へのインターカレーションを利用するデュアル炭素電池について，現状を紹介するとともに，アニオンインターカレーションの開発の経緯を説明した。炭素へのカチオンおよびアニオンのインターカレーション現象は，古くから知られた現象であり，多くの研究例があるが，現在までにインターカレートされたイオンの状態は in–situ XRD による検討のみであり，電子状態を含めてほとんど検討されていない。今後，インターカレートされたアニオンの状態分析が進むとともに，炭素ホストの検討も進むことで，さらに性能の向上が期待できる。とくに電解液の耐酸化性が向上できると，5 V vs. Li/Li^+ 以上に電位を有する Stage 1 構造が電池反応に利用できるようになるので，単セルで５V を到達する新しい蓄電デバイスの開発につながると期待できる。一方で，このセルでは充放電による反応熱をほとんど有さず，短絡を生じても発熱による火災などの問題がないことから，安全性に優れている。高い電位と優れた出力特性，安全性に優れた新しい蓄電デバイスとして大きな発展の可能性がある電池である。今後の展開が期待される。

文　献

1）辰巳国昭：自動車技術 **65**，（4），9-14，（2011）.
2）小久見善八編著：リチウム二次電池，オーム社（2008）.
3）T. Ohzuku and R. J. Brodd: *J. Power Sources*, **174**, 449-456（2007）.
4）C. De Las Casas, C. and W. Li: *J. Power Sources*, **208**, 74-85（2012）.
5）V. A. Sethuraman, L. J. Hardwick, V. Srinivasan, and R. Kostecki: *J. Power Sources*, **195**, 3655-3660（2010）.
6）J. R. Dahn: *Physical Review B*, vol. **44**, 9170-9177（2011）.
7）M. Inaba, H. Yoshida and Z. Ogumi: *J. Electrochemical Society*, **143**, 2572-2578（1996）.
8）M. Noel and R. Santhanam: *J. Power Sources*, **72**, 53-65（1998）.
9）T. Placke, O. Fromm, S. F. Lux, P. Bieker, S. Rothermel, H. Meyer, S. Passerini and M. Winter: *J. Electrochemical Society*, **159**, A1755-A1765（2012）.
10）T. Fukutsuka, F. Yamane, K. Miyazaki and T. Abe: *J. Electrochemical Society*, **163**, A499-A503（2016）.
11）T. Placke, G. Schmuelling, R. Kloepsch, P. Meister, O. Fromm, P. Hilbig, H. Meyer and M. Winter: *Zeitschrift fur Anorganische und Allgemeine Chemie*, **640**, 1996-2006（2014）.
12）N. P. Yao and D. N. Bennion: *J. Electrochemical Society*, **115**, 999-1003（1968）.
13）J. S. Dunning, W. H. Tiedemann, L. Hsueh and D. N. Bennion: *J. Electrochemical Society*, **118**, 1886-1890（1971）.
14）F. Beck, H. Junge and H. Krohn: *Electrochimica Acta*, **26**, 799-809（1981）.
15）D. Alliata, R. Kötz, O. Haas and H. Siegenthaler: *Langmuir*, **15**, 8483-8489（1999）.
16）J. A. Seel and J. R. Dahn: *J. Electrochemical Society*, **147**, 892-898（2000）.
17）L. J. Hardwick, P. W. Ruch, M. Hahn, W. Scheifele, R. Kötz and P. Novák: *J. Physics and Chemistry of Solids*, **69**, 1232-1237（2008）.
18）W. Yan, L. Kabalnova, N. Sukpirom, S. Zhang and M. Lerner: *J. Fluorine Chemistry*, **125**, 1703-1707（2004）.
19）W. Katinonkul and M. M. Lerner: *J. Fluorine Chemistry*, **128**, 332-335（2007）.
20）K. Beltrop, P. Meister, S. Klein, A. Heckmann, M. Grünebaum, H. Wiemhöfer, M. Winter and T. Placke: *Electrochimica Acta*, **209**, 44-55（2016）.
21）O. Fromm, P. Meister, X. Qi, S. Rothermel, J. Huesker, H. Meyer, M. Winter and T. Placke: ECS Transactions, 55（2013）.
22）T. Ishihara, M. Koga, H. Matsumoto and M. Yoshio: *Electrochemical and Solid-State Letters*, **10**, A74-A76（2007）.
23）W. Märkle, N. Tran, D. Goers, M. E. Spahr and P. Novák: *Carbon*, **47**, 2727-2732（2009）.
24）T. Ishihara, Y. Yokoyama, F. Kozono and H. Hayashi: *J. Power Sources*, **196**, 6956-6959（2011）.
25）H. Fan, J. Gao, L. Qi and H. Wang: *Electrochimica Acta*, **189**, 9-15（2016）.
26）J. A. Read: *J. Physical Chemistry C*, **119**, 8438-8446（2015）.
27）J. A. Read, A. V. Cresce, M. H. Ervin and K. Xu: *Energy and Environmental Science*, **7**, 617-620（2014）.
28）F. Bordet, K. Ahlbrecht, J. Tübke, J. Ufheil, T. Hoes, M. Oetken and M. Holzapfel: *Electrochimica Acta*, **174**, 1317-1323（2015）.
29）P. Meister, V. Siozios, J. Reiter, S. Klamor, S. Rothermel, O. Fromm, H. Meyer, M. Winter and T. Placke: *Electrochimica Acta*, **130**, 625-633（2014）.
30）T. Placke, P. Bieker, S. F. Lux, O. Fromm, H. Meyer, S. Passerini and M. Winter: *Zeitschrift fur Physikalische Chemie*, **226**, 391-407（2012）.
31）S. Rothermel, P. Meister, G. Schmuelling, O. Fromm, H. Meyer, S. Nowak, M. Winter and T. Placke: *Energy and Environmental Science*, **7**, 3412-3423（2014）.
32）T. Ohzuku, Z. Takehara and S. Yoshizawa: *Denki Kagaku*, **48**, 438-441（1978）.
33）J. Gao, S. Tian, L. Qi and H. Wang: *Electrochimica Acta*, **176**, 22-27（2015）.
34）J. Gao, M. Yoshio, L. Qi and H. Wang: *J. Power Sources*, **278**, 452-457（2015）.
35）R. T. Carlin, H. C. De Long, J. Fuller and P. C. Trulove: *J. the Electrochemical Society*, **141**, L73-L76（1994）.
36）R. Santhanam and M. Noel: *J. Power Sources*, **56**, 101-105（1995）.
37）R. Santhanam and M. Noel: *J. Power Sources*, **66**, 47-54（1997）.
38）G. Schmuelling, T. Placke, R. Kloepsch, O. Fromm, H. Meyer, S. Passerini and M. Winter: *J. Power Sources*, **239**, 563-571（2013）.
39）J. R. Dahn and J. A. Steel: *J. the Electrochemical Society*, **147**, 899-901（2000）.
40）S. Miyoshi, H. Nagano, T. Fukuda, T. Kurihara, M. Watanabe, S. Ida and T. Ishihara: *J. Electrochemical Society*, **163**（7）A1206-A1213,（2016）.

第9節　鉄系集電箔を用いた高容量NCA正極/Si負極電池の開発

山形大学　森下　正典　国立研究開発法人産業技術総合研究所／山形大学　境　哲男
新日鉄住金マテリアルズ株式会社　海野　裕人

1. はじめに

リチウムイオン電池は1990年代に実用化され，従来のニカド電池やニッケル水素電池よりも高エネルギー密度，軽量である特徴を活かしてノート型PCや携帯電話に利用されている。今では，リチウムイオン電池の世界販売金額は2兆円以上に成長し，鉛電池に次ぐ，汎用二次電池となってきた。また現在では電気自動車（EV）やハイブリッド自動車（HEV），プラグインハイブリッド自動車（PHEV）などの車載用電源としても商品化されている。さらに2011年3月11日に発生した東日本大震災以降，自然エネルギーのバックアップ電源や防災時の非常用電源などとして定置用電池の導入が顕在化してきている。そのため2020年頃には3兆円以上の市場になることが期待されているが，電池の大型化にともないエネルギー密度や安全性など特性の向上が課題となっている。

リチウムを用いた二次電池の研究開発は1960年代から行われており，高エネルギー密度などの優れた特性を有することから，他の二次電池より優位性が高かった。当初，負極材料としてはリチウム金属が検討されていたが，充放電に伴うデンドライトの生成により，電池の内部短絡や発熱・発火事故が相次ぎ，広く普及することはなかった。そのため，リチウム金属に代替する負極材料が求められ，1980年代に，リチウムを電気化学的に挿入・脱離することのできる炭素系負極が開発され，電池の安全性が飛躍的に向上した。1992年には，微多孔膜セパレータ，混練，塗工，安全回路，電池構造などに関する材料技術や電池技術が確立し，コバルト酸リチウム（$LiCoO_2$）正極と炭素系負極を用いたリチウムイオン電池が我が国で商品化され，現在のリチウムイオン電池の基本構成が完成するに至った。しかしながら，これら正負極材料を組み合わせた電池ではこれ以上の高エネルギー密度化は難しく，新しい材料の開発が必要であった。本稿では$LiNi_{1-X-Y}Co_XAl_YO_2$（NCA）とシリコン（Si）などの高容量材料に重点を置き，電極製造における課題，解決方法について解説する。

2. NCA正極

近年，リチウムイオン電池の高エネルギー密度化が求められており，$LiCoO_2$に代わる高容量正極材料が精力的に研究されている。特にNiを主材とする$LiNi_{1-X-Y}Co_XAl_YO_2$（NCA）は$LiCoO_2$（120–150 mAh/g）と比べて重量あたりの容量が190 mAh/g以上と大きく，高エネルギー密度化を達成できる有望な正極材料である。この材料はNi含有量を増やすと，同じ作動電圧でも正極からより多くのリチウムを出し入れできるようになる。つまりNi含有量によって容量が制御でき，目的に応じた材料設計がしやすいという点でも魅力がある。この材料は水酸化リチウムのようなリチウム化合物と，Ni，Co，Alを含む水酸化物とを焼成することにより合成するが，未反応のリチウム化合物が材料中に残存する。この状態でスラリーを調整すると，残存するアルカリ成分によりスラリーのゲル化や集電体の腐食などが発生する。**図1**(a)にはゲル化したNCA正極材料のスラリーを示す（参考までに(b)に正常なNCAスラリーを示す）。現在ではこれら課題を解決するために材料の水洗や炭酸ガスで中和する方法が提案されている[1]。

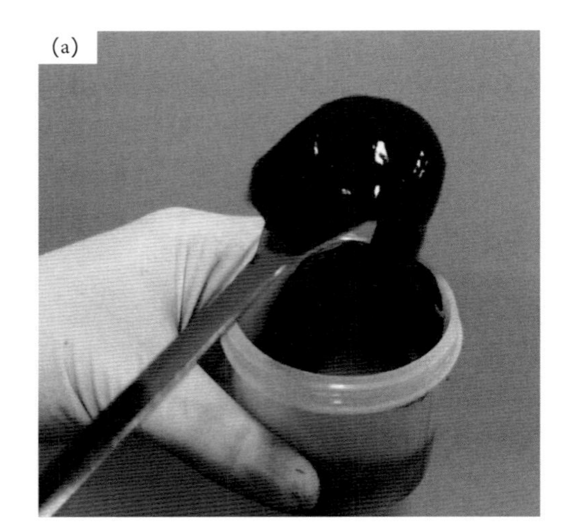

図1　(a)ゲル化したNCAスラリーの写真，(b)正常なNCAスラリー

2.1　正極集電箔

現在，リチウムイオン電池の正極集電体にはアルミニウム箔が使用されている。アルミニウム箔は日用品としても身近な材料であり，低コスト材料である。しかしながらアルミニウム箔が正極集電体に使用される理由は，単に低コスト化だけではなく次のような理由もある。(1)4V以上の電位領域で安定，(2)導電性が良好，(3)自然酸化皮膜に覆われている，(4)入手しやすく低コスト，(5)加工性に優れる。

酸化被膜をもつアルミニウム箔は電池内においてアノード分極され，フッ素を含むアニオン（BF_4^-やPF_6^-）と反応してバリア型の不導態皮膜を生成する。この不導態皮膜はフッ化アルミニウムと類似の化合物であり，水以外のほとんどの溶媒に不溶で極めて安定な性質を持つ。そのため充放電過程を経ると，もともとある酸化アルミニウムとフッ化アルミニウムとが混成物を形成し集電体表面に耐食性被膜を形成する[2]。このように，耐食性被膜を形成するという点もアルミニウム箔が集電体として使用される理由でもある。しかしながら，表面に存在する被膜は絶縁性であり，集電体として使用できるのは不思議議である。実際にはアルミニウム箔表面には良好な電気伝導性があり集電体として十分に使用できている。これには諸説あり，(1)被膜表面に欠陥があり炭素が接触すると電子に導通する，(2)被膜の厚みが5～10 nmであり，トンネル効果により通電するといったものである。

このような被膜は有機電解液中で形成するものであり，大気下のアルミニウム箔表面には薄い酸化被膜が形成されているのみである。そのため NCA 正極材料のような強塩基性を示すスラリーを塗工すると，水素ガスを発生しながら表面で腐食が進行する（ガス発生は反応式１で示される。また反応式１をアノードとカソード反応とに分解すると式２と３になる）。**図２**にはガスの発生により塗膜が不均一化した様子を示している。このような腐食反応は箔表面に絶縁層を形成するとともに，正極活物質と集電体との密着性を低下させ，活物質の脱落の原因となる。このような課題を解決するために，NCA 正極（日本化学産業㈱製）の集電体として耐食性のあるステンレス箔（新日鉄住金マテリアルズ㈱製）に注目した[3)4)]。以下に，ステンレス箔の NCA 正極集電体としての適合性，および電極性能について述べる[5)6)]。

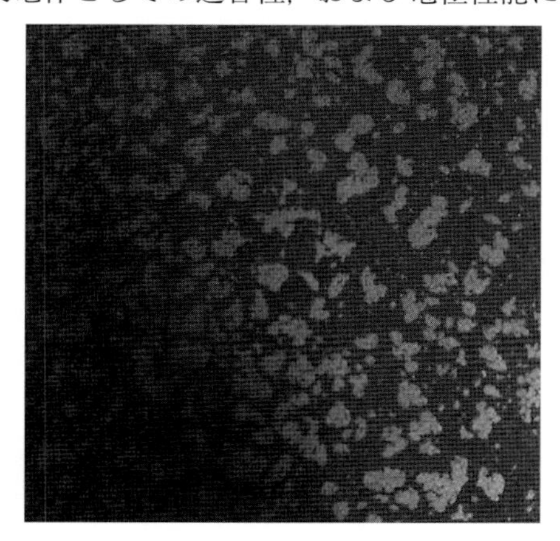

Alの腐食反応

全反応：$Al + H_2O + OH^- \rightarrow AlO_2^- + 3/2H_2\uparrow$ ……(1)

アノード反応　：$Al + 4OH^- \rightarrow AlO_2^- + 2H_2O + 3e$…(2)

カソード反応　：$3H_2O + 3e \rightarrow 3OH^- + 3/2H_2$ ……(3)

図２　ガス発生により不均一化した NCA の塗膜（集電箔：アルミニウム箔）

2.2　ステンレス箔を用いた NCA 正極の特性

図３にはステンレス箔とアルミニウム箔とについて，NCA 正極材料のスラリーを塗工する前と塗工後に活物質層を剥がし取った後の各箔との交流インピーダンス測定の結果を示す。虚数部＝0 のときの実数部の抵抗値について，ステンレス箔は塗工前後では変化はなかったが，アルミ

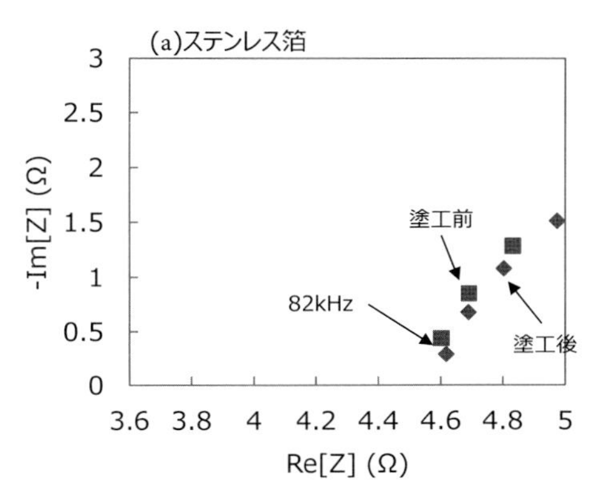

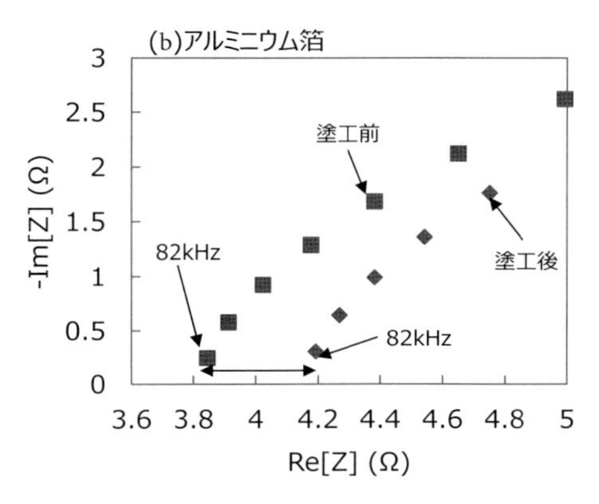

図３　NCA 正極材料のスラリーを塗工前後における(a)ステンレス箔と(b)アルミニウム箔の交流インピーダンス測定

ニウム箔は塗工後に抵抗が増加した。これはステンレス箔において塗工前後で表面の状態が変わらないことを示しており，強塩基性のスラリーに対して耐性をもっているがわかった。一方，アルミニウム箔は塗工後に抵抗が増加しており，これは表面が腐食されて被膜が生成していることを示している。

図４にはステンレス箔とアルミニウム箔とを用いたNCA正極のSEM写真を示す。電極板は80℃で乾燥した後のものである。ステンレス箔の場合，球状のNCA粒子が密に詰まり，高い充填性を示していることがわかる。一方，アルミニウム箔は電極内にアルミニウムの腐食により発生したH_2ガスによる空隙が観察できた。またスコッチテープによる活物質層の剥離試験を行ったところ，アルミニウム箔のみ活物質が剥離した。これはガス発生により正極活物質と集電体との密着性の低下を示している。このように集電体の腐食によるガス発生は，活物質層の充填性と活物質層/集電体界面の密着性とに大きな影響を与える。

ステンレス箔とアルミニウム箔とを用いたNCA正極について，Li金属箔を対極とした2032型コインセルを作製し電気化学特性を評価した（**図５**）。ステンレス箔のNCA正極について初期放電容量は192 mAh/g，初期充放電効率は90%であり，ほぼ理論値を示した。また２サイクル目以降の充放電効率が100%であることから，2.0–4.3 V（vs Li/Li^+）の電位範囲においてステンレス箔は電気化学的に安定であった。一方，アルミニウム箔のNCA正極は初期放電容量が

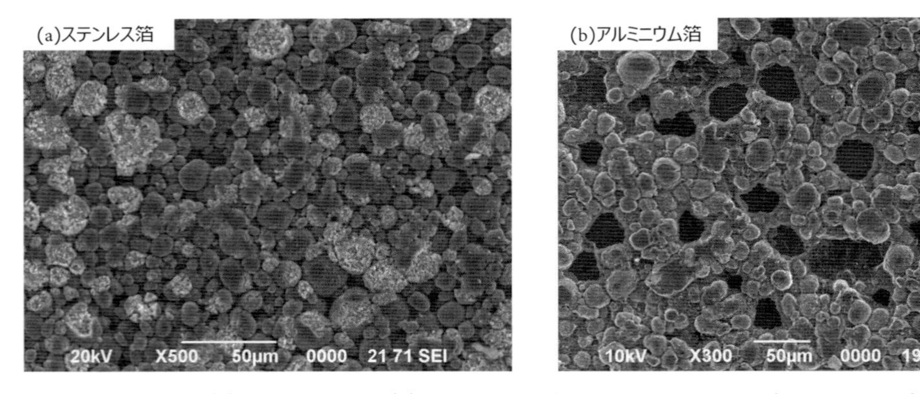

図４　(a)ステンレス箔と(b)アルミニウム箔とを用いたNCA正極のSEM写真

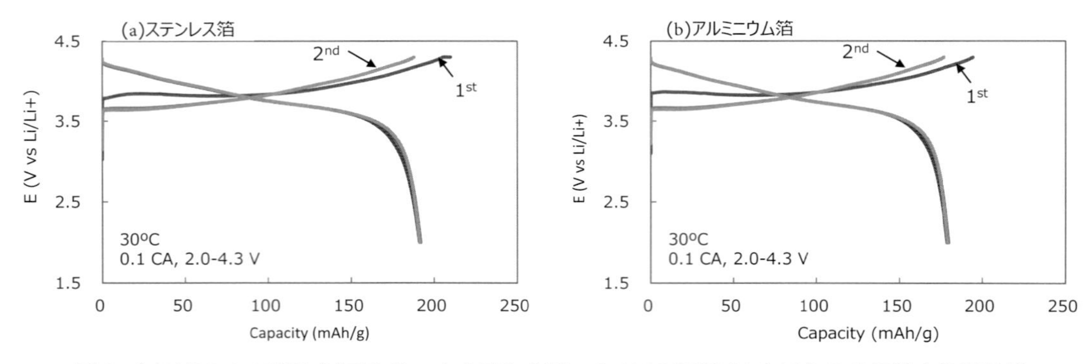

図５　(a)ステンレス箔と(b)アルミニウム箔とを用いたNCA正極/Li金属セルの初期充放電特性

178 mAh/g と低く，集電体の腐食が電気化学特性にまで影響していることがわかった。次にこれら NCA 正極のサイクル特性を評価した（**図6**）。ステンレス箔の NCA 正極はほぼ劣化することなくサイクルし，2サイクル目に対する30サイクル目の維持率は97%であった。一方，アルミニウム箔の NCA 正極はサイクルとともに徐々に容量が減少しており，上記同様に30サイクル目の維持率は92%まで低下した。以上の事実から，箔の耐食性と電極の電気化学特性との間には密接な相関性がある。

次にこれら NCA 正極と黒鉛負極とを組み合わせたコイン型 NCA 正極/黒鉛負極セルを作製し，50% SOC における2，5，10 sec の直流抵抗を求めた（**図7**）。またセルの正極容量/負極容量比は1.2とし，正極容量規制のセル設計とした。この図から入力，出力ともに正極にステンレス箔を用いると低抵抗化できることがわかった。負極と組み合わせた場合においても正極集電箔の耐食性が電池特性に大きく影響する。一般的にステンレス箔とアルミニウム箔との導電率は 7.4 nΩ·m（SUS304 の場合[3]）と 2.82 nΩ·m とであり，前者の電極は抵抗が増加すると考えられる。しかしながら，NCA 正極材のように腐食性を示すような材料の場合には，ステンレス箔はアルミニウム箔以上の特性を示すことがある。

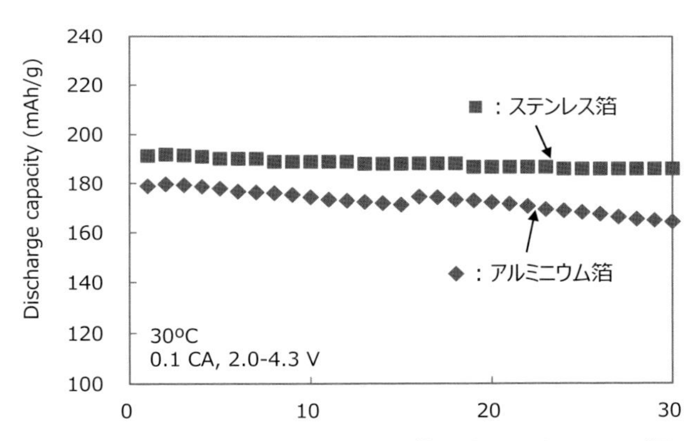

図6　ステンレス箔とアルミニウム箔とを用いたNCA正極/Li金属セルのサイクル特性

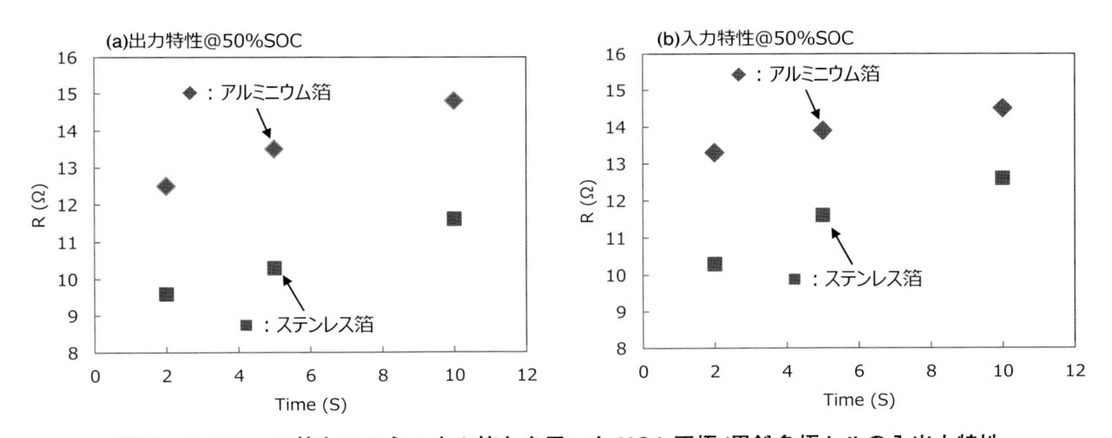

図7　ステンレス箔とアルミニウム箔とを用いた NCA 正極/黒鉛負極セルの入出力特性

3. Si 負極

リチウムイオン電池は，高エネルギー密度，軽量であることから携帯電話などのポータブル機器の電源として普及してきた。また，最近では小型電子機器用電源だけでなく，蓄電用や車載用電源として応用範囲を広げつつある。このように多岐にわたり使用されているリチウムイオン電池には，高エネルギー密度化，長寿命化，高出力化，高安全性などの高性能化が求められている。これまで，リチウムイオン電池の負極材料にはLiイオンの挿入脱離が可能な炭素系材料が使用されてきた。しかしながら，この材料は理論的な容量（体積あたり：700 mAh/cc，重量あたり：372 mAh/g）まで使いこなされており，新たな負極材料が望まれている。

現在，炭素系材料より高容量の負極材料として，Liと合金化するSiやスズ（Sn）などの合金系材料が注目されている[7)-13)]。例えば代表的な負極材料である黒鉛材料の理論容量は372 mAh/gであるが，Si合金系材料は単位質量あたりで4,000 mAh/g，単位体積あたりで10,000 mAh/ccと高容量を有している。しかしながら，Si合金系材料は充放電時の体積変化が大きいために，集電箔の形状変化や集電箔と活物質との密着性の低下によりサイクル特性が劣化するという課題があった。これら課題の対策として，電極の薄膜化や炭素材料などとの複合化がある[14)-17)]。前者はSi薄膜層を電子ビーム蒸着法やスパッタリング法で銅箔上に直接形成する[14)15)]。電子ビーム蒸着で形成したSi薄膜はアモルファス状の柱状組織で構成され，厚さ5.5 μm（4 mAh/cm^2）の薄膜を利用率50％で使用すると，250サイクル後も容量低下や構造変化はないことが報告されている[14)]。後者は炭素マトリックス中にナノSi粒子を含む非晶質SiO_2相を分散した複合材料である。この構造はSi微粒子の膨張収縮に伴う応力を緩和するため，電極の劣化を抑制することができる[16)17)]。また，一酸化珪素（SiO）もSi系合金材料に分類される材料である。SiO負極は1,200 mAh/g以上もの高い可逆容量を有していながら，Si負極より体積変化が小さい[18)-22)]。SiO負極は1,000サイクル以上も充放電サイクルが可能であると報告されている。現在は純Si負極の実用化に向けた研究開発が精力的に進められている。

● ニッケルめっき鋼箔を用いたSi負極

現在，リチウムイオン電池の負極集電体には銅箔が使用されている。銅箔が使用される理由として，①リチウムと合金化しない，②アルミニウムよりも機械強度が高いために薄く加工できる，③負極の作動電位範囲では電気化学的に安定（3.6 V以上で溶解），④汎用的で低コストなどである。このような特徴をもつ銅箔であるが，体積変化の大きなSi系材料と組み合わせると，電極が変形しサイクル特性が低下するという課題があった（**図8**）。そのため材料の体積変化に耐えられる機械的特性に優れた集電箔の開発が求められていた。これに加えて限られたスペースの中で高エネルギー密度化を実現するため，Si系負極の集電箔には銅箔同等もしくはそれ以下の薄さも求められていた。これまでに従来の銅箔と同等の厚さで（8～10 μm），高い機械的特性を有する極薄圧延ステンレス箔やクラッド箔などが報告されている。ここでは銅箔より機械的特性に優れ，ステンレス箔より薄く加工できるニッケルめっき鋼箔（新日鉄住金マテリアルズ㈱製）について解説する。ニッケルめっき鋼箔はステンレス箔と同等の高い耐熱性を有しておりバ

(a)塗工側

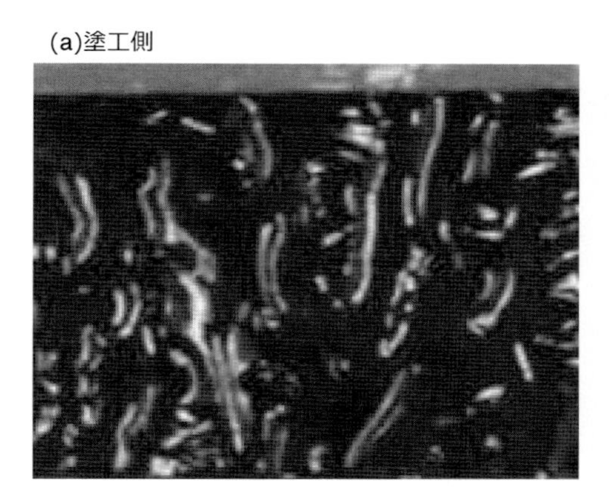

(b)裏側

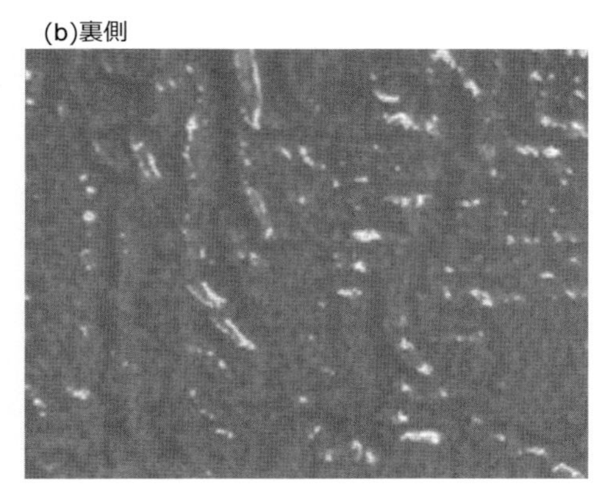

図８　充放電試験後の SiO 負極の写真（集電箔：35 μm の銅箔）

インダーの熱処理プロセスを経ても軟化せずに高い機械的特性を維持でき，さらに鋼材にニッケルめっき処理を施しているために箔と活物質との密着性を向上させることができる[4]。

図９には，ニッケルめっき鋼箔と銅箔とを用いた Si 負極について，Li 金属箔を対極とした 2032 型コインセルのサイクル特性の結果を示す。使用した Si 粉末は太陽電池用 Si ウエハースの切削により得られるもので（TMC㈱製），参考として SEM 写真を示す[23]。ニッケルめっき鋼箔と銅箔との厚みは 10 と 20 μm である。初期放電容量はニッケルめっき鋼箔の Si 負極で 2760 mAh/，銅箔の Si 負極で 2,650 mAh/g となり，前者で高容量を示した。またニッケルめっき鋼箔の Si 負極は初期の高い容量を維持しながらサイクルし，1 サイクル目に対する 50 サイクル目の維持率は 99.7%であった。一方，銅箔の Si 負極は 30 サイクル目以降に急激に容量が減少しており，上記同様に 50 サイクル目の維持率は 85%まで低下した。充放電試験後，ニッケルめっき鋼箔の Si 負極では電極の変形，活物質層の剥離などは観察されなかった（**図 10**）。電極構造を維持する高い機械的特性，箔と活物質との高い密着性とが優れた特性を示した要因であると考えられる。

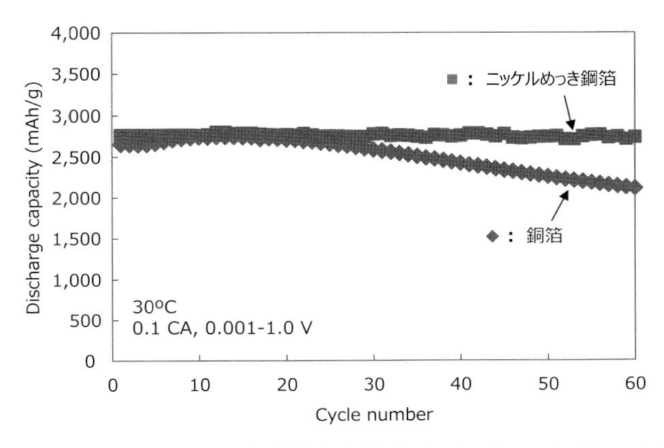

太陽電池用ウエハース切削で得られたSi粉末
(Si : 92.8 %, SiO_2 : 4.56 %, C : 4.06 %)

図９　ニッケルめっき鋼箔と銅箔とを用いた Si 負極/Li 金属セルのサイクル特性と Si 粉末の SEM 写真

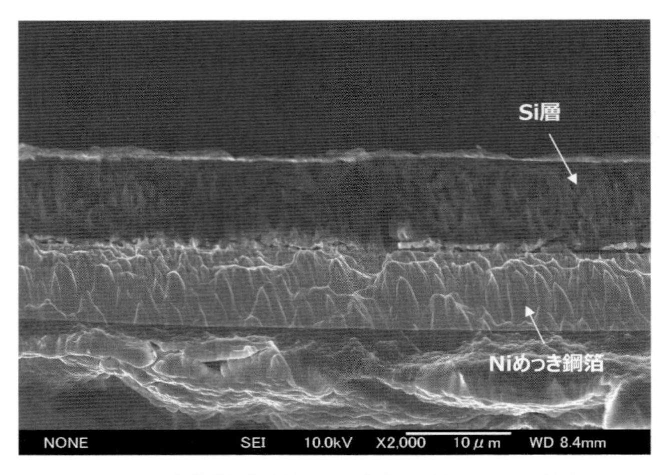

図 10　充放電試験後の Si 負極の断面 SEM 写真

4. レーザーによる鉄系集電箔の切断技術

現在の電極切断加工は塗工方法によって変わり，主にダイス切断は間欠塗工電極のスタンプ加工に使われ，回転ナイフスリット加工は円柱型電池用のストライプ塗工電極の切断に用いられる。いずれの加工技術も高価な治具が必要であり，長期間の使用により切断品質が低下する。とくに切断面のわずかな曲がりや凹凸，切断時に発生する材料が付着すると短絡が発生するという問題点があった。また，ステンレス箔やニッケルめっき鋼箔のような機械的強度の高い箔においては，刃の耐久性の低下やバリや凹凸の発生率が高くなる。したがって，保守と治具の高頻度な交換が必要になり，製造コストが高くなるといった課題があった。このような課題を解決するためにメカニカル切断ではなく，長期間安定して切断できるレーザー切断に注目した。以下に，レーザーで切断した鉄系集電箔の電極特性について説明する。

4.1 NCA 正極（ステンレス箔）と Si 負極（ニッケルめっき鋼箔）とのレーザー切断加工

図 11 には NCA 正極（ステンレス箔）と Si 負極（ニッケルめっき鋼箔）について，レーザーによる切断面の SEM 写真を示す。加工した NCA 正極と Si 負極の大きさは（活物質塗工面の大きさ），前者が 80 × 115 mm，後者が 85 × 120 mm であり，1 枚あたりの加工時間は 1.7 秒と 3.4 秒とであった。NCA 正極と Si 負極ともにレーザーによる影響で切断面の活物質層が剥離していることがわかる。剥離した活物質層の幅は 100 μm であるが，これはレーザーの出力，ビーム径に依存するものであり，条件によって剥離層を制御することができる。また電極内部を観察すると，隔離した活物質粒子は電極に付着していなかった。これは集塵装置によるもので，微粒子による短絡を防止する効果的な手段である。また金属箔側面は熱により変形している様子が見られるが，金属箔の変形であるのか，またはバインダー樹脂の変形であるのか区別がつかない。いずれにしても突起物のような状態に変形していないため，セパレータを突き破ることはないと考えられる。

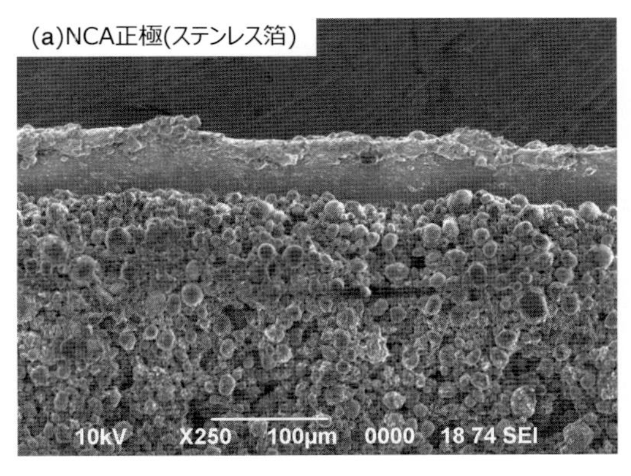

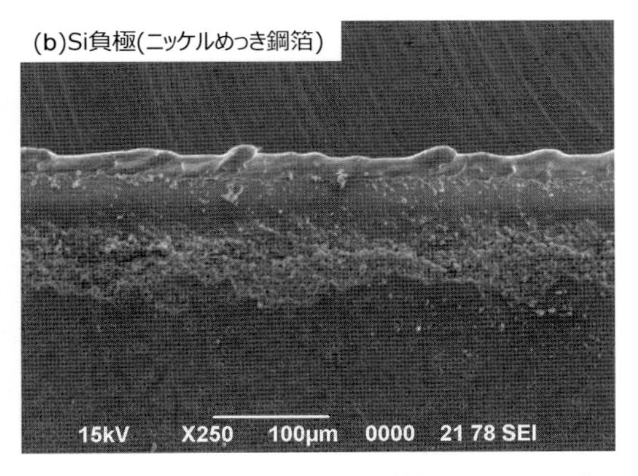

図 11　レーザー加工した NCA 正極（ステンレス箔）と Si 負極（ニッケルめっき鋼箔）の SEM 写真

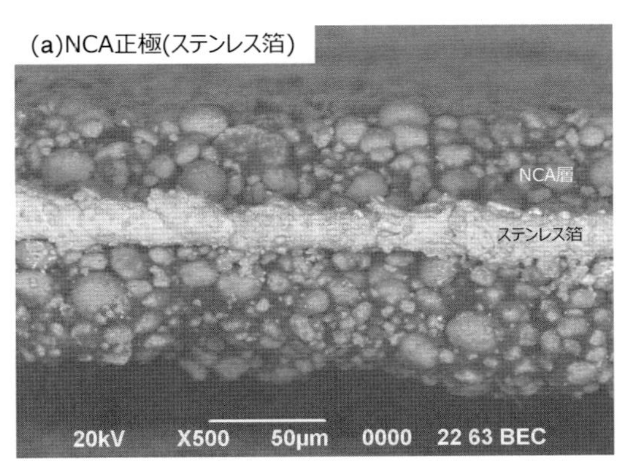

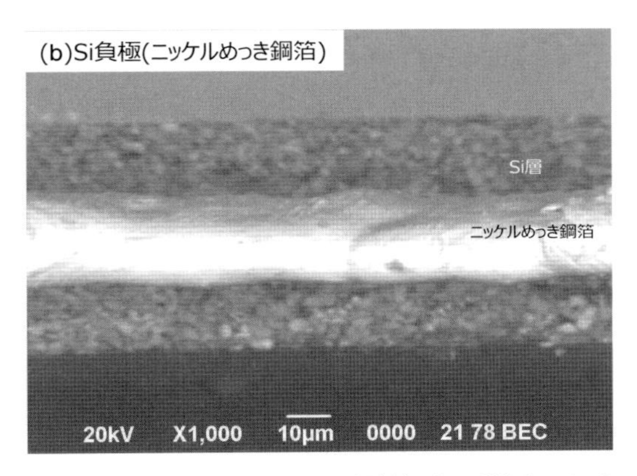

図 12　レーザー加工した NCA 正極（ステンレス箔）と Si 負極（ニッケルめっき鋼箔）との断面における反射電子像

図 12 にはこれら電極の断面における反射電子像を示す。反射電子像から粒子層の間にある帯状のものが金属箔であることがわかる。この写真から金属箔側面は活物質層以上の厚さに変形することはなく，加工断面の変形による短絡の影響は小さいと考えられる。

4.2　NCA 正極（ステンレス箔）／Si 負極（ニッケルめっき鋼箔）積層体の絶縁抵抗測定

上記のような金属箔側面の変形，活物質層剥離の影響を確認するために，NCA 正極（ステンレス箔）／セパレータ／Si 負極（ニッケルめっき鋼箔）積層体を作製し抵抗値を測定した（**図 13**）。ここでは 3 種のセパレータを用いて，積層体に 250 V の電圧を印加したときに流れる電流値から抵抗値を求めた（**表 1**）。いずれもセパレータを用いたときも抵抗値は 500 MΩ以上となり，絶縁されていることがわかった。とくに空隙度の大きな不織布では短絡しやすいと考えられたが，微多孔膜と同様の結果となった。またアルミニウム箔や銅箔も同様で，レーザーによる加工で加工部の変形，活物質層に剥離はあるものの電極間は絶縁できていた。1 Ah クラスの三元系正極/黒鉛負極積層セルにおいて，100 サイクル後も劣化せずに作動していることからレーザー加工による短絡の影響はないと考えられる。高強度な金属箔を加工するうえで，レーザー加工は

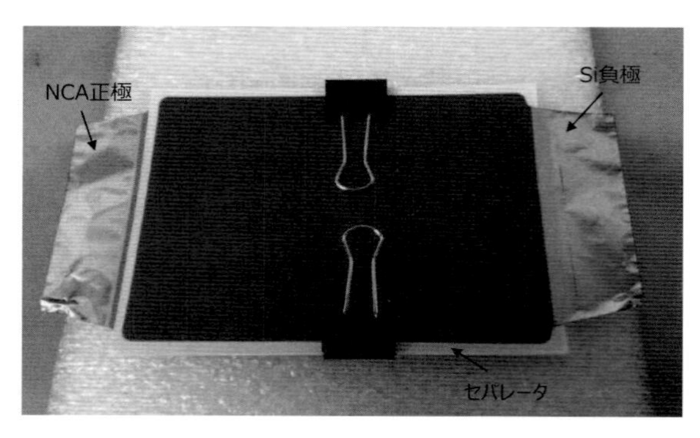

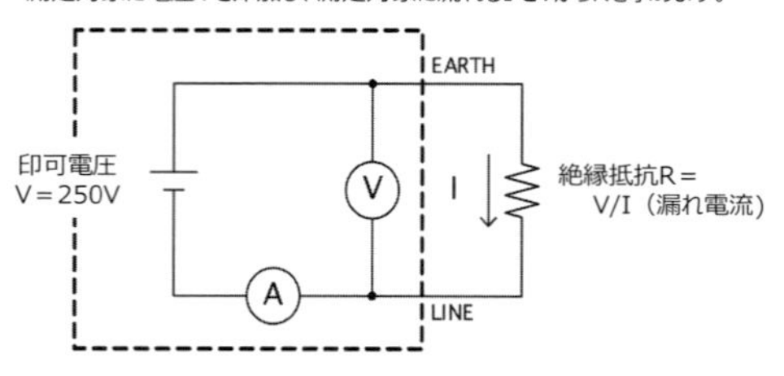

図 13　NCA 正極（ステンレス箔）／セパレータ／Si 負極（ニッケルめっき鋼箔）積層体

表 1　各種セパレータを用いた NCA 正極（ステンレス箔）／Si 負極（ニッケルめっき鋼箔）積層体の絶縁抵抗値

	PE 微多孔膜	セラミックコート微多孔	不織布
抵抗値	＞500 MΩ	＞500 MΩ	＞500 MΩ
塗布	なし	アルミナ	シリカ
厚み	20 μm	20 μm	20 μm
空孔率	40%	42%	50%
透気度	250 s/100 cc	235 s/100 cc	20 s/100 cc

初期投資が大きくなるという欠点はあるものの，電極の品質を長期安定に維持するということであれば優れた技術であると考えられる。

4.3　NCA 正極（ステンレス箔）／Si 負極（ニッケルめっき鋼箔）セルの特性

図 14 には上記 NCA 正極（ステンレス箔）と Si 負極（ニッケルめっき鋼箔）とを組み合わせた小型ラミネート NCA 正極／Si 負極セルの(a)初期充放電曲線と(b)サイクル特性とを示す。電極はそれぞれレーザー切断およびメカニカル切断により加工したものであり，セパレータは表 1 に示した PE 微多孔膜である。またセルの正極容量／負極容量比は 1.2 とし，正極容量規制のセル設計とした。初期充放電曲線において、低 SOC 側でメカニカル切断のセルは過電圧となったが，充電深度が深くなると電位差は解消された。初期充放電容量に差異はなかった。またサイクル特性を比較すると，レーザー切断のセルでわずかに容量は高くなったが，サイクル維持率においては優位性のある差異はなかった。次にこれら満充電状態のセルを 45℃の環境下で 3 日間放置した後の放電曲線を示す（**図 15**）。初期放電曲線と比較すると，両セルともに放置後では電圧が降下しており自己放電していたが，容量維持率は(b)メカニカル切断より(a)レーザー切断のセルで高くなった。自己放電は微小短絡によるもので，レーザー切断ではバリの発生や活物質の剥離を最小限に抑え，優れた電池特性を示したと考えられる。

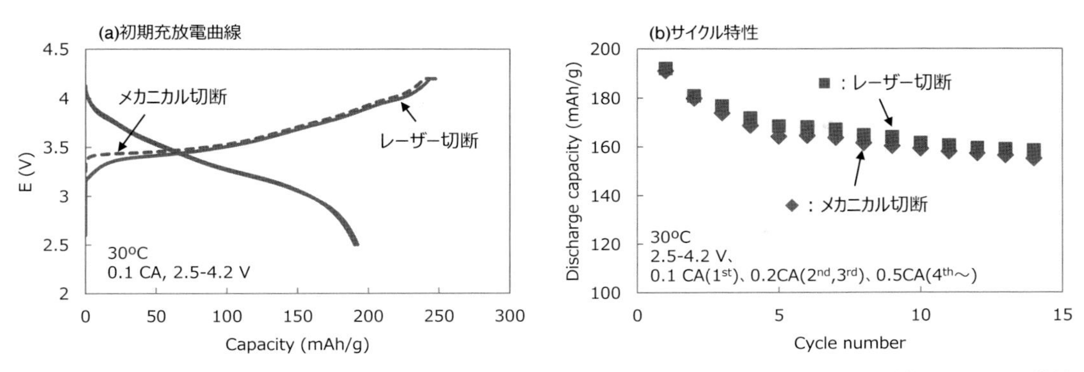

図 14　NCA 正極（ステンレス箔）／Si 負極（ニッケルめっき鋼箔）セルの初期充放電曲線とサイクル特性

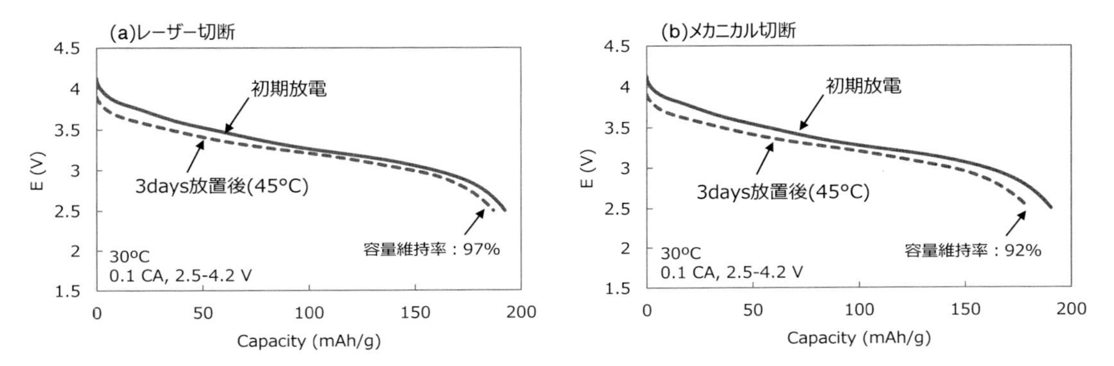

図 15　NCA 正極（ステンレス箔）／Si 負極（ニッケルめっき鋼箔）セルの初期放電曲線と高温下で放置後の放電曲線

5. おわりに

冒頭でも述べたようにリチウムイオン電池の市場は拡大している。特に 2016 年には車載用を含む中大型リチウムイオン電池向けの出荷数量が，民生用電池を上回る形となり，市場成長の牽引役のシフトが明確となった。2017 年以降も車載用市場は中国での急成長に続き，今後は欧州地域でも市場拡大が加わると予想される。これらの背景には二酸化炭素排出抑制による温暖化対策もあるが，電池の高エネルギー密度化により EV や PHEV がガソリン車並みの性能，低コスト化を達成したことも起因している。現在，リチウムイオン電池にはさらなる高エネルギー密度化が求められ，そのため NCA やシリコン材料のような活物質に重点を置いた研究開発が精力的に進められている。しかしながら，活物質のみでは電池の高容量化，高性能化は難しく，部材を含めた材料の最適化が必要である。ここで紹介した鉄系集電箔と高容量材料との組み合わせは，リチウムイオン電池の高容量化を達成するための革新的な技術であり，今後も材料技術の進展が期待される。

文　献

1）柳田昌宏，向井孝志，池内勇太，山下直人，田中秀明，大西慶一郎，浅見圭一，坂本太地：第57回電池討論会要旨集，1E23，292（2016）．
2）立花和宏，佐藤幸裕，仁科辰夫，遠藤孝志，松木健三，小野幸子：*Electrochemistry*，**69**，670（2001）．
3）新日鉄住金マテリアルズ株式会社 HP：http://nsmat.nssmc.com/product/stainless-steel-foil.php
4）日本化学産業株式会社　HP：http://www.nihonkagakusangyo.co.jp/products/yakuhin/li.html
5）森下正典，山野晃裕，境哲男，吉武秀哉：第57回電池討論会要旨集，1E19，288（2016）．
6）森下正典，山野晃裕，境哲男，吉武秀哉：第57回電池討論会要旨集，1B24，99（2016）．
7）境哲男：電池ハンドブック，電気化学会　電池技術委員会編，2章5節，388，オーム社（2010）．
8）向井孝志，境哲男：リチウム二次電池部材の測定・データ集，第3章28節，187，技術情報協会出版（2012）．
9）森下正典，向井孝志，江田祐介，坂本太地，境哲男：レアメタルフリー二次電池の最新技術動向，第3章1節，125，シーエムシー出版（2013）．
10）向井孝志，片岡理樹，森下正典，境哲男：技術シーズを活用した研究開発テーマの発掘，第2章4節，89-101，技術情報協会出版（2013）．
11）向井孝志，坂本太地，山野晃裕，片岡理樹，森下正典，境哲男：リチウムイオン電池活物質の開発と電極材料技術，第3部第1章，269，サイエンス＆テクノロジー出版（2014）．
12）A. Yamano, M. Morishita, H. Yamauchi, T. Nagakane, M. Ohji, A. Sakamoto, M. Yanagida and T. Sakai: *J. Power Sources*, **292**, 31（2015）．
13）A. Yamano, M. Morishita, M. Yanagida and T. Sakai: *J. Electrochem. Soc*, **162**, A1730（2015）．
14）J. Yin, M. Wada, K. Yamamoto, Y. Kitano, S. Tanase and T. Sakai: *J. Electrochem. Soc*, **153**, A472（2006）．
15）藤谷伸，米津育郎：電池技術，**18**，53（2006）．
16）T. Morita and N. Takami: *J. Electrochem. Soc*, **153**, A425（2006）．
17）長井龍，喜多房次，山田将之，片山秀昭：日立評論，**92**，38（2010）．
18）幸琢寛，境哲男：粉体技術と次世代電池開発，第7章2節，388，シーエムシー出版（2010）．
19）T. Miyuki, Y. Okuyama, T. Sakamoto, Y. Eda, T. Kojima and T. Sakai: *Electrochemistry*, **80**, 401（2012）．
20）幸琢寛，小島敏勝，境哲男：第53回電池討論会要旨集，3C28，203（2012）．
21）T. Hirose, M. Morishita, T. Sakai and H. Yoshitake: *Solid State Ionics*, **303**, 154（2017）．
22）T. Hirose, M. Morishita, T. Sakai and H. Yoshitake: *Solid State Ionics*, **304**, 1（2017）．
23）TMC 株式会社　HP：http://www.townmining.co.jp/pdf/denchitouronkaiSi.pdf

第7章

国内と欧州の開発動向

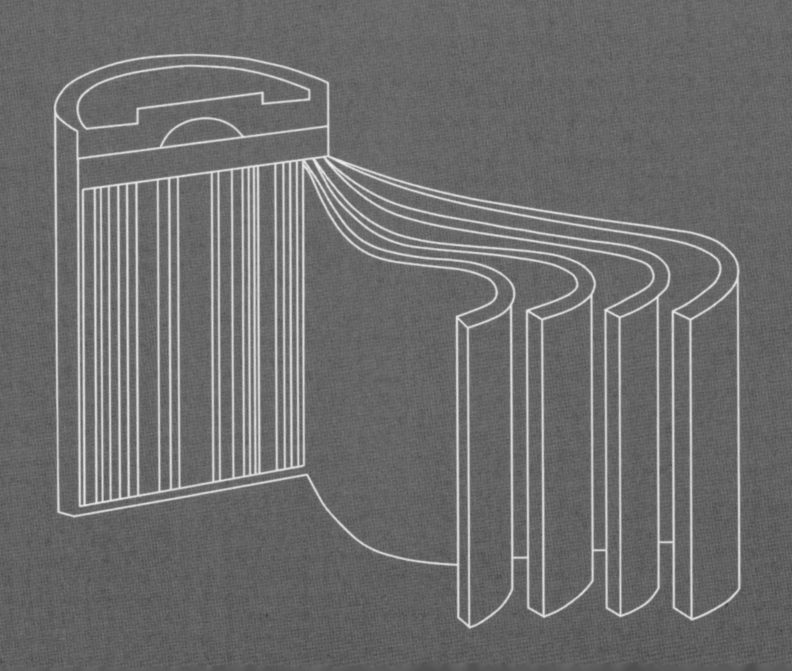

第1節　車載用次世代型二次電池開発戦略と今後の展望

国立研究開発法人物質・材料研究機構／北海道大学名誉教授　魚崎　浩平
国立研究開発法人科学技術振興機構　片山　慎也

1. 科学技術振興機構（JST）次世代蓄電池研究加速プロジェクト（ALCA-SPRING）

CO_2全排出量の約10％にあたる自動車の排出量削減と再生可能エネルギーの安定的利用のためには低コストで高性能な次世代蓄電池が必要であるが，現在普及しているリチウムイオン電池のエネルギー密度とパワー密度には限界があるため，革新的な次世代蓄電池の実現が求められている。文部科学省傘下の科学技術振興機構では，温室効果ガス排出の低減を目指した低炭素技術開発に特化した先端的低炭素化技術開発プログラム（Advanced Low CarbonTechnology Research and Development Program；ALCA）の中に，2013年度から次世代蓄電池研究の加速を目的として，特別重点技術領域『次世代蓄電池』（ALCA-Specially Promoted Research for Innovative Next Generation Batteries；ALCA-SPRING）を設置している。本稿では当プロジェクトの概要を述べる。詳細については当プロジェクトのホームページ（http://www.jst.go.jp/alca/alca-spring/index.html）を参照いただきたい。

1.1 プロジェクトの発足まで

2012年度に文部科学省と経済産業省のエネルギーに関する合同検討会で，2013年度予算要求において両省が連携すべきテーマとして①我が国の経済社会に大きなインパクトを与える，②リスクが高く，実用化・事業化までの長期の取り組みが必要，③我が国が強みを持ち，世界への貢献が期待される，という観点からエネルギーキャリア，未利用熱エネルギーとともに，「次世代蓄電池」が提言され，文科省からALCAの一環として実施するという概算要求が提出された。その後，両省関係者および有識者で構成されるワーキンググループで実施内容の骨格を議論し，(1)基礎技術の深化によるゲーム・チェンジングな次々世代蓄電池技術を目指し，徹底したサイエンスに基づく新材料の探索・開発とそれを生かした電池システムを構築する。(2)最終的に革新電池を実現するという観点を明確に持ち，個別材料の最適化に留まらず，電池設計から正・負極，電解質材料開発，電池総合技術，評価解析までを一気通貫で行う，(3)システム・戦略研究に基づく，明確な知財ポリシーを当初から持ち，世界の追随を許さない圧倒的な技術開発を目指すことを決定した。具体的な対象としては，次世代蓄電池の有力候補の中から，全固体電池（硫化物型・酸化物型），金属空気電池，その他電池（中長期），その他電池（長期）の4種類の電池系を選択し，4チーム体制とすること，またいずれのチームにも正極・負極グループ，電解質材料グループ，評価解析グループのほか，電池セルを研究する電池システムグループを置くことで一気通貫に電池研究を進めることとした。2013年4月にチーム単位で公募が行われ，有識者で構成されるALCA特別重点技術領域『次世代蓄電池』分科会での書類審査，面接審査を経て，ALCA-SPRINGが発足した。

また，ワーキンググループでは各チームの研究を支える共通基盤プラットフォームの必要性が議論されたが，2012年度補正予算でナノテクノロジープラットフォームの設備整備・高度化の一環として当プロジェクトとの連携を前提とした『蓄電池基盤拠点（設置時に蓄電池基盤プラットフォームに改称)』が措置された（2013年1月公募)。

1.2　ALCA-SPRINGの体制と運営

従来，ALCAでは個々の研究者から研究者の自由な発想に基づく研究テーマの提案を受けて行うボトムアップ型研究開発を実施してきたが，ALCA-SPRINGは「低炭素社会実現の可能性を高め，あらかじめ目標となる製品やシステムを示したトップダウン型研究開発」として実施することとされており，先述したようにチーム単位で公募し，チームリーダーにメンバーの選出，予算配分など大幅な権限を与えている。**図1**は2013年発足当初の運営体制である。

主要メンバーの多くはすでに蓄電池に関する大型プロジェクトに参画していたが，ALCA（蓄電領域）やCRESTなどJSTプロジェクトの参画メンバーは当プロジェクトに専念することと

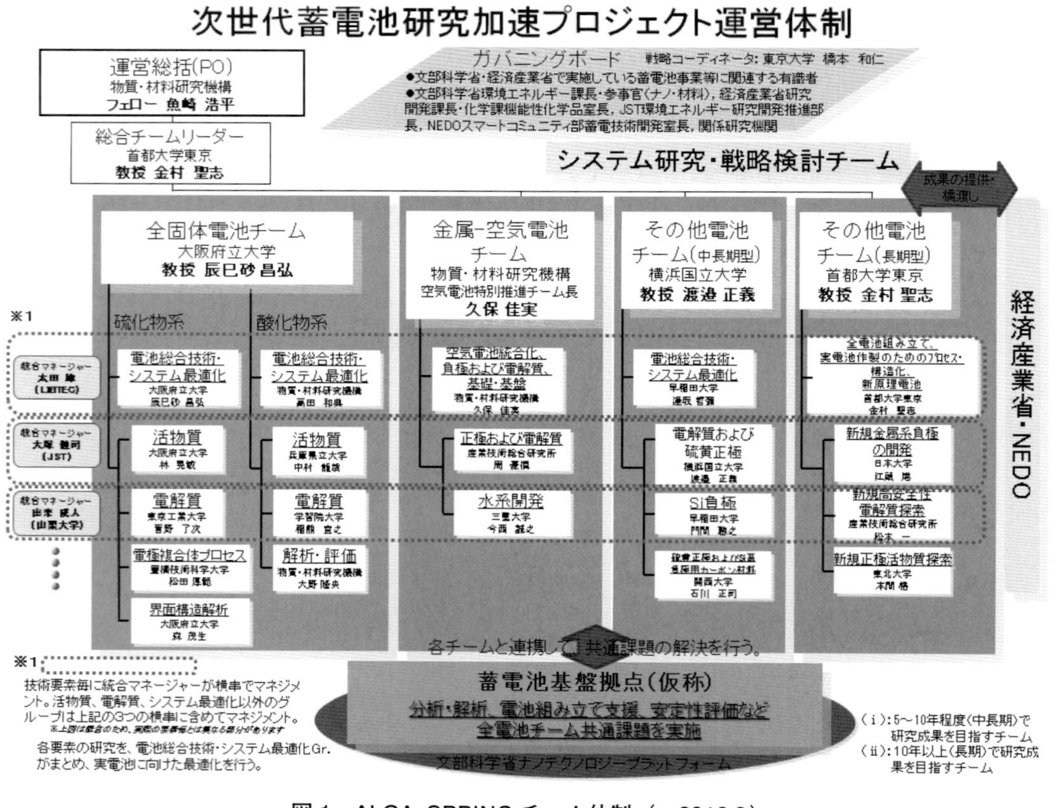

図1　ALCA-SPRINGチーム体制（〜2016.3）

した。全国40機関65研究室が所属する大きなプロジェクトとして2013年9月キックオフ会議を行い発足した。

本プロジェクトの特徴として，総合チームリーダーがすべてのチームを俯瞰すること，チームを越えた研究成果の展開を容易にするために技術要素（電池総合技術，活物質，電解質など）ごとに統合マネージャー（2016年度からは担当分科委員）を置き，横断的に技術の進捗評価を行うことが挙げられる。運営面では，橋本和仁東大教授（現在NIMS理事長）を戦略コーディネータ，文科省，経産省の関連4課長を共同議長，関連プロジェクト関係者をメンバーとするガバニングボードが設置され，国内の次世代蓄電池関連プロジェクトの連携が図られている。さらに，これまでよく見られた『技術で勝って，事業で負ける』といったことを事前に防ぐことを念頭に，外部有識者の参加を得て，システム研究・戦略検討チームを設置し，オープン・クローズ戦略に基づく知財ポリシーの確立を行い，さらに特許，学術文献，学会などの最新情報，海外国家プロジェクトの活動状況などを調査し，世界の動向，各電池系における長所・短所，特徴，ボトルネック課題とその解決困難性などを整理し，研究戦略を構築した。これらの結果は，各電池チームの研究方針に反映するとともに，ステージゲート審査の指針として生かされている。

ALCAプロジェクト運営の大きな特徴であるステージゲート評価を2015年夏に行い，「次世代蓄電池を実現するために」という視点から，体制を見直し，2016年度から新たなチーム体制（**図2**）で再出発した。新体制では，その他電池（中長期）チームを正極不溶型リチウム硫黄電

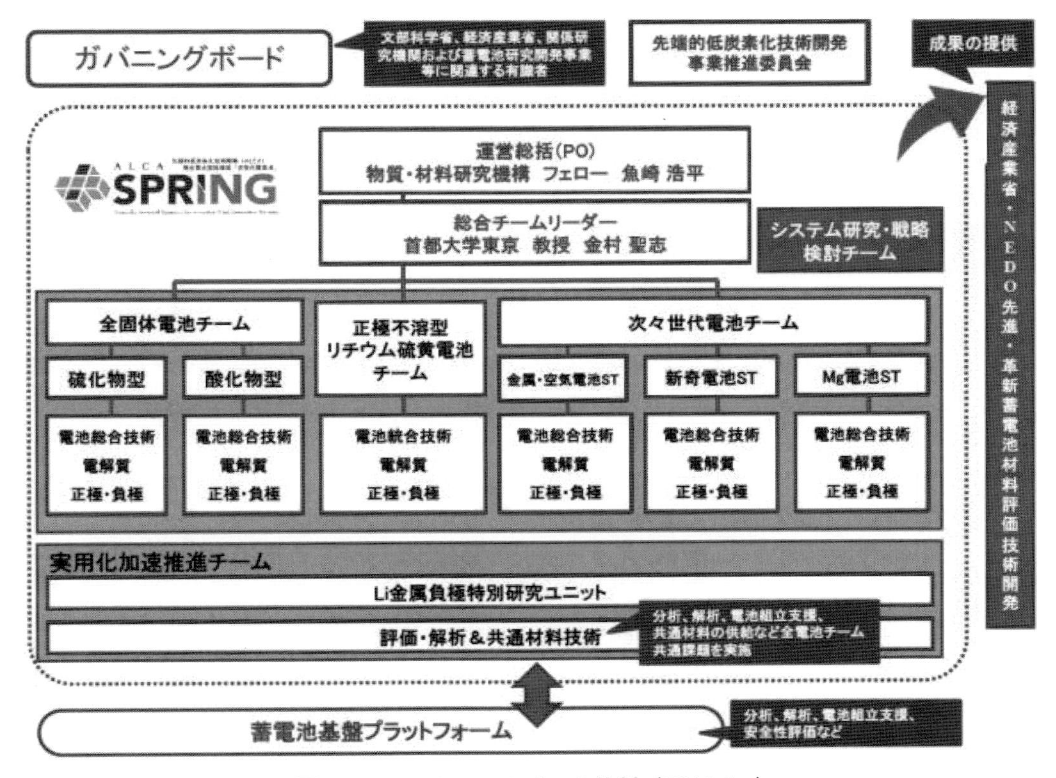

図2　ALCA-SPRINGチーム体制（2016.4～）

池チームと方向性を明確化し，その他電池（長期）チームを金属・空気電池，新奇電池，Mg 電池サブチームで構成される次々世代電池チームとした。また，次世代蓄電池の高エネルギー密度化に不可欠なリチウム金属負極の研究加速を担うリチウム金属負極特別ユニットと評価・解析，共通技術の研究者で構成される横断的な組織「実用化加速推進チーム」を設置した。評価・解析，共通技術については蓄電池基盤プラットフォームとのリンクを強化している。

2. 各チームの取組みと成果

2.1　全固体電池

全固体電池は，可燃性の電解液を使用しないので，漏液の心配がなく安全性が高い電池と考えられており，広い温度域での使用やセル内直列構造による高電圧化や，安全機構などの簡易化による高エネルギー密度化などが期待されている。

特に，ここ数年はイオン伝導率の高い硫化物系固体電解質が開発され，特性面で現状の LIB を凌ぐ全固体電池も報告され[1]，これまで欠点と思われていた出力・低温作動性能で，全固体電池の方がむしろ優れる可能性を示したため，一気に自動車用蓄電池への期待が高まっている。

全固体電池チームは，硫化物系の固体電解質を使用する硫化物型全固体電池サブチームと酸化物系固体電解質を使用する酸化物型全固体電池サブチームの２つのサブチームからなり，それぞれ実用化に向けた研究開発に取り組んでいる。

2.1.1　硫化物型全固体電池

硫化物型全固体電池の研究は，高イオン伝導性物質の開発とその材料応用技術研究においては世界トップレベルで，アカデミア主体の研究から企業主体の開発ステップに移行する段階にある。

新規電解質グループでは，全固体電池に適した，新規な結晶，ガラス，ガラスセラミックスからなる硫化物系固体電解質を数多く発見し，60 種類を越える硫化物系電解質の材料マップを作成してきた。とりわけ，室温におけるイオン伝導度が 10^{-2} S/cm を越える材料の開発は，次世代蓄電池の本命として全固体電池に世界の目を向けさせた特筆すべき発見である。このような優れた固体電解質と各種電極材料（金属リチウム，シリコン，炭素，高電位正極など）との界面がイオンや電子の流れを妨げない界面形成が重要であり，適切な電極材料や界面形成プロセスを選定する必要がある。最適な硫化物系電解質の材料合成プロセスとして湿式プロセスによる液相合成に取り組み，少量の硫化物系電解質で密着性の良好な電極–電解質界面を有する電極複合体の作製に成功した。

エネルギー密度を向上させる電池設計やそのシート化プロセス技術の研究にも取り組んでおり，作製した電池の一例として，**図３**(a)，(b)にシート型全固体電池の断面写真と充放電曲線を示す[2]。湿式・乾式の塗布法を用いたシート化プロセス技術により，正極シート，固体電解質シート，負極シートをそれぞれ作製し，これらを積層して 155 Wh/kg（集電体，外装などを除く）のエネルギー密度を持つ写真のような全固体電池を試作した。さらに，固体電解質量の低減や負極材料の改良などにより約 200 Wh/kg のエネルギー密度を達成している。

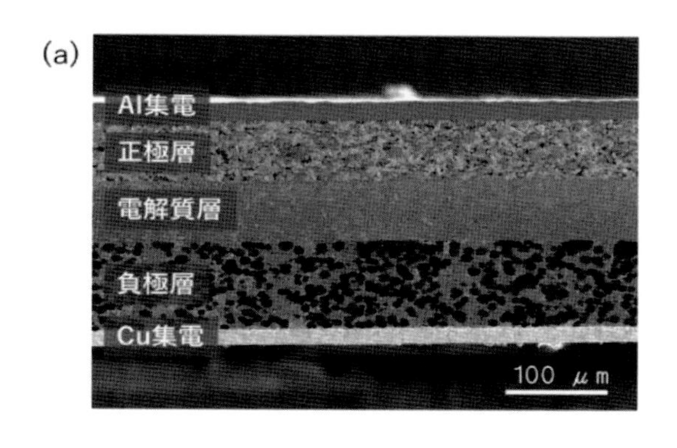

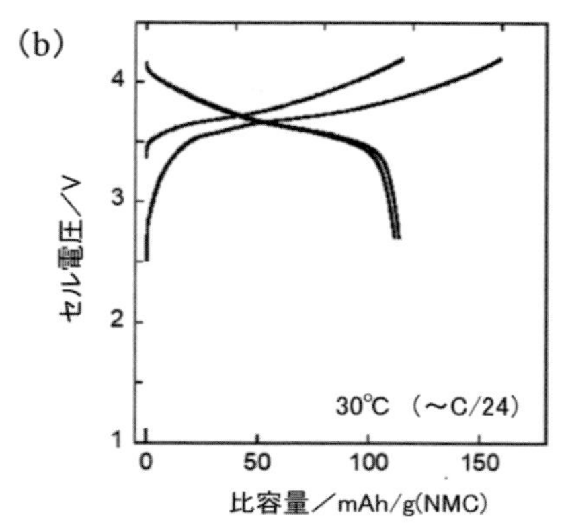

（電池構成：Cu/炭素/LPS 固体電解質/NCM 正極/Al）

図3(a)断面 SEM 像，(b)全個体電池の充放電特性

本プロジェクトの成果は本プロジェクトと同時に経産省予算で開始されたNEDO先進・革新蓄電池材料評価技術開発プロジェクトに橋渡しを図っており，実施主体の技術研究組合リチウムイオン電池材料評価研究センター（LIBTEC）との間に連携会議・実務者会議を設け，本プロジェクトの成果に基づく試作・評価を行っている。

2.1.2　酸化物型全固体電池

酸化物型全固体電池は，硫化物系より化学的に安定であるが，反面，電解質中のイオン伝導度が低く，また加圧工程のみで電池材料部材間の良好な接合をとることができる硫化物系固体電解質に対して，はるかに硬く，固体／固体界面でのイオン伝導が難しく，世界的にも電池として動作した例はほとんどなかった。酸化物型全固体電池サブチームでは，この課題を克服する材料系やプロセス開発を酸化物型全固体電池研究の中心に据えて研究を行っており，高い可塑性と低い融点を持つホウ酸リチウム系固体電解質を用いた低温プロセスの開発などにより，固体／固体界面でのイオン伝導性を改善し，50℃程度での電池動作を実証し，ようやく電池として室温動作が見通せるレベルまで近づいた。現在，実電池の室温作動に向けて新規固体電解質や活物質の開発などを進めている。

2.2　正極不溶型リチウム硫黄電池（Li-S 電池）

リチウム硫黄電池は，安価で資源が豊富な硫黄正極活物質が1,672 mAh/gと高い理論容量を持つことから有望な次世代蓄電池として研究されているが，硫黄の還元生成物であるリチウムポリスルフィド（Lithium polysulphides；Li_2S_x）が電解液に溶出してレドックスシャトルが起こり，急速な放電容量低下やクーロン効率の低下が生じる。この問題に対してさまざまな対策が研究されてきたが，長期充放電には対応できなかった。正極不溶型リチウム硫黄電池チームでは，溶媒和イオン液体（Solvate Ionic Liquids；SIL）として振る舞う弱配位性の溶融グライム-リチウム塩錯体（**図4**）を電解液に利用することによってLi_2S_xの溶出を抑制するという全く新しいアプローチでこの問題の解決に取り組んできた。

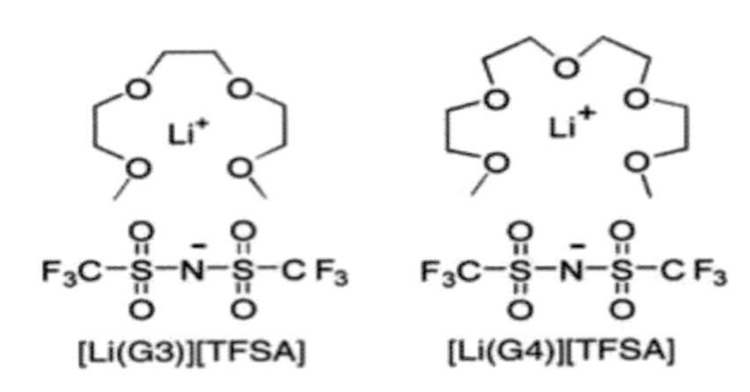

図４　溶媒和イオン液体の例（左が［Li(G3)］［TFSA］，右が［Li(G4)］［TFSA］）

Li_2S_xの溶解性が著しく低いSILを電解液として用いたLi–S電池は，レドックスシャトルが抑制され，高いクーロン効率（>98%），サイクル安定性（>800サイクル）を示す。さらに，ハイドロフルオロエーテル（HFE）で希釈することで，Li_2S_xの溶解性がさらに抑制され，電池性能が向上した。また，ミクロ孔のみを有する特殊な炭素を利用することで電解液溶解性の低いS_x（$x<4$）を大量に担持させた正極の作製に成功し，さらにSILを用いることによって安定で高いクーロン効率の正極を実現した。一方，実電池としてのエネルギー密度増大には，硫黄正極の面積あたりの活物質担持量を増大させ，さらに電解液の量を低減することが不可欠であるが，絶縁性の硫黄活物質の担持量を増大させると，電子的・イオン的なパスが充分に形成されないため，Al箔から多孔Alを用いた三次元集電体に変更することで，5～10 mg·S/cm^2の高担持正極を実現した。これらの技術を総合して，実電池として200 Wh/kg（外装材は除く）のLi–S電池の開発に成功した[3]。本テーマについてもLIBTECとの連携による予備的な試作・評価を開始している。

2.3　次々世代電池

より長期的な観点で理論エネルギー密度が大きいリチウム–空気電池，２価のイオンを移動イオンとするMg電池，陰イオン（アニオン）を移動イオンとするアニオン電池など，多様な電池系の開発や探索も行っている。

2.3.1　リチウム–空気電池

リチウム–空気電池は，**図５**に示すように負極活物質にリチウム金属を，正極活物質に酸素を用いることから非常に高いエネルギー密度が期待できる究極の二次電池と考えられるが，エネルギー効率の低さと寿命が短いという大きな課題がある。この２つの課題を改善するために新しい電解液の開発に成功し，充電過電圧の大幅減少（エネルギー効率の大幅改善）とともに，リチウム金属負極のデンドライト発生防止による電池寿命の大幅改善に成功している[5]。また，リチウム–空気電池の実用化に不可欠なスタック技術の開発にも成功している（**図６**）。

2.3.2　Mg電池

Mgは資源的にも豊富で，体積エネルギー密度でリチウムイオン電池を超える可能性があり，

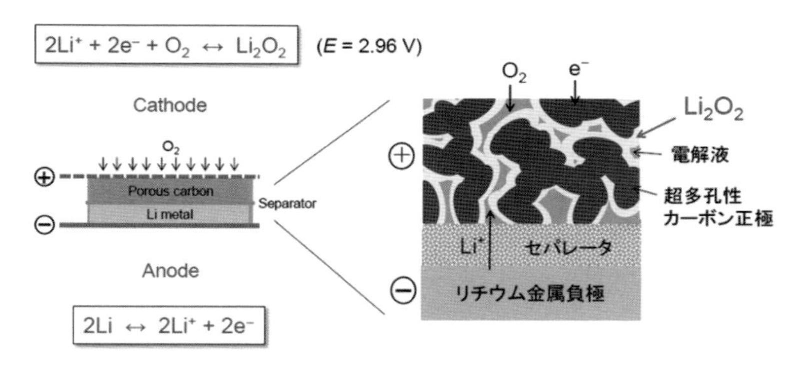

図 5　リチウム空気電池の原理

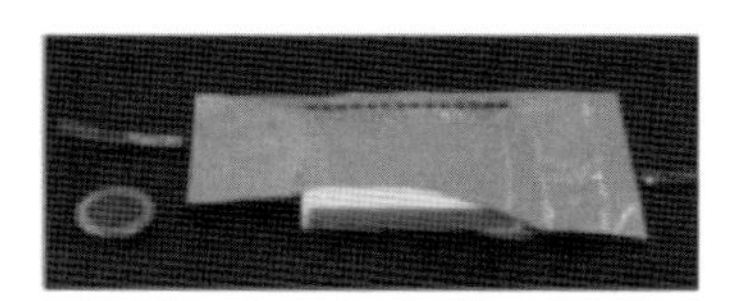

図 6　リチウム空気電池 10 スタックセル

注目されているが，実際には安定な電解液が存在せず高いエネルギー密度は実現していない。例えば，Mg 負極の溶解・析出反応を可逆的に進行させることができる電解液としてグリニヤード試薬が提案されているが，容易に正極と反応するため，2.0 V 以下の電池しか作れない。また，負極表面の不動態被膜の存在も問題である。これまで，グリニヤード試薬よりも安定な材料や高分子系の材料について検討し，いくつかの新規電解質を開発した。また，負極表面に関する研究を行い，3.0 V 近くの充放電電圧を実現した。さらに，高いエネルギー密度を実現するために必須な正極材料を検討し，スピネル系正極が有望であることを見出した。今後さらに電解液や正極材料の検討を行い，室温での電池作動を目指して研究を進めている。

2.3.3　アニオン電池

アニオンを可動イオンとし，Al や Zn などの金属を負極とするアニオン電池についても検討した。具体的には，イオン液体や溶融塩を電解質として用い，黒鉛を正極とする電池の作製を行った。エネルギー密度は正極反応が黒鉛へのアニオンのインターカレーションであるため大きくはないが，非常に高速に充放電することが分かった。また，サイクル寿命も良好であったが，高容量正極の開発が課題である。

2.4　実用化加速推進チーム

2.4.1　リチウム金属負極特別研究ユニット

次世代蓄電池の高いエネルギー密度はリチウム金属負極を用いることが前提になっているが，リチウム金属負極を長期安定に利用することは実現されていないことから，リチウム金属の溶解析出機構，デンドライト成長機構について基礎的な研究を行うとともに，電池内の電流分布の制御技術の開発を重点的に行うリチウム金属負極特別研究ユニットを設置し，集中的に研究を行っている。

2.4.2　評価・解析，共通材料ユニット

蓄電池の性能向上には反応機構の解明が不可欠であり，各チームに評価・解析グループが設置されているが，横断的に技術の交流と技術レベルの向上を図り，プロジェクト全体として最高の評価・解析技術が利用可能とすることを目的に設置された。特に放射光利用技術や計算化学など特殊技術についてチームにとらわれない適用が図られている。

2.5　蓄電池基盤プラットフォーム（http://www.nims.go.jp/brp/）

先述したように2012年度補正予算で我が国の次世代蓄電池の研究開発を加速するために措置され，NIMS（中核機関），早稲田大学，および産総研（関西）に設置された。NIMSには電池試作装置および各種分析装置（**図７**）が，早稲田大学にはインピーダンス解析装置が，産総研には大型X線CTなどが装備されている。2014年10月から本格稼働し，ALCA-SPRINGを優先的に支援するとともに，オールジャパンでの次世代蓄電池に関する研究開発推進のため，大学・独立行政法人・民間企業・その他機関に対する支援もあわせて実施している。単に最先端の装置をそろえるだけではなく，電池の開発に特化して，大気非暴露搬送，低ダメージ化，Li元素分析，ユーザビリティを重視している。

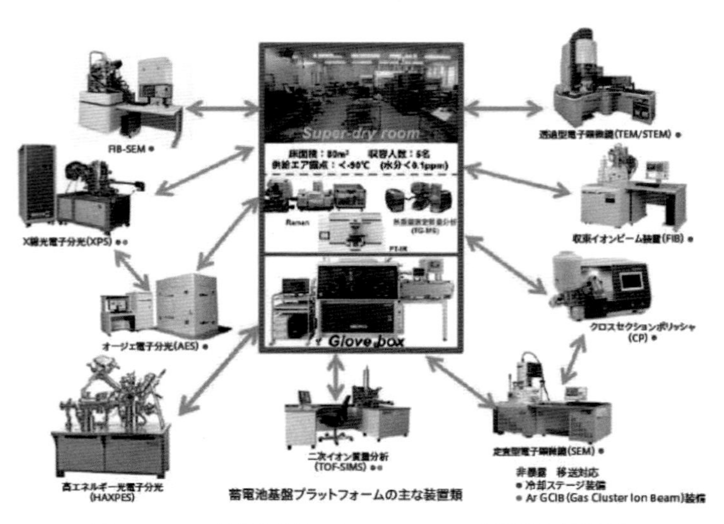

図７　NIMS蓄電プラットフォームの大形測定装置群

3. 今後のとり進めについて

ALCA-SPRINGは2018年3月で10年計画の折り返しである5年が終了する。後半5年は実用化をより意識し，一方で文科省・JSTのプロジェクトとしての徹底したサイエンスに基づく電

池システムの構築という基本に基づき，NEDOプロジェクトとの連携を深め，NEDOや企業への技術移行が可能なものについては積極的に進めていく予定である。それに向けて，2015年度に続いて２度目のステージゲートを2017年７月に実施し，2018年度からは新たな体制で研究に取り組む。

文　献

1）Y. Kato et al.: *Nature Energy,* 1, 16030（2016）.
2）辰巳砂昌弘，高田和典：第58回電池討論会 予稿集 2B22.
3）A. Sakuda et al.: *J. Electrochem. Soc.,* 164, A2474（2017）.
4）渡邉正義：第58回電池討論会 予稿集 2B23.
5）X. Xin at al.: *ACS Appl. Mater. Interfaces,* 9（31），25976（2017）

第2節　BMWの電動化に向けた取り組みと求められる電池性能

BMW GROUP　荻原　秀樹
BMW GROUP　Georg Steinhoff　BMW GROUP　Peter Lamp

1. はじめに[1)]

将来のモビリティーには個人のニーズ，持続可能なエネルギー・資源の利用，環境の保護とのバランスを保った新たなコンセプトが必要である（**図１**）。また，巨大都市が増加し，気候の変動が続く一方，化石燃料に限りがあることから，汚染物質と二酸化炭素（CO_2）排出量の削減に向け，より一層の取り組みが求められている。

図１　将来のモビリティーに影響するさまざまな要素

自動車業界全体が，これまでにもエンジン技術の最適化，そしてアイドリング・ストップ・システムおよびエネルギー回収ブレーキシステムの導入により，汚染物質とCO_2排出量の削減に貢献してきており，これらの取り組みは現在も続いている。しかしながら，化石燃料から再生可能エネルギーに基づく燃料への移行を長期的に実現するうえで，新たな駆動技術が求められ始めている。ハイブリッド車（HEV），プラグインハイブリッド車（PHEV），および電気自動車（EV）における動力伝達装置の電動化は，この目標を達成するうえで現時点で最も現実的な技術的手段となっており，社会的，政治的，および産業的観点からも認識されている。

CO_2削減量は電動化の程度に大きく左右される（**図２**）。電動化への技術変革において，電気エネルギー貯蔵システム（電池／バッテリー）は重要な役割を担っている。電池のエネルギー密

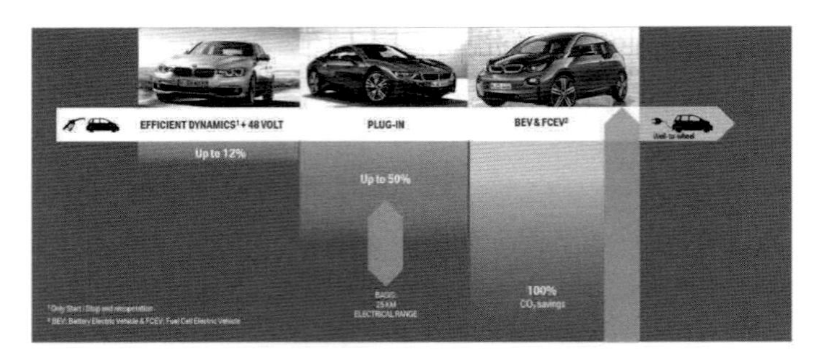

図2　電動化に応じた CO_2 削減量

度および出力密度により，動力伝達装置および車両の特色，そして CO_2 の削減量が決まり，これらは顧客の満足度にも大きく影響するものである。

これまでPHEV・EVの普及の試みが何度かされてきたが，電池性能が満足いくものではなかったため，未だに実現されていない。しかしながら近年においては，特にリチウムイオン電池技術の開発が進んだ結果，PHEV・EVの開発が強化されてきている。とはいえ，自動車に使用される電池の要求性能は高く，現在の電池技術もまだこうした条件のすべてを満たしているわけではない。本稿では，持続可能な社会に貢献するうえで，電動化車両がどのように顧客の支持を集められるか，そして今後の自動車用電池開発に何が必要かについて記述する。

2. BMWの電動化に向けた取り組み

BMWは，持続可能な社会に貢献するため，長年にわたりEVとHEVの開発を進めてきた（**図3**）。数十年にわたる経験を基に，初の量産EVとPHEVであるi3とi8が2013年に発売された。それ以降，排出量ゼロのモビリティー実現に向け，BMWは最大限の努力を続けてきている。電池を搭載した車両モデルを徐々に増やしてきており，e-モビリティー社会の実現に向け，この傾向は続く予定である（図3）。BMWは汚染物質および CO_2 排出量を削減するだけではなく，車両の原材料，生産からリサイクルまでの過程全体を通じた排出量の削減にも努めている。例えば，i3は風力エネルギーを動力源とする排出量ゼロの工場において生産されており，さまざまな持続可能な材料（石油系プラスチックの代わりに，内装の一部に使われているケナフなど）を使

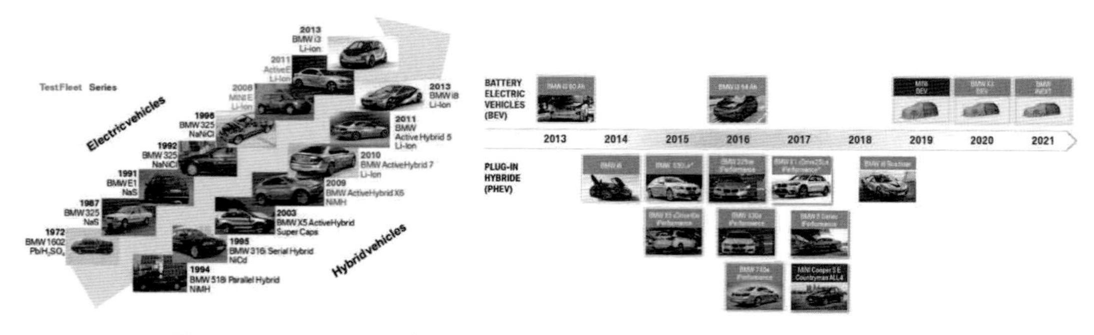

図3　BMWにおける電気自動車・ハイブリッド車の歴史および今後の計画

用している。これらの活動は，電池を利用した電気自動車による貢献とともに，持続可能な社会の実現をサポートしている。

電動化に向けたBMW の道のりは，さまざまな段階からなり，それぞれに時間を要するプロセスである（**図４**）。第１段階のi3 とi8 の開発は，BMW がe–モビリティー実現に深く関与していることを示し，電動化に関する専門技術の構築につながった。今は第２段階にあり，BMW の現在の主要モデルを電動化していく移行期にあたる。今後数年のうちに，i3 アップグレード版，Mini EV，X3 を含むEV が発売される予定である。ここで電動化とはEV に加えPHEV も含み，Mini およびBMW のPHEV も数モデル発売される予定である。2020 年以降は，EV・PHEV がBMW グループの主要製品となるよう，さらに多くのモデルが発売される予定である。BMW グループは2025 年までに25 の電動化されたモデルを発売する予定であり，そのうち12 モデルがEV，13 モデルがPHEV になる予定である。この量産への移行には，さまざまな課題が伴う。そのため，拡大・縮小が可能なフレキシブルな生産が必要であり，同時に世界各地においてインフラ面への巨額投資が必要となる。

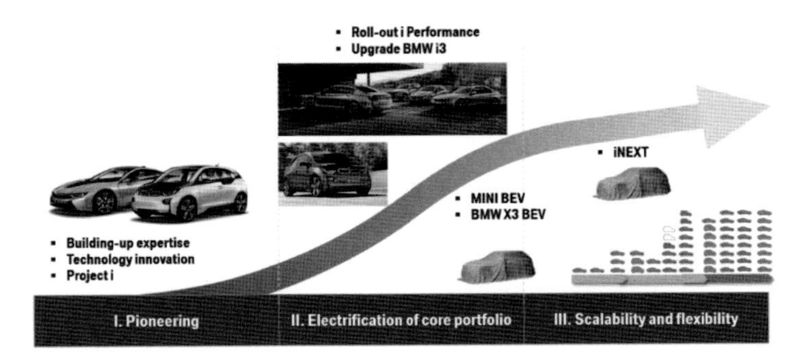

図４　BMW の電動化への道のり

環境および経済両面で持続可能なe–モビリティー実現のために，電池材料は性能のみならず，原料，製造，リサイクルまでのすべてのプロセスが考慮されることが重要である。電池に使用されるすべての材料は，持続可能性につながるさまざまな点を意識し，広範囲にわたる条件を満たす必要がある（**図５**）。例えば，原料は世界中で入手可能であることが望ましく，材料自体にも毒性や取り扱い上の制約があってはならない。また，材料の生産でもCO_2排出量を抑えるとともに，経済的に大量生産可能でなければならない。これらの側面は，電池開発全体の最初期段階から，e–モビリティーの成功を実現するうえで忘れてはならないものである。

生産拠点も重要な点である。BMW はグローバルに，ドイツ国内だけではなく，米国や中国にもバッテリーシステム組立て製造拠点を有している。今後，バッテリーシステムの組立て工場は，さらに世界各地に増える見通しである。バッテリーシステムは，その大きさを理由に空輸が認められないため，車両生産地での組立てが必要だからである。モジュールの組立てはバッテリーシステムに追随し，ゆくゆくはリチウムイオン電池セルの生産もこれに従うだろう。

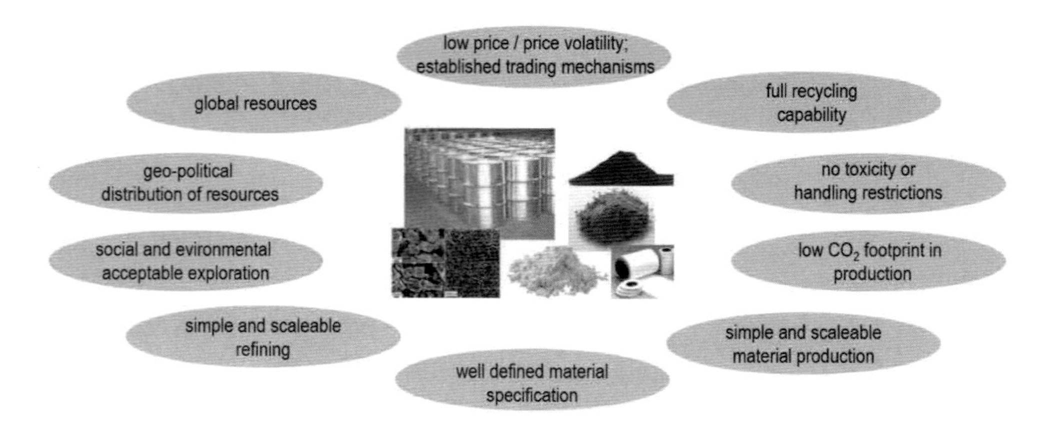

図５　持続可能性につながる材料選択の際の重要要素

3. 求められる電池性能[1)2)]

PHEV・EVの市場を拡大するためには，明白な顧客利益が提供されなければならない。製品，つまり自動車が，顧客にとって魅力的であり，感情に訴えるものでなければならないことは言うまでもない。

顧客の視点から見た場合，製品の性能指標は，“購入決定要素”，“体験”，“見え難い要素”の３グループに分類できる（**図６**）。例えば，電気自動車の価格と航続可能距離は“購入決定要素”であり，PHEV・EVの市場拡大にはこれらの改善が必要である。“体験”の例としては，急速充電機能や低温での高出力が挙げられ，快適な運転体験を顧客にもたらすことができる。最後に，電動化車両の安全性が保証されなければならないことは明白であるが，これは顧客にとっては“見え難い要素”に分類される。これらの必要条件から，車両の性能目標を達成するために必要なバッテリーシステムの技術目標を，導き出すことができる（図６）。バッテリーシステムの必要条件から，さらにセルの目標性能を導き出すことができる（**図７**）。図７は，リチウムイオン

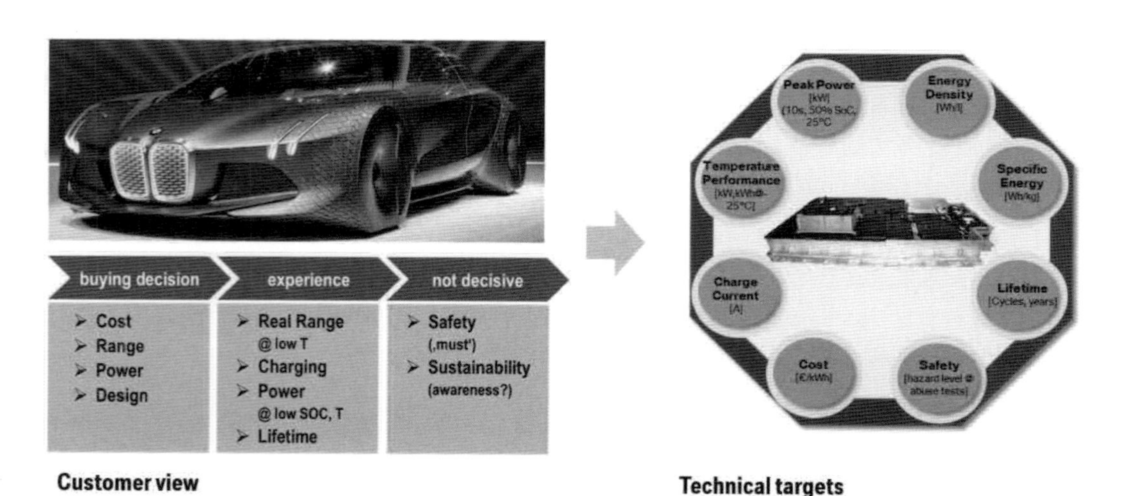

図６　顧客の視点から見た性能指標とバッテリーシステムの技術目標

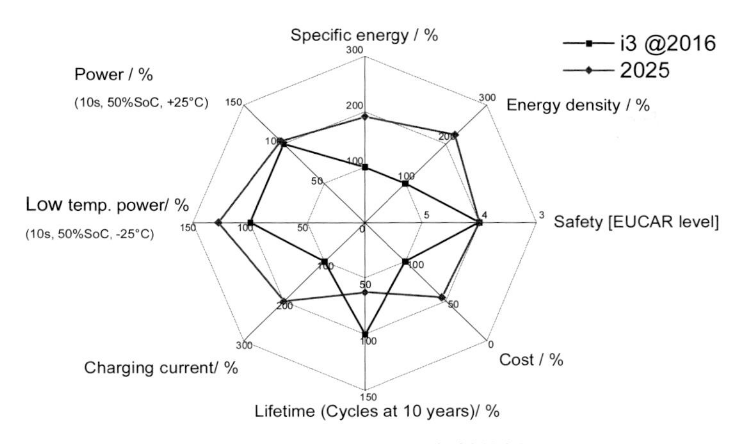

図７　EV 用セルの目標性能例

電池セルが電動化車両に使われる際に最も重要な要素について，現在のセル性能と 2025 年の目標性能を示している。この図は特に EV 向けの高エネルギーセルに焦点を置いている。PHEV・EV の市場拡大を実現するためには，多くの要素がさらに改善されなければならない。まずは，充電１回あたりの航続可能距離における顧客の期待に沿えるように，エネルギー密度の一層の改善が必要である。BMW グループの製品が，常温時に加えて低温時においても顧客に快適な運転体験を提供できるよう，低温時の出力性能も改善を要する。また，急速充電機能も，EV 市場を拡大するうえで改善が必須の要素である。EV 市場の拡大を実現するには，コスト低減も必要となる。次世代のセルは，高エネルギー密度化に伴い，現在のセルほど頻繁に充電する必要がなくなるため，充放電サイクル数だけは将来のセルにおいて値の低下が許される要素である。常温時の出力性能と安全性については，目標は現在と同レベルだが，セルの高エネルギー密度化はしばしば出力と安全性に悪影響を及ぼすため，これも容易なことではない。ここに列挙したすべての主要性能指標の目標を同時に達成することは難しい。これらの数字の詳述，すなわち，特定の数値の算出は，各自動車メーカーのブランド戦略と電動化戦略に依存するため，複雑な作業である。同一の自動車メーカーにおいても，車両モデル間で技術目標がまったく異なることがありえる。これを踏まえつつ，本項では今後必要とされる電池開発の一部について述べる。

3.1　エネルギー密度

適度なバッテリーシステム重量と容積を保ちつつ，充電１回あたりの航続可能距離が顧客の期待する 500 km を超えるよう，エネルギー密度の大幅な改善が必要である。高エネルギー密度化には，活物質，電池の電圧域，電極設計，セル設計からバッテリーシステムに至るまでのすべてのレベルでの改善が必要である（**図８**）。

容量（および正極の場合は作動電圧）が高い活物質の開発がセルのエネルギー密度を改善するうえで不可欠である。例えば，負極には，黒鉛に代わりシリコン系材料も選択肢になるだろう。正極には，高容量が実現できる高ニッケル含有酸化物材料や，現在広く採用されている作動電圧が４V の材料に代わり５V の材料などが候補となる。適切な電解液の選択や，正極活物質の表面

Material properties
i.e. specific capacity,
discharge curve

Electrode design
i.e. loading

Cell design
i.e. volume utilisation
jelly roll / cell

Pack design
i.e. volume utilisation
cell / pack

Increasing potential to improve energy density

図８　高エネルギー密度化に向けて改善が可能な要素

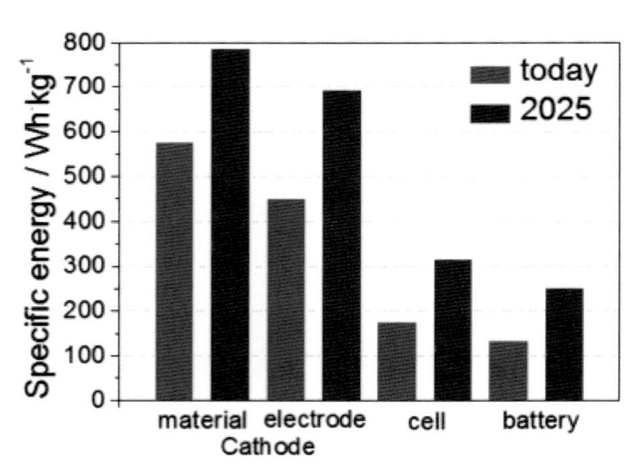

図９　各レベルにおける現在のセルと将来目標とされるセルのエネルギー密度の相対比較

の最適化は，正極を劣化させることなくセルの作動電圧域を数百 mV 拡大することができ，セルの高エネルギー密度化につながる。長期的には，全固体電池やナトリウム／マグネシウムイオン電池などの他の技術を通じて，さらなる高エネルギー密度化を実現できる可能性はある。しかし，これらの技術が今後数年以内に電気自動車向けに成熟する可能性は低く，したがって，本項の焦点は既存のリチウムイオン電池技術をベースとした開発とする。

電極設計も，エネルギー密度向上に関して重要な役割を担っている。電極の目付け量の増加，高密度化，および活物質の含有量の増加（バインダー，導電助剤の減少）は，セルの高エネルギー密度化を可能にする。電極の配合，および攪拌・塗工・プレスといった生産プロセスにおいても，電極設計パラメーターの最大化のための最適化が必要である。高エネルギー密度化を目的としたこれらのパラメーターの向上に伴い，出力，急速充電機能といった他の主要性能が犠牲になることもしばしばあるが，セルの性能目標に応じて，エネルギー密度と他の主要性能の間の最適なバランス点を見つけなければならない。

セル設計，モジュール設計，およびバッテリーシステム設計もバッテリーシステムの高エネルギー密度化に寄与する。高エネルギー密度化を実現するには，セル内における電極の容積利用率およびモジュール・バッテリーシステム内におけるセルの容積利用率を向上させる必要がある。例えば，セパレーター，集電体などセル内のエネルギー密度向上に直接寄与しない部材や，電極端子接続の溶接に必要とされるスペースは，削減されなければならない。

上述の改善などの実施により，バッテリーシステムの高エネルギー密度化が期待される。**図９**は，材料，電極，セル，およびバッテリーシステムの，各レベルにおける現在のセルと将来目標とされるセルの重量エネルギー密度の相対比較を示している。ここでは，正極を例として取り上げている。バッテリーシステムレベルにおいてエネルギー密度目標を達成するには，各レベルでの改善が必要である。

ここでの課題は，エネルギー密度を高める一方，他の主要性能も確保する必要がある点である。他の性能水準を維持するうえで，エネルギー密度の増加を犠牲にする必要が生じることもありうる。

3.2　安全性

自動車業界においては，運転手，同乗者，および歩行者など他の道路利用者に対する危険を常に防止することが最優先事項である。電動化車両向けリチウムイオン電池の開発と生産では，この基本原則に則ってさまざまな分析が行われ，対応策が取られている。各システムは，諸規定と関連する標準規格に従い，検査されている。

これらには，車両利用時の安全なバッテリーシステム運転を保証する機能的安全性と適用対象の衝突基準が含まれる。エアバッグ，あるいはベルトテンショナーが作動するような重大事故の際は，バッテリーシステムが損傷する可能性があるため，リチウムイオンバッテリーシステムは高圧車載電気系統から自動的に切断される。法規制および一般的な試験でカバーされない極めて深刻な事故時においては，バッテリーシステムから出火する可能性がある。この点に関しては，従来型の内燃機関エンジン車の安全水準に対応しなければならない。

リチウムイオンセル内に貯蔵された化学エネルギーが，出火の原因となる可能性がある。最終的にセルの発火につながる制御不可能な化学エネルギーの放出を熱暴走と呼ぶ。熱暴走は，複数の段階からなるプロセスである。外部事象（過充電，過熱など）が始まると，電解液と負極の炭素材の間で発熱反応が続き，電解液と正極材料の劣化を引き起こす。

放出エネルギー量は，使用されている正極活物質に左右されることが多い。エネルギー密度や他の主要性能の向上のために新しい活物質を検討する際には，セルの安全水準を確保するうえで，当該活物質を採用した際の放出エネルギー量およびエネルギー放出温度について確認する必要がある。しかしながら，正極活物質だけでセルの安全性が決まるわけではない。セルの安全性は熱暴走の原因となる前段階の影響も受けうるため，セルの温度上昇を可能な限り早く止めることが最善の戦略である。例えば，負極に使用されている黒鉛の改良，代替の炭素材料選択，もしくはチタン酸リチウムなどのまったく異なる負極活物質の活用により，温度上昇を停止または遅らせることができる。この種の改善は，電解液の溶媒や添加剤の最適化によっても可能である。

リチウムイオンセルの安全性は，エネルギー密度，出力密度，および耐用年数をはじめとする他の重要性能を損なうことなく，高められなければならない。現在，リチウムイオンセルの安全性を評価するうえで，ISO 12405-3などの国際標準が使われている。これらの試験条件下で，出火や爆発は起きてはならない。

リチウムイオンセルの安全性は，バッテリーシステムと車両で必要な安全性を確保するうえでの出発点にすぎない。セルの安全性に加え，モジュール，バッテリーシステム，および車両の各レベルにおいて，製品の安全性が確保されている。例えば，バッテリーシステムレベルにおいては，電圧・温度測定によるセルの状態観察，電圧・充電電流の制御，およびモジュールやバッテリーシステムの筐体に対するさまざまな安全対策が挙げられる。特に車載電池のエネルギーが増加すると，安全要件を満たす上で冷却システムの最適化も必要である。製品の安全性を確保するため，車両の衝突対策に加え，各部品レベル（セル，モジュール，バッテリーシステム）においても安全面を確認しなければならない。これらすべての安全性テストは，国際電気標準会議（IEC），国際標準化機構（ISO），ドイツ工業規格（DIN），ソサエティ・オブ・オートモーティブ・エンジニアズ（SAE），PVGAP，およびUN Transportationなどの国際基準や非常に厳しい社内規定に従って実施されている。

リチウムイオンセルの安全性の向上は，バッテリーシステムおよび車両レベルでの安全性の保証につながり，これらの要素をすべて考慮することにより，人に対する安全が保証される。将来的に，安全水準を維持しつつ，リチウムイオンセル，モジュール，バッテリーシステム，および車両の各レベルにおいて，さまざまな対策を取り入れ，機能性とコストの間の適切なバランスを見つけることが必要である。

3.3 品　質

電動化車両向けのリチウムイオン電池技術におけるもう一つの極めて複雑な課題が品質である。セルの使用材料の品質とセルの生産品質は，車載バッテリーシステムでの欠陥の発生およびセルの老朽化・劣化に大きな影響を及ぼす。バッテリーの信頼性，すなわち不具合が少なく，機能性が長期的に維持されることは，顧客の高い満足度を形成する決定的要因である。また，保証請求が生じれば，バッテリーの信頼性はコストにも影響を及ぼす。したがって，e-モビリティーの成功には，高い信頼性が求められる。

通常，バッテリーシステムはいくつかのモジュールからなり，各モジュールはグループ化された多くの個別セルからなる。セルがセルメーカーから供給され，モジュールとバッテリーシステムが自動車メーカーにおいて組み立てられる場合，品質は2段階において確保される必要がある。セルの品質はまずセルメーカーにより保証されなければならない。品質を確保するうえで，自動車メーカーも仕入れ先の品質管理に関与することも多い。

セルの納入に引き続き，モジュールおよびバッテリーシステムの生産完全自動化も，品質目標達成に向け重要である。バッテリーシステムの設計に際しては，最初から生産上の必要条件を考慮する必要がある。モジュールおよびバッテリーシステムは，組立てラインのすべての工程において完全自動で取り扱い可能なサブユニットだけで構成されていなければならない。

3.4 コスト

最後の重要要素はコストである。現在のところ，リチウムイオン電池を搭載した電動化車両ビジネスで成功することは可能だが，容易ではない。電動化された動力伝達機構のコスト構造に注目すると，電動化車両ではバッテリーシステムがコストの大半を占めていることがわかる。バッテリーシステムにおいては，セルのコストが決定的要因となっている。民生機器用のリチウムイオンセルの価格は，長年の技術と生産プロセスの最適化，さらに増産により，大幅に低下してきた。特に18650型リチウムイオンセルに言えることであるが，ノート型パソコンなどの民生製品に使用されるセルの形状の標準規格を作ることにより，スケールメリットを通じて，これ以上のコスト低減の余地がなくなるほど進められてきた。一般に，電動化車両向けのリチウムイオンセルのコストの低下が予想されている。しかし，その低下幅は標準規格の開発，市場規模，および市場競争に大きく左右されるだろう。

電動化車両向けのリチウムイオンセル形状標準は，コスト効率を高めた電動化車両の開発・導入への鍵である。自動車業界における新規製品の開発，特に品質保証プロセスは長期にわたるため，短期間でセル，モジュール，またはバッテリーシステムを開発して，車両に搭載することは不可能である。そのため，新しいモデルの電動化車両をタイムリーに市場導入するには，最新リチウムイオン電池技術の使用とともにセル形状の標準化が求められる。セル形状の標準化により，モジュールの標準化が可能になる。標準化されたモジュールを自由に組み合わせることにより，それぞれの車両モデルや設置スペースに適したバッテリーシステムの設計に貢献する。理想的には，標準化されたモジュールに基づき，セル／モジュールコネクター，セルモニタリングユニット，スイッチボックス，およびバッテリーコントロールユニットといったバッテリーシステムのサブコンポーネントを，業界標準として全メーカーが同一のものを利用することにより，相乗効果を生みだしコスト削減に大きく貢献することができる。

前項で述べた品質目標に加え，バッテリーシステム生産でのセルとモジュールとサブコンポーネントの組立て工程の完全自動化は，コスト目標を達成するうえで必須である。個々の部品のコスト削減のほか，これらの生産での対策を通じて，各メーカーはバッテリーシステム全体のコスト目標を達成することができるだろう。

4. 展　望

自動車業界全体は，長期的な燃料需要，ひいてはCO_2・汚染物質排出量の削減と持続可能なモビリティーの実現に向けて努めるなか，化石燃料をベースにした燃焼エンジン車両の継続的な最適化に加え，あらゆる形態のe−モビリティーの開発を進めている。e−モビリティーは自動車業界の戦略的方向性の主要な柱であり，現在知られている市場リスクにもかかわらず，多額の資本がe−モビリティーに投資されている。市場ではすでにHEV，PHEV，およびEVが販売されている。e−モビリティーの選択肢は，今後さらに増加するだろう。これらの車種はCO_2・汚染物質を削減するうえで大きな役割を担うとともに，燃焼エンジン車両と同様の安全性を備え，顧客にさまざまな恩恵をもたらすことになるだろう。電動化車両に使用されるエネルギー貯蔵システムは，これまでのところ，今日のリチウムイオン電池技術をベースにしたものである。e−モビリティーが長期にわたり市場に浸透し，市民権を得るためには，リチウムイオン電池技術のさらなる最適化が不可欠で，特に航続可能距離の向上を目的とした電池の重量エネルギー密度および体積エネルギー密度の増加が必要である。また，材料の最適化，部品の標準化，および生産の自動化，そしてさまざまなスケールメリットを活用したコストのさらなる削減も必要である。これらの目標を達成するため，バリューチェーンに携わるすべての業界パートナーが協力しなければならない。

文　献

1）Reiner Korthauer Ed.: Handbuch Lithium-Ionen-Batterien, 393–415, Springer Vieweg（2013）.

2）Dave Andre et al.,: *J. Mater. Chem.* A, 3, 6709（2015）.

索　引

英数・記号

和 文

あ

い

え

ポストリチウムに向けた革新的二次電池の材料開発

発行日　2018年２月８日　初版第一刷発行

監修者　境 哲男

発行者　吉田 隆

発行所　株式会社 エヌ・ティー・エス
〒102-0091 東京都千代田区北の丸公園２-１ 科学技術館２階
TEL.03-5224-5430 http://www.nts-book.co.jp

印刷・製本　美研プリンティング株式会社

ISBN978-4-86043-523-3

NTSの本

関連図書

	書籍名	発刊日	体裁	本体価格
1	フォノンエンジニアリング ～マイクロ・ナノスケールの次世代熱制御技術～	2017年 9月	B5 280頁	35,000円
2	表面・界面技術ハンドブック ～材料創製・分析・評価の最新技術から先端産業への適用、環境配慮まで～	2016年 4月	B5 858頁	58,000円
3	蓄電システム用二次電池の高機能・高容量化と安全対策 ～材料･構造・量産技術、日欧米安全基準の動向を踏まえて～	2015年 7月	B5 280頁	43,000円
4	水素利用技術集成　Vol.4 ～高効率貯蔵技術、水素社会構築を目指して～	2014年 4月	B5 354頁	41,000円
5	リチウムに依存しない革新型二次電池	2013年 5月	B5 266頁	41,600円
6	サーマルマネジメント ～余熱・排熱の制御と有効利用～	2013年 4月	B5 636頁	44,800円
7	高性能リチウムイオン電池開発最前線 ～5V級正極材料開発の現状と高エネルギー密度化への挑戦～	2013年 2月	B5 342頁	42,000円
8	電池革新が拓く次世代電源	2006年 2月	B5 664頁	42,200円
9	自動車のマルチマテリアル戦略 ～材料別戦略から異材接合、成形加工、表面処理技術まで～	2017年 7月	B5 384頁	45,000円
10	しなやかで強い鉄鋼材料 ～革新的構造用金属材料の開発最前線～	2016年 6月	B5 440頁	50,000円
11	人と協働するロボット革命最前線 ～基盤技術から用途、デザイン、利用者心理、ISO13482、安全対策まで～	2016年 5月	B5 342頁	42,000円
12	飛躍するドローン ～マルチ回転翼型無人航空機の開発と応用研究、海外動向、リスク対策まで～	2016年 1月	B5 380頁	45,000円
13	「新たなものづくり」3Dプリンタ活用最前線 ～基盤技術、次世代型開発から産業分野別導入事例、促進の取組みまで～	2015年12月	B5 296頁	45,000円
14	革新的燃焼技術による高効率内燃機関開発最前線	2015年 7月	B5 420頁	45,000円
15	自動車の軽量化テクノロジー ～材料・成形・接合・強度、燃費・電費性能の向上を目指して～	2014年 5月	B5 342頁	37,000円
16	自動車オートパイロット開発最前線 ～要素技術開発から社会インフラ整備まで～	2014年 5月	B5 340頁	37,000円
17	電気自動車の最新制御技術	2011年 6月	B5 272頁	37,800円
18	クリーンディーゼル開発の要素技術動向	2008年11月	B5 448頁	35,000円
19	次世代パワー半導体 ～省エネルギー社会に向けたデバイス開発の最前線～	2009年10月	B5 400頁	47,000円
20	高性能蓄電池 ～設計基礎研究から開発・評価まで～	2009年 9月	B5 420頁	45,200円
21	熱電変換技術ハンドブック	2008年12月	B5 736頁	55,000円
22	再生可能エネルギー開発・運用にかかわる 法規と実務ハンドブック	2016年 3月	B5 414頁	38,000円

※本体価格には消費税は含まれておりません。